U0107972

中国高等院校计算机基础教育课程体系规划教材

丛书主编 谭浩强

微机原理与接口技术

李继灿 主编

清华大学出版社
北京

内容简介

本书以Intel微处理器系列(从8086到Pentium 4)为背景,追踪高性能微型计算机的技术发展方向,抓住关键技术,全面、系统而又深入地介绍微机原理与接口技术,重点讨论微机系统组成、工作过程与运算基础,微处理器系统结构与技术(流水线及超流水线技术、指令预取技术、超标量技术、动态分支转移预测技术),指令系统与扩展指令集,汇编语言程序设计基础,存储系统(存储管理技术、虚拟存储技术以及Cache技术),浮点部件及其流水线技术,总线技术,主板(基本结构、芯片组、主板上的插座、插槽与外部接口和BIOS),输入输出控制技术,接口技术(并行接口、串行接口),数模与模数转换,常用外部设备。

本书内容丰富,结构合理,深入浅出,条理分明,实用性强,选材精细,既可以作为高等院校非计算机专业的教材,也可以作为成人教育的培训教材与科技工作者的参考用书。

图书在版编目(CIP)数据

微机原理与接口技术/李继灿主编．—北京：清华大学出版社，2011.7

(中国高等院校计算机基础教育课程体系规划教材)

ISBN 978-7-302-25312-9

Ⅰ．①微…　Ⅱ．①李…　Ⅲ．①微型计算机－理论－高等学校－教材 ②微型计算机－接口技术－高等学校－教材　Ⅳ．①TP36

中国版本图书馆CIP数据核字(2011)第068016号

责任编辑：张　民　赵晓宁
责任校对：李建庄
责任印制：何　芊

出版发行：清华大学出版社　　**地　　址**：北京清华大学学研大厦A座
http://www.tup.com.cn　　**邮　　编**：100084
社　总　机：010-62770175　　**邮　　购**：010-62786544
投稿与读者服务：010-62795954,jsjjc@tup.tsinghua.edu.cn
质 量 反 馈：010-62772015,zhiliang@tup.tsinghua.edu.cn

印 刷 者：北京富博印刷有限公司
装 订 者：北京市密云县京文制本装订厂
经　　销：全国新华书店
开　　本：185×260　　**印　　张**：24　　**字　　数**：594千字
版　　次：2011年7月第1版　　**印　　次**：2011年7月第1次印刷
印　　数：1～4000
定　　价：36.00元

产品编号：040209-01

序

PREFACE

从20世纪70年代末、80年代初开始，我国的高等院校开始面向各个专业的全体大学生开展计算机教育。特别是面向非计算机专业学生的计算机基础教育，牵涉的专业面广、人数众多，影响深远。高校开展计算机基础教育的状况将直接影响我国各行各业、各个领域中计算机应用的发展水平。这是一项意义重大而且大有可为的工作，应该引起各方面的充分重视。

20多年来，全国高等院校计算机基础教育研究会和全国高校从事计算机基础教育的老师始终不渝地在这片未被开垦的土地上辛勤工作，深入探索，努力开拓，积累了丰富的经验，初步形成了一套行之有效的课程体系和教学理念。20年来高等院校计算机基础教育的发展经历了3个阶段：20世纪80年代是初创阶段，带有扫盲的性质，多数学校只开设一门入门课程；20世纪90年代是规范阶段，在全国范围内形成了按3个层次进行教学的课程体系，教学的广度和深度都有所发展；进入21世纪，开始了深化提高的第3阶段，需要在原有基础上再上一个新台阶。

在计算机基础教育的新阶段，要充分认识到计算机基础教育面临的挑战。

(1) 在世界范围内信息技术以空前的速度迅猛发展，新的技术和新的方法层出不穷，要求高等院校计算机基础教育必须跟上信息技术发展的潮流，大力更新教学内容，用信息技术的新成就武装当今的大学生。

(2) 我国国民经济现在处于持续快速稳定发展阶段，需要大力发展信息产业，加快经济与社会信息化的进程，这就迫切需要大批既熟悉本领域业务，又能熟练使用计算机，并能将信息技术应用于本领域的新型专门人才。因此需要大力提高高校计算机基础教育的水平，培养出数以百万计的计算机应用人才。

(3) 从21世纪初开始，信息技术教育在我国中小学中全面开展，计算机教育的起点从大学下移到中小学。水涨船高，这样也为提高大学的计算机教育水平创造了十分有利的条件。

迎接21世纪的挑战，大力提高我国高等学校计算机基础教育的水平，培养出符合信息时代要求的人才，已成为广大计算机教育工作者的神圣使命和光荣职责。全国高等院校计算机基础教育研究会和清华大学出版社于2002年联合成立了“中国高等院校计算机基础教育改革课题研究组”，集中了一批长期在高校计算机基础教育领域从事教学和研究的专家、教授，经过深入调查研究，广泛征求意见，反复讨论修改，提出了高校计算机基础教育改革思路和课程方案，并于2004年7月公布了《中国高等院校计算机基础教育课程体系2004》（简称CFC 2004）。CFC 2004公布后，在全国高校中引起强烈的反响，国内知名专家和从事计算机基础教育工作的广大教师一致认为CFC 2004提出了一个既体现先进性又切合实际的思路和解决方案，该研究成果具有开创性、针对性、前瞻性和可操作性，对发展我国高等院校的计算机基础教育具有重要的指导作用。根据近年来计算机基础教育的发展，课题研究组对CFC 2004进行了修订和补充，使之更加完善，于2006年和2008年公布了《中国高等院校计算机基础教育课程体系2006》（简称CFC 2006）和《中国高等院校计算机基础教育课程体系2008》（简称CFC 2008），由清华大学出版社出版。

为了实现课题研究组提出的要求，必须有一批与之配套的教材。教材是实现教育思想和教学要求的重要保证，是教学改革中的一项重要的基本建设。如果没有好的教材，提高教学质量只是一句空话。要写好一本教材是不容易的，不仅需要掌握有关的科学技术知识，而且要熟悉自己工作的对象，研究读者的认识规律，善于组织教材内容，具有较好的文字功底，还需要学习一点教育学和心理学的知识等。一本好的计算机基础教材应当具备以下5个要素。

(1) 定位准确。要十分明确本教材是为哪一部分读者写的，要有的放矢，不要不问对象，提笔就写。

(2) 内容先进。要能反映计算机科学技术的新成果、新趋势。

(3) 取舍合理。要做到“该有的有，不该有的没有”，不要包罗万象、贪多求全，不应把教材写成手册。

(4) 体系得当。要针对非计算机专业学生的特点，精心设计教材体系，不仅使教材体现科学性和先进性，还要注意循序渐进，降低台阶，分散难点，使学生易于理解。

(5) 风格鲜明。要用通俗易懂的方法和语言叙述复杂的概念。善于运用形象思维，深入浅出，引人入胜。

为了推动各高校的教学，我们愿意与全国各地区、各学校的专家和老师共同奋斗，编写和出版一批具有中国特色的、符合非计算机专业学生特点的、受广大读者欢迎的优秀教材。为此，我们成立了“中国高等院校计算机基础教育课程体系规划教材”编审委员会，全面指导本套教材的编写工作。

这套教材具有以下几个特点。

(1) 全面体现CFC 2004、CFC 2006和CFC 2008的思路和课程要求。本套教材的作者多数是课题研究组的成员或参加过课题研讨的专家，对计算机基础教育改革的方向和思路有深切的体会和清醒的认识。因而可以说，本套教材是CFC 2004、CFC 2006和CFC 2008的具体化。

(2) 教材内容体现了信息技术发展的趋势。由于信息技术发展迅速，教材需要不断更新内容，推陈出新。本套教材力求反映信息技术领域中新的发展、新的应用。

(3) 按照非计算机专业学生的特点构建课程内容和教材体系，强调面向应用，注重培养应用能力，针对多数学生的认知规律，尽量采用通俗易懂的方法说明复杂的概念，使学生易于学习。

(4) 考虑到教学对象不同，本套教材包括了各方面所需要的教材(重点课程和一般课程，必修课和选修课，理论课和实践课)，供不同学校、不同专业的学生选用。

(5) 本套教材的作者都有较高的学术造诣，有丰富的计算机基础教育的经验，在教材中体现了研究会所倡导的思路和风格，因而符合教学实践，便于采用。

本套教材统一规划、分批组织、陆续出版。希望能得到各位专家、老师和读者的指正，我们将根据计算机技术的发展和广大师生的宝贵意见随时修订，使之不断完善。

全国高等院校计算机基础教育研究会荣誉会长

“中国高等院校计算机基础教育课程体系规划教材”编审委员会主任

谭浩强

FOREWORD

前言

"微机原理与接口技术"是高等院校理工类、机电类、电气自动化与电子信息类等非计算机专业的一门非常重要的技术基础课。

本书在参照中国高等院校计算机基础教育课程体系 2006 与 2008 规划要求的基础上，结合近些年来我国高等院校计算机基础教育改革和实践的基本经验，跟进计算机硬件技术的最新发展，确保教材的先进性与易学性。本书凝聚了作者多年来从事计算机硬件教学与教材同步改革的新成果，经过精细加工而成，其主要特色如下：

（1）定位准确，内容先进。根据多年来对国内外计算机硬件技术及其相关教材发展演变的动态跟踪与改革趋势分析，对教材编写模式与内容做了改进，不仅适应于计算机硬件教学与科研的需要，也体现了先进性与实用性相结合的教材改革方向。

（2）结构严谨，特色突出。结构符合中国高等院校计算机基础教育课程体系 2006 与 2008 的设计要求，同时还兼顾了硬件技术的最新发展；反映了 8086—Pentium 系列微处理器结构、编程及接口的主流模式，将 16 位与 32 位和最新的 Pentium 4 系列及硬件技术的最新发展有机地结合起来。

（3）条理分明，实用性强。本书保持了"以 16 位机为基础，追踪 32 位和 64 位主流系列高性能微型计算机的技术发展方向"这一基本特色，抓住计算机硬件关键技术发展的主线，使教材做到全局优化，基础扎实，更新迅速，实用性强。

（4）选材精练，篇幅适中。贯彻"少而精"的原则，文字流畅，深入浅出，有利于教师将微机硬件知识的精华在有限时间里教给学生。

本教材共分 12 章，第 1 章为微机系统概述，描述了计算机的组成与工作原理以及计算机的运算基础。第 2 章为微处理器系统结构与技术，主要介绍 CISC 与 RISC 技术，典型的 16 位与 80x86 32 位微处理器的系统结构，Pentium 的体系结构与技术特点、Pentium 系列及相关技术的发展。第 3 和第 4 章分别介绍了典型的和应用普遍的 Intel 系列微处理器的指令系统和 CPU 的扩展指令集以及汇编语言程序设计基础。第 5 章为存储器系统，在介绍传统存储器系统及其接口的基础上，对高速缓存 cache 技术、内存的技术发展、外部存储器、存储器分层结构以及存储器管理技术等，都有精辟的解析。第 6 章为浮点部件，在简要介绍 80x86 微处理器的浮点部件基础上，主要介绍 Pentium 微处理器的浮点部件及其流水线操作。第 7 章为总线技术，在介绍微机总线基本概念、分类与特点的基础上，着重介绍了几种常用的扩展总线，如 PCI、AGP、PCI-E 等。第 8 章为主板及其 I/O 接口，介绍了主板设计中的一些技术特点、主板芯片组，主板上的插座、插槽以及主板的 I/O 接口。 第 9 章为输入输出控制技术，在介绍几种常见的 I/O 技术基础上，对 8259A 中断控制器和 8253-5 定时/计数器作了详细解析。 第 10 章为接口技术，重点介绍 8255A 并口和 8250 串口接口芯片。 第 11 章为数/模与模/数转换，主要介绍了 DAC 0832 以及 ADC 0809 转换芯片。 第 12 章为多媒体外部设备及接口卡，介绍常见的多媒体输入输出设备及显卡和声卡。

本书由李继灿教授策划并任主编，负责全书的大纲拟定、编著与统稿。 长江大学计算机科学学院沈疆海副教授参与了存储器、微处理器以及习题中部分章节内容的编写；长江大学工程技术学院郭麦成教授对本书结构优化和内容精选提出了宝贵建议，并参与了汇编程序设计部分内容的文字加工；重庆理工大学电子学院张红民教授参与了有关总线等部分内容的文字加工；李爱珺女士参与了主板及其 I/O 接口和多媒体外部设备及接口卡等部分内容的文字加工。

在本系列教材多年的编著过程中，始终得到大连海事大学朱绍庐教授（博士生导师）和傅光永教授（博士生导师）以及北京大学李晓明教授（博士生导师）、王克义教授（博士生导师）等诸位计算机专家的大力支持，在此，本人对他们和所有关心与支持本书出版的专家教授们表示诚挚的感谢！

诚恳期待使用本教材的广大师生和读者提出宝贵的意见和建议，以使本教材质量不断提高。

李继灿

2011 年 5 月

CONTENTS

目录

第1章 微机系统概述

【学习目标】

本章是整个课程的基础与重点。首先,简要介绍计算机与微机的发展简史与分类,以及微机系统组成的基本概念。然后,重点讨论典型的单总线微机硬件系统结构,微处理器组织及各部分的作用,存储器组织及其读写操作过程。在此基础上,将微处理器和存储器结合起来组成一个最简单的微机模型,通过具体例子说明冯·诺依曼型计算机的运行机理与工作过程。最后,讨论微机运算的一些基础知识。

【学习要求】

- 了解计算机的发展简史。
- 正确理解微型计算机的硬件系统和软件系统。
- 理解 CPU 对存储器的读写操作过程,重点掌握冯·诺依曼计算机的设计思想。
- 着重理解和熟练掌握程序执行的过程。
- 能熟练掌握与运用各种数制及其相互转化的综合表示法。
- 熟练掌握补码及其运算,着重理解补码与溢出的区别。

1.1 微机硬件技术的发展

自从 1946 年发明计算机至今,计算机硬件技术获得了飞速地发展。特别是在 1971 年推出微处理器芯片之后,以微处理器为核心的微型计算机(简称微型机或微机)系统获得了更加迅猛的周期性提升和广泛的应用。如今,以 Pentium 4 后系列为主流机型的 32 位现代微机技术和 64 位微机技术已达到相当高的水平,其应用也更加普及。

1. 计算机的发展简史

电子计算机按其逻辑元件的更新可分为 4 代:第 1 代,电子管计算机(1946—1956);第 2 代,晶体管计算机(1957—1964);第 3 代,中小规模集成电路计算机(1965—1970);第 4 代,超大规模集成电路计算机(1971 至今)。

电子计算机按其性能可分为 5 类:大型计算机/巨型计算机(Mainframe Computer)、中型计算机(Mediumcomputer)、小型计算机(Minicomputer)、微型计算机(Microcomputer)、单片计算机(Single-Chip Microcomputer)。

微型计算机是第 4 代超大规模集成电路计算机向微型化方向发展的一个非常重要的分支，也是本书讨论的基本机型。

2. 微处理器的发展简史

微处理器是微机中具有运算器与控制器功能的中央处理器部件(Central Processing Unit,CPU)。从 20 世纪 70 年代初至今，CPU 产品不断更新换代。表 1-1 列出了 Intel CPU 发展简史。

表 1-1 Intel CPU 发展简史

生产年份	Intel 产品	主要性能说明
1971	4004	第 1 片 4 位 CPU，采用 10μm 制程，集成 2300 个晶体管
1972	8008	第 1 片 8 位 CPU，集成 3500 个晶体管，首次装在叫做"Mark-8（马克八号）"的机器上，这也是目前已知的最早的家用计算机
1974	8080	第 2 代 8 位 CPU，约 6000 个晶体管，被用于当时一种品牌为 Altair（"牵牛星"——科幻剧）的计算机上。这也是有史以来第 1 台知名的个人计算机
1978	8086/8088	第 1 片 16 位 CPU，2.9 万个晶体管，IBM 公司于 1981 年推出基于 8088（准 16 位 CPU）的 PC。8086 标志着 x86 系列的开端，从 8086 开始，才有了目前应用最广泛的 PC 行业基础
1980	80186	是 Intel 针对工业控制/通信等嵌入式市场推出的 8086 CPU 的扩展产品，除 8086 内核，另外包括了中断控制器、定时器、DMA、I/O、UART、片选电路等外设
1982	80286	超级 16 位 CPU，14.3 万只晶体管，首次运行保护模式并兼容前期所有软件，IBM 公司将 80286 用在技术更为先进 AT 机中
1985	80386	第 1 片 32 位并支持多任务的 CPU，集成 27.5 万个晶体管
1989	80486	增强的 32 位 CPU，相当于 80386 + 片内 80387 + 8KB Cache，集成 125 万个晶体管
1993	Pentium（奔腾）	第 1 片双流水 CPU，集成 310 万个晶体管，内核采用了 RISC 技术
1995	Pentium MMX	在 Pentium 内核基础上改进而成，集成 450 万个晶体管，最大特点是增加了 57 条 MMX 指令，目的是提高 CPU 处理多媒体数据的效率
1995 年秋	Pentium Pro	首个专门为 32 位服务器、工作站设计的 CPU，集成 550 万个晶体管，0.6μm 制程技术，256KB 的二级高速缓存
1997	Pentium Ⅱ	Pentium Pro 的改进型 CPU，结合了 Intel MMX 技术，集成 750 万个晶体管，频率达 750MHz
1999	Pentium Ⅲ	Pentium Ⅱ 的改进型 CPU，集成 950 万个晶体管，0.25μm 制程技术
2000	Pentium 4	内建了 4200 万个晶体管，采用 0.18μm 制程技术，频率达 2GHz
2002	Pentium 4 Xeon	内含创新的超线程技术，使性能增加 25%，0.18μm 制程技术，频率达 3.2GHz，是首次运行每秒 30 亿个运算周期的 CPU
2005	Pentium D	首颗内含 2 个处理核心，揭开 x86 处理器多核心时代

续表

生产年份	Intel 产品	主要性能说明
2006	Core 2 Duo	Core 微架构桌面处理器,内含 2.91 亿个晶体管,性能比 Pentium D 提升 40%,省电效率也增加 40%
2007 年 4 月	四核处理器 Core 2 Extreme QX6800	Core 2 Extreme QX6700 处理器的频率为 2.66GHz;Core 2 Extreme QX6800 的核心频率为 2.93GHz
2008 年 7 月	E8600 双核处理器的顶级产品,系列型号为 Core 2 Duo	Intel 酷睿 2 双核 E8600,插槽类型 LGA 775,主频 3.33GHz,45μm 制程工艺,L2 缓存 6MB,L1 缓存 2×32/2×32KB,核心电压1.856V,双核心类型 Wofldale,总线频率 1.333GHz,倍频 10
2010 年 2 月	四核 i7 978/950/920 等 CPU	Intel 推出 i7 的 9 系列是高端 CPU 产品,其规格架构都是一样的,DDR3 的 3 通道接口支持 3 通道内存,原生 4 核心的处理器,一级超线程技术,它支持智能超频
2010 年 7 月	Core i7/ i5 /i3 台式机最高规格 CPU 型号为 Core i7-980X	Intel 推出涵盖高、中、低档产品。新技术有 QPI(快速通道互联)、DMI(直接媒体接口)总线、睿频加速技术、32nm 制程、原生 4 核/6 核、L3 智能缓存、AE5 新指令、SSE4.2 指令集、集成双通道/三通道 DDR3 MCRC(内存控制器中枢)、集成 GPU(图形处理器)、集成 PCI-E 控制器

3. 微机的分类

微机可以分为许多类型,如表 1-2 所示。

表 1-2 微型计算机的类型

类型	性能说明
单片机	把微处理器、存储器、输入输出接口集成在一块集成电路芯片上。其最大优点是体积小,可放在仪表内部。但存储器容量小,输入输出接口简单,功能较低
单板机	将计算机的各个部件都组装在一块印制电路板上,包括微处理器、存储器、输入输出接口,还有简单的七段码发光二极管显示器、小键盘、插座等。其功能比单片机强,适于进行生产过程的控制。它可以直接在实验板上操作,适用于教学
个人计算机	供单个用户操作的计算机系统称为个人计算机(俗称个人计算机),通常我们所说的微型计算机或家用计算机就是指这类个人计算机
多用户系统	多用户系统是指一个主机连接着多个终端,多个用户同时使用主机,共享计算机的硬件、软件资源
微型计算机网络	把多个微型计算机系统连接起来,通过通信线路实现各个微型计算机系统之间的信息交换、信息处理、资源共享,这样的网络,叫做微型计算机网络

1.2 微机系统的组成

1.2.1 硬件系统

硬件是指人们能看得见摸得着的物理实体,如机电器件、集成电路等设备,它们是组成计算机系统的物质基础,也是软件系统依附和得以正常运行的平台。

通常,一个基本的微机硬件系统的组成原理框图如图 1-1 所示。它是根据存储程序原理构造的计算机,称为存储程序计算机,又称冯·诺依曼型计算机。

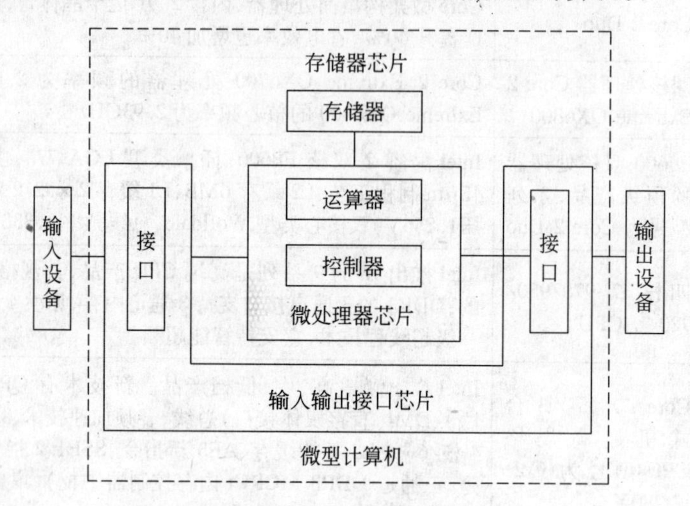

图 1-1　硬件系统的组成原理框图

根据冯·诺依曼型计算机原理构成的微机硬件,由运算器、控制器、存储器、输入设备和输出设备 5 个基本部分组成。它的工作机理有 5 个基本要点。

(1) 采用存储程序的方式,程序和数据放在存储器中,指令和数据可以送到运算器运算,而由指令组成的程序是可以修改的。

(2) 数据以 0 和 1 组成的二进制码表示。

(3) 指令由操作码和地址码组成。

(4) 指令在存储器中按执行顺序存放,由指令计数器指定要执行的指令所在的单元地址。

(5) 由运算器和控制器组成处理器核心部件,机器以处理器为中心,直接与存储器或通过接口与输入输出设备进行数据传送和处理。

现代的计算机组成同冯·诺依曼计算机组成相比虽然已发生了重大变化,但就其结构原理来说,占有主流地位的仍是以存储程序原理为基础的冯·诺依曼型计算机。

现代主流的微型计算机系统如图 1-2 所示。微机硬件系统主要包括主机、输入设备和输出设备 3 大部分。

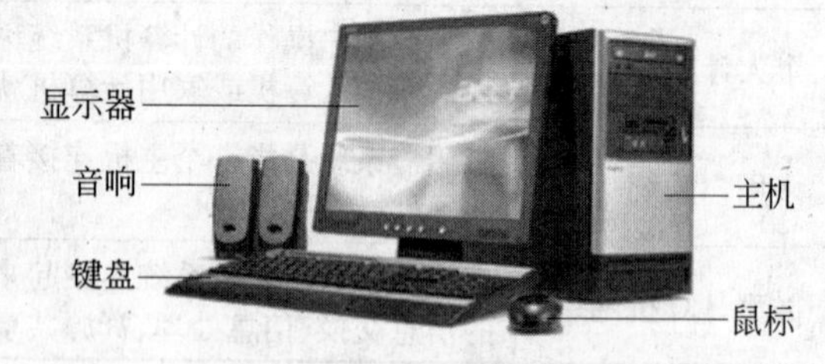

图 1-2　微型计算机系统

1. 主机

图 1-3 给出了微机主机内部示意图。在主机箱内,最重要也是最复杂的一个部件就是主板。图中,编号 1 ~ 7 依次标示出了 CPU、RAM 内存条、内存条插槽、AGP 插槽内的

显卡、PCI 插槽、风扇以及连接光驱、硬盘的数据线等组成部件。

图 1-3　微机的主机内部示意图

1—CPU(位于散热槽下)；2—RAM 内存条；3—内存条插槽；4—AGP 插槽内的显卡；5—PCI 插槽；6—风扇；7—连接光驱、硬盘的数据线

现将主机内的主要部件介绍如下。

1）CPU

微处理器是在微机中被微型化了的中央处理器，俗称 CPU，它一般安插在主板的 CPU 插座上。图 1-4 给出了几种典型 CPU 产品的样式。

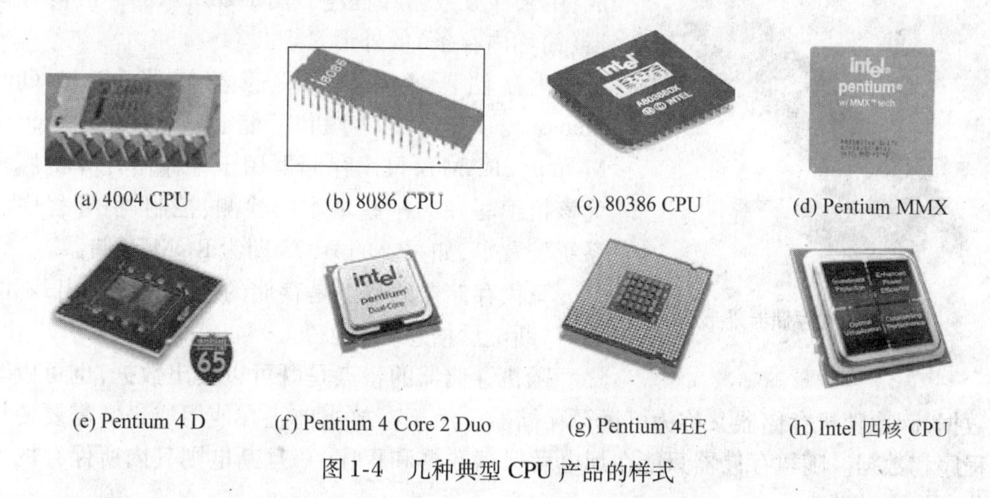

(a) 4004 CPU　(b) 8086 CPU　(c) 80386 CPU　(d) Pentium MMX

(e) Pentium 4 D　(f) Pentium 4 Core 2 Duo　(g) Pentium 4EE　(h) Intel 四核 CPU

图 1-4　几种典型 CPU 产品的样式

2）主板

主机箱体内的主板(Mother Board)又称为母板、主机板、系统板等，它是构成复杂电子系统的中心，通常制成矩形电路板，由 4 ~ 6 层印刷电路板(Printed Circuit Board，PCB)组成，在面板上密布着各种元件(包括南、北桥芯片组，BIOS 芯片等)、插槽(CPU 插槽、内存条插槽和各种扩展插槽等)和接口(串口、并口、USB 口、IEEE 1394 口等)。CPU、主存储器 RAM、外部存储器(如软盘、硬盘和光驱)声卡、显卡等均通过相应的接口和插槽与主板连接。此外，显示器、鼠标、键盘等外部设备也通过相应接口连接在主板上。因此，主

板就集中了全部系统功能,控制着整个系统中各部件之间的指令流和数据流,从而实现对微机系统的监控与管理。

主板是所有计算机配件的总平台,在配置或使用主板时首先要了解主板的核心功能如何,支持何种类型的 CPU、内存、显卡以及能支持的扩展插槽的类型和数量。

图 1-5 给出了现代主流微机中的一个 975 系列主板的示例。

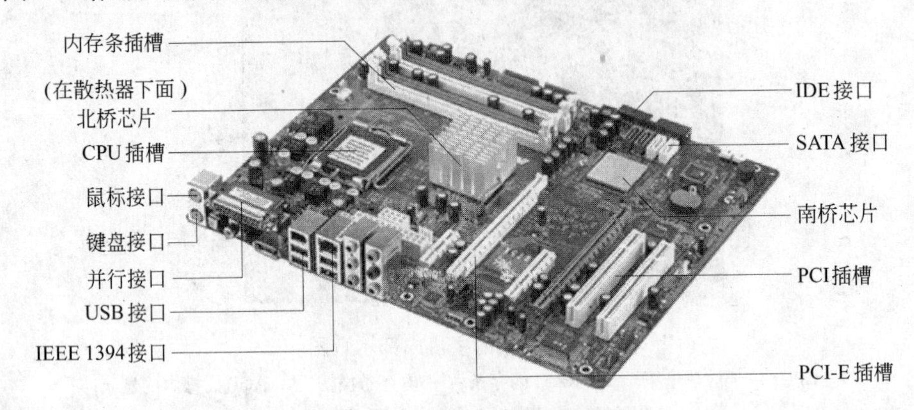

图 1-5　975 系列主板的样式

3）内存储器

内存储器即内存,安装在主板上,也称为主存。它是计算机中具有"记忆"功能的物理部件,由一组高集成度的 CMOS 半导体集成电路组成,用来存放数据和程序。图 1-6 所示为一般内存储器(简称内存条)的外形。

图 1-6　内存储器外形

内存储器通常分为只读存储器(Read Only Memory, ROM)和随机存储器(Random Access Memory, RAM),只读存储器用于存储由计算机厂家为该机编写好的一些基本的检测、控制、引导程序和系统配置等,如系统的 BIOS 即为 ROM 存储器。

只读存储器的特点是存储的信息只能读出,不能写入,断电后信息不会丢失。

随机存储器的特点是既可以读出数据,也可以写入数据,因此随机存储器又称为可读写存储器。用于存放当前正在使用或经常需要使用的程序和数据。随机存储器只能在加电后保存数据和程序,一旦断电则其内所保存的所有信息将自动消失。

存储器的容量单位有位(b)、字节(B)、千字节(KB)、兆字节(MB)和吉字节(GB)。b 是最小的存储单位,可存放一位二进制数,8 个 b 组成一个 B,1B 可存放一个8 位的二进制数或一个英文字符的编码,两个字节存放一个汉字编码。目前一般微型计算机的内存配置为 32MB、64MB、128MB、256MB、512MB、1GB 等。存储容量的换算关系如下:

$$1KB = 1024B \quad 1MB = 1024KB \quad 1GB = 1024MB$$

通常,内存容量是以字节(Byte, B)为单位计算的。例如,$1KB = 2^{10}B = 1024B$; $1MB = 2^{20}B = 1024KB$; $1GB = 2^{30}B = 1024MB$。

在计算机中,为了区分计算机处理信息的能力,还有一个计量处理二进制代码位长的单位叫字长,它表示计算机数据总线上一次能处理的信息的位数即位长,并由此而定义是多少位的计算机,如1位机、4位机、8位机、16位机、32位机等。

4) 总线

微型计算机从其诞生以来就采用了总线结构。CPU通过总线实现读取指令,并实现与内存、外设之间的数据交换,在CPU、内存和外设确定的情况下,总线速度是制约计算机整体性能的关键,先进的总线技术对于解决系统瓶颈、提高整个微机系统的性能有着十分重要的影响。

从物理来看,总线是一组传输公共信息的信号线的集合,是在计算机系统各部件之间传输地址、数据和控制信息的公共通道。如在处理器内部的各功能部件之间、在处理器与高速缓冲器和主存之间、在处理器系统与外围设备之间等,都是通过总线连接在一起的。

总线有多种分类方式。

(1) 按总线传送信息的类别,可分为地址总线、数据总线和控制总线。

地址总线(Address Bus,AB)用于传送存储器地址码或输入输出设备地址码;数据总线(Data Bus,DB)用于传送指令或数据;控制总线(Control Bus,CB)用来传送各种控制信号。

(2) 按照总线传送信息的方向,可分为单向总线和双向总线。如地址总线属于单向总线,方向是从CPU或其他总线主控设备发往其他设备;数据总线属于双向总线;控制总线属于混合型总线,控制总线中的每一根控制线方向是单向的,而各种控制线的方向有进有出。

(3) 按总线的层次结构可分为CPU总线、存储总线、系统总线和外部总线。

① CPU总线作为CPU与外界的公共通道实现了CPU与主存储器、CPU与I/O接口和多个CPU之间的连接,并提供了与系统总线的接口;

② 存储总线用来连接存储控制器和DRAM;

③ 系统总线(也称为I/O通道总线)是主机系统与外设之间的通信通道。在计算机主板上,系统总线表现为与扩充插槽线连接的一组逻辑电路和导线,与I/O扩充插槽相连,如PCI总线。系统总线都有统一的标准,通常要讨论的总线就是系统总线,其详细论述可参见第7章。

④ 外部总线,用来提供输入输出设备同系统中其他部件间的公共通信通道,标准化程度高,如USB总线、IEEE 1394总线等,这些外部总线实际上是主机与外设的接口,可参见第8章。

5) I/O接口

I/O接口即输入(Input)、输出(Output)接口,是主机与外部设备交换信息的通道。例如,显示器通过显卡接入主机,打印机通过LPT(并口)接入主机,鼠标和键盘通过PS/2或USB接口接入主机等。I/O接口是计算机的重要组成部分,其主要功能是承担主机与外设之间数据类型的转换。例如,显示器使用的是模拟信号,而主机使用的是数字信号,显卡使两者实现转换;二是协调主机与外部设备之间数据传输速度不匹配的矛盾,使之能同步地工作。常用的I/O接口将在第8章中简要介绍。

2. 输入设备

常见的输入设备有键盘、鼠标、图像/声音输入设备(如扫描仪、数码相机/摄像机、网络摄像头)等。

3. 输出设备

常见的输出设备有显示器、打印机、音箱等。

常见的多媒体输入输出设备将在第12章中详细介绍。

1.2.2 软件系统

软件系统(Software System)指由系统软件、支撑软件和应用软件组成的计算机系统,是计算机系统中由软件组成的部分。

软件系统包括操作系统、语言处理系统、数据库系统、分布式软件系统和人机交互系统等。

操作系统用于管理计算机的资源和控制程序的运行。它的功能包括处理器管理、存储管理、文件管理、设备管理和作业管理。

语言处理系统是用于处理软件语言的软件,如编译程序等。它包括各种软件语言的处理程序,它的功能是把用户用软件语言书写的各种源程序转换成为可为计算机识别和运行的目标程序,从而获得预期结果。

数据库系统是用于支持数据管理和存取的软件,它包括数据库、数据库管理系统等。它的主要功能包括数据库的定义和操纵、共享数据的并发控制、数据的安全和保密等。

分布式软件系统包括分布式操作系统、分布式程序设计系统、分布式文件系统、分布式数据库系统等。它的功能是管理分布式计算机系统资源,控制分布式程序的运行,提供分布式程序设计语言和工具,提供分布式文件系统管理和分布式数据库管理等。

人机交互系统是为用户与计算机系统之间按照一定的约定进行信息交互而提供的软件系统,可为用户提供一个友好的人机界面。它的主要功能是在人和计算机之间提供一个友好的人机接口。

在实际应用时,涉及软件的配置主要指微机系统配置什么样的操作系统和应用软件。近三十多年来,微机硬件系统已经从8位、16位更新换代到32位与64位,相应地,微机系统软件配置的档次也得到很大的提升。

20世纪80年代,IBM PC系列和与之有关的DOS操作系统获得了飞速发展。从1981年IBM推出IBM PC-DOS 1.0版本,几经升级,先后推出IBM PC-DOS 1.1、IBM PC-DOS 2.0、IBM PC/AT-DOS 3.0、IBM PS/2-DOS 3.3、DOS 4.0,直到20世纪90年代推出DOS 6.0及DOS 6.22等更新的版本。这时,用户已经可以在DOS下启动远程通信软件,并由这类软件通过网关访问Internet。

1992年以后,由于多媒体技术和现代因特网技术的蓬勃发展,对操作系统和应用软件的要求也越来越高。同时,以Pentium系列为代表的32位高档微机所提供的优异的硬件操作平台,以及Windows 95图形界面操作系统的问世,又进一步促进了其他操作系统和各种应用软件更快地发展。

1995 年,Windows 95 作为接替 MS-DOS、Windows 3. x 和 Windows for Workgroups 的后续操作系统一经问世,便以其全新的图形界面把开发者和用户带到一个新的应用水平。此后的十几年中,仅 Windows 家族就连续推出了 Windows 98、Windows Me、Windows 2000 和 Windows XP、Windows Vista 以及 Windows 7 等。相应地,Microsoft 的办公自动化软件也从 Office 97 迅速升级为 Office 2007。与 Windows 操作系统平行发展的还有称为自由软件的 Linux 操作系统,它以其开放式源码的特点迅速传播与发展。其他的应用软件更是与日俱增。

应当指出,硬件系统和软件系统是相辅相成的,共同构成微型计算机系统,缺一不可。现代的计算机硬件系统和软件系统之间的分界线并不明显,总的趋势是两者统一融合,在发展上互相促进。人是通过软件系统与硬件系统发生关系的。通常,由人使用程序设计语言编制应用程序,在系统软件的干预下使用硬件系统。

1.3 微机硬件系统结构

所谓微机硬件系统结构,是指按照总体布局的设计要求如何将微机内各部件挂接在总线上以构成某个系统的连接方式。一种典型的微机硬件系统结构如图 1-7 所示。图中用系统总线将各个部件连接起来。

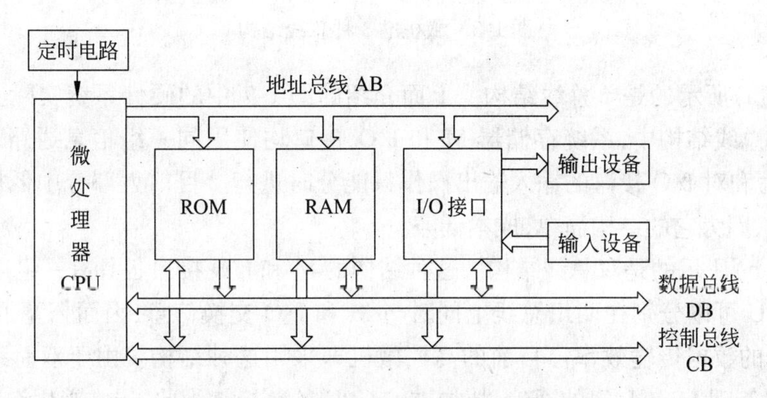

图 1-7 典型的微机硬件系统结构

系统总线是用来传送信息的公共导线,可以是带状的扁平电缆线,也可以是印刷电路板上的一层极薄的金属连线。所有的信息都通过总线传送。通常,根据所传送信息的内容与作用不同,可将系统总线分为 3 类: 数据总线、地址总线、控制总线。系统中各部件均挂在总线上,所以,有时也将这种系统结构称为面向系统的总线结构。

在微型计算机中有两种信息流(数据信息流和控制信息流)在流动。在总线结构中,通过总线实现微处理器、存储器和所有 I/O 设备之间的信息交换。

采用总线结构时,系统中各部件均挂在总线上,可以使微机系统的结构比较简单,易于维护,并具有更大的灵活性和更好的可扩展性。

根据总线结构组织方式的不同,目前采用的总线结构可分为单总线、双总线和双重总线 3 类,如图 1-8 所示。

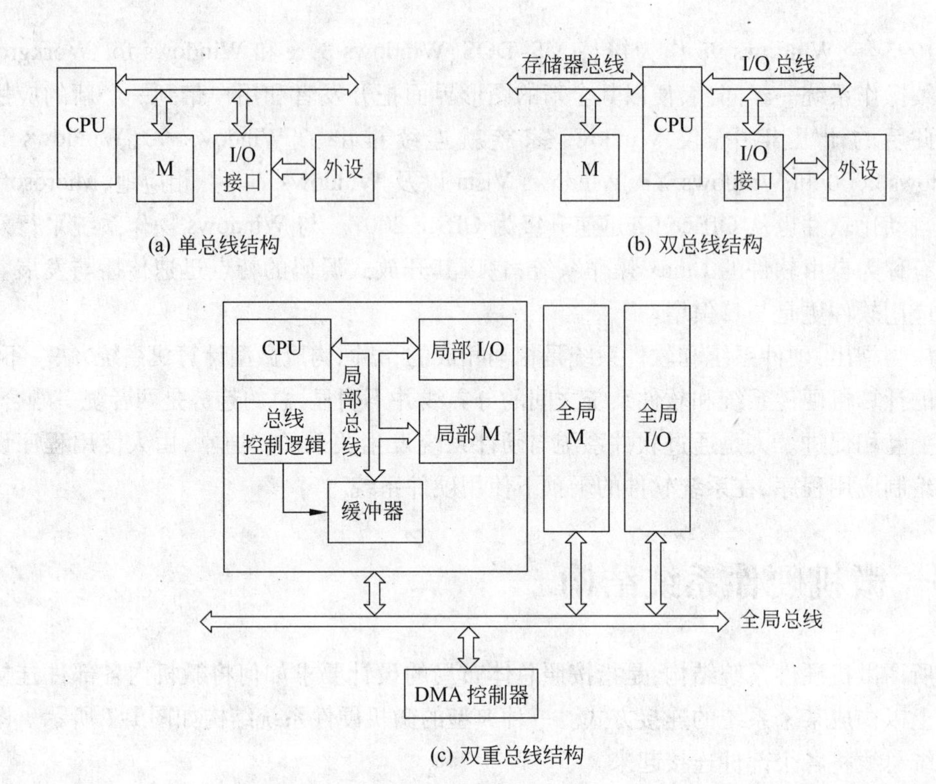

图 1-8　微机的 3 种总线结构

图 1-8(a)所示的是单总线结构。上面介绍的图 1-7 中的硬件系统实际上就是这种结构。在单总线结构中,系统存储器 M 和 I/O 接口均使用同一组信息通路,因此,CPU 对 M 的读写和对 I/O 接口的输入输出操作只能分时进行。目前大部分中低档微机都采用这种结构,因为它的结构简单,成本低廉。

图 1-8(b)所示的是双总线结构。这种结构的 M 和 I/O 接口各具有一组连通 CPU 的总线,故 CPU 可以分别在两组总线上同时与 M 和 I/O 交换信息,因而拓宽了总线带宽,提高了总线的数据传输效率。目前的高档微机即采用这种结构。由于双总线结构中的 CPU 要同时管理 M 和 I/O 的通信,故加重了 CPU 的负担。为此,通常采用专门的处理芯片即所谓的智能 I/O 接口负责 I/O 的管理任务,以减轻 CPU 的负担。

图 1-8(c)所示的是双重总线结构。它有局部总线与全局总线这双重总线。当 CPU 通过局部总线访问局部 M 和局部 I/O 时,其工作方式与单总线的情况相同。当系统中某微处理器需要对全局 M 和全局 I/O 访问时,则必须由总线控制逻辑统一安排才能进行,这时该微处理器就是系统的主控设备。比如,当 DMA(直接存储器存取)控制器作为系统的主控设备时,全局 M 和全局 I/O 之间便可通过系统总线进行 DMA 操作;与此同时,CPU 还可以通过局部总线对局部 M 和局部 I/O 进行访问。这样,整个系统便可在双重总线上实现并行操作,从而提高了系统数据处理和数据传输的效率。目前各种高档微机和工作站基本上都采用这种双重总线结构。

1.4　微处理器结构模型的组成

微处理器是一个非常复杂的超大规模集成电路芯片，其内部集成有数以千万计以上的晶体管，各组成单元及其之间连线的相互关系也是纵横交错。但可以用"化繁为简"的方法模拟其内部组成的最基本的模型图。图 1-9 给出了一个简化的微处理器结构模型。

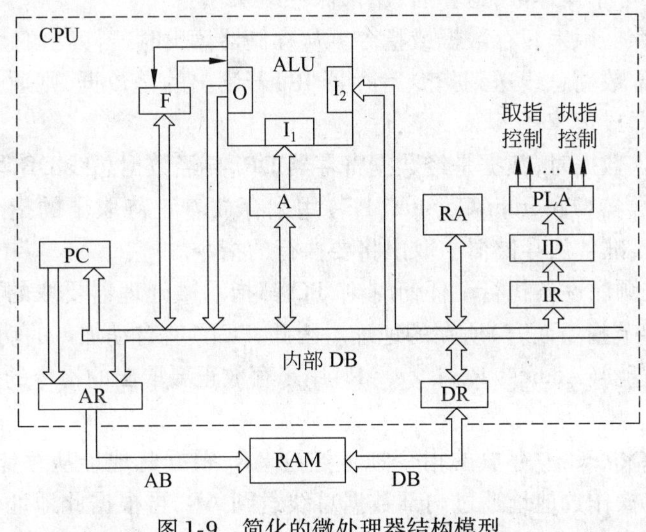

图 1-9　简化的微处理器结构模型

由图 1-9 可知，微处理器由运算器、控制器和内部寄存器阵列 3 部分组成。现将各部件的功能简述如下。

1. 运算器

运算器又称为算术逻辑单元(Arithmetic Logic Unit, ALU)，用来进行算术或逻辑运算以及位移循环等操作。参加运算的两个操作数，通常，一个来自累加器(Accumulator, A)；另一个来自内部数据总线，可以是数据寄存器(Data Register, DR)中的内容，也可以是寄存器阵列(Register Array, RA)中某个寄存器的内容。运算结果往往也送回累加器 A 暂存。

2. 控制器

控制器是产生各种控制信号的重要部件，包括指令寄存器、指令译码器与可编程逻辑阵列 3 部分，它们的功能如下。

(1) 指令寄存器(Instruction Register, IR)用来存放从存储器取出的将要执行的指令(实为其操作码)。

(2) 指令译码器(Instruction Decoder, ID)用来对指令寄存器 IR 中的指令进行译码，以确定该指令应执行什么操作。

(3) 可编程逻辑阵列(Programmable Logic Array, PLA)用来产生取指令和执行指令所需的各种微操作控制信号。由于每条指令所执行的具体操作不同,所以,每条指令将对应控制信号的某一种组合,以确定相应的操作序列。

3. 内部寄存器

通常,内部寄存器包括若干个功能不同的寄存器或寄存器组。这里介绍的模型 CPU 中具有的一些最基本的寄存器如下所述。

(1) 累加器是使用最频繁的一个寄存器。在进行算术逻辑运算时,它具有双重功能:运算前,用来保存一个操作数;运算后,用来保存结果。

(2) 数据寄存器用来暂存数据或指令。从存储器读出时,若读出的是指令,经 DR 暂存的指令通过内部数据总线送到指令寄存器 IR;若读出的是数据,则通过内部数据总线送到有关的寄存器或运算器。

向存储器写入数据时,数据是经数据寄存器 DR,再经数据总线 DB 写入存储器的。

(3) 程序计数器(Program Counter,PC)用来存放着正待取出的指令的地址。根据 PC 中的指令地址,准备从存储器中取出将要执行的指令。

通常,程序按顺序逐条执行。任何时刻,PC 都指示微处理器要取的下一个字节或下一条指令(对单字节指令而言)所在的地址。因此,PC 具有自动加 1 的功能。

(4) 地址寄存器(Address Register,AR)用来存放正要取出的指令的地址或操作数的地址。

在取指令时,将 PC 中存放的指令地址送到 AR,根据此地址从存储器中取出指令。在取操作数时,将操作数地址通过内部数据总线送到 AR,再根据此地址从存储器中取出操作数;在向存储器存入数据时,也要先将待写入数据的地址送到 AR,再根据此地址向存储器写入数据。

(5) 标志寄存器(Flag Register,FR)用来寄存执行指令时所产生的结果或状态的标志信号。关于标志位的具体设置与功能将视微处理器的型号而异。根据检测有关的标志位是 0 或 1,可以按不同条件决定程序的流向。

此外,图 1-9 中还画出了寄存器阵列(Register Array, RA),也称为寄存器组(Register Stuff,RS)。它通常包括若干个通用寄存器和专用寄存器,其具体设置因不同的微处理器而异。

注意:在实际微处理器中,寄存器组的设置及其功能要复杂得多,但它们都是在模型微处理器基础上逐渐演进而来的。

1.5 存储器的组成与读写操作

1. 存储器的组成

在这里所讨论的存储器通常是指内存,内存可划分为很多个存储单元(又叫内存单元)。每一个存储单元中一般存放一个字节(8 位)的二进制信息。存储单元的总数目称为存储容量,它的具体数目取决于地址线的根数。微机可寻址的内存容量变化范围较大,在 8 位机中,有 16 条地址线,它能寻址的范围是 2^{16}B = 64KB。在 16 位机中,有 20 条地址线，其寻址范围是 2^{20} B = 1024KB。在 32 位机中，有 32 条地址线，其寻址范围可达 2^{32} B = 4GB。

存储单元中的内容为数据或指令。为了能识别不同的单元，分别赋予每个单元一个编号。这个编号称之为地址。显然，各存储单元的地址与该地址中存放的内容是完全不同的意思，不可混淆。

现假定存储器由 256 个单元组成，每个单元存储 8 位二进制信息，即字长为 8 位，其结构简图如图 1-10 所示。这种规格的存储器，通常称为 256×8 位的读写存储器。

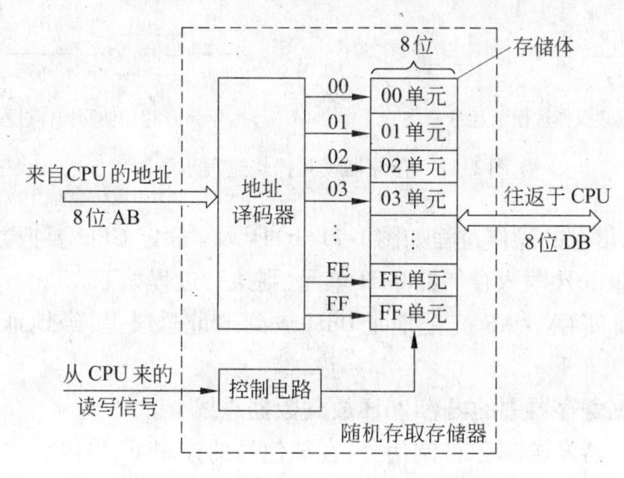

图 1-10　随机存取存储器结构简图

从图 1-10 可见，随机存取存储器由存储体、地址译码器和控制电路组成。一个由 8 根地址线连接的存储体共有 256 个存储单元，其编号从 00H（十六进制表示）到 FFH，即从 00000000～11111111。

地址译码器接收从地址总线 AB 送来的地址码，经译码器译码选中相应的某个存储单元，以便从中读出（取出）信息或写入（存入）信息。

控制电路用来控制存储器的读写操作过程。

2. 存储器的读写操作过程

从存储器读出信息的操作过程如图 1-11（a）所示。假定 CPU 要读出存储器 04H 单元的内容 10010111 即 97H，则执行过程如下。

① CPU 的地址寄存器 AR 先给出地址 04H 并将它放到地址总线上，经地址译码器译码选中 04H 单元。

② CPU 发出"读"控制信号给存储器，指示它准备把被寻址的 04H 单元中的内容 97H 放到数据总线上。

③ 在读控制信号的作用下，存储器将 04H 单元中的内容 97H 放到数据总线上，经它送至数据寄存器 DR，然后由 CPU 取走该内容作为所需要的信息使用。

应当指出，读操作完成后，04H 单元中的内容 97H 仍保持不变，这种特点称为非破坏性读出（Non Destructive Read Out，NDRO）。这一特点使它允许多次读出同一单元的内容。

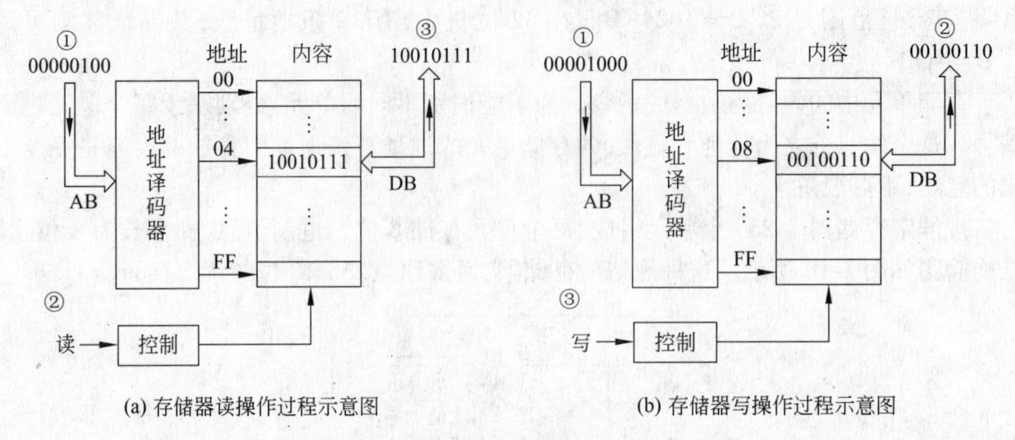

(a) 存储器读操作过程示意图　　(b) 存储器写操作过程示意图

图 1-11　存储器读写操作过程示意图

向存储器写入信息的操作过程如图 1-11(b)所示。假定 CPU 要把数据寄存器 DR 中的内容 00100110 即 26H 写入存储器 08H 单元,则执行过程如下。

① CPU 的地址寄存器 AR 先把地址 08H 放到地址总线上,经地址译码器选中 08H 单元。

② CPU 把数据寄存器中的内容 26H 放到数据总线上。

③ CPU 向存储器发送“写”控制信号,在该信号的控制下,将内容 26H 写入被寻址的 08H 单元。

应当注意,写入操作将破坏该单元中原来存放的内容,即由新内容 26H 代替了原存内容,原存内容将被清除。

上述类型的存储器称为随机存取存储器(Random Access Memory,RAM)。所谓“随机存取”即所有存储单元均可随时被访问,既可以读出也可以写入信息。

1.6　微机的工作过程

计算机的工作原理是“存储程序”+“程序控制”,即先把处理问题的步骤和所需的数据转换成计算机能识别的指令和数据送入存储器中保存起来,工作时由计算机的处理器将这些指令逐条取出执行。

每台计算机都拥有各种类型的机器指令,机器指令的集合称为指令系统。指令系统决定了计算机的能力,也影响着计算机的结构。通过有限指令的不同组合方式,可以构成完成不同任务的程序。

微机的工作过程就是执行程序的过程,而程序由指令序列组成,所以,微机的工作过程也就是逐条取指令和执行指令的过程,如图 1-12 所示。

假定程序已由输入设备存放到内存中。当计算机要从停机状态进入运行状态时,首先应把第 1 条指令所在的地址赋给程序计数器 PC,然后机器就进入取指阶段。在取指阶段,CPU 从内存中读出的内容必为指令,于是,数据寄存器 DR 便把它送至指令寄存器 IR;然后由指令译码器译码,控制器就发出相应的控制信号,CPU 便知道该条指令要执行

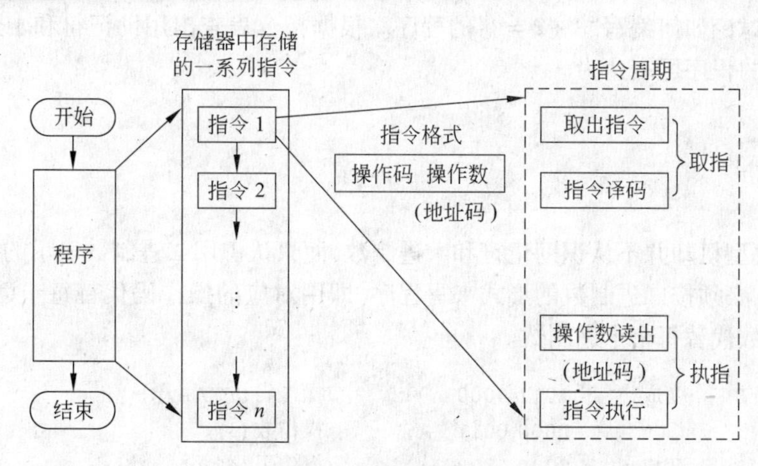

图 1-12 程序执行过程示意图

什么操作。在取指阶段结束后,机器就进入执指阶段,这时,CPU 执行指令所规定的具体操作。当一条指令执行完毕以后,就转入了下一条指令的取指阶段。这样周而复始地循环一直进行到程序中遇到暂停指令时方才结束。

取指阶段是由一系列相同的操作组成的,所以,取指阶段的时间总是相同的,它称为公操作。而执行指令阶段将由不同的事件顺序组成,它取决于被执行指令的类型,因此,执行指令阶段的时间从一条指令到下一条指令变化相当大。

应当指出的是,指令通常包括操作码(Operation Code)和操作数(Operand)两大部分。操作码表示计算机执行什么具体操作,而操作数表示参加操作的数的本身或操作数所在的地址,也称之为地址码。

为了进一步说明微机的工作过程,下面具体讨论一个模型机如何计算"3 + 2 = ?"。虽然这是一个相当简单的加法运算,但是,计算机却无法理解。人们必须要先编写一段程序,以计算机能够理解的语言告诉它如何一步一步地去做,直到每一个细节都详尽无误,计算机才能正确地理解与执行。

在编写程序之前,必须首先查阅所使用的微处理器的指令表(或指令系统),它是某种微处理器所能执行的全部操作命令汇总。假定查到模型机的指令表中可以用 3 条指令求解这个问题。表 1-3 给出了这 3 条指令及其说明。

表 1-3 模型机指令集

名 称	助记符	机 器 码		说 明
立即数取入累加器	MOV A,n	10110000 n	B0 n	这是一条双字节指令,把指令第 2 字节的立即数 n 取入累加器 A 中
加立即数	ADD A,n	00000100 n	04 n	这是一条双字节指令,把指令第 2 字节的立即数 n 与 A 中的内容相加,结果暂存 A
暂停	HLT	11110100	F4	CPU 停止所有操作

表中第 1 列为指令的名称。第 2 列为助记符,即人们给每条指令规定的一个缩写词。第 3 列为机器码,它是用二进制和十六进制两种形式表示的指令代码。最后一列,说明执行一条指令时所完成的具体操作。

下面来讨论如何编写"3 +2 =?"的程序。根据指令表查出用助记符和十进制数表示的加法运算的程序可表达为

```
MOV  A, 3
ADD  A, 2
HLT
```

但是,模型机却并不认识助记符和十进制数,而只认识用二进制数表示的操作码和操作数。因此,必须按二进制数的形式来写程序,即用对应的操作码代替每个助记符,用相应的二进制数代替每个十进制数。

```
MOV  A, 3    变成    1011 0000        ;操作码(MOV A,n)
                     0000 0011        ;操作数(3)
ADD  A, 2    变成    0000 0100        ;操作码(ADD A,n)
                     0000 0010        ;操作数(2)
HLT          变成    1111 0100        ;操作码(HLT)
```

注意: 整个程序是3条指令5个字节。由于微处理器和存储器均用一个字节存放与处理信息,因此,当把这段程序存入存储器时,共需要占5个存储单元。假设把它存放在存储器的最低端5个单元里,则该程序将占有从00H~04H这5个单元,如图1-13所示。

地址 十六进制	地址 二进制	指令的内容	助记符内容
00	0000 0000	1011 0000	MOV A,n
01	0000 0001	0000 0011	03
02	0000 0010	0000 0100	ADD A,n
03	0000 0011	0000 0010	02
04	0000 0100	1111 0100	HLT
⋮	⋮	⋮	
FF	1111 1111		

图1-13　存储器中的指令

还要指出,每个单元具有两组和它有关的8位二进制数,其中方框左边的一组是地址,框内的一组是内容,切不可将两组数的含义相混淆。地址是固定的,在一台微机造好以后,地址号也就确定了;而其中的内容则可以随时由于存入新的内容而改变。

当程序存入内存以后,再来进一步讨论微机内部执行程序的具体操作过程。

开始执行程序时,必须先给程序计数器PC赋以第1条指令的首地址00H,然后进入第1条指令的取指阶段,其具体操作过程如图1-14所示。

① 把PC的内容00H送到地址寄存器AR。

② 一旦PC的内容可靠地送入AR后,PC自动加1,即由00H变为01H。注意,此时AR的内容并没有变化。

③ 把AR的内容00H放在地址总线上,并送至内存,经地址译码器译码,选中相应的00H单元。

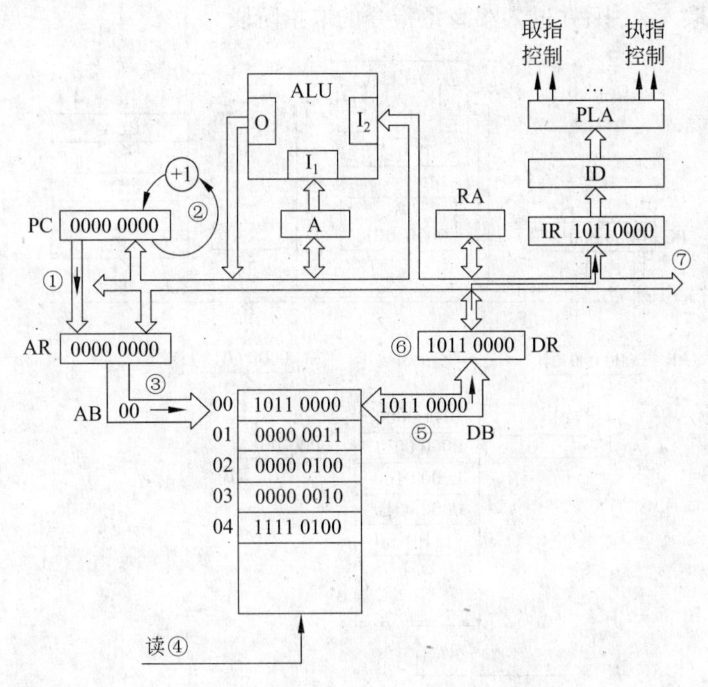

图 1-14　取第 1 条指令的操作示意图

④ CPU 发出读命令。

⑤ 在读命令控制下，把所选中的 00H 单元中的内容即第 1 条指令的操作码 B0H 读到数据总线 DB 上。

⑥ 把读出的内容 B0H 经数据总线送到 DR。

⑦ 取指阶段的最后一步是指令译码。因为取出的是指令的操作码，故数据寄存器 DR 把它送到指令寄存器 IR，然后再送到指令译码器 ID，经过译码，CPU“识别”出这个操作码 B0H 就是 MOV A,n 指令，于是，它“通知”控制器发出执行这条指令的各种控制命令。这就完成了第 1 条指令的取指阶段。

然后转入执行第 1 条指令的阶段。经过对操作码 B0H 译码后，CPU 就“知道”这是一条把下一单元中的操作数取入累加器 A 的双字节指令 MOV A,n，所以，执行第 1 条指令就必须把指令第 2 字节中的操作数 03H 取出来。

取指令第 2 字节的过程如图 1-15 所示。

① 把 PC 的内容 01H 送到地址寄存器 AR。

② 当 PC 的内容可靠地送到 AR 后，PC 自动加 1，变为 02H。但这时 AR 中的内容 01H 并未变化。

③ AR 通过地址总线把地址 01H 送到地址译码器，经过译码选中相应的 01H 单元。

④ CPU 发出读命令。

⑤ 在读命令控制下，将选中的 01H 单元的内容 03H 读到 DB 上。

⑥ 通过 DB 把读出的内容送到 DR。

⑦ 因 CPU 根据该条指令具有的字节数已知这时读出的是操作数，且指令要求把它送到 A，故由 DR 取出的内容就通过内部数据总线送到 A。于是，第 1 次执指阶段完毕，

操作数 03H 被取入 A 中;并进入第 2 条指令的取指阶段。

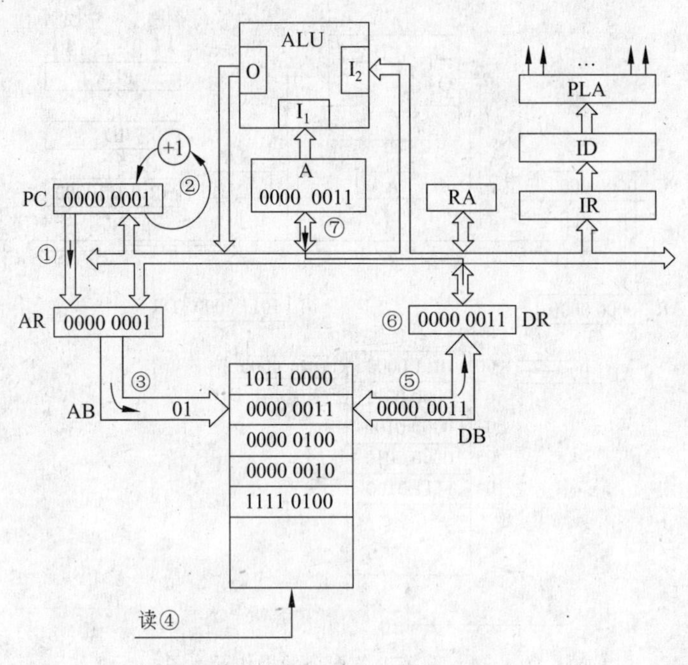

图 1-15 取立即数的操作示意图

取第 2 条指令的过程如图 1-16 所示。它与取第 1 条指令的过程相同,只是在取指阶段的最后一步,读出的指令操作码 04H 由 DR 把它送到指令寄存器 IR。再经过指令译码器 ID 对指令译码后,CPU 就"知道"操作码 04H 表示一条加法指令;执行第 2 条加法指令,必须取出指令的第 2 字节。

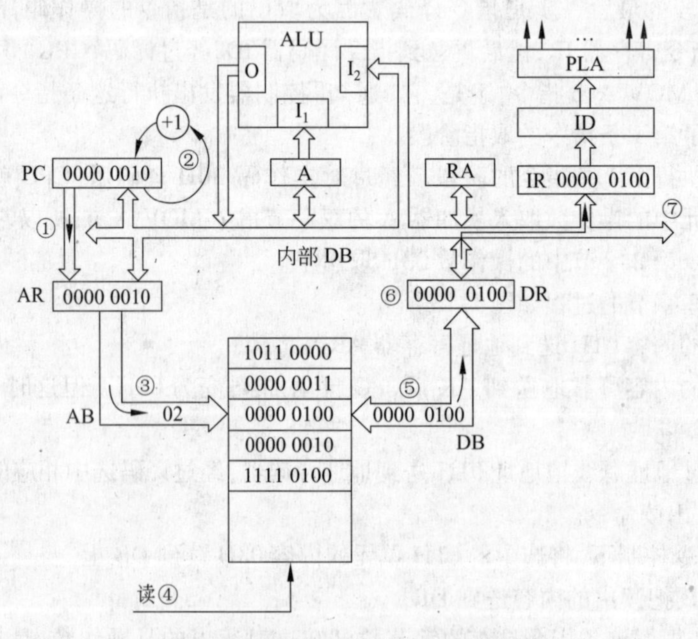

图 1-16 取第 2 条指令的操作示意图

取第 2 字节及执行指令的过程如图 1-17 所示。

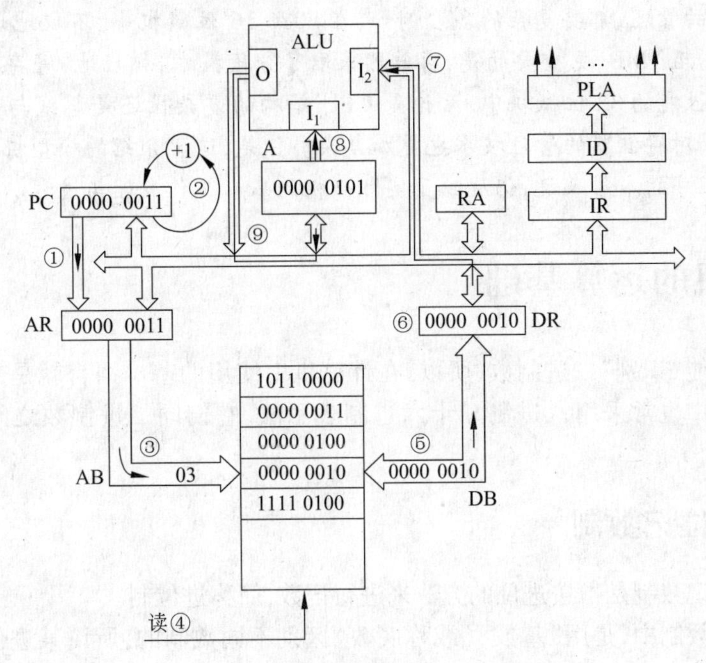

图 1-17　执行第 2 条指令的操作示意图

前 6 步的操作过程同上。

在第⑦步，因 CPU 在对指令译码时已知读出的数据 02H 为操作数，且要将它与已暂存于 A 中的内容 03H 相加，故数据由 DR 通过内部数据总线送至 ALU 的另一输入端 I_2。

在第⑧步，A 中的内容送 ALU 的输入端 I_1，且执行加法操作。

最后，在第⑨步，CPU 把相加的结果 05H 由 ALU 的输出端 O 又送到累加器 A 中。

至此，第 2 条指令的执行阶段结束，A 中存入和数为 05H，它将原有内容 03H 冲掉。接着，CPU 就转入第 3 条指令的取指阶段。

程序中的最后一条指令是 HLT。可用类似上面的取指过程把它取出。当把 HLT 指令的操作码 F4H 取入数据寄存器 DR 后，因是取指阶段，故 CPU 将操作码 F4H 送指令寄存器 IR，再送指令译码器 ID；经译码，CPU“已知”是暂停指令，于是，控制器停止产生各种控制命令，使计算机停止全部操作。这时，程序已完成“3 +2”的运算，并且得数 5 已暂时存放在 A 中。

综上所述，微机的工作过程就是不断取指令和执行指令的过程。指令有不同字节类型，如 HLT 指令为单字节指令，它只有一个字节的操作码而没有操作数； MOV A，n 与 ADD A，n 指令为双字节指令，其第 1 个字节为操作码，而第 2 个字节为操作数，并且，操作数的地址就紧跟着指令操作码的地址，只要在某个地址中取出操作码，则在下一个地址中就立即能取出操作数。这种可以立即确定操作数地址的寻址方式，称作立即寻址。

通常，操作数是存放在存储器的某一单元中，需要按不同方式来寻找操作数的地址，此即寻址方式。

注意：在实际的微机中，无论是寄存器的设置，还是总线的宽度，或 CPU 的内部结构及其对存储器的管理，都要复杂的多。例如，在 8086 16 位微机中，不仅地址总线增至 20 条，寻址空间增至 1MB，更重要的是，存储器采取了分段技术，相应地，寄存器的设置也有所增加。在高性能的 32 位微机中，无论是 CPU 结构的复杂性还是总线与寄存器的数目都进一步增加，对存储器的管理技术也更加复杂。但是，这里介绍的模型机的工作原理与过程，从执行程序的本质来说，仍反映了实际微机的基本工作原理与过程。

1.7 微机的运算基础

计算机只能"识别"二进制数，所以，在计算机中使用的基本语言就是二进制数及其编码。在微机中也常采用八进制和十六进制表示法，它们同二进制数之间的转换非常方便。

1.7.1 进位记数制

所谓进位记数制是指按进位的方法来进行记数，简称进位制。

在进位记数制中，是用"基数"（或称底数）区别不同数制的，所谓某进位制的基数就是表示该进位制所用字符或数码的个数。如十进制数用 0～9 共 10 个数码表示数的大小，故其基数为 10。为区分不同的数制，可在数的下标注明基数。如 $65\,535_{10}$ 表示以 10 为基数的数制，它是每计满十便向高位进一，即"逢十进一"；当基数为 M 时，便是"逢 M 进一"。

1. 十进制数

一个十进制数中的每一位都具有其特定的权，称为位权或简称权。就是说，对于同一个数码在不同的位它所代表的数值就不同。例如：999.99 这个数可以写为

$$999.99 = 9\times10^{2} + 9\times10^{1} + 9\times10^{0} + 9\times10^{-1} + 9\times10^{-2}$$

其中，每个位权由基数的 n 次幂来确定。在十进制中，整数的位权是 10^0（个位）、10^1（十位）、10^2（百位）等；小数的位权是 10^{-1}（十分位）、10^{-2}（百分位）等。上式称为按位权展开式。

2. 二进制数

二进制数只包括 0 和 1 共两个不同的数码，即基数为 2，进位原则是"逢二进一"。

例如，二进制数 1101.11 相当于十进制数

$$\begin{aligned}&1\times2^{3} + 1\times2^{2} + 0\times2^{1} + 1\times2^{0} + 1\times2^{-1} + 1\times2^{-2}\\&= 8 + 4 + 1 + 0.5 + 0.25 = 13.75_{10}\end{aligned}$$

由上式可知，二进制数各位的权分别为 8、4、2、1、0.5、0.25。将二进制数化为十进制数，是把二进制的每一位数字乘以该位的权然后相加得到。实际上只需要将为 1 的各位的权相加即可。

3. 八进制数

八进制数的基数为 8，用 0 ~ 7 共 8 个不同的数码来表示数值。当计数时，它是"逢八进一"，即上一位（左）的权是下一位（右）的权的 8 倍。

4. 十六进制数

十六进制数是最常用的一种进制数，它的基数是 16，即由 0 ~ 9 以及字母 A、B、C、D、E、F 分别表示 0 ~ 15 共 16 个数码。

十六进制、十进制、八进制、二进制数之间的关系如表 1-4 所示。

表 1-4　各种数制对照表

十六进制	十进制	八进制	二进制	十六进制	十进制	八进制	二进制
0	0	0	0000	8	8	10	1000
1	1	1	0001	9	9	11	1001
2	2	2	0010	A	10	12	1010
3	3	3	0011	B	11	13	1011
4	4	4	0100	C	12	14	1100
5	5	5	0101	D	13	15	1101
6	6	6	0110	E	14	16	1110
7	7	7	0111	F	15	17	1111

上面介绍了在微机中常用的几种进位记数制，对任意其他一种进位记数制，其基数可用正整数 b 表示。这时，数 N 的按位权展开式的一般通式为

$$N = \pm \sum_{i=n-1}^{-m} (k_i \times b_i)$$

其中，k_i 为第 i 位的数码；b 为基数；b_i 为第 i 位的权；n 为整数的总位数；m 为小数的总位数。

为了区别数制，通常在书写时采用 3 种方法：一是在数的右下角注明数制，例如 21_{16}、43_{10}、65_8、1010_2 分别表示为十六进制的 21，十进制的 43，八进制的 65，二进制的 1010；二是在数的后面加上一些字母符号。通常十六进制用 H 表示（如 21H），十进制用 D 表示或不加字母符号（如 43D 或 43），八进制用 Q 表示（如 65Q），二进制用 B 表示（如 1010B）。三是在数的前面加上一些符号。如十六进制用 $ 表示（如 $21），二进制用% 表示（如%1010）。本文在后面大量采用第 2 种表示法。

1.7.2　各种进位数制之间的转换

在使用微机时，经常需要进行各种不同进位数制之间的转换，其综合转换表示法如图 1-18 所示。

1. 非十进制数转换为十进制数

对任一非十进制数转换为十进制数，其基本方法是：先将该数按位权展开式逐项计

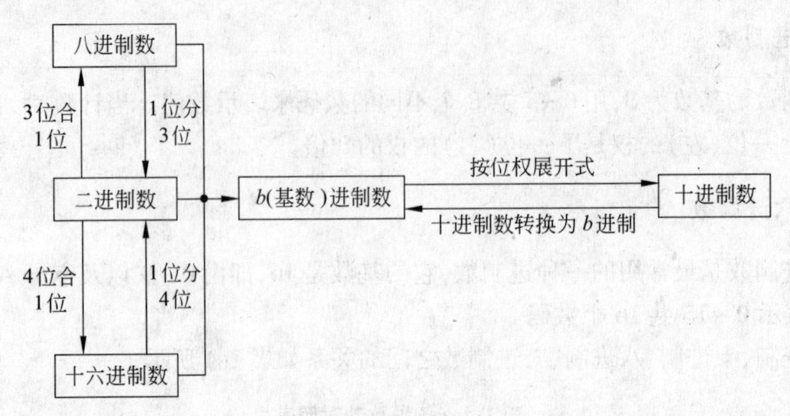

图1-18 各种数制之间转换综合表

算,再按十进制运算规则求和。

【例1-1】 将二进制数1011.101B转换成十进制数。

$$1011.101B = 1\times2^3+0\times2^2+1\times2^1+1\times2^0+1\times2^{-1}+0\times2^{-2}+1\times2^{-3}$$
$$=8+0+2+1+0.5+0+0.125$$
$$=11.625D$$

【例1-2】 将十六进制数FFFE.4H转换为十进制数。

$$FFFE.4H = F\times16^3+F\times16^2+F\times16^1+E\times16^0+4\times16^{-1}$$
$$=65534.25D$$

2. 十进制数转换为非十进制数

对任一十进制数转换为非十进制数分成整数和小数两部分,即分别转换后再以小数点为界合并起来。整数部分采用"除以基数取余"方法(直至商为0,余数按先后顺序从低位到高位排列)。小数部分采用"乘基数取整"的方法。

【例1-3】 将十进制整数175转换成二进制整数。

								商÷2
0	1 ←	2 ←	5 ←	10 ←	21 ←	43 ←	87 ←	175
	↓	↓	↓	↓	↓	↓	↓	↓
	1	0	1	0	1	1	1	1 余数
	K_7	K_6	K_5	K_4	K_3	K_2	K_1	K_0
	(最高位)							(最低位)

其转换结果为

$$175D = K_7K_6K_5K_4K_3K_2K_1K_0 = 10101111B$$

为便于记忆,计算步骤简化为如下形式。

$$商\xleftarrow{\div 2}\downarrow$$
余数

由此可得到将十进制整数转换成二进制整数的规则为:

(1) 将十进制数除以2,并记下余数。

(2) 将所得的商再除以2,并记下余数,如此重复,直至商为0。

(3) 收集所得到的余数,以第一位余数作为整数的最低有效位 K_0,最后得到的余数为最高有效位 K_{n-1},中间的余数顺次收集。

十进制小数转换成二进制小数采用"乘 2 取整"的方法。

【例 1-4】　将十进制小数 0.625 转换为二进制小数。

$$
\begin{array}{lcccccc}
 & 0.625 & \xrightarrow{\times 2} & 0.25 & \longrightarrow & 0.5 & \rightarrow 0 \\
 & \downarrow & & \downarrow & & \downarrow & \\
\text{整数部分} & 1 & & 0 & & 1 & \\
 & K_{-1} & & K_{-2} & & K_{-3} &
\end{array}
$$

所以转换结果为 0.625D = 0.101B。为便于记忆,计算步骤简化为如下形式:

$$
\begin{array}{l}
\xrightarrow{\times 2}\text{小数部分} \\
\quad\downarrow \\
\text{整数部分}
\end{array}
$$

由此可得到将十进制小数转换为二进制小数的方法是不断用 2 去乘该十进制小数,每次所得的溢出数(即整数 1 或 0)依次记为 $K_{-1}, K_{-2}, \cdots$。若乘积的小数部分最后一次乘积能够为 0,则最后一次乘积的整数部分记为 K_{-m},则有

$$0.K_{-1}K_{-2}\cdots K_{-m}$$

但有时结果永远不为 0,即该十进制小数不能用有限位的二进制小数精确表示,这时,可根据精度要求取 m 位,得到十进制小数的二进制的近似表达式。

对于既有整数又有小数的十进制数,可用"除以 2 取余"和"乘 2 取整"法则分别对其整数与小数部分进行转换,然后合并。

【例 1-5】　将十进制数 1192.9032 转换为十六进制数。

整数部分"除以 16 取余"变为如下的形式。

$$
\begin{array}{ccccccc}
 & \div 16 & & \div 16 & \text{商} & \div 16 & \\
0 & \longleftarrow & 4 & \longleftarrow & 74 & \longleftarrow & 1192 \\
 & & \downarrow & & \downarrow & & \downarrow \\
 & & 4 & & A & & 8 \ \text{余数} \\
 & & K_2 & & K_1 & & K_0 \\
 & & (\text{最高位}) & & & & (\text{最低位})
\end{array}
$$

故 1192D = 4A8H。

小数部分"乘 16 取整"变为如下的形式。

$$
\begin{array}{ccccccccc}
0.9032 & \xrightarrow{\times 16} & 0.4512 & \xrightarrow{\times 16} & 0.2192 & \xrightarrow{\times 16} & 0.5072 & \xrightarrow{\times 16} & 0.1152 \\
\downarrow & & \downarrow & & \downarrow & & \downarrow & & \\
E & & 7 & & 3 & & 8 & & \\
K_{-1} & & K_{-2} & & K_{-3} & & K_{-4} & & \\
(\text{最高位}) & & & & & & (\text{最低位}) & &
\end{array}
$$

故

$$0.9032\text{D} = 0.\text{E738H}$$

最后结果为

$$1192.9032D = 4A8.E738H$$

3. 八进制数与二进制数之间的转换

二进制整数转换为八进制整数时十分方便，因为3位二进制数的组合恰好等于0～7这8个数值，所以，能够用3位二进制数表示一位八进制数。这样，便可以直接进行转换，即从最低位（小数点左边第1位）开始，每3位分为一组，若最高位的这一组不足3位时，则在最高位的左边加0补足到3位，然后每3位二进制数用相应的八进制数表示。

【例1-6】 将八进制数352.14转换为二进制数。

```
3     5     2    .    1     4
↓     ↓     ↓    .    ↓     ↓
011   101   010  ..   001   100
```

即

$$352.14Q = (011101010.001100)B = 11101010.0011B$$

在此例中，要将转换后的二进制数最高位前面和最低位后面无意义的零从结果中舍去。

4. 十六进制数与二进制数之间的转换

【例1-7】 将二进制数110100110.110101转换为十六进制数。

```
(000)1   1010   0110   .   1101   01(00)
  ↓       ↓      ↓          ↓       ↓
  1       A      6     .    D       4
```

即 110100110.110101B = 1A6.D4H。

注意：小数部分的最后一组若不足4位时，要加0补足，否则出错。

十六进制数转换为二进制数时，过程与上述相似，将每位十六进制数直接转换为与它相应的4位二进制数即可。

【例1-8】 将十六进制数C8F.49H转换为二进制数。

$$C8F.49H = 110010001111.01001001B$$

同样要注意，在最后的结果中应将可能出现的最高位前面或最低位后面的无意义0舍去。

1.7.3 二进制编码

由于计算机只能识别二进制数，因此，输入的信息，如数字、字母、符号以及声音、图像等都要化成由若干位0和1组合的特定二进制码来表示，这就是二进制编码。

1. 二进制编码的十进制

在计算机中采用的是二进制信息，但在计算机输入和输出时，人们通常还是用熟悉的十进制数来表示。不过，这样的十进制数是用二进制编码表示的。1位十进制数用4位二进制编码来表示的方法很多，较常用的是8421 BCD编码。

8421 BCD码有10个不同的数字符号，由于它是逢“十”进位的，所以，它是十进制；同时，它的每一位是用4位二进制编码表示的，因此，称之为二进制编码的十进制，即二-十进制码或BCD(Binary Code Decimal)码。BCD码具有二进制和十进制两种数制的某些特征。表1-5列出了标准的8421 BCD编码和对应的十进制数。正像纯二进制编码一样，要将BCD数转换成相应的十进制数，只要把二进制数出现1的位权相加即可。

表1-5　列出了标准的8421 BCD编码

十进制数	8421 BCD编码	十进制数	8421 BCD编码	十进制数	8421 BCD编码
0	0000	6	0110	12	0001 0010
1	0001	7	0111	13	0001 0011
2	0010	8	1000	14	0001 0100
3	0011	9	1001	15	0001 0101
4	0100	10	0001 0000	16	0001 0110
5	0101	11	0001 0001	17	0001 0111

注意：4位码仅有10个数有效，表示十进制数10~15的4位二进制数在BCD数制中是无效的。

要用BCD码表示十进制数，只要把每个十进制数用适当的二进制4位码代替即可。

【例1-9】 将十进制整数256用BCD码表示。

256D＝(0010 0101 0110)BCD

每位十进制数用4位8421码表示时，为了避免BCD格式与纯二进制码混淆，必须在每4位之间留一空格。这种表示法也适用于十进制小数。

【例1-10】 将十进制小数0.764用BCD码表示。

0.764＝(0.0111 0110 0100)BCD

【例1-11】 将(0110 0010 1000.1001 0101 0100)BCD码转换成相应的十进制数。

(0110 0010 1000.1001 0101 0100)BCD＝628.954D

十进制与BCD码之间的转换是直接的。而二进制与BCD码之间的转换却不能直接实现，而必须先转换为十进制。

【例1-12】 将二进制数1011.01转换成相应的BCD码。

1011.01B＝11.25D＝(0001 0001.0010 0101)BCD

如果要将BCD码转换成二进制数，则完成上述运算的逆运算即可。

BCD码在计算机中有两种存储形式：压缩BCD码和非压缩BCD码。

对压缩BCD码，在一个字节的存储单元中存放两个BCD码；而对非压缩BCD码，在一个字节的存储单元中存放一个BCD码。

【例1-13】 将13.25D用压缩BCD码和非压缩BCD码两种不同的形式表示出来。

13.25D的压缩BCD码为0001 0011.0010 0101。

13.25D的非压缩BCD码为0000 0001 0000 0011.0000 0010 0000 0101。

2. 字母与字符的编码

目前广泛使用的字母与字符编码是——美国标准信息交换码(American Standard

Code for Information Interchange, ASCII)。7 位 ASCII 代码能表示 $2^7=128$ 种不同的字符,其中包括数码(0~9),英文大、小写字母,标点和控制的附加字符。图 1-19 表示 7 位 ASCII 代码格式,又称全 ASCII 码,它由高 3 位一组和低 4 位一组组成。表 1-6 是 ASCII 表。要注意表 1-6 中 ASCII 码高 3 位组和低 4 位组在表 1-6 的列和行中的排列情况。低 4 位组表示行,高 3 位组表示列。

3位组			4位组			
位6	位5	位4	位3	位2	位1	位0

图 1-19 ASCII 代码格式

表 1-6 美国标准信息交换码 ASCII(7 位)

低位 LSD	高位 MSD	0 000	1 001	2 010	3 011	4 100	5 101	6 110	7 111
0	0000	NUL	DLE	SP	0	@	P	、	p
1	0001	SOH	DC1	!	1	A	Q	a	q
2	0010	STX	DC2	”	2	B	R	b	r
3	0011	ETX	DC3	#	3	C	S	c	s
4	0100	EOT	DC4	$	4	D	T	d	t
5	0101	ENQ	NAK	%	5	E	U	e	u
6	0110	ACK	SYN	&	6	F	V	f	v
7	0111	BEL	ETB	'	7	G	W	g	w
8	1000	BS	CAN	(	8	H	X	h	x
9	1001	HT	EM	)	9	I	Y	i	y
A	1010	LF	SUB	*	:	J	Z	j	z
B	1011	VT	ESC	+	:	K	(	k	{
C	1100	FF	FS	,	<	L	\	l	|
D	1101	CR	GS	–	=	M	)	m	}
E	1110	SO	RS	.	>	N	↑	n	—
F	1111	SI	US	/	?	O	←	o	DEL

要确定某数字、字母或控制操作的 ASCII 码,在表中可查到对应的那一项。然后根据该项的位置从相应的行和列中找出 3 位和 4 位的码,这就是所需的 ASCII 代码。例如,字母 A 的 ASCII 代码是 1000001(即 41H)。它在表的第 4 列、第 1 行。其高 3 位组是 100,低 4 位组是 0001。

1.7.4 二进制数的运算

算术运算有加法和减法。利用加法和减法就可以进行乘法、除法以及其他数值运算。

1. 二进制加法

二进制加法的运算规则是 0+0=0;0+1=1;1+1=0 进位 1;1+1+1=1 进位 1。

【例 1-14】 计算 1101 和 1011 两数相加。

可见,两个二进制数相加时,每一列有 3 个数,即相加的两个数以及低位的进位,用二进制的加法规则相加后得到本位的和以及向高位的进位。于是,1101B 加 1011B 的和等

于 11000B；这可以将二进制数变换为十进制数进行校验。

进位　1 1 1 1
被减数　1 1 0 1
加数　+ 1 0 1 1
和　1 1 0 0 0

【例 1-15】　计算两个 8 位数 10001111B 与 10110101B 相加。

进位　1 0 1 1 1 1 1 1
被加数　1 0 0 0 1 1 1 1
加数 +　1 0 1 1 0 1 0 1
和　1 0 1 0 0 0 1 0 0

两个 8 位二进制数相加后，第 9 位出现的一个 1 代表"进位"位。如果"进位"位不用高 8 位存储单元来保存，则将自然丢失。这点将在后面加以说明。

2. 二进制减法

二进制减法的运算规则是 0 − 0 = 0；1 − 1 = 0；1 − 0 = 1；0 − 1 = 1 借位 1。

【例 1-16】　计算 11011B 减 1101B。

借位后的被减数　0 10 10 1 1
被减数　1 1 0 1 1
减数　−　1 1 0 1
差　1 1 1 0

"借位后的被减数"现在是指产生借位以后每位被减数的值。注意，二进制的 10 等于十进制的 2。

用借位后的被减数逐列地减去减数即得差。

【例 1-17】　计算 11000100B 减 00100101B。

借位后的被减数　1 0 1 1 1 10 1 10
被减数　1 1 0 0 0 1 0 0
减数　− 0 0 1 0 0 1 0 1
差　1 0 0 1 1 1 1 1

和二进制加法一样，微机一般以 8 位数进行减法。若被减数、减数或差值中的有效位不足于 8，应补零位以保持 8 位数。

【例 1-18】　计算 11101110B 减 10111010B。

借位后的被减数　1 0 10 10 1 1 1 0
被减数　1 1 1 0 1 1 1 0
减数　− 1 0 1 1 1 0 1 0
差　0 0 1 1 0 1 0 0

此例中，答案包括 6 位有效位，应补加两个 0 位以保持 8 位数。

3. 二进制乘法

二进制乘法的运算规则是 0 × 0 = 0；0 × 1 = 0；1 × 0 = 0；1 × 1 = 1。

【例 1-19】　计算 1111 乘以 1101。

```
被乘数        1111
  乘数       ×1101
           --------
              1111
             0000
            1111
           1111
           --------
           11000011
```

这里是用乘数的每一位分别去乘被乘数,乘得的各中间结果的最低有效位与相应的乘数位对齐,最后把这些中间结果同时相加即得积。因为在这种乘法算式中一次相加所有中间结果对运算器操作显得太复杂,所以在计算机中常采用移位和加法的简单操作来实现。以本题的1111×1101为例,其过程如下:

```
乘数      被乘数         部分积
1101      1111            0000    ——部分积初值
                        +1111    ——被乘数
                        -------
                          1111    ——部分积
         11110
        111100
                          1111    ——部分积
                      +111100    ——左移的被乘数
                      ---------
       1111000         1001011    ——部分积
                      +1111000    ——左移的被乘数
                      ---------
                      11000011    ——最终乘积
```

(1) 乘数最低有效位LSB为1,把被乘数加至部分积(其初值为0)上,然后把被乘数左移。

(2) 乘数次低位为0,不加被乘数,然后把被乘数左移。

(3) 乘数为1,把已左移的被乘数加至部分积,然后把被乘数左移。

(4) 乘数为1,把已左移的被乘数加至部分积得最终乘积。

此例是以被乘数左移加部分积的方法实现乘法的。当两个n位数相乘时,乘积为$2n$位;在运算过程中,这$2n$位都有可能进行相加的操作,所以,需要$2n$个加法器。显然,也可以用部分积右移加被乘数的方法实现上例两数相乘,其过程如下:

```
乘数     被乘数     部分积 |
1101     1111       0000  |            ——初值
                   +1111  |            ——被乘数
                  --------|
                    1111  |              部分积
                    0111  | 1          ——右移的部分积
                    0011  | 11         ——右移的部分积
                   +1111  |
                  --------|----          被乘数
                   10010  | 11         ——部分积
                    1001  | 011        ——右移的部分积
                   +1111  |              被乘数
                   11000  | 011        ——部分积
                  --------|
                    1100  | 0011       ——最终乘积
```

(1) 乘数最低位为1,把被乘数加至部分积,然后部分积右移。

(2) 乘数为0,不加被乘数,部分积右移。

(3) 乘数为1,加被乘数,部分积右移。

(4) 乘数为1,加被乘数,部分积右移,得最终乘积。

比较一下,所得最后结果相同。但是,用部分积右移的运算方法却只有 n 位进行相加的操作,所以只需要 n 个加法器。

4. 二进制除法

除法是乘法的逆运算。因此,它是确定一个数(除数)可以从另一个数(被除数)中连减多少次的过程。

【例1-20】 计算100011除以101。

```
             0 0 0 1 1 1
除数  1 0 1 )1 0 0 0 1 1   被除数
             1 0 1
             ----------
               1 1 1       余数
               1 0 1
             ----------
                 1 0 1     余数
                 1 0 1
             ----------
                     0     余数
```

以上除法运算在计算机中实现时,可转化为减法和移位运算。其计算步骤是:从被除数的最高位(MSB)开始检查,并经过比较定出需要超过除数值的位数。找到这个位时,商记1,并把选定的被除数值减除数。然后把被除数的下一位移到余数上。如果新余数不够减除数,则商记0,把被除数的再下一位移到余数上;若余数够减则商记1,然后将余数减去除数,并把被除数的下一个低位(在本例中的LSB)再移到余数上。若此余数够减除数,则商记1,并把余数减去除数。重复这一过程直到全部被除数的所有位都依次下移完为止。然后把余数/除数作为商的分数,表示在商中。

1.7.5　二进制数的逻辑运算

在微机中,以0或1两种取值表示的变量叫逻辑变量。逻辑变量之间按位进行的运算,称为逻辑运算。

逻辑运算有3种基本运算:逻辑加法(或运算)、逻辑乘法(与运算)和逻辑否定(非运算)。由这3种基本运算可以导出其他逻辑运算,这里,只介绍4种逻辑运算:与运算、或运算、非运算和异或运算。

1. 与运算

与运算通常用符号×或·或∧表示。它的运算规则如下所示。

$0\times1=0$　或　$0\cdot1=0$　或　$0\wedge1=0$ 读成0与1等于0

$1\times0=0$　或　$1\cdot0=0$　或　$1\wedge0=0$ 读成1与0等于0

$1\times1=1$　或　$1\cdot1=1$　或　$1\wedge1=1$ 读成1与1等于1

可见,与运算表示只有参加运算的逻辑变量都同时取值为1时,其与运算的结果才等于1。

【例 1-21】 计算 $11000011 \wedge 10101001$。

$$11000011 \wedge 10101001 = 10000001$$

2. 或运算

或运算通常用符号 + 或 ∨ 表示。它的运算规则如下所示。

$0+0=0$ 或者 $0 \vee 0=0$ 读成 0 或 0 等于 0

$0+1=1$ 或者 $0 \vee 1=1$ 读成 0 或 1 等于 1

$1+0=1$ 或者 $1 \vee 0=1$ 读成 1 或 0 等于 1

$1+1=1$ 或者 $1 \vee 1=1$ 读成 1 或 1 等于 1

在给定的逻辑变量中,只要有一个为 1 或运算的结果就为 1;只有都为 0 时,或运算的结果才为 0。

【例 1-22】 计算 $10000011 \vee 11000011$。

$$10000011 \vee 11000011 = 11000011$$

3. 非运算

非运算又称逻辑否定。它是在逻辑变量上方加一横线表示非,其运算规则如下:

$\overline{0}=1$ 读成非 0 等于 1

$\overline{1}=0$ 读成非 1 等于 0

【例 1-23】 将 10100101 求非。

$$\overline{10100101} = 01011010$$

4. 异或运算

异或运算通常用符号⊕表示。它的运算规则如下:

$0 \oplus 0=0$ 读成 0 同 0 异或,结果为 0

$0 \oplus 1=1$ 读成 0 同 1 异或,结果为 1

$1 \oplus 0=1$ 读成 1 同 0 异或,结果为 1

$1 \oplus 1=0$ 读成 1 同 1 异或,结果为 0

【例 1-24】 计算 $10100011 \oplus 10101100$。

$$10100011 \oplus 10101100 = 00001111$$

在给定的两个逻辑变量中,只要两个逻辑变量相同,则异或运算的结果就为 0;当两个逻辑变量不同时,异或运算的结果才为 1。

注意:当两个多位逻辑变量之间进行逻辑运算时,只在对应位之间按上述规则进行独立运算,不同位之间不发生任何关系,没有算术运算中的进位或借位关系。

1.8 数的定点与浮点表示

在计算机中,用二进制表示一个带小数点的数有两种方法,即定点表示和浮点表示。所谓定点表示,就是小数点在数中的位置是固定的;所谓浮点表示,就是小数点在数中的位置是浮动的。相应地，计算机按数的表示方法不同也可以分为定点计算机和浮点计算机两大类。

1. 定点表示

通常，对于任意一个二进制数总可以表示为纯小数或纯整数与一个 2 的整数次幂的乘积。例如，二进制数 N 可写成：

$$N=2^{P}\times S$$

其中，S 为数 N 的尾数；P 为数 N 的阶码；2 为阶码的底。尾数 S 表示了数 N 的全部有效数字，阶码 P 确定了小数点位置。注意，此处 P、S 都是用二进制表示的数。

当阶码为固定值时，称这种方法为数的定点表示法。这种阶码为固定值的数称为定点数。

如假定 $P=0$，且尾数 S 为纯小数时，这时定点数只能表示小数。

符号	尾数. S

如假定 $P=0$，且尾数 S 为纯整数时，这时定点数只能表示整数。

符号	尾数 S.

定点数的两种表示法，在计算机中均有采用。究竟采用哪种方法，均是事先约定的。如用纯小数进行计算时，其运算结果要用适当的比例因子来折算成真实值。

在计算机中，数的正负也是用 0 或 1 来表示的，0 表示正，1 表示负。定点数表示方法如下：假设一个单元可以存放一个 8 位二进制数，其中最左边第 1 位留做表示符号，称为符号位，其余 7 位，可用来表示尾数。

例如，两个 8 位二进制数 -0.1010111 和 $+0.1010111$ 在计算机中的定点表示形式如下所示。

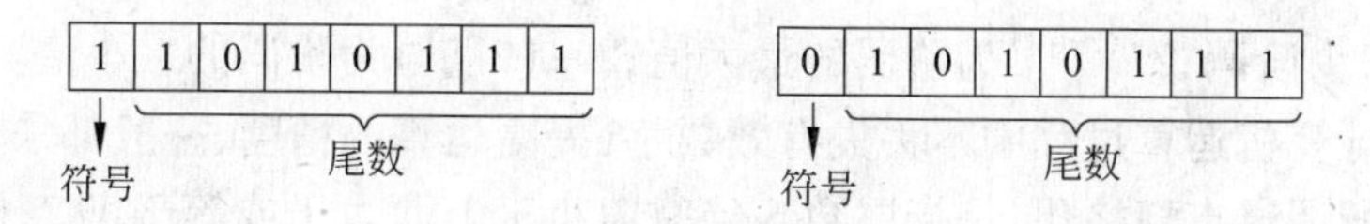

具有 n 位尾数的定点机所能表示的最大正数为：

$$0.\underbrace{1111\cdots1}_{n}$$

即为 $1-2^{-n}$。其绝对值比 $1-2^{-n}$ 大的数，已超出计算机所能表示的最大范围，则产生所谓的"溢出"错误，迫使计算机停止原有的工作，转入"溢出"错误处理。

具有 n 位尾数的定点机所能表示的最小正数为：

$$0.\underbrace{0000\cdots0}_{(n-1)\text{个}0}1$$

即为 2^{-n}，计算机中小于此数的即为 0（机器零）。

因此，n 位尾数的定点机所能表示的数 N 的范围是：

$$2^{-n}\leqslant|N|\leqslant 1-2^{-n}$$

由此可知,数表示的范围不大,参加运算的数都要小于1,而且运算结果也不应出现大于1或等于1的情况,否则就要产生"溢出"错误。因此,这就需要在用机器解题之前进行必要的加工,选择适当的比例因子,使全部参加运算的数的中间结果都按相应的比例缩小若干倍而变为小于1的数,而计算的结果又必须用相应的比例增大若干倍而变为真实值。

2. 浮点表示

如果数 N 的阶码可以取不同的数值,称这种表示方法为数的浮点表示法。这种阶码可以浮动的数,称为浮点数。表示为:

$$N=2^{P}\times S$$

其中,阶码 P 用二进制整数表示,可为正数和负数。用一位二进制数 P_f 表示阶码的符号位,当 $P_f=0$ 时,表示阶码为正;当 $P_f=1$ 时,表示阶码为负。尾数 S,用 S_f 表示尾数的符号,$S_f=0$ 表示尾数为正;$S_f=1$ 表示尾数为负。浮点数在计算机中的表示形式如下。

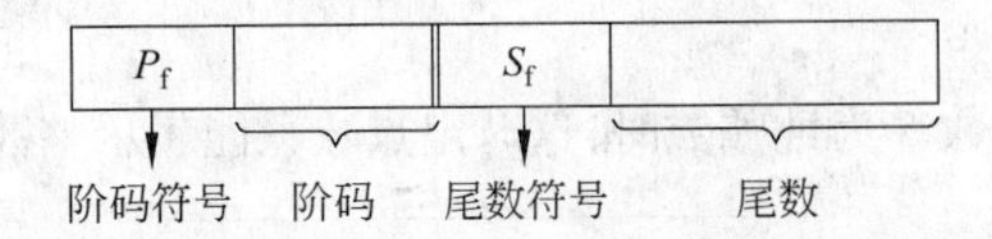

也就是说,在计算机中表示一个浮点数,要分为阶码和尾数两个部分来表示。

例如,二进制数 $2^{+100}\times 0.1011101$(相于十进制数11.625),其浮点数表示为:

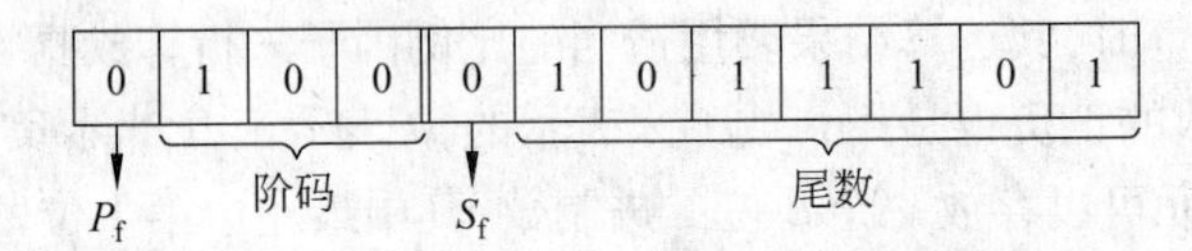

可见,浮点表示与定点表示比较,只多了一个阶码部分。若具有 m 位阶码,n 位尾数,其数 N 的表示范围为:

$$2^{-(2^{m-1})}\cdot 2^{-n}\leqslant |N|\leqslant 2^{+(2^{m-1})}\cdot(1-2^{-n})$$

其中 $2^{\pm(2m-1)}$ 为阶码;$2^{+(2m-1)}$ 为阶码的最大值;$2^{-(2^{m-1})}$ 为阶码的最小值。

为了使计算机运算过程中不丢失有效数字,提高运算的精度,一般都采用二进制浮点规格化数。所谓浮点规格化,是指尾数 S 绝对值小于1而大于或等于1/2,即小数点后面的一位必须是1。上述例子中的 $N=2^{+100}\times 0.1011101$ 就是一个浮点规格化数。

1.9 带符号数的表示法

1.9.1 机器数与真值

对于带符号的二进制数,其正负符号如何表示呢? 在计算机中,为了区别正数或负数,是将数学上的+ -符号数字化,规定一个字节中的最高位 D_7 位为符号位,$D_0\sim D_6$ 位为数字位。在符号位中,用0表示正,1表示负,而数字位表示该数的数值部分。例如:

$$N_1=01011011=+91\text{D}\quad N_2=11011011=-91\text{D}$$

即一个数的数值和符号全都数码化了。我们把一个数(包括符号位)在机器中的一组二进制数表示形式,称为“机器数”,而把它所表示的值(包括符号)称为机器数的“真值”。

1.9.2　机器数的种类和表示方法

在机器中表示带符号的数有 3 种表示方法:原码、反码和补码。为了运算带符号数的方便,目前实际上使用的是补码;而研究原码与反码是为了研究补码。

1. 原码

所谓数的原码表示,即符号位用 0 表示正数,而用 1 表示负数,其余数字位表示数值本身。

例如, 正数 $X = +105$ 的原码表示为:

$$[X]_{原} = 0\underbrace{1101001}_{数值本身}$$

符号位 ← 0

对于负数 $X = -105$ 的原码表示为:

$$[X]_{原} = 1\underbrace{1101001}_{数值本身}$$

符号位 ← 1

对于 0,可以认为它是(+0),也可以认为它是(−0)。因此,0 在原码中有下列两种表示:

$$(+0)_{原} = 0\,0\,0\,0\,0\,0\,0\,0$$

$$(-0)_{原} = 1\,0\,0\,0\,0\,0\,0\,0$$

对于 8 位二进制来说,原码可表示的范围为 +(127)D ~ −(127)D。

原码表示简单易懂,而且与真值的转换很方便,但采用原码表示在计算机中进行加减运算时很麻烦。如进行两数相加,必须先判断两个数的符号是否相同。如果相同,则进行加法,否则就要做减法。做减法时,还必须比较两个数的绝对值的大小,再由大数减小数,差值的符号要和绝对值大的数的符号一致。要设计这种机器是可以的,但要求复杂而缓慢的算术电路使计算机的逻辑电路结构复杂化了。因此,在计算机中采用简便的补码运算,这就引进了反码与补码。

2. 反码

正数的反码表示与其原码相同,即符号位用 0 表示正,数字位为数值本身。例如:

$$(+0)_{反} = \underline{0}\quad \underline{0\,0\,0\,0\,0\,0\,0}$$

$$(+4)_{反} = \underline{0}\quad \underline{0\,0\,0\,0\,1\,0\,0}$$

$$(+31)_{反} = \underline{0}\quad \underline{0\,0\,1\,1\,1\,1\,1}$$

$$(+127)_{反} = \underline{0}\quad \underline{1\,1\,1\,1\,1\,1\,1}$$

↓　　　↓

符号位　数值本身

负数的反码是将它的正数按位(包括符号位在内)取反而形成的。例如,与上述正数对应的负数的反码表示如下。

$$(-0_{10})_{反}=\underline{1}\quad\underline{1111111}$$
$$(-4_{10})_{反}=\underline{1}\quad\underline{1111011}$$
$$(-31_{10})_{反}=\underline{1}\quad\underline{1100000}$$
$$(-127_{10})_{反}=\underline{1}\quad\underline{0000000}$$

↓　　↓

符号位　数字位

8 位二进制数的反码表示如表 1-7 所示,它有如下特点。

表 1-7　8 位机器数的对照表

二进制数码表示	无符号十进制数	原　码	反　码	补　码
0000　0000	0	+0	+0	+0
0000　0001	1	+1	+1	+1
0000　0010	2	+2	+2	+2
⋮	⋮	⋮	⋮	⋮
0111　1100	124	+124	+124	+124
0111　1101	125	+125	+125	+125
0111　1110	126	+126	+126	+126
0111　1111	127	+127	+127	+127
1000　0000	128	-0	-127	-128
10000　0001	129	-1	-126	-127
1000　0010	130	-2	-125	-126
⋮	⋮	⋮	⋮	⋮
1111　1100	252	-124	-3	-4
1111　1101	253	-125	-2	-3
1111　1110	254	-126	-1	-2
1111　1111	255	-127	-0	-1

(1) 0 的反码有两种表示法: 00000000 表示 +0,11111111 表示 -0。

(2) 8 位二进制反码所能表示的数值范围为 +127D ~ -127D。

(3) 当一个带符号数用反码表示时,最高位为符号位。若符号位为 0(即正数)时,后面的 7 位为数值部分;若符号位为 1(即负数)时,一定要注意后面 7 位表示的并不是此负数的数值,而必须把它们按位取反以后,才得到表示这 7 位的二进制数值。例如,一个 8 位二进制反码表示的数 10010100B,它是一个负数;但它并不等于 -20D,而应先将其数字位按位取反,然后才能得出此二进制数反码所表示的真值:

$$-1101011=-(1\times26+1\times25+1\times23+1\times21+1)$$
$$=-(64+32+8+3)=-107D$$

3. 补码

微机中都是采用补码表示法,因为用补码法以后,同一加法电路既可以用于有符号数相加，也可以用于无符号数相加，而且减法可用加法代替，从而使运算逻辑大为简化，速度提高，成本降低。

一般地说，对于 n 位二进制数，某数 X 的补码总可以定义为：$(X)_{补}=2^n+X$。其中，2^n 为 n 位二进制数 X 的"模"，即最大的循环数，如 8 位二进制数的模为 $2^8=256$。下面，讨论避免做减法运算的补码表示法。

1）正数的补码

正数的补码与其原码相同，即符号位用 0 表正，其余数字位表示数值本身。例如：

$$(+4)_{补}=\underline{0}\quad\underline{0000100}$$
$$(+31)_{补}=\underline{0}\quad\underline{0011111}$$
$$(+127)_{补}=\underline{0}\quad\underline{1111111}$$

↓　　　　↓

符号位　数值本身

2）负数的补码

负数的补码表示为它的反码加 1（即在其低位加 1）。例如

$$(-4)_{补}=\underline{1}\quad\underline{1111100}$$
$$(-31)_{补}=\underline{1}\quad\underline{1100001}$$
$$(-127)_{补}=\underline{1}\quad\underline{0000001}$$

↓　　　　↓

符号位　数字位

8 位二进制数补码表示也列入表 2-4 中。它有如下特点。

(1) $(+0)_{补}=(-0)_{补}=00000000$。

(2) 8 位二进制补码所能表示的数值为 $+127\sim-128$。

(3) 当一个带符号数用 8 位二进制补码表示时，最高位为符号位。若符号位为 0（即正数）时，其余 7 位即为此数的数值本身；但当符号位为 1（即负数）时，一定要注意其余 7 位不是此数的数值，而必须将它们按位取反，且在最低位加 1，才得到它的数值。例如，一个补码表示的数如下：

$$(X)_{补}=10011011\text{B}$$

它是一个负数。但它并不等于 −27D，它的数值为：将数字位 0011011 按位取反得到 1100100，然后再加 1，即为 1100101。故有

$$X=-1100101=-(1\times2^6+1\times2^5+1\times2^2+1\times2^0)$$
$$=-(64+32+4+1)=-101\text{D}$$

1.9.3　补码的加减法运算

在微机中，凡是带符号数一律用补码表示，而且，运算的结果自然也是补码。

补码的加减运算是带符号数加减法运算的一种。其运算特点是：符号位与数字位一起参加运算，并且自动获得结果（包括符号位与数字位）。

在进行加法时，按两数补码的和等于两数和的补码进行。因为

$$[X]_{补}+[Y]_{补}=2^n+X+2^n+Y=2^n+(X+Y)$$

而

$$2^n+(X+Y)=[X+Y]_{补}(\bmod 2^n)$$

所以

$$[X]_{补}+[Y]_{补}=[X+Y]_{补}$$

【例 1-25】 已知 $X=+1000000$，$Y=+0001000$，求两数的补码之和。

由补码表示法有 $[X]_{补}=01000000$，$[Y]_{补}=00001000$

$$\begin{array}{rr} & [X]_{补}=01000000 \\ +) & [Y]_{补}=00001000 \\ \hline & [X]_{补}+[Y]_{补}=01001000 \end{array} \qquad \begin{array}{rr} & +64 \\ +) & +8 \\ \hline & +72 \end{array}$$

所以

$$[X+Y]_{补}=01001000(\bmod 2^8)$$

此和数为正，而正数的补码等于该数原码，即为

$$[X+Y]_{补}=[X+Y]_{原}=01001000$$

其真值为 +72；又因 +64 + (+8) = +72，故结果是正确的。

【例 1-26】 已知 $X=+0000111$，$Y=-0010011$，求两数的补码之和。

因 $$[X]_{补}=00000111,\quad [Y]_{补}=11101101$$

$$\begin{array}{rr} & [X]_{补}=00000111 \\ +) & [Y]_{补}=11101101 \\ \hline & [X]_{补}+[Y]_{补}=11110100 \end{array} \qquad \begin{array}{rr} & +7 \\ +) & -19 \\ \hline & -12 \end{array}$$

所以

$$[X+Y]_{补}=11110100(\bmod 2^8)$$

此和数为负，将负数的补码还原为原码，即

$$[X+Y]_{原}=[(X+Y)_{补}]_{补}=10001100$$

其真值为 -12；又因 +7 + (-19) = -12，故结果是正确的。

【例 1-27】 已知 $X=-0011001$，$Y=-0000110$，求两数的补码之和。

因 $$[X]_{补}=11100111,\quad [Y]_{补}=11111010$$

$$\begin{array}{rr} & [X]_{补}=\quad 11100111 \\ +) & [Y]_{补}=\quad 11111010 \\ \hline & [X]_{补}+[Y]_{补}=\boxed{1}\ 11100001 \end{array} \qquad \begin{array}{rr} & -25 \\ +) & -6 \\ \hline & -31 \end{array}$$

自动丢失　符号位

所以

$$[X+Y]_{补}=11100001(\bmod 2^8)$$

此和数为负数，同求原码的方法一样，$[X+Y]_{原}=10011111$，其真值为 -31；又因 -25 + (-6) = -31，故结果也是正确的。

在进行减法时，按两数补码的差等于两数差的补码进行。

因为

$$\begin{aligned}[X]_{补}-[Y]_{补}&=[X]_{补}+[-Y]_{补}=2^n+X+2^n+(-Y)\\&=2^n+(X-Y)\end{aligned}$$

而

$$2^n+(X-Y)=[X-Y]_{补}(\bmod 2^n)$$

所以

$$[X]_{补}-[Y]_{补}=[X]_{补}+[Y]_{补}=[X-Y]_{补}$$

补码的减法运算,可以归纳为: 先求$[X]_{补}$,再求$[-Y]_{补}$,然后进行补码的加法运算。其具体运算过程与前述的补码加法运算过程一样。

1.9.4　溢出及其判断方法

1. 什么叫溢出

所谓溢出是指带符号数的补码运算溢出。例如,字长为 n 位的带符号数,用最高位表示符号,其余 $n-1$ 位用来表示数值。它能表示的补码运算的范围为 $-2^n \sim +2^n-1$。如果运算结果超出此范围,就叫补码溢出,简称溢出。在溢出时,将造成运算错误。

例如,在字长为 8 位的二进制数用补码表示时,其范围为 $-2^8 \sim +2^8-1$ 即 $-128 \sim +127$。如果运算结果超出此范围,就会产生溢出。

【例 1-28】 已知 $X=01000000$,$Y=01000001$,进行补码的加法运算。

$$\begin{array}{rll} & [X]_{补}=01000000 & (+64\text{ 的补码}) \\ + & [Y]_{补}=01000001 & (+65\text{ 的补码}) \\ \hline & [X]_{补}+[Y]_{补}=10000001 & (-127\text{ 的补码}) \\ & \uparrow & \\ & \text{符号} & \end{array}$$

即为

$$(X+Y)_{补}=10000001$$
$$X+Y=-1111111(-127)$$

两正数相加,其结果应为正数,且为 +129,但运算结果为负数(-127),这显然是错误的。其原因是和数 +129 > +127,即超出了 8 位正数所能表示的最大值,使数值部分占据了符号位的位置,产生了溢出错误。

【例 1-29】 已知 $X=-1111111$,$Y=-0000010$,进行补码的加法运算。

$$\begin{array}{rll} & [X]_{补}=\ \ 10000001 & (-127\text{ 的补码}) \\ + & [Y]_{补}=\ \ 11111110 & (-2\text{ 的补码}) \\ \hline & [X]_{补}+[Y]_{补}=\boxed{1}\,01111111 & (+127\text{ 的补码}) \\ & \nearrow\quad\uparrow & \\ & \text{自动丢失}\quad\text{符号} & \end{array}$$

即为

$$(X+Y)_{补}=01111111(+127)$$

两负数相加,其结果应为负数,且为 -129,但运算结果为正数(+127),这显然是错误的,其原因是和数 -129 < -128,即超出了 8 位负数所能表示的最小值,也产生了溢出错误。

2. 判断溢出的方法

判断溢出的方法较多,例如以上两例根据参加运算的两个数的符号及运算结果的符号可以判断溢出;此外,利用双进位的状态也是常用的一种判断方法。这种方法是利用符号位相加和数值部分的最高位相加的进位状态来判断。即利用

$$V = D_{7c} \oplus D_{6c}$$

判别式来判断。当 D_{7c} 与 D_{6c}“异或”结果为1,即 $V=1$,表示有溢出,当“异或”结果为0,即 $V=0$,表示无溢出。

如例1-28与例1-29,V 分别为 $V=0 \oplus 1=1$ 与 $V=1 \oplus 0=1$,故两种运算均产生溢出。

3. 溢出与进位

进位是指运算结果的最高位向更高位的进位。如有进位,则 $Cy=1$;无进位,则 $Cy=0$。当 $Cy=1$,即 $D_{7c}=1$ 时,若 $D_{6c}=1$,则 $V=D_{7c} \oplus D_{6c}=1 \oplus 1=0$,表示无溢出;若 $D_{6c}=0$,则 $V=1 \oplus 0=1$,表示有溢出。当 $Cy=0$,即 $D_{7c}=0$ 时,若 $D_{6c}=1$,则 $V=0 \oplus 1=1$,表示有溢出;若 $D_{6c}=0$,则 $V=0 \oplus 0=0$,表示无溢出。可见,进位与溢出是两个不同性质的概念,不能混淆。

例如,例1-29中,既有进位也有溢出;而例1-28中,虽无进位却有溢出。可见,两者没有必然的联系。在微机中,都有检测溢出的办法。为避免产生溢出错误,可用多字节表示更大的数。

对于字长为16位的二进制数用补码表示时,其范围为 $-2^{16} \sim +2^{16}-1$ 即 $-32\,768 \sim +32\,767$。判断溢出的双进位式为:

$$V = D_{15C} \oplus D_{14C}$$

习题 1

1-1 微处理器为什么又简称为CPU?世界上第一块4位的CPU芯片于何时问世,其主要性能如何?

1-2 微机硬件系统的组成包括哪几部分?实际微机硬件系统一般都由哪些部件组成?

1-3 一个最基本的微处理器由哪几部分组成?它们各自的主要功能是什么?

1-4 说明程序计数器PC在程序执行过程中的具体作用与功能特点。

1-5 说明标志寄存器F的基本功能是什么?它在程序执行过程中有何作用?

1-6 存储器的基本功能是什么?程序和数据是以何种代码形式来存储信息的?

1-7 说明位、字节以及字长的基本概念及三者的关系。

1-8 若有3种微处理器的地址引脚数分别为16条、20条以及32条,试问这3种微处理器分别能寻址多少字节的存储单元?

1-9 说明存储器有哪几种基本操作?它们的具体操作步骤和作用有何区别?

1-10　微机工作过程的实质是什么？执行一条指令包含哪两个阶段？微机在这两个阶段的操作有何基本区别？

1-11　指令的操作码和操作数这两部分有何区别？试写出一条模型机将立即数 9 取入累加器 A 的 MOV 传送指令，并以二进制数形式分别表示操作码和操作数这两个字节。

1-12　用汇编语言和机器语言两种形式写出用模型机实现 17 加 8 的 5 字节（用 HLT 指令结束）加法程序。并回答：当程序运行结束时，在指令寄存器、累加器中分别存放着什么内容的二进制代码信息。

1-13　为什么说计算机只能“识别”二进制数，并且计算机内部数的存储及运算也都采用二进制？

1-14　将下列十进制数分别转换为二进制数。

（1）147　（2）4095　（3）0.625　（4）0.15625

1-15　将下列二进制数分别转换为 BCD 码。

（1）1011　（2）0.01　（3）10101.101　（4）11011.001

1-16　将下列二进制数分别转换为八进制数和十六进制数。

（1）10101011B　（2）1011110011B

（3）0.01101011B　（4）11101010.0011B

1-17　选取字长 n 为 8 位和 16 位两种情况，求下列十进制数的原码。

（1）$X=+63$　（2）$Y=-63$　（3）$Z=+118$　（4）$W=-118$

1-18　选取字长 n 为 8 位和 16 位两种情况，求下列十进制数的补码。

（1）$X=+65$　（2）$Y=-65$　（3）$Z=+127$　（4）$W=-128$

1-19　已知数的补码表示形式如下，分别求出数的真值与原码。

（1）$[X]_{补}=78H$　（2）$[Y]_{补}=87H$

（3）$[Z]_{补}=FFFH$　（4）$[W]_{补}=800H$

1-20　设字长为 16 位，求下列各二进制数的反码。

（1）$X=00100001B$　（2）$Y=-00100001B$

（3）$Z=010111011011B$　（4）$W=-010111011011B$

1-21　下列各数均为十进制数，试用 8 位二进制补码计算下列各题，并用十六进制数表示机器运算结果，同时判断是否有溢出。

（1）(−89)+67　（2）89−(−67)

（3）(−89)−67　（4）(−89)−(−67)

1-22　分别写出下列字符串的 ASCII 码

（1）17abc　（2）EF98

（3）AB $ D　（4）This is a number 258

1-23　设 $X=87H$，$Y=78H$，在下述两种情况下比较两数的大小。

（1）均为无符号数　（2）均为带符号数（设均为补码）

1-24　选取字长 n 为 8 位，已知数的原码表示如下，求出其补码。

（1）$[X]_{原}=01010101$　（2）$[Y]_{原}=10101010$

（3）$[Z]_{原}=11111111$　（4）$[W]_{原}=10000001$

1-25　设给定两个正的浮点数如下

$$N_1 = 2^{P1} \times S_1$$

$$N_2 = 2^{P2} \times S_2$$

(1) 若 $P_1 > P_2$,是否有 $N_1 > N_2$?

(2) 若 S_1 和 S_2 均为规格化的数,且 $P_1 > P_2$,是否有 $N_1 > N_2$?

1-26　设二进制浮点数的阶码有 3 位、阶符 1 位、尾数 6 位、尾符 1 位,分别将下列各数表示成规格化的浮点数。

(1) $X = 1111.0111$　　(2) $Y = -1111.01011$

(3) $Z = -65/128$　　(4) $W = +129/64$

1-27　将下列十进制转换为单精度浮点数。

(1) +1.5　(2) -10.625　(3) +100.25　(4) -1200

1-28　阐述微型计算机在进行算术运算时,所产生的“进位”与“溢出”两者之间的区别。

1-29　选字长 n 为 8 位,用补码列出竖式计算下列各式,并且回答是否有溢出?若有溢出,正溢出还是负溢出?

(1) 0111 1001 +0111 0000　　(2) -0111 1001 -0111 0001

(3) 0111 1100 -0111 1111　　(4) -0101 0001 +0111 0001

1-30　若字长为 32 位的二进制数用补码表示时,试写出其范围的一般表示式及其负数的最小值与正数的最大值。

第2章 微处理器系统结构与技术

【学习目标】

微处理器是微机系统的核心部件与技术关键。本章在介绍 Intel 8086/8088 CPU 系统结构与技术的基础上，简要描述 80286、80386、80486 以及 Pentium 系列 CPU 系统结构的演变与技术特点。

首先详细解析具有典型基础意义的 8086/8088 微处理器及其存储器与 I/O 组织。然后在此基础上，采取"化繁为简"、"渐进细化"的模式和方法，深入浅出地剖析 Intel 80x86 系列及 Pentium 微处理器的基本概念与关键技术。

【学习要求】

- 了解 CISC 和 RISC 是 CPU 的两种基本架构。
- 理解 8086/8088 CPU 的内部组成结构是 Intel 80x86 系列微处理器体系结构的基础。理解和熟练掌握 8086/8088 的寄存器结构与总线周期概念。
- 透彻理解存储器的分段设计这一关键性存储管理技术基础。
- 掌握物理地址和逻辑地址的关系及其变换原理，是理解存储管理机制的关键。
- 理解"段加偏移"寻址机制允许重定位。
- 了解 Intel 系列高档微处理器的技术发展方向和关键技术，着重理解 80386 的段、页式管理，80486 对 80386 的技术更新和 5 级流水线技术思想。
- 了解 Pentium 微处理器的体系结构特点，理解双流水线与双 Cache 的技术思想。
- 了解 Pentium 4 微处理器的主要技术特点及其性能指标。
- 了解多处理器计算机系统和嵌入式系统的基本知识。

2.1 CISC 与 RISC 技术

在讨论微处理器系统结构时，首先要理解复杂指令集计算机（Complex Instruction Set Computer，CISC）和精简指令集计算机（Reduced Instruction Set Computer，RISC）是 CPU 的两种基本架构。

2.1.1 CISC

CISC 是一种较早的微处理器设计架构，Intel 80x86 系列微处理器中的 8086/8088、

80286 等,都是按此学派的理论设计的。

CISC 结构微处理器的设计特点如下所示。

1. 复杂指令

复杂指令(Complex Instruction)是 CISC 理论的基础。在早期的 CPU 全部是 CISC 架构,它的设计目的是要用最少的机器语言指令来完成所需的计算任务。如 8080 的算术运算指令只有加法运算、减法运算指令等一些基本的命令,如果要做乘、除法和浮点运算则要靠编程来实现。随着微处理器位数的增加和集成度的不断提高,指令系统不断扩大,除了有一些常用指令外,还有一些特殊设计的指令;在这些特殊指令中,有一些是能处理复杂功能的指令,而为了要用一条或几条指令完成复杂的功能,常常会使这些特殊指令的指令代码设计得又长又复杂。

由于按 CISC 理论设计了一些很复杂的指令,不但增加了微处理器的设计难度,从而提高了它们的成本,也使微处理器的译码单元电路的工作加重,增加了执行指令时所需要的时钟周期数,反而可能降低计算机的处理速度。

2. 复杂的内存定位法

在 CISC 理论中,为了完成对存储器的访问操作,可以用多种寻址方式实现,以确定操作数所在的存储单元,这种方法称为复杂的内存定位法(Complex Memory Reference Methods)。以 80x86 系列微处理器为例,其寻址方式就有直接寻址、基址寻址、变址寻址、基址加变址寻址等。

3. 微程序结构

微程序结构(Micro Programming)是基于微指令操作的一种结构。微指令(Micro Instruction)是微处理器控制命令的基本单位,它指挥微处理器执行一些最基本的功能。通常,一个简单的处理过程需要几个微指令来完成。对于 CISC 结构的微处理器而言,所有的微指令都会被收集起来成为指令集,并将其烧录在微处理器内的只读存储器中,所以,控制器包含着微处理器的微码,这些微码是一组常驻在微处理器内的 ROM 中低级命令,用来将指令转换成执行实际操作所需的一系列小型任务;微处理器可以执行的每一条指令都有这样一组相应的微码命令。

2.1.2 RISC

精简指令集计算机(Reduced Instruction Set Computer,RISC)理论是从上世纪 80 年代开始逐渐发展成为一种微处理器体系结构,采用 RISC 结构的 CPU 称为 RISC CPU。例如,从 80286 到 80386 的设计过程中就开始显示出这种变化,而此后所推出的 80486、Pentium 与 Pentium Pro(P6)等微处理器,则更加重了 RISC 化的趋势。到了 Pentium Ⅱ、Pentium Ⅲ以后,虽然仍属于 CISC 的结构范围,但它们的内核已采用了 RISC 结构。RISC 理论的提出者主张在设计精简指令系统时,只选取使用频率高(80%~90%)的少数指令,并使所有的简单指令能在一个时钟周期内执行完。这是计算机系统架构的一次深刻变革。

RISC体系结构的基本思路是：抓住复杂指令集CISC（Complex Instruction Set Computing）指令种类多、指令格式不规范、寻址方式多的缺点，通过减少指令种类、规范指令格式和简化寻址方式，方便处理器内部的并行处理，提高VLSI器件的使用效率，从而大幅度地提高处理器的性能。

RISC指令集主要特点如下：

1）缩短指令长度，规范指令格式

通常设计为32位的等长指令，以简化"取指"及"指令译码"电路和操作。

2）简化寻址方式

几乎所有指令都采用寄存器寻址方式，寻址方式总数一般不超过5个。其他一些较为复杂的寻址方式，则采用软件方法利用简单的寻址方式来合成。

3）适当增加通用寄存器数量，大量利用寄存器间操作

大多数指令操作都是在寄存器之间进行，只采取简单的装入（Load）和存储（Store）操作访问内存。因此，每条指令中访问的内存地址不会超过1个，简化了访问内存的操作。

4）简化处理器结构

采用RISC指令集，可以大大简化处理器的控制器和其他功能单元的设计，不必使用大量专用寄存器，特别是允许以硬件线路实现指令操作，而不必像CISC处理器那样使用微程序实现指令操作。

5）便于使用VLSI技术

随着VLSI（Very Large Scale Integration超大规模集成电路）技术的发展，整个处理器（甚至多个处理器）都可以放在一个芯片上。RISC体系结构可以给设计单芯片处理器带来很多好处，有利于提高性能，简化VLSI芯片的设计和实现。

6）增强处理器并行能力

采用指令流水处理技术和超标量技术是RISC指令集最重要的理论，从而有效地实现指令级并行操作，提高处理器的性能。常用的处理器内部并行操作技术基本上是基于RISC体系结构发展和成熟起来的。

2.2 典型的16位微处理器的系统结构

20世纪80年代，有3种流行的16位微处理器，即Intel 8086、MC 68000和Z 8000。其中，8086是Intel公司在1978年推出的16位微处理器，之后不久，Intel还推出了准16位微处理器8088。由于8086/8088 CPU的后续产品在市场竞争中逐渐成为主流产品，而且，它们在体系结构与技术上形成一个完整的不断提升的系列，在指令集方面也具有同其他系列CPU的兼容性，所以，8086/8088就成为典型的16位微处理器。

2.2.1 8086/8088 CPU的内部组成结构

8086/8088 CPU的内部结构基本上是相似的，为简化起见在图2-1中只给出了8086 CPU的内部结构框图。从图2-1可知，8086/8088内部可分为两个独立的功能单元，即总线接口单元（Bus Interface Unit，BIU）和执行单元（Execution Unit，EU）。

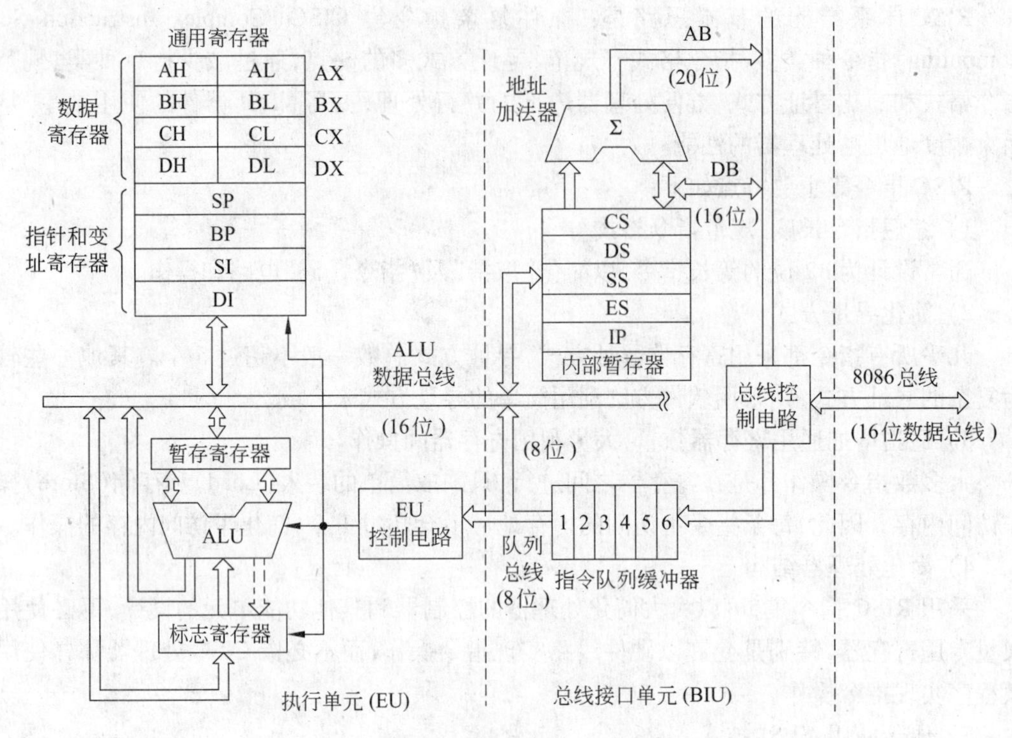

图2-1 8086/8088 CPU的内部功能结构框图

1. 总线接口单元BIU

BIU的基本功能是负责CPU与存储器或I/O端口之间的数据传送。在CPU取指令时,它从内存中取出指令送到指令队列缓冲器;而在执行指令时,它要与指定的内存单元或者I/O端口交换数据。

BIU内有4个16位段寄存器即代码段寄存器(CS)、数据段寄存器(DS)、堆栈段寄存器(SS)和附加段寄存器(ES),16位指令指针IP,6字节指令队列缓冲器,20位地址加法器和总线控制电路。

1)指令队列缓冲器

8086的指令队列由6个字节的寄存器组成,最多可存入6个字节的指令代码,而8088的指令队列只有4个字节。在8086/8088执行指令时,将从内存中取出一条或几条指令,依次放在指令队列中。它们采用"先进先出"的原则,按顺序存放,并按顺序取到EU中去执行。其操作将遵循下列原则。

(1)取指令时,每当指令队列中存满一条指令后,EU就立即开始执行。

(2)指令队列中只要空出两个(对8086)或一个(对8088)指令字节时,BIU便自动执行取指操作,直到填满为止。

(3)EU在执行指令的过程中,若CPU需要访问存储器或I/O端口,则EU自动请求BIU去完成访问操作。此时若BIU空闲,则会立即完成EU的请求;否则BIU首先将指令取至指令队列,再响应EU的请求。

(4)当EU执行完转移、调用和返回指令时,则要清除指令队列缓冲器,并要求BIU

从新的地址重新开始取指令,新取的第 1 条指令将直接经指令队列送到 EU 去执行,随后取来的指令将填入指令队列缓冲器。

2）地址加法器和段寄存器

8086 有 20 根地址线,但内部寄存器只有 16 位,不能直接提供对 20 位地址的寻址信息。如何实现对 20 位地址的寻址呢? 这里,设计者采用了一种称之为“段加偏移”的重要技术,即将可移位的 16 位段寄存器与 16 位偏移地址相加的办法,从而巧妙地解决了这一矛盾。具体地说,就是利用各段寄存器分别来存放确定各段的 20 位起始地址的高 16 位段地址信息,而由 IP 提供或由 EU 按寻址方式计算出寻址单元的 16 位偏移地址(又称为逻辑地址或偏移量),然后,将它与左移 4 位后的段寄存器的内容同时送到地址加法器进行相加,最后形成一个 20 位的实际地址(又称为物理地址),以对存储单元寻址。图 2-2 示出了实际地址的产生过程。例如,要形成某指令码的实际地址,就将 IP 的值与代码段寄存器 CS(Code Segment)左移 4 位后的内容相加。

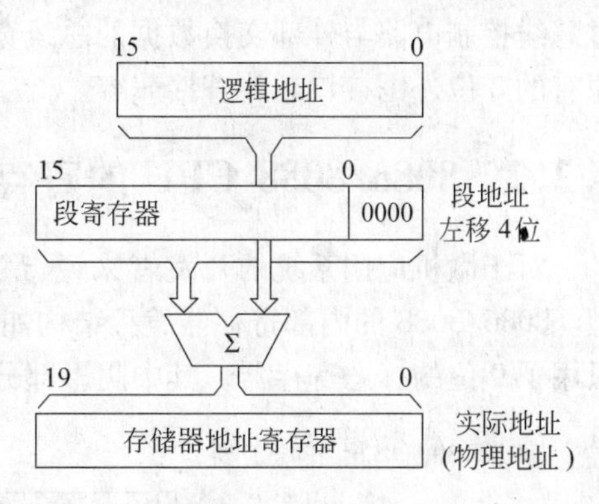

图 2-2　实际地址(物理地址)的产生过程

【例 2-1】　假设 CS = 4000H, IP = 0618H,则指令的物理地址 PA = 4000H × 16 + 0618H = 40618H。

3）16 位指令指针(Instruction Pointer, IP)

IP 的功能与 8 位 CPU 中的程序计数器 PC 类似。正常运行时,IP 中含有 BIU 要取的下一条指令(字节)的偏移地址。IP 在程序运行中能自动加 1 修正,使之指向要执行的下一条指令(字节)。有些指令(如转移、调用、中断和返回指令)能使 IP 值改变,或将 IP 值压进堆栈保存,或由堆栈弹出恢复原值。

2. 执行单元 EU

EU 的功能是负责从指令队列中取出指令,然后分析和执行指令。执行指令所需要的数据或执行指令的结果,都由 EU 向 BIU 发出请求,再由 BIU 经总线控制电路对存储器或 I/O 端口存取。EU 由下列部分组成。

(1) 16 位算术逻辑单元。它可以用于进行算术、逻辑运算,也可以按指令的寻址方式计算出寻址单元的 16 位偏移量。

(2) 16 位标志寄存器 F。它用来反映 CPU 运算的状态特征或存放控制标志。

(3) 数据暂存寄存器。它协助 ALU 完成运算,暂存参加运算的数据。

(4) 通用寄存器组。它包括 4 个 16 位数据寄存器 AX、BX、CX、DX 和 4 个 16 位指针与变址寄存器 SP、BP 与 SI、DI。

(5) EU 控制电路。它是控制、定时与状态逻辑电路,接收从 BIU 中指令队列取来的指令,经过指令译码形成各种定时控制信号,对 EU 的各个部件实现特定的定时操作。

EU 中所有的寄存器和数据通道(除队列总线为 8 位外)都是 16 位的宽度,可实现数据的快速传送。

注意：由于BIU与EU分开独立设计，因此，在一般情况下，CPU执行完一条指令后就可以立即执行下一条指令。16位CPU这种并行重叠操作的特点，提高了总线的信息传输效率和整个系统的执行速度。

8088 CPU内部结构与8086的基本相似，其内部寄存器、运算器以及内部数据总线与8086一样都是按16位设计的，只是8088的BIU中指令队列长度为4字节，它的BIU通过总线控制电路与外部交换数据的总线宽度是8位，这样设计的目的主要是为了与Intel原有的8位外围接口芯片直接兼容。

2.2.2 8086/8088 CPU的寄存器结构

对于微机应用系统的开发者来说，最重要的是掌握CPU的编程结构或程序设计模型。8086/8088的内部寄存器编程结构如图2-3所示。它共有13个16位寄存器和一个只用了9位的标志寄存器。其中阴影部分与8080/8085 CPU相同。

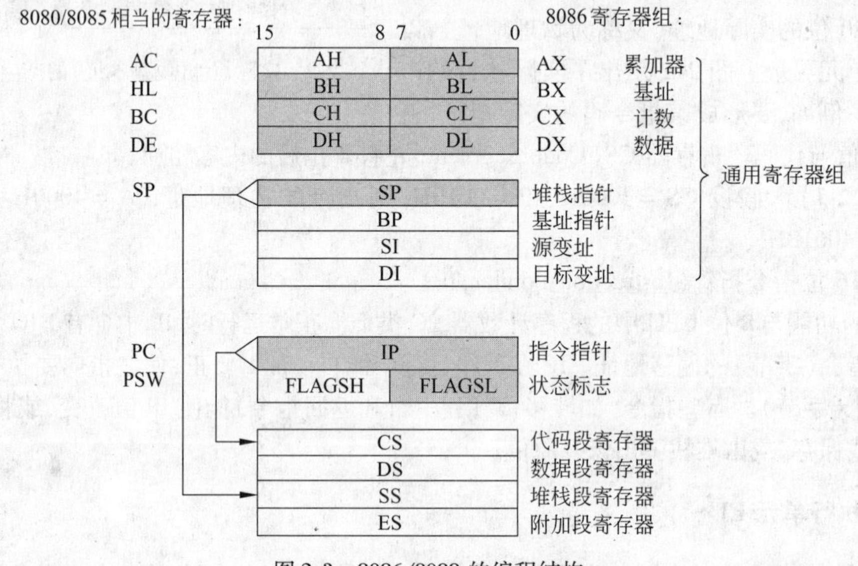

图2-3 8086/8088的编程结构

1. 通用寄存器

通用寄存器分为两组：数据寄存器；指针寄存器和变址寄存器。

(1) 数据寄存器。执行单元EU中有4个16位数据寄存器AX、BX、CX和DX。每个数据寄存器分为高字节H和低字节L，它们均可作为8位数据寄存器独立寻址，独立使用。

在多数情况下，这些数据寄存器是用在算术运算或逻辑运算指令中，用来进行算术逻辑运算。在有些指令中，它们则有特定的用途。这些寄存器在指令中的特定功能是被系统隐含使用的如表2-1所示。

(2) 指针寄存器和变址寄存器。指针寄存器是指堆栈指针寄存器SP和堆栈基址指针寄存器BP，简称为P组。变址寄存器是指源变址寄存器SI和目的变址寄存器DI，简称为I组。它们都是16位寄存器，一般用来存放偏移地址。

表2-1　数据寄存器的隐含使用

寄存器	操　作	寄存器	操　作
AX	字乘、字除、字I/O	CL	多位移位和旋转
AL	字节乘、字节除、字节I/O、转换、十进制运算	DX	字乘、字除、间接I/O
AH	字节乘、字节除	SP	堆栈操作
BX	转换	SI	数据串操作
CX	数据串操作、循环	DI	数据串操作

指针寄存器SP和BP都用来指示存取位于当前堆栈段中的数据所在的地址，但SP和BP在使用上有区别。入栈(PUSH)和出栈(POP)指令是由SP给出栈顶的偏移地址，故称为堆栈指针寄存器。而BP则是存放位于堆栈段中的一个数据区基地址的偏移地址，故称为堆栈基址指针寄存器。显然，由SP所指定的堆栈存储区的栈顶和由BP所指定的堆栈段中某一块数据区的首地址是两个不同的意思，不可混淆。

变址寄存器SI和DI是存放当前数据段的偏移地址的。源操作数的偏移地址放于SI中，所以SI称为源变址寄存器；目的操作数偏移地址存放于DI中，故DI称为目的变址寄存器。例如，在数据串操作指令中，被处理的数据串的偏移地址由SI给出，处理后的结果数据串的偏移地址则由DI给出。

2. 段寄存器

4个16位的段寄存器用来存取段地址，再由段寄存器左移4位形成20位的段起始地址，它们通常被称为段基地址或段基址。再利用“段加偏移”技术，8086/8088就能寻址1MB存储空间并将其分成为若干个逻辑段，使每个逻辑段的长度为64KB(它由16位的偏移地址限定)。这些逻辑段可以通过修改段地址值被任意设置在整个1MB存储空间上下浮动。换句话说，逻辑段在存储器中定位以前，还不是CPU可以真正寻址的实际内存地址，也正因为这样，通常人们就将未定位之前在程序中存在的地址叫做逻辑地址。

段寄存器都可以被指令直接访问。其中，CS用来存放程序当前使用的代码段的段地址，CPU执行的指令将从代码段取得；SS用来存放堆栈段的段地址，堆栈操作的数据就在堆栈段中；DS用来存放数据段的段地址，一般地说，程序所用的数据就存放在数据段中；ES用来存放附加段的段地址，也用来存放数据，但典型用法是存放处理后的数据。

3. 标志寄存器

8086/8088的16位标志寄存器F只用了其中的9位作标志位，即6个状态标志位，3个控制标志位。

如图2-4所示，低8位FL的5个标志与8080/8085的标志相同。

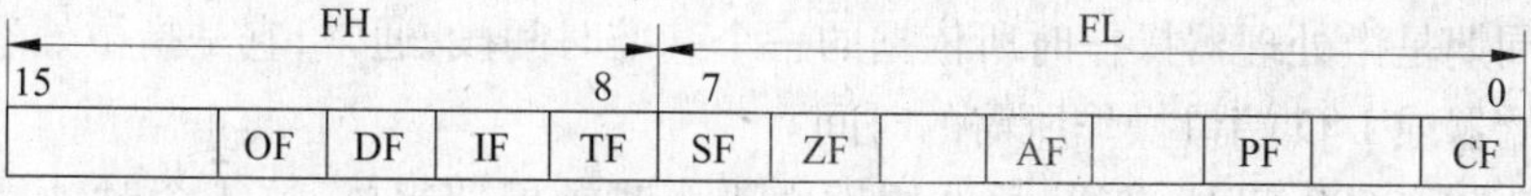

FH								FL							
15							8	7							0
				OF	DF	IF	TF	SF	ZF		AF		PF		CF

图2-4　8086/8088的标志寄存器

状态标志位用来反映算术或逻辑运算后结果的状态,以记录 CPU 的状态特征。表 2-2 给出了 6 个状态标志位的状态及其说明。

表 2-2　6 个状态标志位的状态及其说明

状态标志位	名　称	状态及其说明
CF	进位标志	CF = 1 加法或减法运算使最高位产生进位或借位
		CF = 0 加法或减法运算最高位无进位或借位
PF	奇偶性标志	PF = 1 当逻辑运算结果的低 8 位中含有偶数个 1
		PF = 0 当逻辑运算结果的低 8 位中含有奇数个 1
AF	辅助进位标志	AF = 1 执行加减运算使结果的 D_3 位向 D_4 位有进位或借位
		AF = 0 执行加减运算使结果的 D_3 位向 D_4 位无进位或借位
ZF	零标志	ZF = 1 运算结果为 0
		ZF = 0 运算结果不为 0
SF	符号标志	SF = 1 运算结果的最高位或负数的最高位为 1
		SF = 0 运算结果的最高位或正数的最高位为 0
OF	溢出标志	OF = 1 补码运算有溢出,即运算结果超出带符号数表示范围
		OF = 0 补码运算无溢出,即运算结果未超出带符号数表示范围

控制标志位用来控制 CPU 的操作,由程序设置或清除。表 2-3 给出了 3 个控制标志位的状态及其说明。

表 2-3　3 个控制标志位的状态及其说明

控制标志位	名　称	设置含义及其说明
DF	方向标志	DF = 1 用 STD 指令将其置 1,则数据串操作中地址自动递减
		DF = 0 用 CLD 指令将其清 0,则数据串操作中地址自动递增
IF	中断允许标志	IF = 1 用 STI 指令将其置 1,则允许 CPU 接受外部的可屏蔽中断请求
		IF = 0 用 CLD 指令将其清 0,则禁止 CPU 接受外部的可屏蔽中断请求
TF	跟踪(陷阱)标志	TF = 1 表示 8086/8088 CPU 处于单步工作方式;在高型号微处理器中,将根据调试寄存器和控制寄存器的指示中断程序流

最后需要指出,8086/8088 所有上述标志位对 Intel 系列后续高型号微处理器的标志寄存器都是兼容的,只不过后者有些增强功能或者新增加了一些标志位而已。

2.2.3　8086/8088 总线周期的概念

总线周期是微处理器操作时所依据的一个基准时间段,通常,它是指微处理器完成一次访问存储器或 I/O 端口操作所需的时间。

对于 8086/8088 CPU 来说,总线周期由 4 个时钟周期组成,这 4 个时钟周期也称为 T_1、T_2、T_3 与 T_4 4 个状态;在每一个状态中,CPU 在操作时总线所处的状态都不同。一般，在 T_1 状态，CPU 往多路复用总线上发送寻址的地址信息，以选中某个被寻址的存储器单元或端口地址；在 T_2 状态，CPU 从总线上撤销地址，为传送数据做准备；在 T_3 状态，多路总线的高 4 位继续提供状态信息，而其低 16 位（对 8086 CPU）或低 8 位（对 8088 CPU）上将出现由 CPU 读入或写出的数据；在 T_4 状态，CPU 采样数据总线，完成本次读或写操作，最后结束总线周期。

请注意，不同的 CPU，在一个总线周期内所处的总线状态是不同的；而即使同一个 CPU，其读操作或写操作的具体状态也不相同。一般，在 T_2 ~ T_4，若是写操作，则 CPU 在此期间是先把输出数据送到总线上；若是读操作，则 CPU 在 T_3 ~ T_4 期间将从总线上输入数据。T_2 时复用地址数据总线处于悬空状态，以便 CPU 有一个缓冲时间把输出地址的写操作转换为输入数据的读操作。

此外，如果存储器或外设的速度较慢，不能及时地跟上 CPU 的速度时，存储器或外设就会通过 READY 信号线在 T_3 状态启动之前向 CPU 发一个"数据未准备好"信号，并且，CPU 会在 T_3 之后自动插入一个或多个等待状态 T_W，以等待存储器或外设准备好传送数据。只有在存储器或外设准备就绪时，它们又通过 READY 的信号线向 CPU 发出一个有效的"准备好"信号，CPU 接收到这一信号后，才会自动脱离 T_W 状态而进入 T_4 状态。

总线周期只用于 CPU 取指和它同存储器或 I/O 端口交换数据；否则，总线接口单元 BIU 将不和总线打交道，系统总线就处于空闲状态，即执行空闲周期，这时，虽然 CPU 对总线进行空操作，但 CPU 内部的执行部件 EU 仍在进行操作，如算术逻辑单元仍在进行运算，内部寄存器之间也在传送数据。

图 2-5 给出了 8086/8088 的总线周期序列。

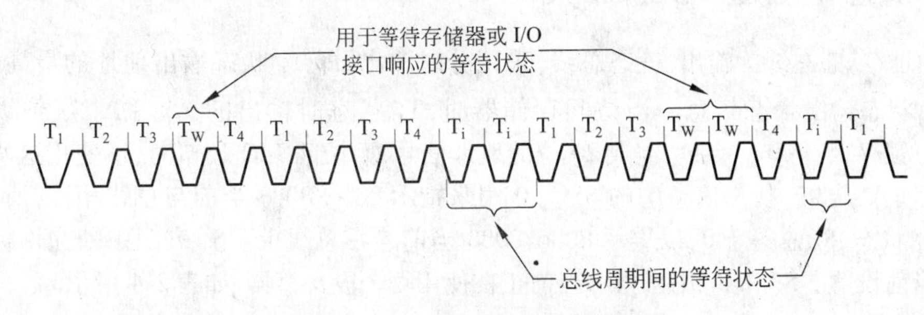

图 2-5　8086/8088 的总线周期序列

2.2.4　8086/8088 的引脚信号和功能

图 2-6 所示是 8086 和 8088 的引脚信号图。它们的 40 条引线按功能可分为以下 5 类。

1. 地址/数据总线 AD_{15} ~ AD_0

这是分时复用的存储器或端口的地址和数据总线。传送地址时为单向的三态输出，而传送数据时可双向三态输入输出。正是利用分时复用的方法才能使 8086/8088 用 40 条引脚实现 20 位地址、16 位数据及众多的控制信号和状态信号的传输。不过在 8088 中，由于只能传输 8 位数据，所以，只有 AD_7 ~ AD_0 8 条地址/数据线，A_{15} ~ A_8 只用来输出地址。

作为复用引脚，在总线周期的 T_1 状态用来输出要寻址的存储器或 I/O 端口地址；在 T_2 状态浮置成高阻状态，为传输数据作准备；在 T_3 状态，用于传输数据；T_4 状态结束总线周期。当 CPU 响应中断以及系统总线“保持响应”时，复用线都被浮置为高阻状态。

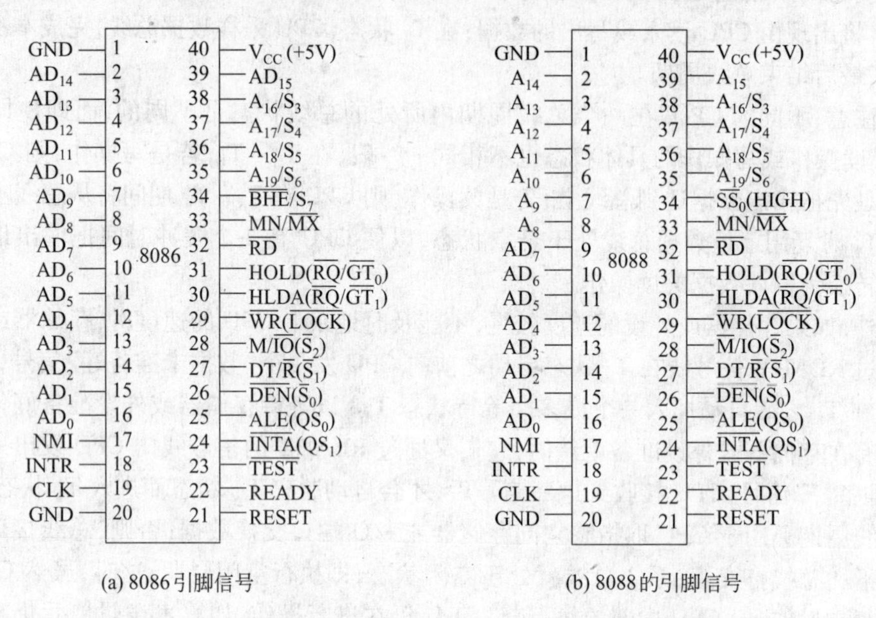

图 2-6　8086/8088 的引脚信号图（括号中位最大方式的引脚名称）

2. 地址/状态总线 $A_{19}/S_6 \sim A_{16}/S_3$

地址/状态总线为输出、三态总线，采用分时输出，即 T_1 状态输出地址的最高 4 位，$T_2 \sim T_4$状态输出状态信息。当访问存储器时，T_1 状态时输出的 $A_{19} \sim A_{16}$ 送到锁存器（8282）锁存，与 $AD_{15} \sim AD_0$ 组成20 位的地址信号；而访问 I/O 端口时，不使用这 4 条引线，$A_{19} \sim A_{16} = 0$。状态信息中的 S_6 为 0 用来指示 8086/8088 当前与总线相连，所以，在 $T_2 \sim T_4$ 状态，S_6 总等于 0，以表示 8086/8088 当前连在总线上。S_5 表明中断允许标志位 IF 的当前设置。S_4 和 S_3 用来指示当前正在使用哪个段寄存器，如表 2-4 所示。

表 2-4　S_4、S_3 的代码组合和对应的状态

S_4	S_3	状　态
0	0	当前正在使用 ES
0	1	当前正在使用 SS
1	0	当前正在使用 CS，或未使用任何段寄存器
1	1	当前正在使用 DS

当系统总线处于“保持响应”状态时，这些引线被浮置为高阻状态。

3. 控制总线

（1）$\overline{BHE}/S_7$：高 8 位数据总线允许/状态复用引脚，三态、输出。$\overline{BHE}$在总线周期的 T_1 状态时输出，S_7 在 $T_2 \sim T_4$ 时输出。在 8086 中，当$\overline{BHE}/S_7$ 引脚上输出$\overline{BHE}$信号时，表

示总线高 8 位 AD_{15} ~ AD_8 上的数据有效。在 8088 中,第 34 引脚不是$\overline{BHE}/S_7$,而是被赋予另外的信号:在最小方式时,它为$\overline{SS_0}$,和 DT/$\overline{R}$、$\overline{M}$/IO 一起决定了 8088 当前总线周期的读写动作;在最大方式时,它恒为高电平。S_7 在当前的 8086 芯片设计中未被赋予定义,暂作备用状态信号线。

(2) $\overline{RD}$:读控制信号,三态、输出。当$\overline{RD}$ = 0 时,表示 CPU 执行存储器或 I/O 端口的读操作。到底是对内存单元还是对 I/O 端口读取数据,取决于 M/$\overline{IO}$(8086)或 $\overline{M}$/IO(8088)信号。在 DMA 操作时,$\overline{RD}$被浮空。

(3) READY:"准备好"信号线,输入。该引脚接收被寻址的内存或 I/O 端口发给 CPU 的响应信号,高电平时表示内存或 I/O 端口已准备就绪,CPU 可以进行数据传输。CPU 在 T_3 状态开始对 READY 信号采样。若检测到 READY 为低电平,表示内存或 I/O 端口尚未准备就绪,则 CPU 在 T_3 状态之后自动插入等待状态 T_W,直到 READY 变为高电平,内存或 I/O 端口已准备就绪,CPU 才可以进行数据传送。

(4) $\overline{TEST}$:等待测试输入信号,低电平有效。它用于多处理器系统中且只有在执行 WAIT 指令时才使用。当 CPU 执行 WAIT 指令时,它就进入空转的等待状态,并且每隔 5 个时钟周期对该线的输入进行一次测试;若$\overline{TEST}$ = 1 时,则 CPU 将停止取下条指令而继续处于等待状态,重复执行 WAIT 指令,直至$\overline{TEST}$ = 0 时,CPU 才结束 WAIT 指令的等待状态,继续执行下一条指令。等待期间允许外部中断。

(5) INTR:可屏蔽中断请求输入信号,它为高电平时表示外设有中断请求,CPU 在每个指令周期的最后一个 T 状态采样此信号。若 IF = 1,则 CPU 响应中断,并转去执行中断服务程序。若 IF = 0(关中断),则外设的中断请求被屏蔽,CPU 将不响应中断。

(6) NMI:非屏蔽中断请求输入信号,上升沿触发。此信号不受 IF 状态的影响,只要它一出现,CPU 就会在现行指令结束后引起中断。

(7) RESET:复位输入信号,高电平有效。通常,它与 8284A(时钟发生/驱动器)的复位输出端相连,8086/8088 要求复位脉冲宽度不得小于 4 个时钟周期,而初次接通电源时所引起的复位,则要求维持的高电平不能小于 50μs;复位后,CPU 的主程序流程恢复到启动时的循环待命初始状态,其内部寄存器状态如表 2-5 所示。在程序执行时,RESET 线保持低电平。

表 2-5　CPU 复位后内部寄存器的状态

内部寄存器	状　态	内部寄存器	状　态
标志寄存器	清除	SS	0000H
IP	0000H	ES	0000H
CS	FFFFH	指令队列缓冲器	清除
DS	0000H		

(8) CLK:系统时钟输入,通常与 8284A 时钟发生器的时钟输出端 CLK 相连,该时钟信号的低/高之比常采用 2:1(占空度为 1/3)。

4. 电源线 V_{CC}和地线 GND

电源线 V_{CC}接入的电压为 +5V ±10%,有两条地线 GND,均应接地。

5. 其他控制线(24～31 引脚)

这些控制线的功能将根据方式控制线 MN/$\overline{\text{MX}}$所处的状态而确定。关于这些引脚在最小方式与最大方式下的具体功能差异,将在 2.3 节中给予详细说明。

由上述可知,8086/8088 CPU 引脚的主要特点是：数据总线和地址总线的低 16 位 AD_{15}～AD_0 或低 8 位 AD_7～AD_0 采用分时复用技术。还有一些引脚也具有两种功能,这由引脚 33(MN/$\overline{\text{MX}}$)来控制。当 MN/$\overline{\text{MX}}$=1 时,8086/8088 工作于最小方式(MN),在此方式下,全部控制信号由 CPU 本身提供。当 MN/$\overline{\text{MX}}$=0 时,8086/8088 工作于最大方式($\overline{\text{MX}}$)(即 24～31 引脚的功能示于括号内的信号)。这时,系统的控制信号由 8288 总线控制器提供,而不是由 8086/8088 直接提供。

2.3 8086/8088 系统的最小/最大工作方式

由 8086/8088 CPU 构成的微机系统,有最小方式和最大方式两种系统配置。

2.3.1 最小方式

8086 与 8088 构成的最小方式系统区别甚小,现以 8086 最小方式系统为例加以说明。

当 MN/$\overline{\text{MX}}$接电源电压时,系统工作于最小方式,即单处理器系统方式,它适合于较小规模的应用。8086 最小方式典型的系统结构如图 2-7 所示。它和 8 位微处理器系统类似,系统芯片可根据用户需要接入。图 2-7 中的 8284A 为时钟发生/驱动器,外接晶体的

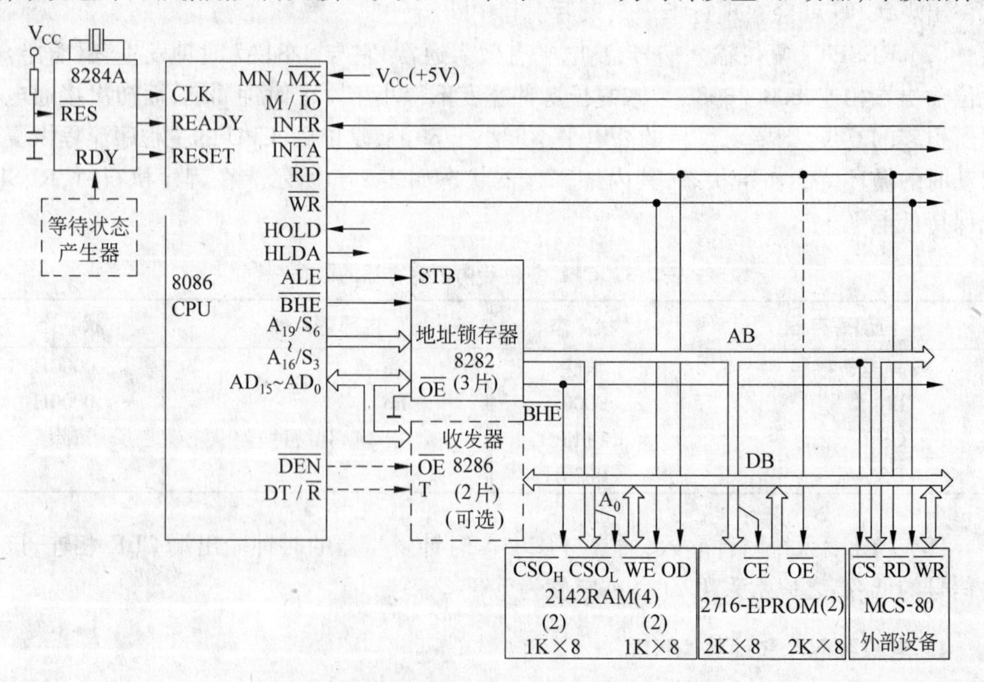

图 2-7　8086 最小方式典型系统结构

基本振荡频率为 15MHz，经 8284A 三分频后，送给 CPU 作系统时钟。8282 为 8 位地址锁存器，当 8086 访问存储器时，在总线周期的 T_1 状态下发出地址信号，经 8282 锁存后的地址信号可以在访问存储器操作期间保持不变，为外部提供稳定的地址信号。由于 8282 是 8 位的锁存器芯片，而 8086/8088 有 20 位地址，加上还有 $\overline{BHE}$ 与 ALE 信号连到 8282 片上，所以需要采用 3 片 8282 地址锁存器才能满足系统总线连接的需要。8286 为具有三态输出的 8 位数据总线收发器，用于需要增加驱动能力的系统。在 8086 系统中，要用两片 8286，而在 8088 系统中，只用一片 8286 即可。2142 为 1K ×4 位的静态 RAM，2716EPROM 为 2K ×8 位的可编程序只读存储器。8086/8088 有 20 位地址信号线 $A_{19} \sim A_0$，组成系统时将根据所使用的存储器的实际地址进行选用。

系统中还有一个等待状态产生电路，它向 8284A 的 RDY 端提供一个信号，经 8284A 同步后向 CPU 的 READY 线发准备就绪信号，通知 CPU 数据传送已经完成，可以退出当前的总线周期。当 READY =0 时，CPU 在 T_3 之后会自动插入 T_W 状态，以避免 CPU 与存储器或 I/O 设备进行数据交换时，因后者速度慢，来不及完成读写操作而丢失数据。

在最小方式下，第 24 ~31 脚的信号含义如下。

（1）$\overline{INTA}$ 中断响应信号（输出，低电平有效）：表示 8086/8088 CPU 对外设中断请求 INTR 作出的响应。$\overline{INTA}$ 信号被设计为在相邻的两个总线周期中送出两个连续的负脉冲，第 1 个负脉冲是通知外设端口，它发出的中断请求已获允许；而在第 2 个负脉冲期间，外设端口（如中断控制器）将往数据总线上发送一个中断类型码 n，使 CPU 可以得到有关此中断的相应信息。

（2）ALE 地址锁存信号（输出，高电平有效）：是 8086/8088 CPU 提供给地址锁存器 8282/8283 的控制信号。ALE 在 T_1 状态为高电平时，表示当前在地址/数据复用总线上输出的是有效地址，由地址锁存器把它作为锁存控制信号而将地址锁存其中。注意，ALE 信号总是接到锁存器的 STB 端。

（3）$\overline{DEN}$ 数据允许信号（输出，低电平有效，三态）：是 CPU 提供给 8286/8287 数据总线收发器的三态控制信号，接到 $\overline{OE}$ 端。该信号决定了是否允许数据通过数据总线收发器：当 $\overline{DEN}$（即 $\overline{OE}$）=1 时，禁止收发器在收或发两个方向上传送数据；当 $\overline{DEN}$（即 $\overline{OE}$）=0 时，才允许收发器传送数据。因此，总线收发器将 $\overline{DEN}$ 作为数据收发的允许信号。在 DMA 时，$\overline{DEN}$ 被置为浮空。

（4）DT/$\overline{R}$ 数据收发信号（输出，三态）：用于控制 8286/8287 的数据传送方向。当 DT/$\overline{R}$ =1 时，表示 CPU 通过收发器发送数据；当 DT/$\overline{R}$ =0 时，表示接收数据。在 DMA 时，它被置为浮空。

（5）M/$\overline{IO}$ 存储器/输入输出控制信号（输出，三态）：用于区分 CPU 当前是访问存储器还是访问输入输出。高电平表示访问存储器，低电平表示访问输入输出设备。DMA 时，被置为浮空。注意，8088 CPU 此引脚为 $\overline{M}$/IO。

（6）$\overline{WR}$ 写信号（输出，低电平有效，三态）：当 $\overline{WR}$ =0 时，表示 CPU 正在执行存储器或 I/O 写操作。在写周期中，$\overline{WR}$ 在 T_2、T_3、T_W 期间都有效。DMA 时，$\overline{WR}$ 被置为浮空。

（7）HOLD 总线保持请求信号（输入，高电平有效）：是系统中其他处理器部件（如 DMA 直接存储器存取控制器）用于向 CPU 发出要求占用总线的一个请求信号。当它为高电平时，表示其他处理器部件申请总线“保持”（即“持有”或“占有”），若 CPU 允许让出总线，就在当前总线周期的 T_4 状态从 HLDA 引脚发出应答信号，并暂停正常操作而放弃对总线的控制权。于是，其他处理器部件便获得对总线的控制权，以便完成所需要的操作（如 DMA 传送）。

（8）HLDA 总线保持响应信号（输出，高电平有效）：当 HLDA 为有效电平时，表示 CPU 对其他处理部件的总线"保持"请求作出响应并正处于响应的状态，与此同时，所有带三态门的 CPU 引脚都置为浮空，从而让出总线。当其他处理器部件完成操作（如 DMA 传送）时，保持申请结束，CPU 便转向去执行下一个总线周期的操作。

2.3.2 最大方式

8086 与 8088 也都可以按最大方式来配置系统。当 $MN/\overline{MX}$ 线接地，则系统就工作于最大方式。图 2-8 所示是 8086 最大方式的典型系统结构。从图中可以看到，最大方式系统与最小方式系统的主要区别是外加有 8288 总线控制器，通过它对 CPU 发出的控制信号进行变换和组合，以得到对存储器和 I/O 端口的读写信号和对锁存器 8282 及对总线收发器 8286 的控制信号，使总线控制功能更加完善。通常，在最大方式系统中，一般包含两个或多个处理器，这样就要解决主处理器和协处理器之间的协调工作问题以及对总线的共享控制问题。8288 总线控制器就是因此需要而加在最大方式系统中的。

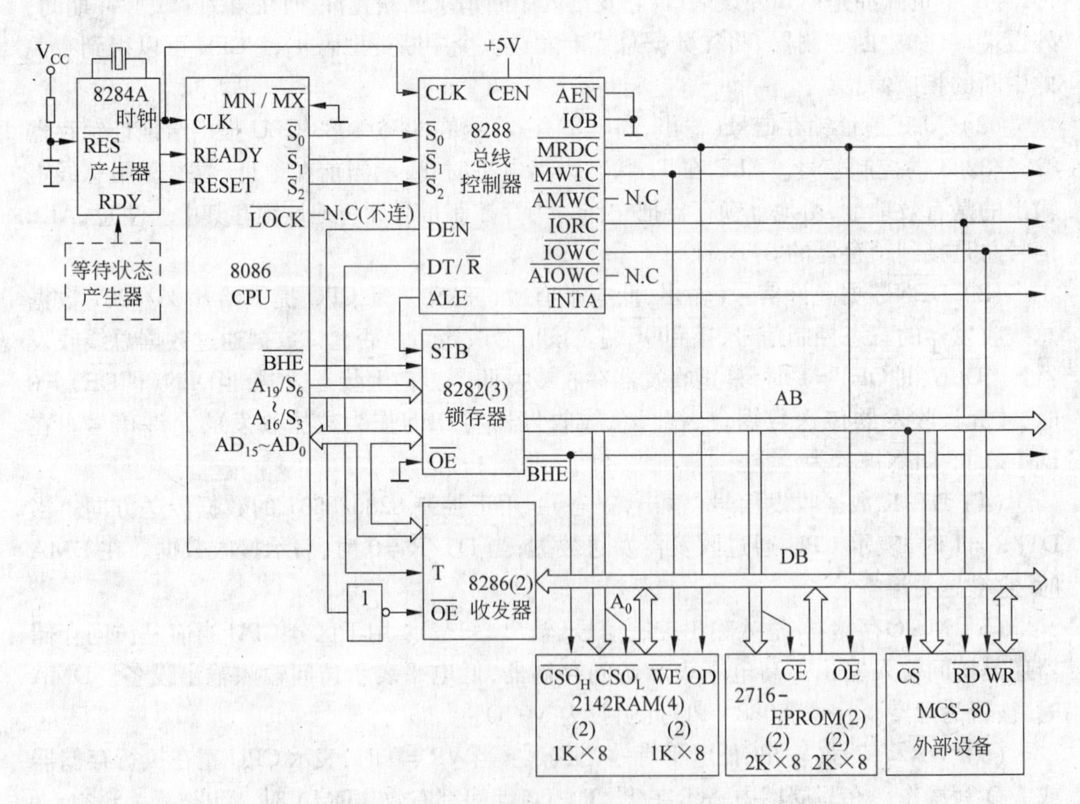

图 2-8　8086 最大方式的典型系统结构

比较两种工作方式可以知道，在最小方式系统中，控制信号 $M/\overline{IO}$（或 $\overline{M}/IO$）、$\overline{WR}$、$\overline{INTA}$、ALE、$DT/\overline{R}$ 和 $\overline{DEN}$ 是直接从 CPU 的第 24～29 脚送出的；而在最大方式系统中，则

由状态信号 $\overline{S}_2$、$\overline{S}_1$、$\overline{S}_0$ 隐含了上面这些信息，使用8288 后，系统就可以从 $\overline{S}_2$、$\overline{S}_1$、$\overline{S}_0$ 状态信息的组合中得到与这些控制信号功能相同的信息。$\overline{S}_2$、$\overline{S}_1$、$\overline{S}_0$ 和系统在当前总线周期中具体的操作过程之间的对应关系如表 2-6 所示。

表 2-6　$\overline{S}_2$、$\overline{S}_1$、$\overline{S}_0$ 的代码组合和对应的操作

$\overline{S}_2$	$\overline{S}_1$	$\overline{S}_0$	8288 产生的控制信号	操作状态
0	0	0	$\overline{INTA}$	发中断响应信号
0	0	1	$\overline{IORC}$	读 I/O 端口
0	1	0	$\overline{IOWC}$、$\overline{AIOWC}$	写 I/O 端口
0	1	1	无	暂停
1	0	0	$\overline{MRDC}$	取指令
1	0	1	$\overline{MRDC}$	读内存
1	1	0	$\overline{MWTC}$、$\overline{AMWC}$	写内存
1	1	1	无	无源状态（CPU 无作用）

表 2-6 中，前 7 种代码组合都对应了某一个总线操作过程，通常称为有源状态，它们处于前一个总线周期的 T_4 状态或本总线周期的 T_1、T_2 状态中，$\overline{S}_2$、$\overline{S}_1$、$\overline{S}_0$ 至少有一个信号为低电平。在总线周期的 T_3、T_W 状态并且 READY 信号为高电平时，$\overline{S}_2$、$\overline{S}_1$、$\overline{S}_0$ 都成为高电平，此时，前一个总线操作过程就要结束，后一个新的总线周期尚未开始，通常称为无源状态。而在总线周期的最后一个状态即 T_4 状态，$\overline{S}_2$、$\overline{S}_1$、$\overline{S}_0$ 中任何一个或几个信号的改变，都意味着下一个新的总线周期的开始。

此外，还有几个在最大方式下使用的专用引脚，其含义简要解释如下。

(1) QS_1、QS_0 指令队列状态信号（输出）。这两个信号的组合编码反映了 CPU 内部当前的指令队列状态，以便外部逻辑监视内部指令队列的执行过程。QS_1、QS_0 编码及其对应的含义如表 2-7 所示。

表 2-7　QS_1、QS_0 编码及其对应的含义

QS_1	QS_0	含　义
0	0	未从指令队列中取指令
0	1	从指令队列中取走第 1 个字节指令代码
1	0	指令队列已取空
1	1	从指令队列中取走后续字节指令代码

(2) $\overline{LOCK}$总线封锁信号（输出、低电平有效、三态）。当$\overline{LOCK}$输出低电平时，表示 CPU 独占对总线的主控权，并封锁系统中的其他总线主部件占用总线，这样，可以避免系统中多个处理主部件同时使用共享资源（如同时要求访问的“内存”资源）而引起的冲突。

$\overline{LOCK}$信号由指令前缀 LOCK 产生，其有效时间是从 CPU 执行 LOCK 指令前缀开始直到下一条指令结束。在两个中断响应$\overline{INTA}$负脉冲期间也有效。在 DMA 时，$\overline{LOCK}$端被置为浮空。

(3) $\overline{RQ}/\overline{GT_1}$、$\overline{RQ}/\overline{GT_0}$ 总线请求信号输入/总线请求允许信号（双向、输出、低电平有效）。在多处理系统中，当8086/8088 CPU 以外的两个协处理器（如8087 或8089）需要占

用总线时，就用该信号线输出低电平表示要求占用总线；当 CPU 检测到有请求信号且总线处于允许状态时，则 CPU 的$\overline{RQ}/\overline{GT}$线输出低电平作为允许信号，再经协处理器检测出此允许信号后，便对总线进行占用，协处理器使用总线时，其输出的$\overline{RQ}/\overline{GT}$为高电平；待使用完毕，协处理器将$\overline{RQ}/\overline{GT}$线由高电平变为低电平（释放）；当 CPU 检测到该释放信号后，又恢复对总线的主控权。$\overline{RQ}/\overline{GT_1}$和$\overline{RQ}/\overline{GT_0}$都是双向的，请求信号和允许信号在同一引线上传输，但方向相反。若总线信号同时出现在这两根引脚上时，$\overline{RQ}/\overline{GT_0}$的优先级高于$\overline{RQ}/\overline{GT_1}$。

在 8288 芯片上，还有几条控制信号线：$\overline{MRDC}$（Memory Read Command）、$\overline{MWTC}$（Memory Write Command）、$\overline{IORC}$（I/O Read Command）、$\overline{IOWC}$（I/O Write Command）与$\overline{INTA}$等，它们分别是存储器与 I/O 的读写命令以及中断响应信号。另外，还有$\overline{AMWC}$与$\overline{AIOWC}$两个输出信号，它们分别表示提前的写内存命令与提前的写 I/O 命令，其功能分别和$\overline{MWTC}$与$\overline{IOWC}$一样，只是它们由 8288 提前一个时钟周期发出信号，这样，一些较慢的存储器和外设将得到一个额外的时钟周期去执行写入操作。

2.4 8086/8088 的存储器与 I/O 组织

2.4.1 存储器组织

8086/8088 有 20 条地址线，可寻址 1MB 的存储空间。存储器仍按字节组织，每个字节只有唯一的一个地址。若存放的信息是 8 位的字节，将按顺序存放；若存放的数为一个字时，则将字的低位字节放在低地址中，高位字节放在高地址中；当存放的是双字形式（这种数一般作为指针），其低位字是被寻址地址的偏移量；高位字是被寻址地址所在的段地址。指令和数据（包括字节或字）在存储器中的存放，如图 2-9 所示。对存放的字，其低位字节可以在奇数地址中开始存放，也可以在偶数地址中开始存放；前者称为非规则存放，这样存放的字称为非规则字，后者称为规则存放，这样存放的字称为规则字。对规则字的存取可在一个总线周期完成，非规则字的存取则需两个总线周期。这就是说，读或写一个以偶数为起始地址的字的指令，只需访问一次存储器；而对于一个以奇数为起始地址的字的指令，就必须两次访问存储器中的两个偶数地址的字，忽略每个字中所不需要的那半个字，并对所需的两个半字进行字节调整。各种字节和字的读操作的例子如图 2-10 所示。

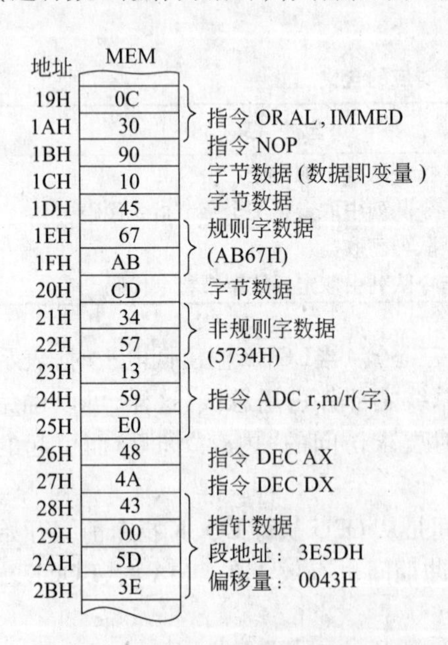

图 2-9 指令和数据在存储器中的存放

在 8086/8088 程序中，指令仅要求指出对某个字节或字进行访问，而对存储器访问的方式不必说明，无论执行哪种访问，都是由处理器自动识别的。

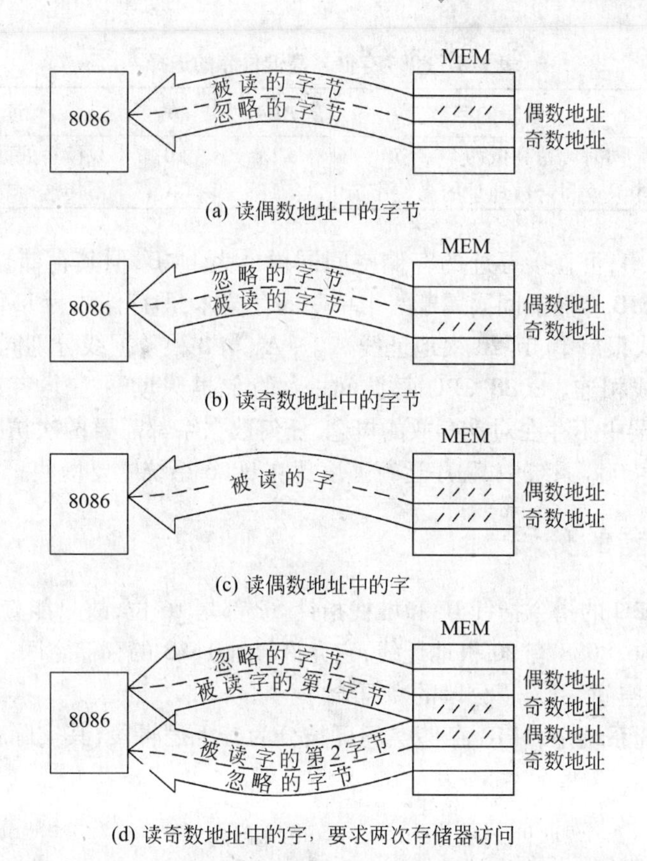

图2-10　从8086存储器的偶数与奇数地址读字节和字

8086的1MB存储空间实际上分为两个512KB的存储体，又称存储库，分别叫高位库和低位库，低位库与数据总线 $D_7 \sim D_0$ 相连，该库中每个地址为偶数地址，高位库与数据总线 $D_{15} \sim D_8$ 相连，该库中每个地址为奇数地址。地址总线 $A_{19} \sim A_1$ 可同时对高、低位库的存储单元寻址，A_0 或 $\overline{BHE}$ 则用于库的选择，分别接到库选择端 $\overline{SEL}$ 上，如图2-11所示。当 $A_0=0$，选择偶数地址的低位库；当 $\overline{BHE}=0$ 时，选择奇数地址的高位库。利用 A_0 或 $\overline{BHE}$ 这两个控制信号可以实现对两个库进行读写（即16位数据），也可单独对其中的一个库进行读写（即8位数据），如表2-8所示。

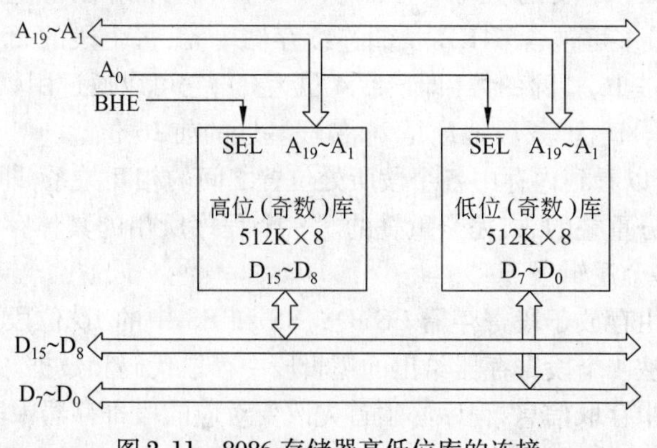

图2-11　8086存储器高低位库的连接

表 2-8 8086 存储器高低位库的选择

$\overline{BHE}$	A_0	读写的字节	$\overline{BHE}$	A_0	读写的字节
0	0	同时读写高低两个字节	1	0	只读写偶数地址的低位字节
0	1	只读写奇数地址的高位字节	1	1	不传送

在 8088 系统中,可直接寻址的存储空间同样也为 1MB,但其存储器的结构与 8086 有所不同,它的 1MB 存储空间同属于一个单一的存储体,即存储体为 1M×8 位。它与总线之间的连接方式很简单,其 20 根地址线 A_{19} ~ A_0 与 8 根数据线分别同 8088 CPU 的对应地址线与数据线相连。8088 CPU 每访问一次存储器只读写一个字节信息,因此,在 8088 系统的存储器中不存在对准存放的概念,任何数据字都需要两次访问存储器才能完成读写操作,故在 8088 系统中,程序运行速度比在 8086 系统中要慢些。

2.4.2 存储器的分段

8086/8088 CPU 的指令指针 IP 和堆栈指针 SP 都是 16 位,故只能直接寻址 64KB 的地址空间。而 8086/8088 有 20 根地址线,它允许寻址 1MB 的存储空间。如前所述,为了能寻址 1MB 存储空间,引入了分段的新概念。

在 8086/8088 系统中,1MB 存储空间可被分为若干逻辑段,其实际存储器中段的位置如图 2-12 所示。

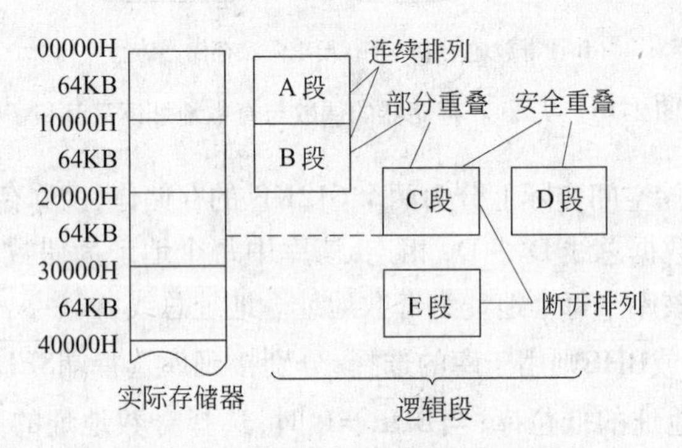

图 2-12 实际存储器中段的位置

由图 2-12 可知,每段的大小,可能从一个字节开始任意递增,如 100 字节、1000 字节等,直至最多可包含 64KB 长的连续存储单元;每个段的 20 位起始地址(又叫段基址),是一个能被 16 整除的数(即最后 4 位为 0),它可以通过用软件在段寄存器中装入16 位段地址设置。请注意,段地址是 20 位段基址的前 16 位。

由图 2-12 还可以看到内存中各个段所处位置之间的相互关系,即段和段之间可以是连续的,分开的,部分重叠的、或完全重叠的。一个程序所用的具体存储空间可以为一个逻辑段,也可以为多个逻辑段。

由于段基址是由存放于段寄存器 CS、DS、SS 和 ES 中的 16 位段地址左移 4 位得来的,所以,程序可以从 4 个段寄存器给出的逻辑段中存取代码和数据。若要对别的段而不是当前可寻址的段中存取信息,程序必须首先改变对应的段寄存器中段地址的内容,将其设置成所要存取的段地址信息。

最后需要强调的是,段区的分配工作是由操作系统完成的;但是,系统允许程序员在必要时指定所需占用的内存区。

2.4.3 实际地址和逻辑地址

实际地址是指 CPU 对存储器进行访问时实际寻址所使用的地址,对 8086/8088 来说是用 20 位二进制数或 5 位十六进制数表示的地址。通常,实际地址又称为物理地址。

逻辑地址是指在程序和指令中表示的一种地址,它包括两部分:段地址和偏移地址。对 8086/8088 来说,前者是由 16 位段寄存器直接给出的16 位地址;后者是由指令寻址时的寄存器组合与位移量之和,它最终所给出的是一个 16 位的偏移量,表示所寻址的地址单元距离段起始地址之间的偏移字节的多少,故称为偏移地址(又简称为偏移量或偏移)。段地址和偏移地址都用无符号的 16 位二进制数或 4 位十六进制数表示。

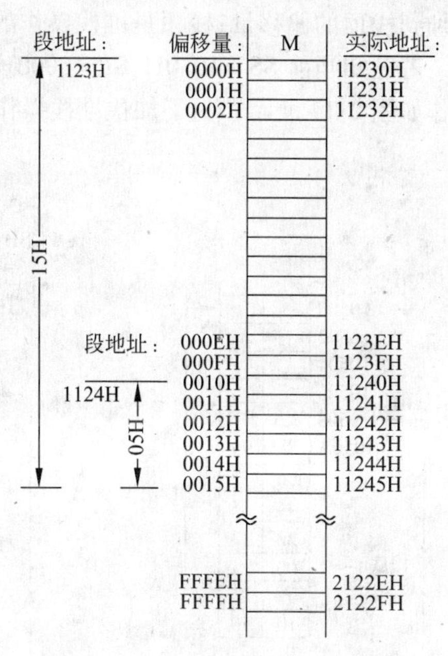

图 2-13 一个实际地址可对应多个逻辑地址

对于 8086/8088 CPU 来说,由于其寄存器都是 16 位的体系结构,所以,程序中的指令不能直接使用 20 位的实际地址,而只能使用 16 位的逻辑地址。由逻辑地址计算实际地址的方法见图 2-2。应当注意:一个实际地址可对应多个逻辑地址,如图 2-13 所示。

图 2-13 中的实际地址 11245H 可以从两个部分重叠的段中得到:一个段的段地址为 1123H,偏移地址为 15H,其实际地址为(11230H + 15H) = 11245H;另一个段的段地址为 1124H,而偏移地址为 05H,其实际地址仍为(11240H + 05H) = 11245H。可见,尽管两个段采用了不同的逻辑地址,但它们仍可获得同一个实际地址。段地址来源于 4 个段寄存器,偏移地址来源于 IP、SP、BP、SI 和 DI。寻址时到底使用哪个寄存器或寄存器的组合,BIU 将根据执行操作的种类和要取得的数据类型来确定,如表 2-9 所示。请注意,实际上,这些寻址操作都是由操作系统按默认的规则由 CPU 在执行指令时自动完成的。

表 2-9 逻辑地址源

存储器操作涉及的类型	正常使用的段地址	可被使用的段地址	偏移地址
取指令	CS	无	IP
堆栈操作	SS	无	SP
变量(下面情况除外)	DS	CS、ES、SS	有效地址
源数据串	DS	CS、ES、SS	SI
目标数据串	ES	无	DI
作为堆栈基址寄存器使用的 BP	SS	CS、DS、ES	有效地址

2.4.4 堆栈

8086/8088 系统中的堆栈是用段定义语句在存储器中定义的一个堆栈段，和其他逻辑段一样，它可在 1MB 的存储空间中浮动。一个系统具有的堆栈数目不受限制，一个栈的深度最大为 64KB。

堆栈由堆栈段寄存器 SS 和堆栈指针 SP 来寻址。SS 中记录的是其 16 位的段地址，它将确定堆栈段的段基址，而 SP 的 16 位偏移地址将指定当前栈顶，即指出从堆栈段的段基址到栈顶的偏移量；栈顶是堆栈操作的唯一出口，它是堆栈地址较小的一端。

若已知当前 SS = 1050H, SP = 0008H, AX = 1234H，则 8086 系统中堆栈的入栈和出栈操作如图 2-14 所示。为了加快堆栈操作的速度，堆栈操作均以字为单位进行操作。

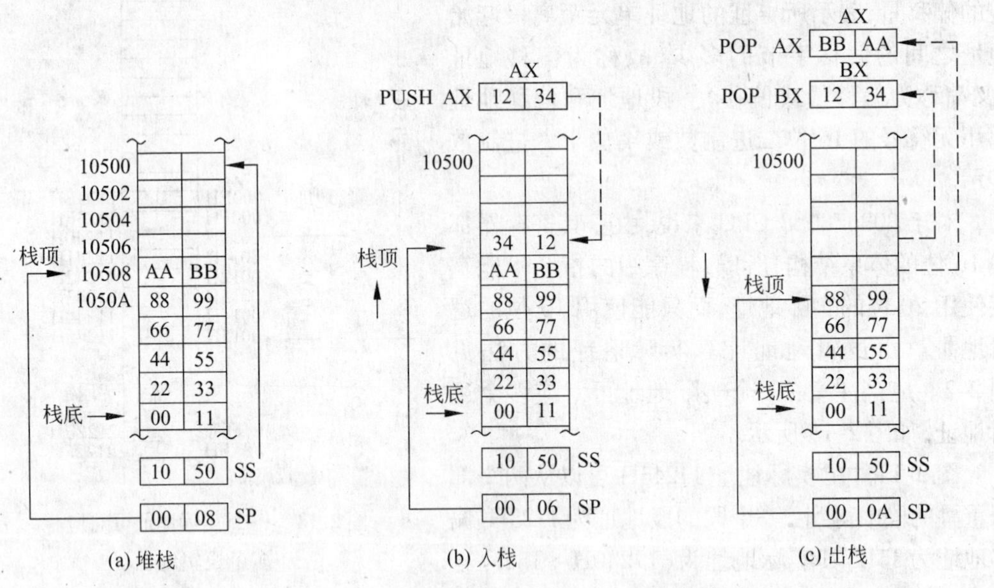

图 2-14 8086 系统的堆栈及其入栈、出栈操作

当执行 PUSH AX 指令时，是将 AX 中的数据 1234H 压入堆栈，该数据所存入的地址单元将由原栈顶地址 10508H 减 2 后的栈顶地址 10506H 给定。当执行 POP BX 指令时，将把当前堆栈中的数据 1234H 弹出并送到 BX，栈顶地址由 10506H 加 2 变为 10508H；再执行 POP AX 时，将把当前堆栈中的数据 BBAAH 送到 BX，则栈顶地址由 10508H 加 2 变为 1050AH。

2.4.5 "段加偏移"寻址机制允许重定位

如上所述，8086/8088 CPU 引入了分段技术，微处理器在寻址时是利用段基地址加偏移地址的原理，通常，就将这种寻址机制称为"段加偏移"。

"段加偏移"寻址机制允许重定位（或再定位）是一种重要的特性。所谓重定位是指一个完整的程序块或数据块可以在存储器所允许的空间内任意浮动并定位到一个新的可寻址的区域。在 8086 以前的 8 位微处理器中是没有这种特性的，而从 8086 引入分段概念之后，由于段寄存器中的段地址可以由程序重新设置，因而，在偏移地址不变的情况下，就可以将整个存储器段移动到存储器系统内的任何区域而无需改变任何偏移地址。这就是说,“段加偏移”的寻址机制可以实现程序的重定位。由此可以很容易地想到,由于“段加偏移”的寻址机制允许程序在存储器内重定位,因此原来为 8086 在实模式下运行所编写的程序,在其后 80286 以上的高型号微处理器中,当系统由实模式转换为保护模式时也可以运行。这是因为,在从实模式转换为保护模式时,程序块本身的结构或指令序列都未改变,它们被完整地保留下来;而只不过在转换之后,段地址将会由系统重新设置,但偏移地址却是没有改变的。同样,数据块也是被允许重定位的,重定位的数据块也可以放在存储器的任何区域,且不需要修改就可以被程序引用。

由于“段加偏移”的寻址机制允许程序和数据不需要做任何修改,就能使它们重定位,这就给应用带来一个很大的优点。因为,各种通用计算机系统的存储器结构不同,它们所包含的存储器区域也各不相同,但在应用中却要求软件和数据能够重定位;而“段加偏移”的寻址机制恰好具有允许重定位的特性,因此,这就给各种通用计算机系统在运行同一软件和数据时能够保持兼容性带来极大方便。

例如,有一条指令位于距存储器中某段首(即段基地址)8 个字节的位置,它的偏移地址就是 8。当整个程序移到新的存储区,这个偏移地址 8 仍然指向距存储器中新的段首 8 个字节的位置。只是这时段寄存器的内容必须重新设置为程序所在的新存储段的起始地址。如果计算机系统没有重定位的特性,当一个程序在移动之前,就必须大范围地重写或更改,或者要为许多不同配置的计算机系统设计许多程序文本,这不仅需要花费大量的时间,还可能会引起程序出错。

2.4.6　I/O 组织

8086/8088 CPU 用地址线的低 16 位来寻址 8 位 I/O 端口地址,因此可访问的 8 位 I/O 端口有 $2^{16}=65\,536$ 个。由于用 16 位地址线对 8 位 I/O 端口寻址,所以,无需对 I/O 端口的 64KB 寻址空间进行分段。

2.5　80x86 微处理器

80x86 微处理器体系结构是在 8086 基础上不断进化与演变过来的,其中体现了硬件关键技术持续提升的一些规律性的东西,下面将简要介绍微处理器复杂结构体系的技术精髓。

2.5.1　80286 微处理器

80286 是继 8086 之后与 80186 几乎同时推出的产品,它们都是 8086 的改进型微处理器,不过,80286 是一种更先进的超级 16 位微处理器。和 8086 相比,80286 在结构上的改进是由“一分为二”细化为“一分为四”,即由 EU(执行单元)、AU(地址单元)、IU(指令单元)和 BU(总线单元)组成,如图 2-15 所示。

80286 的主要性能特点是首次实现虚拟存储管理,可以在实地址与保护虚地址两种方式下访问存储器。

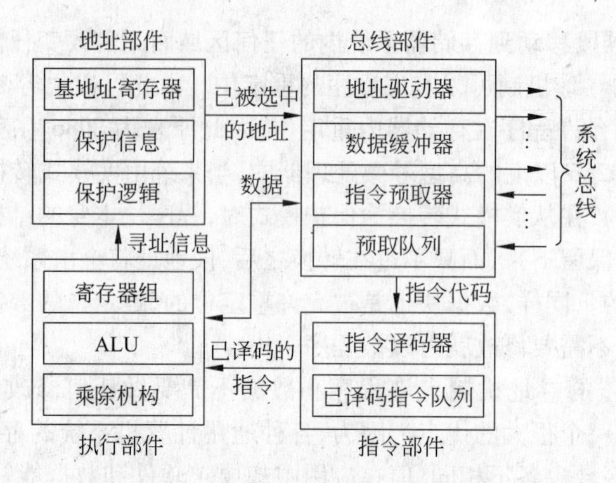

图 2-15 80286 功能部件连接示意图

80286 片内的 MMU 实现虚拟存储管理功能(也称为虚拟内存管理)是一个十分重要的技术与特性。在 8086/8088 系统中,程序占有的存储器和 CPU 可以访问的存储器是一致的,只有物理存储器的概念,其大小为 1MB。而从 80286 开始,CPU 内的 MMU 在保护模式下将支持对虚拟存储器的访问。所谓虚拟存储器是指程序可以占有的空间,它并不是由内存芯片所提供的物理地址空间,而是由大型的外部存储器(如硬盘等)提供的所谓虚拟地址空间;物理存储器是指由内存芯片所提供的物理地址空间,它是 CPU 可以直接访问的存储器(即真正的内存)。操作系统和用户编写的应用程序是放在虚拟存储器上的,当机器执行命令时,必须要把即将执行的程序或存取的数据从虚拟存储器加载到物理存储器上,也就是把程序和数据从虚拟地址空间转换到物理地址空间。通常,把从虚拟地址空间到物理地址空间的转换称之为映射。在 80286 中,虚拟存储器(虚拟空间)的大小可达 2^{30}(1GB)字节,而物理存储器(实存空间)的大小只可达 2^{24}(16MB)字节。80286 虚拟地址对物理地址的映射示意图如图 2-16 所示。

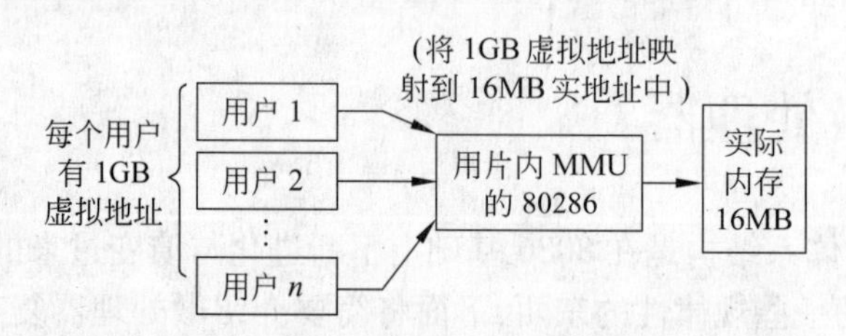

图 2-16 80286 虚拟地址对物理地址的映射示意图

采用虚拟存储管理,就是要解决如何把较小的物理存储器空间分配给具有较大虚拟存储器空间的多用户/多任务的问题。

80286 的存储管理机制比 8086 简单的段式管理机制有了质的突破。它能支持两种寻址模式。

(1) 实模式。80286 在通电以后就以实模式工作,其物理存储器的最大容量为 1MB。遍访 1MB 的地址需要 20 位地址码,80286 物理地址的计算方式与 8086/8088 一样。

(2) 保护模式。在实模式下工作的 80286 只相当于一个快速的 8086,并没有真正发挥 80286 的功能。80286 的主要特点是在保护模式下,增强了对存储器的管理以及对地址空间的分段保护功能。

需要着重指出的是,80286 虽然是按支持多任务设计的,但在实际运行时并没有很好地实现多任务处理特性,尤其是在其实模式和保护模式之间进行转换时,这个问题暴露得比较明显。本来,DOS 程序应该在实模式下运行,但当 80286 在 DOS 程序之间进行转换时就必须在保护模式下进行,并因此而导致 DOS 程序运行失败。设计人员也曾希望通过针对硬件任务的转换编制某些专用程序来满足多任务的需要,但效果不佳,这促使设计人员很快推出了性能更加优良的 80386 微处理器。

2.5.2　80386 微处理器

80386 是第一个全 32 位微处理器,简称 I-32 系统结构。它的数据总线和内部数据通道都是32 位,能灵活处理8、16 或32 位3 种数据类型。其32 条地址总线,能寻址 2^{32}字节(即 4GB)的物理存储空间;而在保护模式下利用虚拟存储器,将能寻址 2^{46} 字节(即 64TB)虚拟存储空间。

图 2-17 给出了 80386 CPU 内部组成部件相互连接示意图。

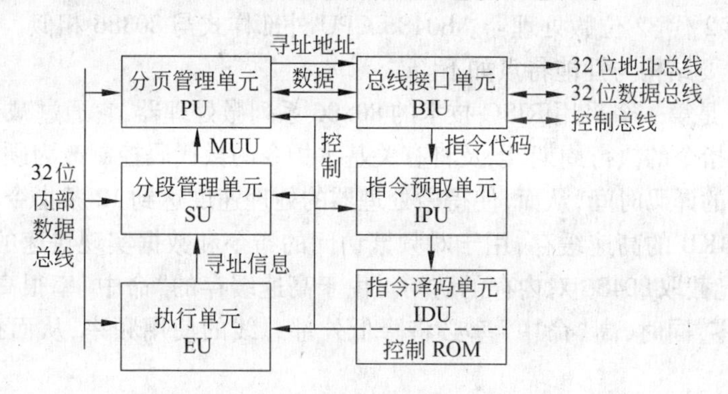

图 2-17　80386 内部组成部件相互连接示意图

如图 2-17 所示,80386 CPU 在内部结构上实现了"一分为六",它主要由 6 个单元所组成:总线接口单元、指令预取单元(Instruction Prefetch Unit, IPU)、指令译码单元(Instruction Decode Unit,IDU)、执行单元;段管理单元(Segment Unit, SU)、页管理单元(Paging Unit,PU)。

总线接口单元是 80386 和外界之间的高速接口,通过总线负责与外部联系,可以访问存储器和访问 I/O 端口以及完成其他的功能。另外,总线接口单元还可以实现 80386 和 80387 协处理器之间的协调控制。

中央处理单元(CPU)由指令预取单元、指令译码单元和执行单元组成。其中,预取单元是一个 16 字节的指令预取队列寄存器,当总线空闲时,从存储器中读取的待执行的指令代码暂时存放到指令预取队列。80386 的指令平均长度为 3.5 字节(24 ~28 位),所以,指令预取队列大约可以存放 5 条指令。

指令译码器对预取的指令代码译码后,送入已译码指令队列中等待单元执行。此队列能容纳 3 条已经译码的指令。只要译码指令队列中还有剩余的字节空闲,译码单元就会从预取队列中取下一条指令译码。

执行单元主要包括32位算术逻辑运算单元ALU,8个32位通用寄存器。为了加速移位、循环以及乘、除法操作,还设置了一个64位的桶形(或多位)移位器和乘/除硬件。

分段单元与分页单元组成存储器管理部件MMU。其中,分段单元负责把由指令指定的逻辑地址变换成线性地址,并对存储器中的程序块与数据块实现分段管理。分页单元负责把分段单元产生的线性地址变换成物理地址,并实行对物理地址空间的分页管理。有了物理地址后,总线接口单元就可以访问存储器或I/O端口了。

上述80386内部的6个单元都能各自独立操作,也能与其他部件并行工作。这样,既可以同时对不同指令进行操作,又可以对同一指令的不同部分同时并行操作。由于80386能对指令流并行操作,使多条指令重叠进行,因而,实现了CPU高效的流水线化作业,进一步改善了处理器和总线的利用效率。

80386在32位高性能微处理器的存储器管理技术中具有典型的意义,有关80386存储管理与虚拟存储器等技术将在第5章存储器系统中详细讨论。

2.5.3 80486微处理器

80486是第2代32位微处理器。80486 CPU外部样式与80386相似。

80486的主要结构与性能特点如下。

(1) 80486是第一个采用RISC技术的80x86系列微处理器,它通过减少不规则的控制部分,缩短了指令的执行周期,以及将有关基本指令的微代码控制改为硬件逻辑直接控制,缩短了指令的译码时间,从而,使得微处理器的处理速度达到12条指令/时钟。

(2) 内含8KB的高速缓存,用于对频繁访问的指令和数据实现快速的混合存放,使高速缓存系统能截取80486对内存的访问。由于高速缓存的“命中”率很高,使得插入的等状态趋向于零,同时,高“命中”率必将降低外部总线的使用频率,从而提高了系统的性能。

(3) 80486芯片内包含有与片外80387协处理器功能完全兼容且功能又有扩充的片内80387协处理器,称作浮点运算部件(FPU)。由于80486 CPU和FPU之间的数据通道是64位,80486内部数据总线宽度也为64位,而且CPU和Cache之间以及Cache与Cache之间的数据通道均为128位,因此80486比80386处理数据的速度大为提高。

(4) 80486采用了猝发式总线(Burst Bus)的总线技术,当系统取得一个地址后,与该地址相关的一组数据都可以进行输入输出,有效地提高了CPU与存储器之间的数据交换速度。

(5) 从程序人员看,80486与80386的体系结构几乎一样。80486 CPU与Intel公司现已提供的86系列微处理器(8086/8088、80186/80188、80286、80386)在目标代码一级完全保持了向上的兼容性。

(6) 80486 CPU的开发目标是实现高速化,并支持多处理器系统,因此,可以使用*N*个80486构成多处理器的结构。

80486和80386一样,特别适合于多任务处理的操作系统。

相对于80386,80486在内部结构上与80386基本相似,它在保留了80386的6个功能单元的基础上,新增加了高速缓存单元和浮点运算单元两部分,即所谓由“一分为六”变成“一分为八”。其中,预取指令、指令译码、内存管理单元MMU(即段单元和页单元)

以及 ALU 单元都可以独立并行工作,如图 2-18 所示。

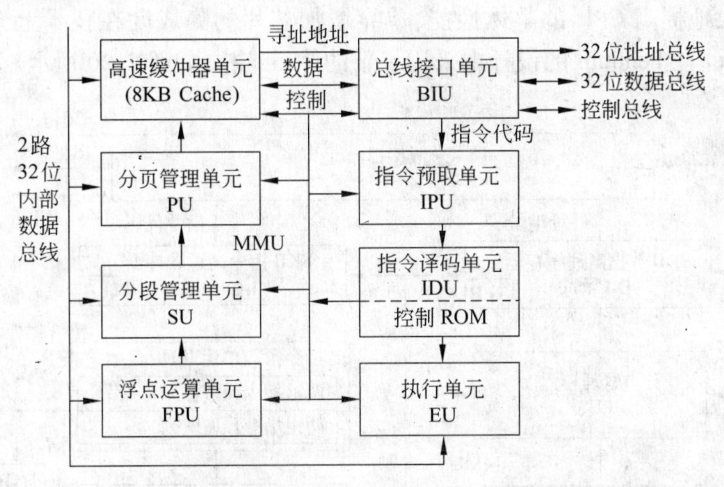

图 2-18　80486 内部结构组成部件及其之间的连接示意图

80486 采取的主要技术改进使它实现了 5 级指令流水线操作功能,如图 2-19 所示。

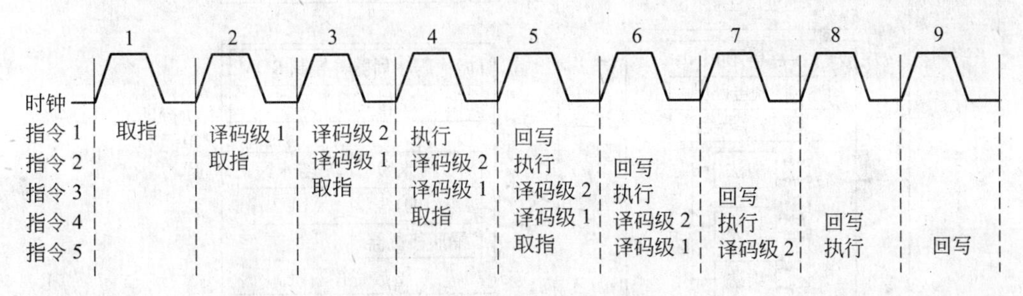

图 2-19　80486 的 5 级指令流水线

5 级指令流水线的 5 个执行阶段是:指令预取、指令解码 1 与解码 2、执行和回写。具体地说,在第 1 个指令执行阶段为提取指令,在此阶段里,当前要执行的指令将被放入指令预取队列;在第 2 以及第 3 阶段是指令解码阶段,其主要目的是计算出操作数在内存中的地址;第 4 阶段则是执行阶段,而第 5 阶段则是将执行结果存回内存或寄存器中。这样,当第 1 条指令在执行完第 1 阶段的提取过程后,在下一个时钟来临进行解码阶段时,这时提取指令的处理单元就可以对下一条指令进行提取,而解码单元便对当前的指令进行解码。

总之,80486 从功能结构设计的角度来说,已形成了 IA-32 结构微处理器的基础。在 Intel 系列的后续微处理器结构中,都汲取了 IA-32 结构微处理器的设计思想,主要是在指令的流水线、Cache 的设置与容量以及指令的扩展等方面做了一些改进和发展。

2.6　Pentium 微处理器

1. Pentium 的体系结构

Pentium 是继 80486 之后的一代新产品,它被简称为 P5 或 80586,也称为奔腾。虽然

Pentium 采用了许多新的设计方法，但仍与过去的 80x86 系列 CPU 兼容。

为了更大地提高 CPU 的整体性能，单靠增加芯片的集成度在技术上会受到很大限制。为此，Intel 在 Pentium 的设计中采用了新的体系结构，如图 2-20 所示。

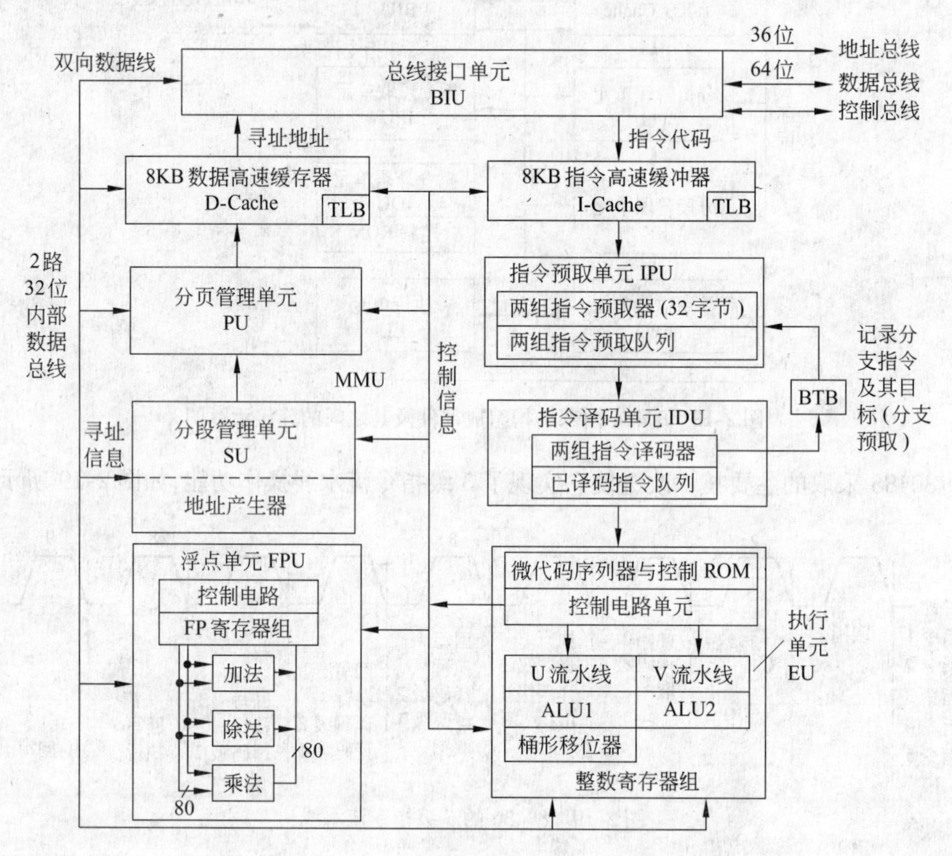

图 2-20　Pentium 首次引入 U、V 双流水线的结构图

从图 2-20 可看出，Pentium 外部有 64 位的数据总线以及 36 位的地址总线，同时，该结构也支持 64 位的物理地址空间。Pentium 内部有两条指令流水线，即 U 流水线和 V 流水线。U 及 V 流水线都可以执行整数指令，但只有 U 流水线才能执行浮点指令，而在 V 流水线中只可以执行一条异常的 FXCH 浮点指令。因此，Pentium 能够在每个时钟内执行两条整数指令，或在每个时钟内执行一条浮点指令；如果两条浮点指令中有一条为 FXCH 指令，那么在一个时钟内可以执行两条浮点指令。每条流水线都有自己的独立的地址生成逻辑、算术逻辑部件和数据超高速缓存接口。

此外，Pentium 有两个独立的超高速缓存，即一个指令超高速缓存和一个数据超高速缓存。数据超高速缓存有两个端口，分别用于 U、V 两条流水线和浮点单元保存最常用数据备份；此外，它还有一个专用的转换后援缓冲器（Translation Lookaside Buffer，TLB），用来把线性地址转换成数据超高速缓存所用的物理地址。指令超高速缓存、转移目标缓冲器（Branch Target Buffer，BTB）和预取缓冲器负责将原始指令送入 Pentium 的执行单元。指令取自指令超高速缓存或外部总线。转移地址由转移目标缓冲器予以记录，指令超高速缓存的 TLB 将线性地址转换成指令超高速缓存器所用的物理地址，译码部件将预取的

指令译码成 Pentium 可以执行的指令。控制 ROM 含有控制实现 P5 体系结构所必须执行的运算顺序和微代码。控制 ROM 单元直接控制两条流水线。

2. Pentium 体系结构的技术特点

1）超标量流水线

所谓超标量流水线是指在一个时钟周期内一条流水线可执行一条以上的指令，而一条指令又可分为十几段微指令来由不同电路单元完成。超标量流水线（Superscalar）设计是 Pentium 处理器技术的核心。在 Pentium 处理器中，它由 U 与 V 两条指令流水线构成，如图 2-21 所示。每条流水线都拥有自己的 ALU、地址生成电路和数据 Cache 的接口。这种流水线结构允许 Pentium 在单个时钟周期内执行两条整数指令，比相同频率的 80486DX CPU 性能提高了一倍。

与 80486 流水线相类似，Pentium 的每一条流水线也分为 5 个步骤：指令预取、指令译码、地址生成、指令执行、回写。但与 80486 不同的是，Pentium 是双流水线结构，它可以一次执行两条指令，每条流水线中执行一条。这个过程称为“指令并行”。在这种情况下，要求指令必须是简单指令，且 V 流水线总是接受 U 流水线的下一条指令。但如果两条指令同时操作产生的结果发生冲突时，则要求 Pentium 还必须借助于适用的编译工具能产生尽量不冲突的指令序列，以保证其有效使用。

2）独立的指令 Cache 和数据 Cache

80486 片内有 8KB Cache，而 Pentium 片内则有两个 8KB Cache，一个作为指令 Cache，另一个作为数据 Cache，即双路 Cache 结构，如图 2-22 所示。

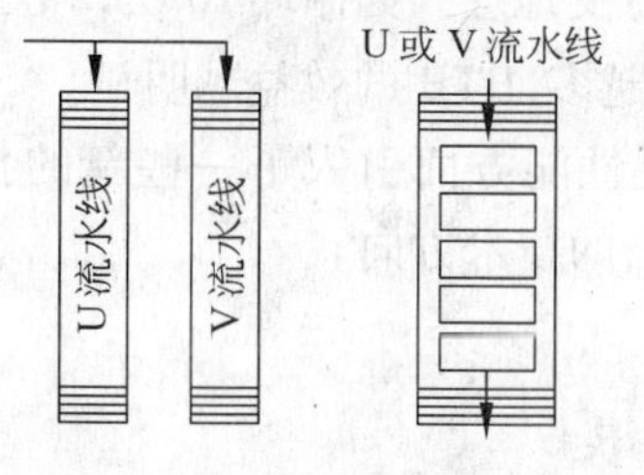

图 2-21 Pentium 超标量流水线结构

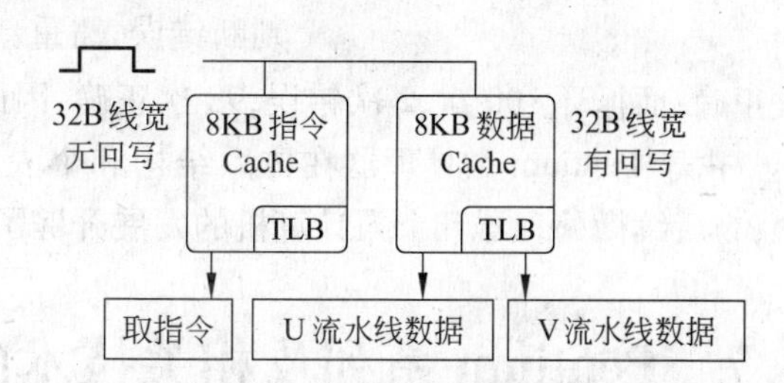

图 2-22 Pentium 双路 Cache 结构

图 2-22 中，TLB 的作用是将线性地址转换成物理地址。指令 Cache 和数据 Cache 采用 32×8 线宽，是对 Pentium 64 位总线的有力支持。Pentium 的数据 Cache 中有两个端口分别通向 U 和 V 两条流水线，以便能在相同时刻由两条独立工作的流水线进行数据交换。当向已被占满的数据 Cache 写数据时（也只有在这种情况下），将移走一部分当前使用频率最低的数据，并同时将其写回主存。这个技术称为 Cache 回写技术。由于处理器向 Cache 写数据和将 Cache 释放的数据写回主存是同时进行的，所以，采用 Cache 回写技术节省了处理时间。

指令和数据分别使用不同的 Cache，使 Pentium 的性能大大超过 80486 微处理器。例如，流水线的第 1 步骤为指令预取，在这一步中，指令从指令 Cache 中取出来，如果指令和数据合用一个 Cache，则指令预取和数据操作之间将很可能发生冲突；而提供两个独立的 Cache，将可避免这种冲突并允许两个操作同时进行。

3）重新设计的浮点单元

Pentium 的浮点单元在 80486 的基础上进行了改进，它由数据 Cache 中的一个专门端口提供数据通道。其浮点运算的执行过程分为 8 级流水，使每个时钟周期能完成一个浮点操作（某些情况下可以完成两个）。

浮点单元流水线的前 4 个步骤与整数流水线相同，后 4 个步骤的前两步为二级浮点操作，后两步为四舍五入及写结果、出错报告。Pentium CPU 对一些常用指令如 ADD、MUL 和 LOAD 等采用了新的算法，同时，用电路进行了固化，用硬件实现，使速度明显提高。

在运行浮点密集型程序时，66MHz Pentium 运算速度为 33MHz 的 80486DX 的 5 ~ 6 倍。

4）分支预测

循环操作在软件设计中使用十分普遍，而每次在循环当中对循环条件的判断占用了大量的 CPU 时间。为此，Pentium 提供一个称为分支（或转移）目标缓冲器 BTB 的小 Cache 来动态地预测程序分支，当一条指令导致程序分支时，BTB 记忆下这条指令和分支目标的地址，并用这些信息预测该这条指令再次产生分支时的路径，预先从此处预取，保证流水线的指令预取步骤不会空置，BTB 机制如图 2-23 所示。

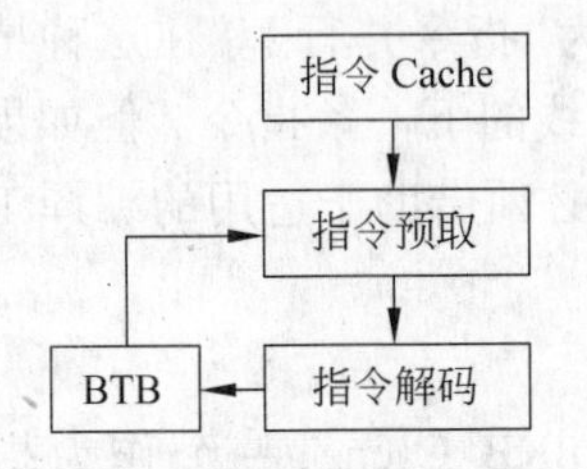

图 2-23　Pentium 的 BTB 机制

当 BTB 判断正确时，分支程序将即刻得到解码，从循环程序来看，在进入循环和退出循环时，BTB 可能会发生判断错误，需重新计算分支地址。如循环 10 次，2 次错误 8 次正确；而循环 100 次，2 次错误，98 次正确，因此循环越多，BTB 的效益越明显。

由于 Pentium 微处理器在体系结构和个人计算机性能方面引入了一些新的技术概念，为后续微处理器和个人计算机的发展开辟了一个新的技术方向。

2.7　Pentium 系列及相关技术的发展

Intel 自推出第 5 代微处理器 Pentium 和增强型 Pentium Pro 之后，于 1996 年底推出了具有多媒体专用指令集的 MMX CPU，接着于 1997 年 5 月推出了更高性能的 Pentium Ⅱ CPU，1999 年又推出 Pentium Ⅲ CPU，并于 2000 年以后相继推出了 Pentium 4 及 Pentium 4 后系列 CPU 产品。这样，它以领先的技术将个人计算机推向一个新的发展阶段。本节将简要介绍 Pentium 系列与 Pentium 4 后系列微处理器及其相关技术。

2.7.1　Pentium Ⅱ微处理器（PⅡ或奔腾Ⅱ）

Pentium Ⅱ是 Pentium Pro 的改进型产品，在核心结构上并没有什么变化，它汇集了 Pentium Pro 与 MMX 的优点。

Pentium Ⅱ采用了一种称之为双独立总线（Dual Independent Bus，DIB）结构（即二级高速缓存总线和处理器-主内存系统总线）的技术。这种结构使微机的总体性能比单总线结构的处理器提高了两倍,在带宽处理上性能大约提高了3倍。此外,双独立总线架构还支持66MHz的系统存储总线在速度提升方面的发展。高带宽总线技术和高处理性能是PⅡ处理器的两个重要特点。同时,它还保留了原有Pentium Pro处理器优秀的32位性能,并融合了MMX技术。由于PⅡ增加了加速MMX指令的功能和对16位代码优化的特性,使得它能够同时处理两条MMX指令。

PⅡ还采用了一种称之为动态执行的随机推测设计来增强其功能;其虚拟地址空间达到64TB,而物理地址空间达到64GB;其片内还集成了协处理器,并采用了超标量流水线结构。此外,为了克服其片外L2高速缓存较慢的不足,Intel将它的片内L1高速缓存从16KB加倍到32KB(16KB指令+16KB数据),从而减少了对片外L2高速缓存的调用频率,提高了CPU的运行性能。

PⅡ处理器与主板的连接首次采用了Slot 1接口标准,它不再用陶瓷封装,而是采用了一块带金属外壳的印刷电路板(PCB),该印刷电路板集成了处理器的核心部件,以及32KB的一级高速缓存。它与一个称为单边接触卡(Single-Edge Contact,SEC)的底座相连,再套上塑料封装外壳,形成完整的CPU部件。它的二级缓存可扩展为256KB、512KB及1MB共3种。

2.7.2 Pentium Ⅲ(PⅢ或奔腾Ⅲ)

Pentium Ⅲ微处理器仍采用了同PⅡ一样的P6内核,制造工艺为0.25μm或0.18μm的CMOS技术,有950万个晶体管,主频从450MHz和500MHz开始,最高达850MHz以上。

PⅢ处理器具有片内32KB非锁定一级高速缓存和512KB非锁定二级高速缓存,可访问4~64GB内存(双处理器)。它使处理器对高速缓存和主存的存取操作以及内存管理更趋合理,能有效地对大于L2缓存的数据进行处理。在执行视频回放和访问大型数据库时,高效率的高速缓存管理使PⅢ避免了对L2高速缓存的不必要的存取。由于消除了缓冲失败,多媒体和其他对时间敏感的操作性能得以提高。对于可缓存的内容,PⅢ通过预先读取期望的数据到高速缓存里来提高速度,从而,提高了高速缓存的命中率。

为了进一步提高CPU处理数据的功能,PⅢ增加了被称为SSE的新指令集即为流式单指令多数据扩展(Streaming SIMD Extension,SSE)。新增加的70条SSE指令分成3组不同类型的指令:8条内存连续数据流优化处理指令,通过采用新的数据预存取技术,减少CPU处理连续数据流的中间环节,大大提高CPU处理连续数据流的效率;50条单指令多数据浮点运算指令,每条指令一次可以处理多组浮点运算数据,原来的指令一次只能处理一对浮点运算数据,现在可以处理4对数据,因此,大大提高了浮点数据处理的速度;12条新的多媒体指令:采用改进的算法,进一步提升视频处理以及图片处理的质量。

PⅢ处理器另一个特点是它具有处理器序列号。处理器序列号共有128位,使每一块PⅢ都有自己唯一的ID号即序列号,它可以对使用该处理器的PC进行标识。

由于PⅢ所具有的各种优越性能,它的应用领域十分广阔,特别是在多媒体与因特网技术应用方面,更有其突出的优势。与PⅡ相比,PⅢ的识别速度提高了37%,图形处理速度提高64%,视频压缩速度提高41%,三维图形处理能力提高74%。

2.7.3 Pentium 4 微处理器

Intel 公司最初于 2000 年 8 月推出的 Pentium 4 是 IA-32 结构微处理器的增强版,也是第 1 个基于 Intel"NetBurst"微结构的处理器。这种新结构的 Pentium 4,在数据加密、视频压缩和对等网络等方面的性能都有较大幅度的提高,因此,它可以更好地处理互联网用户的需求。

1. Pentium 4 简介

P4 的原始代号为 willamette,是一个具有超级深层次管线化架构的微处理器。

Intel 于 2001 年 2 月 26 日发布了新的 P4,这款新 P4 采用较小的封装技术和 0.13μm 的制程工艺,其代号为 northwood,与原来的 P4 相比,虽然体积有所减小,但 CPU 的插脚数却增加为 478 针,它可以满足 2GHz 的电压需求。

Pentium 4 处理器已逐渐演变成一个庞大的 Pentium 4 后系列,其 CPU 内部功能结构更加复杂,性能也更加提升。Intel Pentium 4 系列以后(简称 Pentium 4 后)CPU 产品是 Pentium D 至 Core 2,其性能参数如表 2-10 所示。

表 2-10 Intel Pentium D 至 Intel Core 2 主要性能表

处理器（Processor）	主频（Speed）	插槽类型（Socket）	制程工艺（Fab）/nm	前端总线（FSB）/MHz	二级缓存（L2 Cache）/KB
Pentium D/EE	2.66～3.73GHz	LGA 775	65/90	533/800/1066	2×1024 2×2048
Pentium 4	1.3～3.8GHz	Socket 478/LGA 775/Socket 423	65/90/130/180	400/533/800/1066	256～2048
Intel Xeon	400MHz～3.8GHz	Slot2,Socket 603,Socket 604,FCPGA6,LGA 771	65～250	100～1333	256～4096
Pentium M	0.8～2.26GHz	Socket 479	90/130	400/533	1024～2048
Intel Core	1.06～2.33GHz	LGA 775/FCPGA6	65	533/667	2048
Intel Core 2	1.66～2.93GHz	LGA 775/FCPGA6	65	67/1066	2048～4096

2. Pentium 4 的内部功能结构框图

Intel 为 Pentium 4 CPU 设计了多种类型的内部结构。图 2-24 给出了其中一种由 Intel 公布的 Pentium 4 CPU 的内部功能结构框图。

在图 2-24 中,包含影响 Pentium 4 性能的所有重要单元。下面简要介绍 P4 主要功能部件,以及内部执行环境可以使用的一些主要资源。

(1) BTB:为分支目标缓冲区,用来存放所预测分支的所有可能生成的目标地址记录(通常为 256 或 512 条目标地址)。当一条分支指令导致程序分支时,BTB 就记下这条指令的目标地址,并用这条信息预测这一指令再次引起分支时的路径,并预先从该处预取。

（2）μOP：微操作运算码（Micro-Operation/Operand），它是 Intel 赋予微处理器的执行部件能直接理解和执行的指令集名称，简称微指令集。这种微指令集是一组非常简单而且处理器可以快速执行的指令集。通常汇编语言中的一条指令可分解为一系列的微指令，它与 x86 的变长指令集不同，其长度是固定的，因此，很容易在执行流水线中进行处理。在现代多数超标量微处理器中，都会发现内建"微码存储器"（Micro Code ROM）的机制。微指令存放在内部的一个"微码存储器"中。平均来说，多数的 x86 指令会被微码定序器编译成两个左右的运算码。一些很简单的指令如 AND、OR 或 ADD 仅会产生一个运算码，而 DIV 或 MUL 以及间接寻址运算则会产生较多运算码。其他极为复杂的指令如三角函数等能轻易产生上百个运算码，出自"微指令定序器"（Micro Instruction Sequencer）。

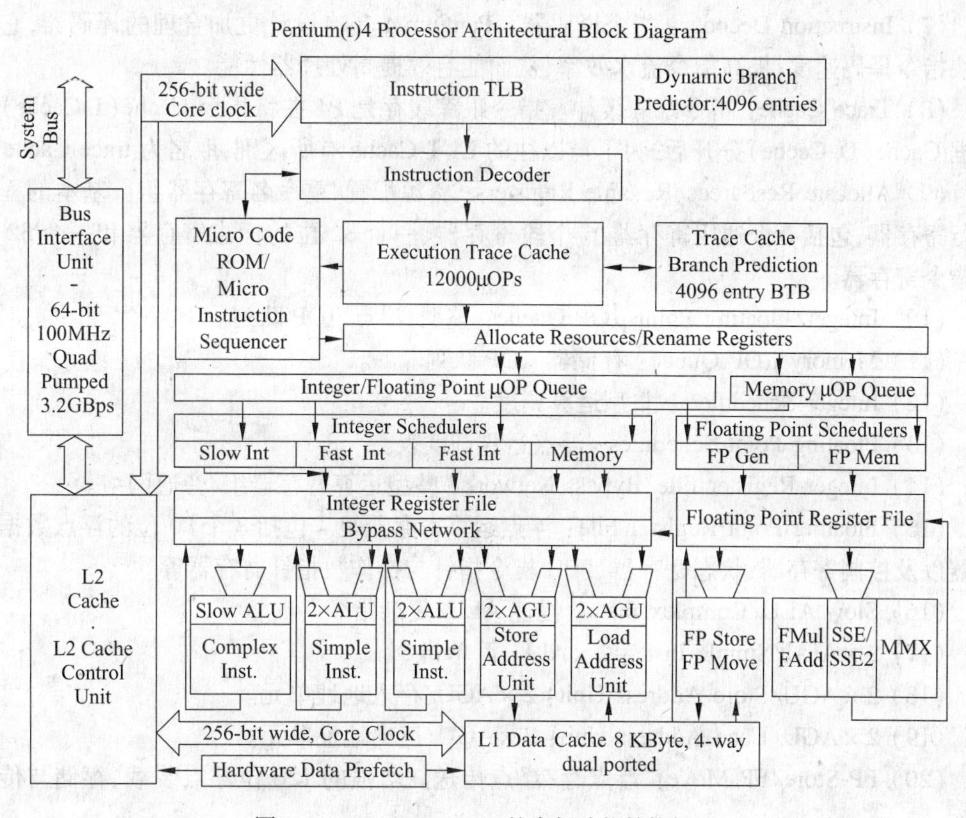

图 2-24　Pentium 4 CPU 的内部功能结构框图

（3）ALU：即整数运算单元。一般数学运算如加、减、乘、除以及逻辑运算如 AND、OR、ASL、ROL 等指令都在逻辑运算单元中执行。而这些指令在一般软件中占了程序代码的绝大多数，所以，ALU 的运算性能对整个系统的性能影响很大。

（4）AGU：地址生成单元（Address Generation Unit）。该单元与 ALU 一样重要，负责生成在执行指令时所需的寻址地址。而且，一般程序通常采用间接寻址，并由 AGU 来产生，所以它会一直处于忙碌状态。

（5）Instruction TLB：指令旁路转换缓冲，也称为转换后援缓冲器，用于把线性地址转换成数据超高速缓存所用的物理地址。实际上，它可以被理解成页表缓冲，在它里面存放的是一些页表文件(虚拟地址到物理地址的转换表),因此,它简称为指令快表。当处理器要在内存寻址时,不是直接在内存中查找物理地址,而是通过 TLB 将一组虚拟地址转换为内存的物理地址,CPU 寻址时就会优先在 TLB 中进行寻址。寻址的命中率越高,处理器的性能就越好。所以,引入 TLB 是为了减少 CPU 访问物理内存的次数。

(6) Dynamic Branch Predictor:为含有 4096 个入口的动态分支预取器。动态分支预测是对静态分支预测而言的。静态分支预测在指令取入译码器后进行译码时,利用 BTB 中目标地址信息预测分支指令的目标地址;而动态分支预测的预测发生在译码之前,即对指令缓冲器中尚未进入译码器中的那部分标明每条指令的起始和结尾,并根据 BTB 中的信息进行预测。因此,对动态分支预测,一旦预测有误,已进入到流水线中需要清除的指令比静态分支预测时要少,从而提高了 CPU 的运行效率。

(7) Instruction Decoder:指令译码器。Pentium 4 具有设计更加合理的译码器,它能加快指令译码速度,提高指令流水效率,从而能有效提高处理器性能。

(8) Trace Cache:指令跟踪缓冲。指令跟踪缓存是 P4 在将指令 Cache(I-Cache)与数据 Cache(D-Cache)分开后,为了与以往的 L1 I-Cache 有所区别,取名为 trace Cache。

(9) Allocate Resources/Rename Registers:资源配置/重命名寄存器组。基本的程序执行寄存器,包括 8 个通用寄存器、6 个段寄存器、一个 32 位的标志寄存器和一个 32 位的指令寄存器。

(10) Integer/Floating Point μOP Queue:整型/浮点 μOP 队列。

(11) Memory μOP Queue:存储器 μOP 队列。

(12) Integer Schedulers:整型运算调度。

(13) Floating Point Schedules:浮点运算调度表。

(14) Integer Register File/Bypass Network:整型运算寄存器组/旁通网络。

(15) Floating Point Register File:浮点运算寄存器组。包括 8 个 80 位的浮点数据寄存器以及控制寄存器、状态寄存器、FPU 指令指针与操作数指针寄存器等。

(16) Slow ALU/Complex Inst.:慢速 ALU/复杂指令。

(17) 2 × ALU/Simple Inst.:2 × ALU/简单指令。

(18) 2 × AGU/Store Address Unit:2 × AGU/存入地址单元。

(19) 2 × AGU/Load Address Unit:2 × AGU/读出地址单元。

(20) FP Store/FP Move:浮点存/浮点传送。增强的 128 位浮点装载、存储与传送操作。

(21) Fmul/Fadd:浮点乘加。增强的 128 位浮点乘加运算操作。

(22) SSE/SSE2:SSE 和 SSE2 寄存器。8 个 XMM 寄存器和一个 MSCSR 寄存器支持 128 位紧缩的单精度浮点数、双精度浮点数以及 128 位紧缩的字节、字、双字、四字整型数的 SIMD 操作。

(23) MMX:MMX 寄存器。8 个 MMX 寄存器用于执行单指令多数据(SIMD)操作。

此外,P4 还继承了 IA-32 结构中的系统寄存器和数据结构,其存储器管理与 80386 基本相同,也采用了分段与分页两级管理。

3. Pentium 4 的主要技术特点

Pentium 4 作为 Intel 第 7 代处理器，其主要技术特点如下。

(1) 流水线深度由 Pentium 的 14 级提高到 20 级，使指令的运算速度成倍增长，并为设计更高主频和更好性能的微处理器提供了技术准备。P4 的最高主频设计可高达 10GHz。

(2) 采用高级动态执行引擎，为执行单元动态地提供执行指令，即在执行单元有可能空闲下来等待数据时，及时调整不需要等待数据的指令提前执行，防止了执行单元的停顿，提高了执行单元的效率。

(3) 采用执行跟踪技术跟踪指令的执行，减少了由于分支预测失效而带来的指令恢复时间，提高了指令执行速度。

(4) 增强的浮点/多媒体引擎，128 位浮点装载、存储、执行单元，大大提升了浮点运算和多媒体信息处理能力。

(5) 超高速的系统总线。第 1 代采用 Willamette 核心的产品采用 400MHz 的系统总线，比采用 133MHz 系统总线的 Pentium Ⅲ的传输率提高 3 倍，使其在音频、视频和 3D 等多媒体应用方面获得更好的表现。

此外，P4 还引入了其他一些相关技术。例如，快速执行引擎（Rapid Execution Engine）及双倍算术逻辑单元架构（Double Pumped ALU），它是在 P4 CPU 的核心结构中设计了两组可独立运行的 ALU，以加倍提高 CPU 执行算术逻辑运算的整体速度，使其执行常用指令时的速度是运行其他指令速度的 2 倍；4 倍爆发式总线（Quad Pumped Bus），它是指 P4 在一个时钟频率的周期内，可以同时传送 4 股 64b 不同的数据，以提高内存的带宽；SSE2（Streaming SIMD Extensions 2）指令集，它是在 SSE 技术基础上进一步增强浮点运算能力而推出的新的扩展指令集；指令跟踪缓存（Trace Cache），它是 P4 在结构性能方面的一个最大的改进技术，即将指令 Cache（I-Cache）与数据 Cache（D-Cache）分开，以加快内部数据的执行速度。

2.7.4　Pentium 4 系列 CPU 的主要性能指标

尽管 CPU 的制造技术日趋进步，其集成度越来越高，甚至 CPU 内部的晶体管数在一定时间后将会达到 10 亿个以上，但是，CPU 的内部功能结构仍然可分为控制单元、算术逻辑单元和寄存器单元 3 大部分，而 CPU 的性能就取决于这些部件的性能。在 Pentium 4 CPU 系列中，关注的主要性能指标如下：

1. CPU 的频率

CPU 的频率有主频、外频与倍频系数之分。

主频也叫时钟频率或工作频率，单位是 MHz（或 GHz），用来表示 CPU 的运算、处理数据的速度。主频 = 外频 × 倍频系数。通常所说的 CPU 频率，一般指 CPU 的主频。主频和 CPU 实际的运算速度有关，但主频仅仅是 CPU 性能表现的一个方面，而不代表 CPU 的整体性能。

外频是 CPU 的基准频率或外部时钟频率，单位是 MHz。外频决定着整块主板的运行速度。通俗地说,在台式机中,所说的超频,都是超 CPU 的外频(一般情况下,CPU 的倍频都是被锁住的)。主板可调的外频越多、越高则越好,特别是对于超频比较有用。

倍频系数是指 CPU 主频与外频之间相差的倍数。在相同的外频下,倍频越高则 CPU 的频率也越高。但实际上,在相同外频的前提下,高倍频的 CPU 本身意义并不大。这是因为 CPU 与系统之间数据传输速度是有限的,一味追求高倍频而得到高主频的 CPU 就会出现明显的"瓶颈"效应——CPU 从系统中得到数据的极限速度不能够满足 CPU 运算的速度。

2. 前端总线频率

前端总线(Front Side Bus,FSB)频率(即总线频率)是直接影响 CPU 与内存之间数据交换速度的。由于数据带宽=(总线频率×数据位宽)/8,所以数据传输最大带宽取决于传输的数据宽度和总线频率。例如,支持 64 位的至强 Nocona CPU,前端总线频率是 800MHz,则其数据传输最大带宽为 6.4GB/s。

前端总线频率反映的是 CPU 和北桥芯片间总线的速度,即表示 CPU 和外界数据传输的速度。在 Pentium 4 出现之前,前端总线频率和外频是相同的,而 Pentium 4 出现后,由于采用了一些类似于 AGP 频率倍增的技术,现在,前端总线频率一般为外频的 2 倍、4 倍甚至更高。

外频与前端总线频率的区别:前端总线频率指 CPU 每秒钟在前端总数上可传输数据的周期次数,反映的是 CPU 可传输的数据量(即带宽)。外频是 CPU 的外部时钟频率,反映的是 CPU 与主板之间同步运行的速度。例如,100MHz 的外频特指数字脉冲信号在每秒钟震荡一亿次;而 100MHz 的前端总线频率指的是每秒钟 CPU 可传输的数据量是 100MHz×64b÷8B=800MB/s。

3. 缓存

缓存是指可以与 CPU 进行高速数据交换的存储器,它先于内存与 CPU 交换数据,因而速度很快。

CPU 缓存是位于 CPU 与内存之间的临时存储器,都采用静态 RAM 芯片,其容量比内存小,但速度却很高。

缓存大小也是 CPU 的重要指标之一,而且缓存的结构和大小对 CPU 速度的影响非常大,CPU 内缓存的运行频率极高,一般是和处理器同频运作,工作效率远远大于系统内存和硬盘。但是由于 CPU 芯片面积和成本的因素来考虑,缓存都很小。

L1 Cache(一级缓存)是 CPU 第一层高速缓存,位于 CPU 内核的旁边,分为数据缓存和指令缓存。一级指令缓存用于暂时存储并向 CPU 递送各类运算指令;一级数据缓存用于暂时存储并向 CPU 递送运算所需数据。内置的 L1 高速缓存的容量和结构对 CPU 的性能影响较大,不过高速缓冲存储器均由静态 RAM 组成,结构较复杂,在 CPU 管芯面积不能太大的情况下,L1 级高速缓存的容量不可能做得太大。一般服务器 CPU 的 L1 缓存的容量通常在 32~256KB。

L2 Cache(二级缓存)是 CPU 的第二层高速缓存,分内部和外部两种芯片。内部的芯片二级缓存运行速度与主频相同,而外部的二级缓存则只有主频的一半。L2 高速缓存容量也会影响CPU的性能,原则是越大越好,家庭用CPU容量最大的是4M,而服务器和工作站上用CPU的L2高速缓存有的更高达到8MB以上。

L3 Cache(三级缓存),分为两种,早期的是外置,现在的都是内置的。而它的实际作用即是,L3缓存的应用可以进一步降低内存延迟,同时提升大数据量计算时处理器的性能。基本上L3缓存对处理器的性能提高显得不是很重要。

4. CPU内核和I/O工作电压

从Pentium CPU开始,CPU的工作电压分为内核电压和I/O电压两种,通常CPU的核心电压小于等于I/O电压。其中内核电压的大小是根据CPU的生产工艺而定,一般制作工艺越小,内核工作电压越低;I/O电压一般都在1.6~5V。低电压能解决耗电过大和发热过高的问题。

5. 制造工艺

制造工艺的微米指IC内电路与电路之间的距离。制造工艺的趋势是向密集度愈高的方向发展。密度愈高的IC电路设计,意味着在同样大小面积的IC中,可以拥有密度更高、功能更复杂的电路设计。制造工艺经历了180nm、130nm、90nm、65nm、45nm,到2010年已达32nm。

6. 超流水线与超标量

众所周知,多级流水线是Intel在80386/80486芯片中新开始使用的。在后来的Pentium CPU中,又进一步发展了流水线技术。具有U、V双流水线的Pentium CPU的每条整数流水线都分为四级流水,即指令预取、译码、执行、写回结果,浮点流水又分为八级流水。

超标量是通过内置多条流水线来同时执行多个处理器,其实质是以空间换取时间;而超流水线是通过细化流水、提高主频,使得在一个机器周期内完成一个甚至多个操作,其实质是以时间换取空间。例如,Pentium 4的流水线就长达20级。将流水线设计的步(级)越长,其完成一条指令的速度更快,因此才能适应工作主频更高的CPU。

2.8 多处理器计算机系统概述

以上讨论的是单处理器系统与技术。实际上,在单处理器计算机系统迅速发展的同时,多处理器计算机系统也从20世纪80年代初期开始研究,在20世纪80年代后期逐渐推向应用,并形成了替代传统大型机成为网络与信息处理主机的格局。目前,各种多处理器机种的应用领域已十分广泛。本节简要介绍有关多机系统的基本概念和组成,它与单机系统的区别,以及各种多机系统的一些特点。

2.8.1 多处理器系统的基本概念

1. 多处理器系统的基本分类

在多处理器系统中,根据利用处理器的方式,可分为非对称方式和对称方式两种基本类型。

非对称多处理(Asymmetric Multi Processing,AMP)系统,是指在一个多机系统中,各个处理器能同等地使用和管理系统中的所用资源,但分别处理专门的任务;而在处理任务时,各个处理器访问与控制内存或外设的权限与时间都不相等。例如,可能一个处理器在处理系统输入输出(I/O),而另一个处理器则在处理某个应用程序。由于非对称多处理器系统在处理多重任务时,不进行工作负荷平衡,这样,就可能会出现处理某个任务的处理器负载过重而其他处理器却闲置着的情况。

对称多处理系统也称为对称多处理(Symmetric Multi Processing,SMP)系统,它是指在一个多机系统中,将多个处理器放进一个机箱中,而这些处理器运行支持SMP的操作系统,即将工作负荷分发给多个处理器处理,各个处理器共享内存和磁盘I/O等系统资源,且每一个CPU的处理能力完全等同。对称多处理系统在处理多重任务时,由于操作系统将工作负荷均匀地分布到各处理器上,这样,就避免了系统中各处理器之间负荷的不均衡状态。随着处理器的增多,对称多处理器系统对所有任务的性能会有所提高;相应地,使用对称多处理器系统的操作系统也会更加复杂,但目前多数网络操作系统都支持对称多处理,所以,现成SMP系统基本上是为多用户环境而设计的负荷均衡系统。

2. 多处理器系统与并行处理

有各种多处理器系统,如果按照多处理器系统内各个处理器之间的耦合程度不同,还可以将多处理器系统分为松散耦合、不共享模型和紧密耦合模型两种基本模型。

松散耦合、不共享模型是指每个处理器有自己专用的内存空间和磁盘空间。在这种模型中,每个处理器只能访问属于自己独占的专用内存,但可共享磁盘。

紧密耦合模型是指在这种模型中的所有处理器,都同时能共享内存和磁盘空间。该模型还可能在群集的系统中实现。

多线程也称为并行处理。它是一种先将单个任务拆分成几个片段(一个片段即一个线程),然后在多个处理器上同时处理这些片段的过程。可完成多线程的有群集或特大型系统中的服务器。这样,又可按并行处理的结构与方式不同细分为以下类别的系统。

1) 基本群集

基本群集(或群集系统)是一组可提供高可用性、容错和负载均衡等功能的计算机,它还可能支持SMP系统。

基本群集由两个或更多的节点组成,每个节点运行各自的操作系统和应用程序;节点共享其他公用资源池。基本群集是用于Web站点的理想配置。另外,它还安装一台单独的负载均衡设备用于在服务器之间分发请求。群集可能执行基本的并行处理。例如,多个服务器可能在多个数据库中执行同一个搜索。通常,所有的服务器访问共同的存储设备。如果其中一个服务器停止运行,其他服务器会自动分担它的工作负荷。在使用容错技术的情况下,还要对每个服务器进行备份,这样,如果主服务器停止运行,它的备份仍可以继续主服务器的工作。

2) SMP群集

在群集中支持SMP或并行处理要求特殊的操作系统或OS扩展。Beowulf是群集之一,这种系统自20世纪90年代早期就开始成熟。Beowulf被形容为"一种可以用于并行计算的多计算机体系结构"。其基本概念是,通过在Linux或Windows NT下使用多CPU并行地执行程序片段,从而极大地减少了软件的处理时间。

采用Beowulf策略,会产生Beowulf效果,即用较多的处理器和较少的时间,以取代原本需要用较少的处理器和较多时间进行的计算。

3）大规模并行处理系统

大规模并行处理(Massively Parallel Processing, MPP)系统也称为"松耦合的(Loosely Coupled)"或"无任何共享"的系统。这是真正超级计算机类的系统,它通常专用于在多个处理器中快速运行单个任务。MPP系统通常是自定义建立的,而且使用专用的操作系统。MPP系统的特性是：有很多处理器,每个处理器都有用于自己的操作系统和内存,可以同时处理同一个程序的不同部分。系统使用一个消息接口和一组数据通路来使处理器彼此通信。最多可以有200个处理器来处理同一任务。

现在,国内外的机构正在加速研究高性能计算(HPC)系统。其研究重点是与大规模并行系统和超级计算机相关的硬件和软件方面的问题。大规模并行处理要求复杂的管理系统来处理可能多达数千台以上计算机和处理器的任务。

为此可见,加快对多处理器计算机系统的研究和应用,是今后计算机技术领域面临的一个战略性任务。

2.8.2　多处理器系统的特点

1. 多处理器系统与并行处理系统的区别

多处理器系统简称多机系统。从概念上来说,多机系统是比并行系统更广义的一个系统概念,即一个并行处理系统一定是一个多机系统,但一个多机系统却并不一定是一个并行处理系统。一个计算机是否为并行处理系统,不是由硬件结构,而是由操作系统与程序设计环境来确定。从硬件结构来看,两者都是由多个CPU通过某种互连技术构成的多机系统,可以是共享存储结构或者是分布式存储结构,两者没有区别。从软件上看,并行处理系统必须为用户提供编制并行程序设计的手段。

多处理机系统如果只用于多任务环境(如网络服务器、数据服务器等),其核心之外的软件系统可与传统单机完全一致。

2. 并行计算机与SMP系统的应用各有侧重

并行计算机不仅适合于科学计算,也适合于事务处理。但SMP系统只适合于事务处理。这是由于SMP类的计算机内有许多紧耦合多处理器,其最大特点就是共享所有资源。它不同于与之相对立的MPP系统,这样的系统是由许多松耦合处理单元组成的,每个单元内的CPU都有自己独占的资源,如总线、内存、硬盘等,这种结构最大的特点在于不共享资源。所以,SMP系统只适合于事务处理而不适合于科学计算。

3. 单机与多机系统的性能比较

单机与多机系统的性能优劣将根据条件的不同而有所变化。

在MIPS数相等的条件下,如果处理没有或者较少I/O操作的计算问题时,单机与多机系统性能是一样的,或说,单机的性能更好一些。

假设用上述两种计算机处理I/O操作较少的计算问题,且问题本身具有较好的局部性,则单机可保持较高的高速缓存命中率(Cache Hit Rate),能充分发挥高频CPU的速度。而在多机系统中,如果问题本身并行度较低,则多个CPU的资源无法利用,较单机运行性能为差。当问题本身可完全并行化时,将该问题分为多个独立的子任务,每一个CPU运行一个,由于多个任务并行运行时有额外的开销,如并行运行环境的建立、同步与通信等,所以,多机系统还是要比单机的运行性能差。

如果运行一规模较大的任务(需要大的内存与大量的I/O操作),系统的整个瓶颈就在I/O速度与内存容量方面。多机系统可以并发控制I/O设备与访问内存,速度有可能较高频单机为高。

一般的事务处理程序在大部分时间里都用于查询操作,计算量不大,其程序本身也很小,通常它只要求系统在较短的时间内对用户的请求进行应答。多处理机系统由于可同时独立运行多个任务,每一个CPU还可独立地控制I/O操作以及并行访问内存,所以多机的资源可被充分利用。高频单机在进行事务处理时,不能发挥其CPU运算速度快,Cache容量大的特点。单CPU分时运行多任务时,多任务的调度切换也将是一个很大的负担。据统计,多机在某些任务运行环境下较高频单机高出4倍以上。在网络主机环境下,多机的运行效率较单机系统为高。

4. 在多处理器系统中单靠增加CPU个数并不可能获得线性的性能改善

如果当前多机系统中的内存与I/O带宽足够大,而CPU的处理能力是整个系统的瓶颈,则增加CPU数目将会提高系统的整体效率。并且,它对某些特定的应用问题,会使性能获得线性增长,而对一般问题,性能虽然可以得到一些提高,但不是线性增长。如果向一个内存受限或I/O受限的系统中增加CPU,则不会明显改进多机系统的整体性能。这时,应该增加I/O能力(如扩展I/O通道、增加磁盘个数等)和内存容量,以消除系统增长的瓶颈,然后再增加CPU个数,这样才可能提高多机的整体性能。

2.8.3 多机系统的基本组成

多机系统和单机系统一样,也分为硬件系统和软件系统两部分。

1. 硬件体系结构

多处理机体系结构从存储器系统组成上看,可分为共享存储和分布式存储两种结构类型。它们的应用范围各有所侧重,共享存储结构主要解决通信网络带宽、Cache一致性与处理机之间相互中断等方面的技术,而分布式存储结构主要解决通信带宽以及快速的消息传递机制。

2. 系统软件组成

就软件的层次结构而言,多机系统与传统单机系统完全类似,都包括了操作系统核心、底层函数库、实用程序、语言编程环境、图形用户界面、应用系统支撑环境与应用程序等几个部分。其中,多处理机操作系统核心为控制硬件(CPU、Cache、DRAM、MMU、I/O设备等)提供了建立所有上层软件的基础。操作系统底层函数库提供了给一般程序员与系统程序员的编程接口。操作系统实用程序包括外壳(shell)交互工具、文件操作命令、系统管理员命令等。编程环境包括各种高级语言以及编译与编辑器、调试工具等。图形用户界面包括各种窗口管理软件以及图形库。支撑环境包括各种数据库管理系统,人工智能开发环境,信息管理系统的自动生成系统等。

一个多机系统要成为并行计算机,就需要包括支持并行计算的并行库、并行程序设计语言(扩展串行语言或者新的并行语言)以及并行语言的编译器系统。同时,还应该包括并行程序的调试与性能评价的工具。

2.9 嵌入式计算机系统的应用与发展

现在,嵌入式计算机系统的应用已非常普遍,并成为计算机的一种重要应用方式。嵌入式系统之所以如此受到重视,就在于它将先进的计算机技术、半导体技术与电子技术和各个行业的具体应用有机地结合起来,在设计上体现了计算机体系结构的最新发展,在应用上开拓了当前信息化电子产品最热门的一个领域。

2.9.1 嵌入式计算机系统概述

嵌入式计算机系统简称为嵌入式系统(Embedded System),实际上是计算机系统的一个专门应用领域,或说,是除了"桌面"计算机之外的微计算机系统。

1. 嵌入式系统的组成

嵌入式系统作为一种专用的计算机系统,既具有计算机系统的基本结构,又有着自己的特点。它由嵌入式处理器、嵌入式外设、嵌入式操作系统和嵌入式应用系统 4 部分组成。

1) 嵌入式处理器

嵌入式处理器和通用处理器有着相同的基本组成与工作原理,但其最大的区别在于它的专用性特点,因此,它比之通用处理器具有更多的种类和数量需求。

嵌入式处理器主要有 4 类:嵌入式微处理器(Embedded Micro Processor Unit, EMPU)、嵌入式微控制器(Embedded Micro Controller Unit,EMCU)、嵌入式 DSP 处理器(Embedded Digital Signal Processor)和嵌入式片上系统(Embedded System On Chip, ESOC)。

嵌入式微处理器是指类似于通用 CPU 但具有某些增强设计功能(如抗高温、抗电磁干扰等)的专用微处理器。由于这种专用系统设计比较复杂,性价比很低,所以应用较少。主要应用于其他类型嵌入式处理器难以满足性能要求的应用中,如数字电视、机顶盒等家电设备。

嵌入式微控制器俗称单片机。它以某一种微处理器内核为核心,芯片内集成有系统所需要的各种功能模块,并配有外设。其具体模块和外设的种类与数量则视不同需要而定。微控制器是目前嵌入式系统应用中的主流产品。新型系列产品都支持通用 I/O 接口。

嵌入式 DSP 处理器主要满足对数字信号有很高处理能力要求的应用领域,因此,它在系统结构和指令方面有特殊的设计要求,特别适合于声音、图像等多媒体信息处理应用。

嵌入式片上系统是目前嵌入式系统实现的最高形式,其复杂程度远远超过微控制器。它的特点是根据应用要求可以把不同的 IP 核(Intellectual Property Kernels)甚至嵌入式软件集成在一块芯片上。ESOC 是未来嵌入式系统的发展方向。

2) 嵌入式外设

嵌入式外设是指除嵌入式处理器以外用于完成存储、通信、保护、测试、显示等功能的其他部件。它们可分为3类:一是存储器类型,如 RAM、SRAM、DRAM、ROM、EPROM、EEPROM 与 FLASH 等;二是接口类型,如 RS-232 串口、IRDA(红外线接口)、SPI(串行外设接口)、USB(通用串行接口)、Ethernet(以太接口)和普通接口;三是显示类型,如 CRT、LCD 和触摸屏等。

3) 嵌入式操作系统

在大型嵌入式应用中,嵌入式操作系统类似于通用 PC 操作系统具有复杂的功能,以便能完成诸如存储器管理、中断处理、任务间通信和定时以及多任务处理等功能。

目前流行的嵌入式操作系统有 VxWorks、pSOS、Linux 和 Delta OS 等。

4) 嵌入式应用系统

嵌入式应用系统是基于本系统的硬件平台特点并结合其应用需要而开发的专用计算机软件。有些大型应用系统需要嵌入式操作系统的支持,而有些简单的应用也可以不需要专门的操作系统。

2. 嵌入式系统的特点

嵌入式系统是针对特定应用领域需要而开发的应用系统,所以它有着不同于通用型计算机系统的一些特点。

(1) 嵌入式系统是一个将计算机技术、半导体技术与电子技术紧密结合起来的技术密集、高度分散、不断创新的集成系统,它需要资金、技术与人才的大力支持。

(2) 嵌入式系统通常是面向特定应用领域开发的,一般要求系统体积小、能耗低、成本低、专业化程度高。

(3) 嵌入式系统必须紧密结合专门应用的需求,其系统升级也应同具体产品的换代同步更新。一般应保持系统有较长的生命周期。

(4) 为了系统的高效与可靠运行,嵌入式系统软件一般都固化在内存或处理器芯片内部,而不是存储在外存载体中。

(5) 嵌入式系统本身不具备自举开发能力,系统设计完成后,通常不能任意修改程序，而必须有一套专用开发工具和环境才能进行再开发。

2.9.2 嵌入式计算机体系结构的发展

计算机的体系结构是随着芯片集成度的提高而发展的。提高芯片集成度有3个途径：一是缩小晶体管的特征尺寸；二是扩大芯片面积，或者研制多维（如三维或四维）芯片；三是研究并设计规则的芯片体系结构。

现在芯片采用的是MOS电路的等比例缩小法，即按等比例提高集成度的方法。芯片的制造技术，现在正在从微电子技术进入纳米技术时代。推进这一发展进程有两个基本途径：一是体系结构的发展，即目前主流的大规模并行处理（Massively Parallel Processing，MPP）体系结构的发展；二是新器件的发展。通常在计算机中采用的CMOS器件，它虽然还一直在改进，但改进的幅度很有限；而未来的发展趋势将是仿生的芯片。目前计算机已经进入大规模并行处理时代，在最近几年内，计算机的体系结构将仍然主要是传统计算的MPP体系结构；但是到2010年以后，计算机的体系结构将逐步向自主计算的MPP体系结构转化；而再过若干年之后，计算机的体系结构将进一步向自然计算的MPP体系结构发展，例如仿生计算的体系结构。

目前计算机体系结构主要有3种基本类型。其中，第1种类型是SIMD体系结构，这种并行的体系结构的处理元PE（Processor Element）阵列，现在经常与接收并转换物理信号的传感阵列（例如，CCD）相连接，完成图像帧的实时计算。第2种类型是基于数据流计算的MPP体系结构，它的处理部件不是处理器，而是ASIC电路。没有指令流，而是数据流。第3种类型是基于指令流计算的MPP体系结构。实际上，在一个系统芯片SOC中，可以有2种或3种结构。

2.9.3 自主计算的MPP体系结构

现在的新工艺技术已经能够制造65ns的芯片。如果采用SiGe CMOS技术，将会步入到10ns的纳米技术时代。这不仅为研制微型化的嵌入式计算机提供了新的实现手段，同时也给计算机体系结构的设计带来新的实现难点。

自主计算涉及细胞元计算、模糊计算、神经元计算与进化计算等领域。其中，模糊计算是将现在的确定计算扩展到了不确定的计算范畴。神经元计算的主要难点是连接线太多，因为人脑的能力是体现在连接神经元的突触之中的，约有10^{13}～10^{14}个突触互联关系，还只能采用等效于每秒能执行10^{14}次指令的传统计算的体系结构来模仿它。进化计算又叫仿生计算，人们是企图通过基因算法与可重构电路的结合来实现的。

关于细胞元计算体系结构，人们正在试图通过只有局部的细胞元体系结构，来克服纳米技术带来的实现难点。

由于计算机的日益普及和软、硬件技术的不断融合，在不久的将来，各行各业的技术人员都将会结合自己本专业的需要，学会自行设计系统芯片。因此，对从事计算机系统的技术人员培训MPP体系结构知识是必要的。

2.9.4 自然计算的MPP体系结构

自然计算的MPP体系结构是未来嵌入式系统结构的发展方向。预计在2010年以后,将逐步向 10 ~ 1ns 纳电子时代迈进。自然计算除了自主计算之外,还包括化学计算(DNA Computing)与量子计算(Quantum Computing)等领域。

实现自然计算的 MPP 体系结构有着诱人的前景,但其技术难度也有待突破。迄今为止,传统计算机都是通过电子完成计算的,量子计算机虽然也是如此,但量子位(Qubit)是 4 状态的,而不是传统二进制位的 2 状态的;采用量子位的方法,10^{80} 个二进制就只需要 266 个原子来存储这样大的信息。化学计算机是采用新的仿生体系结构,通过化学反应完成计算的,也是通过 4 个状态排列在一起而存储信息的,又叫试管计算机(Test Tube Computer)。Adleman 用了一些试管,其中有的是空的,有的是装满了 DNA 链,采用 5 步的算法,花了 5 天时间,他的 DNA 计算机就获得了有 10^{11} 个结果的 TSP(Traveling Salesman Problem)问题的正确解。如果用现代高性能计算机解决这个问题,则需要几百万年。可见,研究这种自然计算的 MPP 体系结构该是多么令人鼓舞。预计,到 2020 年,计算机工程师将可能构造一个实用的亚佛加得罗计算机(Avogadro Computer),采用由 10^{23} 个元件构建的结构体系去完成此类计算。

习题 2

2-1 CISC 和 RISC 是指什么?

2-2 试举例说明有哪些微处理器是采用 CISC 架构设计的? 简述其主要设计特点是什么?

2-3 试举例说明有哪些微处理器是采用 RISC 架构设计的? RISC 设计最重要的理论是什么?

2-4 8086 与 8088 是于何时推出的多少位的微处理器? 这两种 CPU 在内部结构上有何主要的异同点? 为什么要重新设计 8088 CPU?

2-5 8086 CPU 内部的总线接口单元 BIU 由哪些功能部件组成? 它们的基本操作原理是什么?

2-6 什么叫微处理器的并行操作方式? 为什么 8086 CPU 具有并行操作的功能? 在什么情况下 8086 的执行单元(EU)才需要等待总线接口单元(BIU)提取指令?

2-7 逻辑地址和物理地址有何区别? 为什么 8086 微处理器要引入“段加偏移”的技术思想? 段加偏移的基本含义又是什么? 试举例说明。

2-8 8086 CPU 的基址寄存器(BX)和基址指针(BP)(或基址指针寄存器)有何区别? 基址指针(BP)和堆栈指针(SP)在使用中有何区别?

2-9 段地址和段起始地址相同吗? 两者是什么关系? 8086 的段起始地址就是段基地址吗? 它是怎样获得的?

2-10 在实模式下,若段寄存器中装入如下数值,试写出每个段的起始地址和结束地址。

(1) 1000H　　(2) 1234H　　(3) E000H　　(4) AB00H

2-11 微处理器在实模式下操作,对于下列 CS:IP 组合,计算出要执行的下条指令的存储器地址。

(1) CS = 1000H 和 IP = 2000H　　(2) CS = 2400H 和 IP = 1A00H

(3) CS = 1A00H 和 IP = B000H (4) CS = 3456H 和 IP = ABCDH

2-12 8086在使用什么指令时,用哪个寄存器来保存计数值?

2-13 IP寄存器的用途是什么?它提供的是什么信息?

2-14 8086的进位标志位由哪些运算指令置位?

2-15 如果带符号数FFH与01H相加,会产生溢出吗?

2-16 某个数包含有5个1,它具有什么奇偶性?

2-17 某个数为全0,它的零标志位为0吗?

2-18 用什么指令设置哪个标志位,就可以控制微处理器的INTR引脚?

2-19 微处理器在什么情况下才执行总线周期?一个基本的总线周期由几个状态组成?在什么情况下需要插入等待状态?

2-20 什么叫做非规则字,微处理器对非规则字是怎样操作的?

2-21 8086对1MB的存储空间是如何按高位库和低位库进行选择和访问的?用什么控制信号实现对两个库的选择?

2-22 堆栈的深度由哪个寄存器确定?为什么说一个堆栈的深度最大为64KB?在执行一条入栈或出栈指令时,栈顶地址将如何变化?

2-23 什么叫做微处理器的程序设计模型?为什么要提出程序设计模型这一概念?

2-24 简述80286虚拟存储管理功能的基本概念是什么?为什么要进行对虚拟地址的映射?80286的实存空间和虚拟空间大小各为多少?

2-25 80386与80286相比,它的内部结构有哪些改进?80386靠什么功能部件实现对虚拟地址的映射?其虚拟地址空间是多少?

2-26 80386的分页部件可将每一页面划分为多少地址空间?实际上是怎样划分的?为什么?

2-27 80386的分段技术比8086的分段技术有什么改进?80386在实模式与保护模式下的分段空间大小有什么区别?

2-28 为什么80386要设置分页管理?它具有哪些优越性?

2-29 80486的主要结构特点如何?

2-30 Pentium(P5)的体系结构较80486有哪些主要的突破?

2-31 Pentium 4是多少位的CPU?它有哪些相关技术?

2-32 什么是多处理器系统?

2-33 多处理器系统有哪些基本的分类?简述它们的基本特点。

第3章 微处理器的指令系统

【学习目标】

8086/8088 CPU 的指令系统是 Intel 80x86 系列 CPU 共同的基础,其后续高型号微处理器的指令系统都是在此基础上新增了一些指令逐步扩充形成的。本章将重点讨论 8086/8088 CPU 的指令系统。最后,介绍几种扩展指令集的实用知识。

通过本章对 8086/8088 CPU 寻址方式和指令系统的学习,应能掌握汇编语言程序设计所需要的汇编语言和编写程序段的基础知识。

【学习要求】

- 在理解与掌握各种寻址方式的基础上,着重掌握存储器寻址的各种寻址方式。
- 应熟练掌握 4 类数据传送指令。难点是 XLAT、IN、OUT。
- 学习算术运算类指令中的难点是带符号乘、除指令与十进制指令。
- 学习逻辑运算和移位循环类指令时,要着重理解 CL 的设置以及进位位的处理。
- 学习串操作类指令时,着重理解重复前缀(REP)的使用。
- 学习程序控制类指令时,着重理解条件转移的条件及测试条件。
- 理解指令集的发展趋势,了解几种扩展指令集。

3.1 8086/8088 的寻址方式

指令格式包括操作码和操作数(或地址)两部分,根据操作码的功能去寻找操作数所在地址的方式就是寻址方式。要熟悉指令的操作首先要了解寻址方式。8086/8088 的寻址方式分为两种不同的类型:数据寻址方式和程序存储器寻址方式。前者是寻址操作数地址,后者是寻址程序地址(在代码段中)。

3.1.1 数据寻址方式

图 3-1 给出了各种数据寻址方式的类型、指令举例以及存储器地址生成方法与数据流向,所有操作数的流向都是由源到目标,即它们在指令汇编语言格式的操作数区域中都是规定由右到左。源和目标可以是寄存器或存储器,但不能同时为存储器(除个别串操作指令 MOVS 外)。下面将对各种寻址方式逐一详细说明。

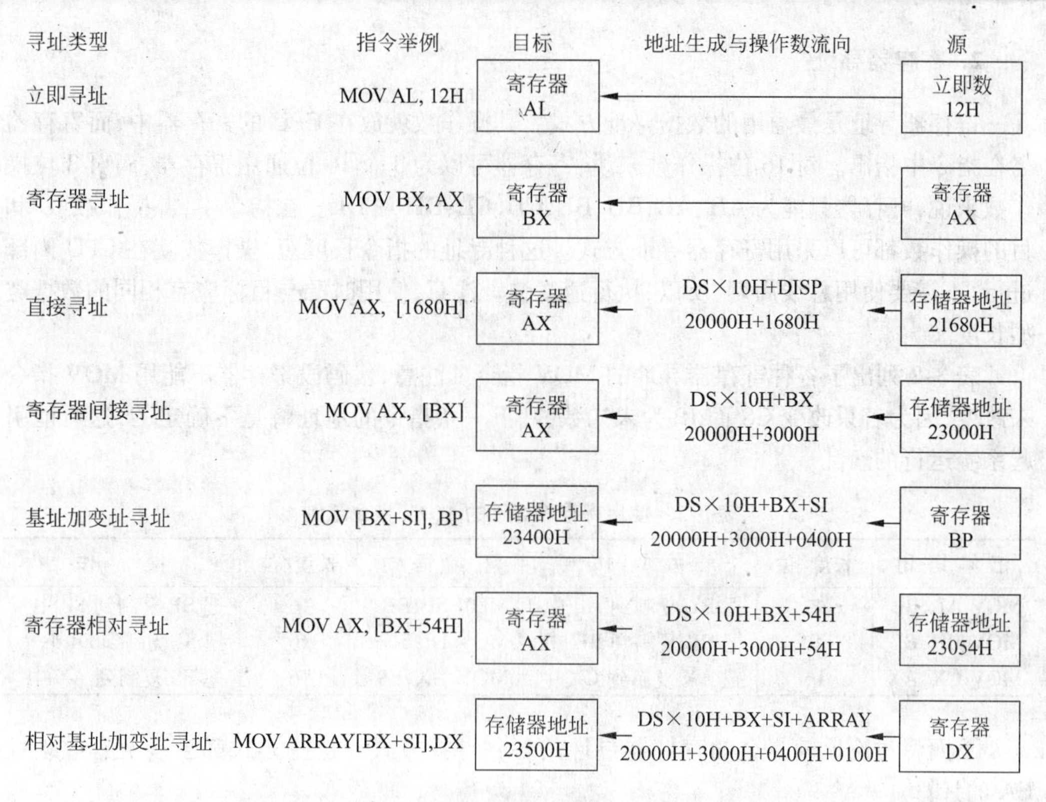

图 3-1　8086/8088 数据寻址方式

注：BX = 3000H，SI = 0400H，ARRAY = 0100H，DS = 2000H。

1. 立即寻址

立即寻址的操作数就在指令中，当执行指令时，CPU 直接从紧跟着指令代码的后续地址中取得该立即数。立即数可以是 8 位，也可以是 16 位；并规定只能是整数类型的源操作数。立即寻址主要用来给寄存器赋初值，指令执行速度快。表 3-1 列出了各种立即数寻址的 MOV 指令。

表 3-1　使用立即寻址的 MOV 指令示例

汇 编 语 句	长度/位	操　作
MOV AH,4CH	8	把 4CH 传送到 AH 中
MOV AX,1234H	16	把 1234H 传送到 AX 中
MOV DI,0	16	把 0000H 传送到 DI 中
MOV CL,100	8	把 100(64H)传送到 CL
MOV AI,'A'	8	把 ASCII 码 A(41H)传送到 AL 中
MOV AX,'AB'	16	把 ASCII 码 BA* (4241H)传送到 AX 中
MOV CL,10101101B	8	把二进制数 10101101 传送到 CL 中
MOV WORD PTR[SI],6180H	16	把立即数 6180H 传送到数据段由 SI 和 SI + 1 所指的两存储单元中

注：* 'AB'在内存中的数据结构为 ASCII 码 BA。

2. 寄存器寻址

寄存器寻址是最通用的数据寻址方式。其操作数就放在CPU的寄存器中,而寄存器名在指令中指出。对16位操作数来说,寄存器可以为8个16位通用寄存器,而对8位操作数来说,寄存器只能为AH、AL、BH、BL、CH、CL、DH和DL。在指令中,源操作数或/和目的操作数都可以采用寄存器寻址方式。这种寻址的指令长度短,操作数就在CPU内部进行,不需要使用总线周期,所以,执行速度快。注意,使用时源与目标应有相同的数据类型长度。

表3-2列出了各种寄存器寻址的MOV指令。注意,代码段寄存器不能用MOV指令来改变,因为若只改变CS而IP为未知数,则下一条指令的地址将是不确定的,这可能引起系统运行的紊乱。

表3-2 使用寄存器寻址的MOV指令示例

汇编语句	长度/位	操作	汇编语句	长度/位	操作
MOV AL,BL	8	把BL复制到AL中	MOV SP,BP	16	把BP复制到SP中
MOV BH,BL	8	把BL复制到BH中	MOV DI,SI	16	把SI复制到DI中
MOV CX,AX	16	把AX复制到CX中	MOV AX,ES	16	把ES复制到AX中

下面将讨论比较复杂的存储器寻址的各种寻找方式。这些方式都会涉及有效地址EA的计算。

当执行单元EU需要读写存储器操作数时,CPU会根据指令给出的寻址方式,由EU先计算出操作数地址的偏移量(即有效地址EA),并将它送给总线接口单元BIU,同时请求BIU执行一个总线周期,BIU的地址加法器将某个段寄存器的内容左移4位,加上由EU送来的偏移量形成一个20位的物理地址,然后执行总线周期,由BIU的总线控制逻辑电路来读写指令所需的操作数。操作数地址的有效地址EA是一个无符号的16位地址码,表示操作数所在段的首地址与操作数地址之间的字节距离。所以,它实际上是一个相对地址。EA值由汇编程序根据指令所采用的寻址方式自动计算得出。计算EA值的通式为

$$EA = 基址值(BX或BP) + 变址值(SI或DI) + 位移量DISP$$

3. 直接数据寻址

直接数据寻址有直接寻址和位移寻址两种基本形式。

1) 直接寻址

直接寻址简单、直观,其含义是指令中以位移量方式直接给出存储器操作数的偏移地址,即有效地址EA = DISP。这种寻址方式的指令执行速度快,用于存储单元与AL、AX之间的MOV指令。

2) 位移寻址

位移寻址也以位移量方式直接给出存储器操作数的偏移地址,但适合于几乎所有将数据从存储单元传送到寄存器的指令。

以上两种方式,都是把位移量加到默认的数据段地址或其他段地址上形成的。

表3-3 列出了使用AX、AL的直接寻址指令示例;表3-4 列出了使用位移量的直接数据寻址的示例。

表3-3 使用AX、AL的直接寻址指令示例

汇编语句	长度/位	操　作
MOV AX,[1680H]*	16	把数据段存储器地址1680H和1681H两单元的字内容复制到AX中
MOV AX,NUMBER	16	把数据段存储器地址NUMBER中的字内容复制到AX中
MOV TWO,AL	8	把AL的字节内容复制到数据段存储单元TWO中
MOV ES:[3000H],AX	16	把AX的字内容复制到附加数据段存储单元3000H中
MOV AX,DATA	16	把数据段存储单元DATA的字内容复制到AX中

注:*汇编语言中很少采用绝对偏移地址(如1680H),通常采用符号地址。

表3-4 使用位移量的直接数据寻址指令示例

汇编语句	长度/位	操　作
MOV CL,COW	8	把数据段存储单元COW的内容(字节)复制到CL中
MOV ES,NUMBER	16	把数据段存储器地址NUMBER中的内容(字)复制到ES中
MOV CX,DATA2	16	把数据段存储单元DATA2中的内容(字)复制到CX中
MOV DATA3,BP	16	把基址指针寄存器BP的内容复制到数据段存储单元DATA3中
MOV DI,SUM	16	把数据段存储单元SUM的字内容复制到DI中
MOV NUMBER,SP	16	把SP的内容复制到数据段存储单元NUMBER中

位移寻址与直接寻址的操作相同,只是它的指令为4字节而不是3字节。

【例3-1】 MOV CL,[2000H]指令与MOV AL,[2000H]指令的操作相同,但MOV CL,[2000H]指令为4字节长,而MOV AL,[2000H]指令为3字节长。

4. 寄存器间接寻址

寄存器间接寻址的操作数一定是在存储器中,而存储单元的有效地址EA则由寄存器保存,这些寄存器是基址寄存器BX、基址指针寄存器BP、变址寄存器SI和DI之一或它们的某种组合。书写指令时,这些寄存器带有方括号[]。

【例3-2】 设BX=3000H,DS=2000H,当执行MOV AX,[BX]指令后,则数据段存储单元为23000H处的字内容将被复制AX中,即23000H的内容送到AL,23001H的内容送到AH。指令中的方括号[]在汇编语言中表示间接寻址。

表3-5 给出了寄存器间接寻址的指令示例。

当使用BX、DI和SI寻址存储器时,寄存器间接寻址或任何其他寻址方式都默认使用数据段,而使用基址指针寄存器BP寻址存储器时,则默认使用堆栈段。

在使用寄存器间接寻址时,要注意在某些情况下,要求用指定的类型运算伪指令BYTE PTR、WORD PTR或DWORD PTR规定传送数据的长度。

表 3-5　寄存器间接寻址的指令示例

汇编语句	长度/位	操　作
MOV AL,[BX]	8	把数据段中以 BX 作为有效地址的存储单元的内容(字节)复制到 AL 中
MOV[SI],BL	8	把寄存器 BL 的内容复制到数据段以 SI 作为有效地址的存储单元
MOV CX,[DX]	16	把数据段由 DX 寻址的存储单元的内容(字)复制到 CX 中
MOV[BP],CL*	8	把寄存器 CL 的内容复制到堆栈段以 BP 作为有效地址的存储单元中
MOV[SI],[BX]	—	除数据串操作指令外,不允许由存储器到存储器的传送

注:* 系统把由 BP 寻址的数据默认为在堆栈段中,其他间接寻址方式均默认为数据段。

【例 3-3】 MOV AL,[SI]指令的书写格式是对的,因为汇编程序能够清楚地根据 AL 来判明[SI]是指定存储器数据为字节传送类型。

【例 3-4】 MOV [SI],6AH 指令的书写格式是模糊的。因为,汇编程序不能根据立即数 6AH 确定[SI]存储单元的数据类型的长度。如果将此指令书写成 MOV BYTE PYR [SI],6AH,则汇编程序就能清楚地判明 SI 所寻址的存储单元为字节类型。

5. 基址加变址寻址

基址加变址寻址类似于间接寻址,它也是间接地寻址存储器数据。其操作数的有效地址 EA 是指令中指定的基址寄存器(BX 或 BP)和变址寄存器(SI 或 DI)的内容之和。

【例 3-5】 MOV [BX + SI],CL 指令是将寄存器 CL 中的字节内容复制到数据段中由 BX 加 SI 寻址的存储单元中。

基址加变址寻址可用于处理数组(或表格),通常,用基址寄存器保存数组(或表格)的起始地址,而变址寄存器保存数组(或表格)元素的相对位置。如果是用 BP 寄存器寻址堆栈段存储器数组,则由 BP 寄存器和变址寄存器两者生成有效地址。

【例 3-6】 当执行指令 MOV DX,[BP + SI]时,若 BP = 2000H,SI = 0300H,SS = 1000H,则指令执行后,将把堆栈段中 12300H 单元的字数据传送到 DX 寄存器。表 3-6 给出了基址加变址寻址的指令示例。

表 3-6　基址加变址寻址的指令示例

汇编语句	长度/位	操　作
MOV CL,[BX + SI]	8	把以 BX + SI 作为有效地址的数据段存储单元的内容(字节)复制到 CL
MOV CX,[BP + DI]	16	把以 BP + DI 作为有效地址的堆栈段存储单元内的内容(字)复制到 CX
MOV[BX + DI],SP	16	把 SP 的内容(字)存入以 BX + DI 作为有效地址的数据段存储单元
MOV[BP + SI],CH	8	把寄存器 CH 的内容(字节)存入到以 BP + SI 作为有效地址的堆栈段存储单元
MOV[AX + BX],CX	16	把 CX 中的内容(字)存入以 AX + BX 作为有效地址的数据段存储单元

6. 寄存器相对寻址

寄存器相对寻址是带有位移量 DISP 的基址或变址寄存器(BX、BP 或 DI、SI)寻址。

【例 3-7】　在 MOV AX,[SI+4000H]指令中,假设 SI=0500H,DS=2000H,则指令执行时,CPU 按段加偏移寻址机制得到 EA=SI+4000H=4500H,再加上 DS×10H=20000H,生成所寻址的存储器物理地址为 24500H,于是,指令执行后将把数据段存储单元 24500H 中的字内容送到 AX。表 3-7 给出了寄存器相对寻址的指令示例。

表 3-7　寄存器相对寻址的指令示例

汇编语句	长度/位	操　作
MOV CL,[SI+200H]	8	把以 SI+200H 作为有效地址的数据段存储单元的字节内容装入 CL
MOV ARRAY[DI],BL	8	把 BL 中的字节内容存入以 ARRAY+DI 作为有效地址的数据段存储单元
MOV LIST[DI+3],AX	16	把 AX 的字内容存入以 LIST+DI+3 之和作为有效地址的数据段存储单元
MOV AX,ARRAY[BX]	16	把数据段中以 ARRAY+BX 作为有效地址的字内容装入 AX
MOV SI,[AL+12H]	16	把以 AL+12H 作为有效地址的数据段存储单元的字内容装入 SI

7. 相对基址加变址寻址

相对基址加变址寻址是用基址、变址与位移量三个分量之和形成有效地址的寻址方式。

【例 3-8】　在 MOV AX,[BX+DI+200H]指令中,设 BX=0100H,DI=0300H,DS=4000H。当 CPU 指令执行时,先计算出 EA=BX+DI+200H=0600H,指令运行后,将把数据段存储单元 40600H 中的字内容装入 AX。表 3-8 给出了相对基址加变址寻址的指令示例。

表 3-8　相对基址加变址寻址的指令示例

汇编语句	长度/位	操　作
MOV BL,[BL+SI+100H]	8	把以 BX+SI+100H 作为有效地址的数据段存储单元的字节内容装入 BL
MOV AX,ARRAY[BX+DI]	16	把以 ARRAY+BX+DI 之和作为有效地址的数据段存储单元的字内容装入 AX
MOV LIST[BP+DI],BX	16	把 BX 的字内容存入以 LIST+BP+DI 之和作为有效地址的堆栈段存储单元
MOV AL,LIST[BX+DI]	8	把以 LIST+BX+DI 之和作为有效地址的数据段存储单元的字节内容装入 AL
MOV FILE[BP+DI+2],DL	8	把 DL 存入以 BP+DI+2 之和作为有效地址的堆栈段存储单元

相对基址加变址寻址方式一般很少使用,通常用来寻址存储器的二维数组数据。

【例 3-9】 存储器中有一个文件 FILE 包含 A、B、C、D 4 个记录,每个记录又包含 10 个元素,如果要求将其中存储在单元 RECA 中的记录 A 的元素 0 复制到存储单元 RECD 中记录 D 的元素 4,这时,可以用位移量寻址文件,用基址寄存器 BX 寻址记录,而用变址寄存器 DI 寻址记录中的元素。程序段如下:

```
MOV  BX, OFFSET RECA          ;寻址记录 A 的存储单元 RECA
MOV  DI, 0                    ;寻址单元 0
MOV  AL, FILE[BX + DI]        ;取出记录 A 的元素 0
MOV  BX, OFFSET RECD          ;寻址记录 D 的存储单元 RECD
MOV  DI, 4                    ;寻址单元 4
MOV  FILE[BX + DI], AL        ;复制到记录 D 的元素 4 中
```

3.1.2 程序存储器寻址方式

程序存储器寻址方式即转移类指令(转移指令 JMP 和调用指令 CALL)的寻址方式。这种寻址方式最终是要确定一条指令的地址。

在 8086/8088 系统中,由于存储器采用分段结构,所以转移类指令有段内转移和段间转移之分。所有的条件转移指令只允许实现段内转移,而且是段内短转移,即只允许转移的地址范围在 -128 ~ +127 字节内,由指令中直接给出 8 位地址位移量。对于无条件转移和调用指令又可分为段内短转移、段内直接转移、段内间接转移、段间直接转移和段间间接转移等 5 种不同的寻址方式。

3.1.3 堆栈存储器寻址方式

表 3-9 列出了可使用的一些 PUSH 和 POP 指令的示例。

表 3-9 PUSH 和 POP 指令的示例

汇编语句	操　作
PUSHF	把标志寄存器的内容复制到堆栈中
POPF	把从堆栈弹出的一个字装入标志寄存器 FLAG
PUSH DS	把 DS 的内容复制到堆栈中
PUSH 12ABH	把 12ABH 压入堆栈
POP CS	非法操作
PUSH WORD PTR[BX]	把数据段中由 BX 寻址的存储单元内的字复制到堆栈中
PUSHA	把通用寄存器 AX、CX、DX、BX、SP、BP、DI、SI 的内容复制到堆栈中
POPA	从堆栈中弹出数据并顺序装入 SI、DI、BP、SP、BX、DX、CX、AX 中

3.1.4 其他寻址方式

1. 串操作指令寻址方式

数据串(或称字符串)指令不能使用正常的存储器寻址方式存取数据串指令中使用的操作数。执行数据串指令时,源串操作数第 1 个字节或字的有效地址应存放在源变址

寄存器SI中(不允许修改),目标串操作数第1个字节或字的有效地址应存放在目标变址寄存器DI中(不允许修改)。在重复串操作时,8086/8088能自动修改SI和DI的内容,以使它们能指向后面的字节或字。因指令中不必给出SI或DI的编码,故串操作指令采用的是隐含寻址方式。

2. I/O端口寻址方式

在8086/8088指令系统中,输入输出指令对I/O端口的寻址可采用直接或间接两种方式。

(1) 直接端口寻址。端口地址以8位立即数方式在指令中直接给出。例如,IN AL, *n* 指令是将端口号为8位立即数 *n* 的端口地址中的字节操作数输入到AL,它所寻址的端口号只能在0~255范围内。

(2) 间接端口寻址。这类似于寄存器间接寻址,16位的I/O端口地址在DX寄存器中,即通过DX间接寻址,故可寻址的端口号为0~65535。例如,OUT DX,AL指令是将AL的字节内容输出到由DX指出的端口中去。

下面将详细讨论8086/8088的指令系统。8086/8088的指令按功能可分为6类:数据传送、算术运算、逻辑运算和移位循环、串操作、程序控制和CPU控制。

3.2 数据传送类指令

数据传送类指令可完成寄存器与寄存器之间、寄存器与存储器之间以及寄存器与I/O端口之间的字节或字传送,除SAHF和POPF指令对标志位有影响外,这类指令所具有的共同特点是不影响标志寄存器的内容。

3.2.1 通用数据传送指令

通用数据传送指令包括基本的传送指令MOV,堆栈操作指令PUSH和POP,数据交换指令XCHG与字节翻译指令XLAT。

1. 基本的传送指令

```
MOV  d, s; d←s
```

指令功能:将由源s指定的源操作数送到目标d。

源操作数可以是8/16位寄存器、存储器中的某个字节/字或者是8/16位立即数;目标操作数不允许为立即数,其他同源操作数。且两者不能同时为存储器操作数。

MOV指令可实现的数据传送类型可归纳为以下7种。

(1) MOV mem/reg1,mem/reg2 由mem/reg2所指定的存储单元或寄存器中的8位数据或16位数据传送到由mem/reg1所指定的存储单元或寄存器中,但不允许从存储器传送到存储器。这种双操作数指令中,必须有一个操作数是寄存器。例如,在表3-2~表3-8中所列的各种指令示例。

(2) MOV mem/reg,data 将8位或16位立即数data传送到由mem/reg所指定的存

储单元或寄存器中。例如,表3-1所列的各种指令示例。

(3) MOV reg,data 将8位或16位立即数data传送到由reg所指定的寄存器中。

(4) MOV ac,mem 将存储单元中的8位或16位数据传送到累加器ac中。

(5) MOV mem,ac 将累加器AL(8位)或AX(16位)中的数据传送到由mem所指定的存储单元中。

(6) MOV mem/reg,segreg 将由segreg所指定的段寄存器(CS、DS、SS、ES之一)的内容传送到由mem/reg所指定的存储单元或寄存器中。

(7) MOV segreg,mem/reg 允许将由mem/reg指定的存储单元或寄存器中的16位数据传送到由segreg所指定的段寄存器(但代码段寄存器CS除外)中。

【例3-10】 MOV DS,AX指令是对的;MOV CS,AX指令是错的。

注意: MOV指令不能直接实现从存储器到存储器之间的数据传送,但可以通过寄存器作为中转站来完成这种传送。

【例3-11】 MOV [SI],[BX]指令是错的;而用以下两条指令是对的。

```
MOV  AX,   [BX]
MOV  [SI], AX
```

【例3-12】 要将数据段存储单元ARRAY1中的8位数据传送到存储单元ARRAY2中,用MOV ARRAY2,ARRAY1指令是错的;而用以下两条指令则可以完成。

```
MOV  AL, ARRAY1
MOV  ARRAY2, AL
```

2. 堆栈操作指令

(1) PUSH s:字压入堆栈指令允许将源操作数(16位)压入堆栈。

(2) POP d:字弹出堆栈指令允许将堆栈中当前栈顶两相邻单元的数据字弹出到d。

这是两条成对使用的进栈与出栈指令,其中,s和d可以是16位寄存器或存储器两相邻单元,以保证堆栈按字操作。

【例3-13】 设当前CS=1000H,IP=0030H,SS=2000H,SP=0040H,BX=2340H,则PUSH BX指令的操作过程如图3-2所示。

该进栈指令执行时,堆栈指针被修改为SP-2→SP,使之指向新栈顶2003EH,同时将BX中的数据字2340H压入栈内2003FH与2003EH两单元中。

【例3-14】 设当前CS=1000H,IP=0020H,SS=1600H,SP=004CH,则POP CX指令执行时,将当前栈顶两相邻单元1604CH与1604DH中的数据字弹出并传送到CX中,同时修改堆栈指针,SP+2→SP,使之指向新栈顶1604EH。

PUSH和POP两条指令可用来保存并恢复现场数据(即堆栈区的数据)。例如,在子程序调用或中断处理过程时,分别要保存返回地址或断点地址,在进入子程序或中断处理后,还需要保留通用寄存器的值;而在由子程序返回或由中断处理返回时,则要恢复通用寄存器的值,并分别将返回地址或中断地址恢复到指令指针寄存器中。堆栈中的内容是按LIFO(后进先出)的次序进行传送的,因此,保存内容和恢复内容时,需按照对称的次序执行压入指令和弹出指令。

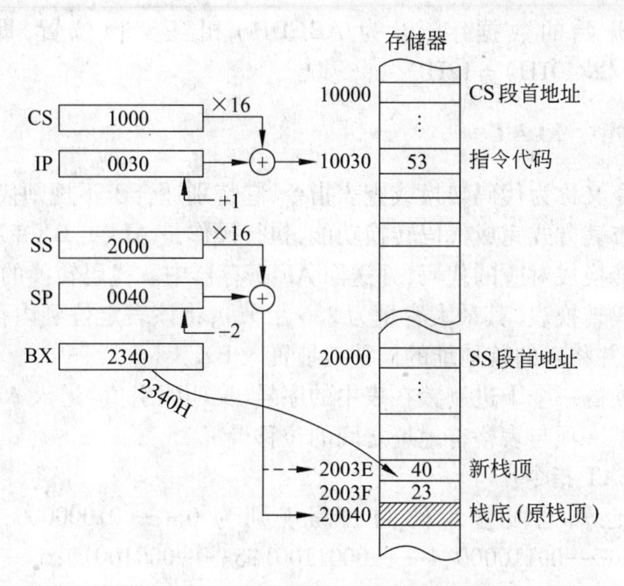

图 3-2 PUSH BX 指令的操作过程

堆栈虽然是内存中开辟的一个段,其指令形式也比较简单,但操作时与一般数据段有所不同,应遵循以下几点原则。

- 堆栈的存取操作每次必须是一个字(即 2 个字节),没有单字节的操作指令。
- 执行压栈指令时,总是从高位地址向低位地址存放数据,而不像内存中的其他段,总是从低地址向高地址存放;执行出栈指令时,从堆栈中弹出数据则正好相反。
- 堆栈段在内存中的物理地址由 SS 和 SP 或 SS 和 BP 决定,SS 是堆栈段寄存器,它是栈区的最低地址,称为堆栈的段地址;SP 是压栈或出栈指令隐含使用的堆栈地址指针,它的起始值是堆栈应达到的最大偏移量,即指向栈顶地址,因此,堆栈段的范围是 SS × 16 至 SS × 16 + SP 的起始值。显然,每执行一次压栈指令,则 SP −2,推入堆栈的数据放在栈顶;而每执行一次弹出指令时,则 SP +2。另外,BP 寄存器用于对堆栈中的数据块进行随机存取,例如,MOV AX,[BP][SI]指令执行后,将把偏移量为 BP + SI 的存储单元的内容装入 AX。
- 堆栈指令中的操作数只能是寄存器或存储器操作数,而不能是立即数。
- 对 CS 段寄存器可以使用压栈指令 PUSH CX,但却不能使用 POP CS 这种无效指令,否则,由于它只改变了下一条指令的段地址(CS 值),将造成不可预知的结果。

3. 数据交换指令

```
XCHG  d, s
```

本指令的功能是将源操作数与目标操作数(字节或字)相互对应交换位置。

交换可以在通用寄存器与累加器之间、通用寄存器之间、通用寄存器与存储器之间进行。但不能在两个存储单元之间交换,段寄存器与 IP 也不能作为源或目标操作数。

【例 3-15】 XCHG AX,[SI + 0400H]。设当前 CS = 1000H,IP = 0064H,DS = 2000H,SI = 3000H,AX = 1234H,则该指令执行后,将把 AX 寄存器中的 1234H 与物理地

址 23400H 单元开始的数据字(设为 ABCDH)相互交换位置,即 AX = ABCDH;(23400H) = 34H,(23401H) = 12H。

4. 字节翻译指令 XLAT

字节翻译指令又称为代码转换或查表指令,它特别适合于不规则代码的转换。

该指令通过查表方式完成代码转换功能,执行操作是 AL←[BX + AL]。执行结果是将待转换的序号转换成对应的代码,并送回 AL 寄存器中。代码转换的操作步骤如下。

(1) 建立代码转换表(其最大容量为 256 字节),将该表定位到内存中某个逻辑段的一片连续地址中,并将表的首地址的偏移地址置入 BX。

(2) 将待转换的一个十进制数在表中的序号(又叫索引值)送入 AL 寄存器中。该值实际上就是表中某一项与表格首地址之间的位移量。

(3) 执行 XLAT 指令。

【例 3-16】 已知七段显示码的编码规则为 0——01000000;1——01111001;2——00100100;3——00110000;4——00011001;5——00010010;6——00000010;7——01111000;8——00000000;9——00010000。设有一个十进制数 0 ~ 9 的七段显示码表被定位在当前数据段中,其起始地址的偏移地址值为 0030H。假定当前 CS = 2000H,IP = 007AH,DS = 4000H。若欲将 AL 中待转换的十进制数 5 转换成对应的七段码 12H,试分析执行 XLAT 指令的操作过程。

首先,将数据段中该转换表的首地址的偏移地址 0030H 置入 BX;再将待转换的十进制数在表中的序号 05H 送入 AL;然后,执行 XLAT 指令。代码转换指令的功能与操作过程如图 3-3 所示。

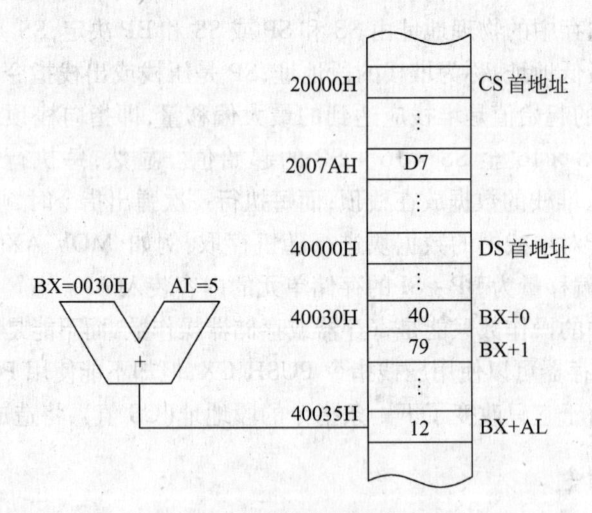

图 3-3 代码转换指令的功能

假设 0 ~ 9 的七段显示码表存放在偏移地址为 0030H 开始的内存中,则取出 5 所对应的七段码(12H)可以用如下 3 条指令的程序段完成。

```
MOV  BX, 0030H
MOV  AL, 5
XLAT
```

3.2.2　目标地址传送指令

这是一类专用于传送地址码的指令，可传送存储器的逻辑地址（即存储器操作数的段地址或偏移地址）至指定寄存器中，共包含 3 条指令：LEA、LDS 和 LES。

1. LEA d,s

这是取有效地址指令，其功能是把用于指定源操作数（它必须是存储器操作数）的 16 位偏移地址（即有效地址），传送到一个指定的 16 位通用寄存器中。这条指令常用来建立串操作指令所需要的寄存器指针。

【例 3-17】　LEA BX,[SI+100AH]。设当前 CS=1500H,IP=0200H,DS=2000H,SI=0030H,源操作数 1234H 存放在[SI+100AH]开始的存储器内存单元中，则该指令的操作过程如图 3-4 所示。

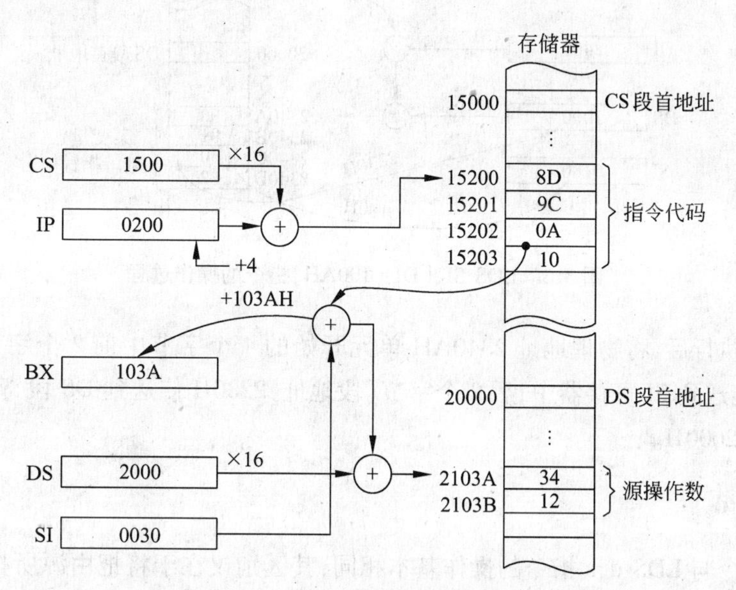

图 3-4　LEA BX,[SI+100AH]指令的操作过程

该指令执行的结果，是将源操作数 1234H 的有效地址 103AH 传送到 BX 寄存器中。

请注意比较 LEA 指令和 MOV 指令的不同功能。

【例 3-18】　LEA BX,[SI]指令是将 SI 指示的偏移地址（SI 的内容）装入 BX。而 MOV BX,[SI]指令则是将由 SI 寻址的存储单元中的数据装入 BX。

通常，LEA 指令用来使某个通用寄存器作为地址指针。

【例 3-19】　LEA BX,[BP+DI]指令是将内存单元的偏移量（BP+DI）送 BX。

LEA SP,[3768H]指令是使堆栈指针 SP 为 3768H。

2. LDS d,s

这是取某变量的 32 位地址指针的指令，其功能是从由指令的源 s 所指定的存储单元开始，由 4 个连续存储单元中取出某变量的地址指针（共 4 个字节），将其前 2 个字节（即变量的偏移地址）传送到由指令的目标 d 所指定的某 16 位通用寄存器，后 2 个字节（即变量的段地址）传送到 DS 段寄存器中。

【例 3-20】 LDS SI,[DI+100AH]。设当前 CS=1000H,IP=0604H,DS=2000H,DI=2400H,待传送的某变量的地址指针其偏移地址为 0180H,段地址为 2230H,则该指令的操作过程如图 3-5 所示。

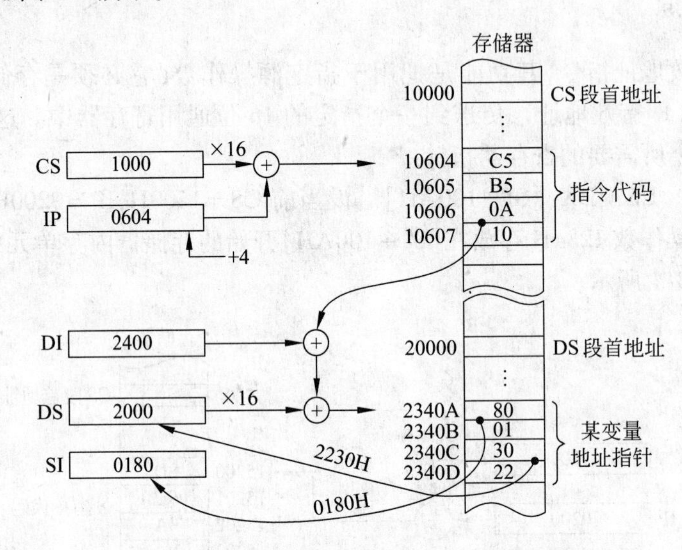

图 3-5 LDS SI,[DI+100AH]指令的操作过程

该指令执行后，将物理地址 2340AH 单元开始的 4 个字节中前 2 个字节（偏移地址值）0180H 传送到 SI 寄存器中，后 2 个字节（段地址）2230H 传送到 DS 段寄存器中，并取代它的原值 2000H。

3. LES d,s

这条指令与 LDS d,s 指令的操作基本相同，其区别仅在于将把由源所指定的某变量的地址指针中后 2 个字节（段地址）传送到 ES 段寄存器，而不是 DS 段寄存器。

上述 3 条指令都是装入地址，但使用时要准确理解它们的不同含义。LEA 指令是将 16 位有效地址装入任何一个 16 位通用寄存器；而 LDS 和 LES 是将 32 位地址指针装入任何一个 16 位通用寄存器及 DS 或 ES 段寄存器。

3.2.3 标志位传送指令

这类指令用于传送标志位，共有 4 条标志位传送指令：LAHF、SAHF、PUSHF 和 POPF。

1. LAHF

指令功能：将标志寄存器 F 的低字节（共包含 5 个状态标志位）传送到 AH 寄存器中。

LAHF 指令执行后,AH 的 D_7、D_6、D_4、D_2 与 D_0 5 位将分别被设置成 SF(符号标志)、ZF(零标志)、AF(辅助进位标志)、PF(奇偶标志)与 CF(进位标志)5 位,而 AH 的 D_5、D_3、D_1 3 位没有意义。

2. SAHF

指令功能: 将 AH 寄存器内容传送到标志寄存器 F 的低字节。

SAHF 与 LAHF 的功能相反,它常用来通过 AH 对标志寄存器的 SF、ZF、AF、PF 与 CF 标志位分别置 1 或复 0。

上述两条指令只涉及对标志寄存器 F 的低 8 位进行操作,这是为了保持 8086 指令系统对 8088/8085 指令系统的兼容性。

3. PUSHF

指令功能: 将 16 位标志寄存器 F 内容入栈保护。其操作过程与前述的 PUSH 指令类似。

4. POPF

指令功能: 将当前栈顶和次栈顶中的数据字弹出送回到标志寄存器 F 中。

以上两条指令常成对出现,一般用在子程序和中断处理程序的首尾,用来保护和恢复主程序涉及的标志寄存器内容。必要时可用来修改标志寄存器的内容。

3.2.4 I/O 数据传送指令

1. IN 累加器,端口号

端口号可以用 8 位立即数直接给出;也可以将端口号事先安排在 DX 寄存器中,间接寻址 16 位长端口号(可寻址的端口号为 0 ~ 65 535)。IN 指令是将指定端口中的内容输入到累加器 AL/AX 中。其指令如下。

```
IN  AL, PORT      ;AL←(端口 PORT),即把端口 PORT 中的字节内容读入 AL
IN  AX, PORT      ;AX←(端口 PORT),即把由 PORT 两相邻端口中的字内容读入 AX
IN  AL, DX        ;AL←(端口(DX)),即从 DX 所指的端口中读取一个字节内容送 AL
IN  AX, DX        ;AX←(端口(DX)),即从 DX 和 DX +1 所指两端口中读取一个字内容送 AX
```

【例 3-21】 有一条指令 IN AL,40H。设当前 CS =1000H,IP =0050H;8 位端口 40H 中的内容为 55H,则该指令的操作过程如图 3-6 所示。

该指令执行后,把 40H 端口中输入的数据字节 55H 传送到累加器 AL 中。

2. OUT 端口号,累加器

与 IN 指令相同,端口号可以由 8 位立即数给出,也可由 DX 寄存器间接给出。OUT 指令是把累加器 AL/AX 中的内容输出到指定的端口,其指令如下。

```
OUT  PORT, AL        ;端口 PORT←AL,即把 AL 中的字节内容输出到由 PORT 直接指定的端口
```

```
OUT  PORT, AX        ;端口 PORT←AX,即把 AX 中的字内容输出到由 PORT 直接指定的端口
OUT  DX,   AL        ;端口(DX)←AL,即把 AL 中的字节内容输出到由 DX 所指定的端口
OUT  DX,   AX        ;端口(DX)←AX,即把 AX 中的字内容输出到由 DX 所指定的端口
```

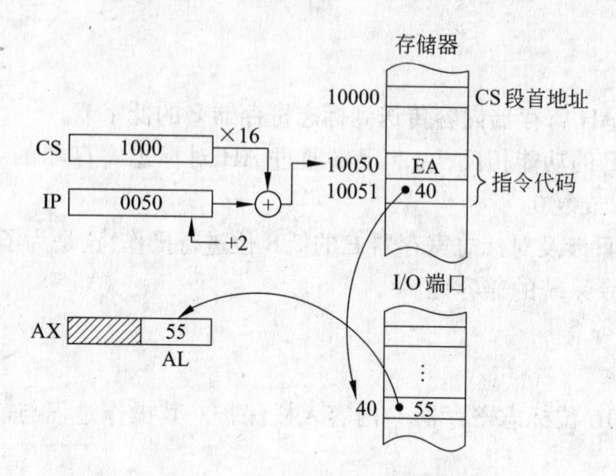

图 3-6 IN AL,40H 指令的操作过程

【例 3-22】 有一条指令 OUT DX, AL。设当前 CS = 4000H, IP = 0020H, DX = 6A10H, AL = 66H。则该指令的操作过程如图 3-7 所示。

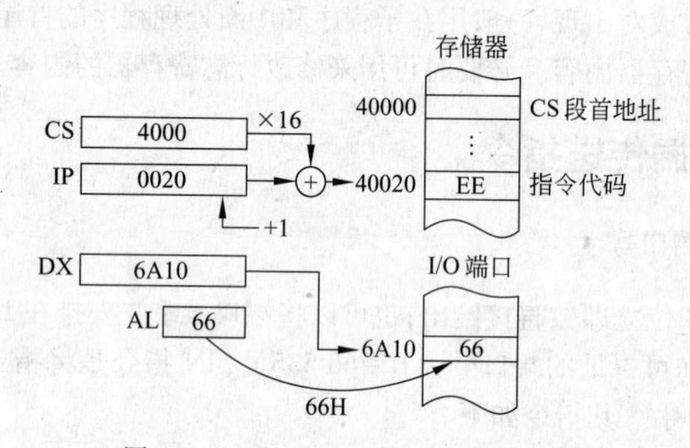

图 3-7 OUT DX,AL 指令的操作过程

该指令执行后,将累加器 AL 中的数据字节 66H 输出到 DX 指定的端口 6A10H 中。

注意:I/O 指令只能用累加器作为执行 I/O 数据传送的机构。另外,当用直接 I/O 指令时,寻址范围仅为 0~255,这适用于较小规模的微机系统;当需要寻址大于 255 的端口地址时,则必须用间接寻址的 I/O 指令。在 IBM PC/XT 微机系统中,既用了 0~255 的端口地址,也用了 255~65 535 的端口地址。

从以上的讨论中可知,在 IN 和 OUT 指令中,I/O 设备(即 PORT,端口)的地址以 2 种形式存在:固定的端口和可变的端口。固定端口寻址允许 CPU 在 AL、AX 与使用 8 位 I/O 端口地址的设备之间传送数据。由于端口号在指令中是跟在指令操作码后面,所以,称为固定端口寻址。如果固定端口地址存储在 RAM 中,它有可能被修改。

3.3　算术运算类指令

算术运算类指令有加、减、乘、除与十进制调整 5 类指令，它们能对无符号或有符号的 8/16 位二进制数以及无符号的压缩型/非压缩型（又称为装配型/拆开型或组合型/未组合型）十进制数进行运算。

3.3.1　加法指令

1. ADD d，s ；d←d + s

指令功能：将源操作数与目标操作数相加，结果保留在目标中。并根据结果置标志位。

源操作数可以是 8/16 位通用寄存器、存储器操作数或立即数；目标操作数不允许是立即数，其他同源操作数。且不允许两者同时为存储器操作数。

【例 3-23】　ADD WORD PTR［BX + 106BH］，1234H。

设当前 CS = 1000H，IP = 0300H，DS = 2000H，BX = 1200H，则该指令的操作过程如图 3-8 所示。

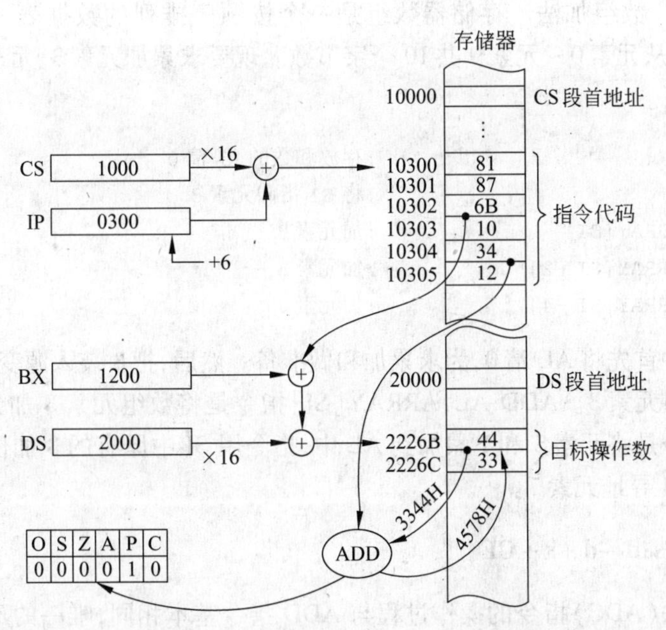

图 3-8　ADD WORD PTR［BX + 106BH］，1234H 指令的操作过程

该指令执行后，将立即数 1234H 与物理地址为 2226BH 和 2226CH 中的存储器字 3344H 相加，结果 4578H 保留在目标地址 2226BH 和 2226CH 单元中。根据运算结果所置的标志位也示于图左下方。

【例 3-24】　寄存器加法。若将 AX、BX、CX 和 DX 的内容累加，再将所得的 16 位的和数存入 AX，则加法程序段如下。

```
ADD  AX, BX          ;AX←AX+BX
ADD  AX, CX          ;AX←AX+BX+CX
ADD  AX, DX          ;AX←AX+BX+CX+DX
```

【例3-25】 立即数加法。当常数或已知数相加时总是用立即数加法。若将立即数12H取入DL，然后用立即数加法指令再将34H加到DL中的12H上，所得的结果(即和数46H)放在DL中，则程序段如下。

```
MOV  DL, 12H
ADD  DL, 34H
```

程序执行后，标志位的改变为OF=0(没有溢出)，SF=0(结果为正)，ZF=0(结果不是0)，AF=0(没有半进位)，PF=0(奇偶性为奇)，CF=0(没有进位)。

【例3-26】 存储器与寄存器的加法。假定要求将存储在数据段中其偏移地址为NUMB和NUMB+1连续单元的字节数据累加到AL，则加法程序段如下。

```
MOV  DI, OFFSET NUMB          ;偏移地址NUMB装入DI
MOV  AL, 0                    ;AL清零
ADD  AL, [DI]                 ;将NUMB单元的字节内容加AL,和数存AL
ADD  AL, [DI+1]               ;累加NUMB+1单元中的字节内容,累加和存AL
```

【例3-27】 数组加法。存储器数组是一个按顺序排列的数据表。假定数据数组(ARRAY)包括从元素0~元素9共10个字节数。现要求累加元素3、元素5和元素7，则加法程序段如下。

```
MOV  AL, 0                    ;存放和数的AL清0
MOV  SI, 3                    ;将SI指向元素3
ADD  AL, ARRAY[SI]            ;加元素3
ADD  AL, ARRAY[SI+2]          ;加元素5
ADD  AL, ARRAY[SI+4]          ;加元素7
```

本程序段中首先将AL清0，为求累加和做准备。然后，把3装入源变址寄存器SI，初始化为寻址数组元素3。ADD AL,ARRAY[SI]指令是将数组元素3加到AL中。接着的两条加法指令是将元素5和7累加到AL中，指令用SI中原有的3加位移量2来寻址元素5，再用加4寻址元素7。

2. ADC d,s;d←d+s+CF

带进位加法(ADC)指令的操作过程与ADD指令基本相同，唯一的不同是进位标志位CF的原状态也将一起参与加法运算，待运算结束，CF将重新根据结果置成新的状态。例如：

```
ADC  AX, BX       ;AX=AX+BX+C(进位位)
ADC  BX, [BP+2]   ;由BX+2寻址的堆栈段存储单元的字内容加BX和进位位,结果存入BX
```

ADC指令一般用于16位以上的多字节数字相加的软件中。

【例3-28】 假定要实现BX和AX中的4字节数字与DX和CX中的4字节数字相

加,其结果存入 BX 和 AX 中,则多字节加法的程序段如下。

```
ADD  AX, CX
ADC  BX, DX
```

上述多字节相加的程序段中用了 ADD 与 ADC 两条不同的加法指令,由于 AX 和 CX 的内容相加形成和的低 16 位时,可能产生也可能不产生进位,而事先又不可能断定有无进位,因此,在高 16 位相加时,就必须要采用带进位位的加法指令 ADC。这样,ADC 指令在执行加法时就会把在低 16 位相加后产生的进位标志 1 或 0 自动加到高 16 位的和数中去。最后,程序把 BX、AX 的 4 字节内容加到 DX、CX 两个寄存器,而和数则存入 BX、AX 两个寄存器中。

3. INC d;d←d+1

指令功能:将目标操作数当作无符号数,完成加 1 操作后,结果仍保留在目标中。

目标操作数可以是 8/16 位通用寄存器或存储器操作数,但不允许是立即数。例如:

```
INC  SP                      ;SP=SP+1
INC  BYTE PTR[BX+1000H]      ;把数据段中由 BX+1000H 寻址的存储单元的字节内容加 1
INC  WORD PTR[SI]            ;把数据段中由 SI 寻址的存储单元的字内容加 1
INC  DATA1                   ;把数据段中 DATA1 存储单元的内容加 1
```

注意:对于间接寻址的存储单元加 1 指令,数据的长度必须用 TYPE PTR、WORD PTR 或 DWORD PTR 类型伪指令加以说明,否则,汇编程序不能确定是对字节、字还是双字加 1。另外,INC 指令只影响 OF、SF、ZF、AF、PF 5 个标志,而不影响进位标志 CF,故不能利用 INC 指令来设置进位位,否则程序会出错。

3.3.2 减法指令

1. SUB d,s;d←d-s

指令功能:将目标操作数减去源操作数,其结果送回目标,并根据运算结果置标志位。源操作数可以是 8/16 位通用寄存器、存储器操作数或立即数;目标操作数只允许是通用寄存器或存储器操作数。并且,不允许两个操作数同时为存储器操作数,也不允许做段寄存器的减法。

【例 3-29】 SUB AX,[BX]。

设当前 CS=1000H,IP=60C0H,DS=2000H,BX=970EH,则该指令的操作过程如图 3-9 所示。

该指令执行后,将 AX 寄存器中的目标操作数 8811H 减去物理地址 2970EH 和 2970FH 单元中的源操作数 00FFH,并把结果 8712H 送回 AX 中。各标志位的改变为 O=0(没有溢出),S=1(结果为负),Z=0(结果不为 0),A=1(有半进位),P=1(奇偶性为偶),C=0(没有借位)。

SUB 指令的寻址方式和汇编语句形式也很多,例如:

```
SUB  CL, BL                  ;CL=CL-BL
```

```
SUB  AX, SP                 ;AX = AX - SP
SUB  BH, 6AH                ;BH = BH - 6AH
SUB  AX, 0AAAAH             ;AX = AX - 0AAAAH
SUB  DI, TEMP[SI]           ;从 DI 中减去由 TEMP + SI 寻址的数据段存储单元的字内容
```

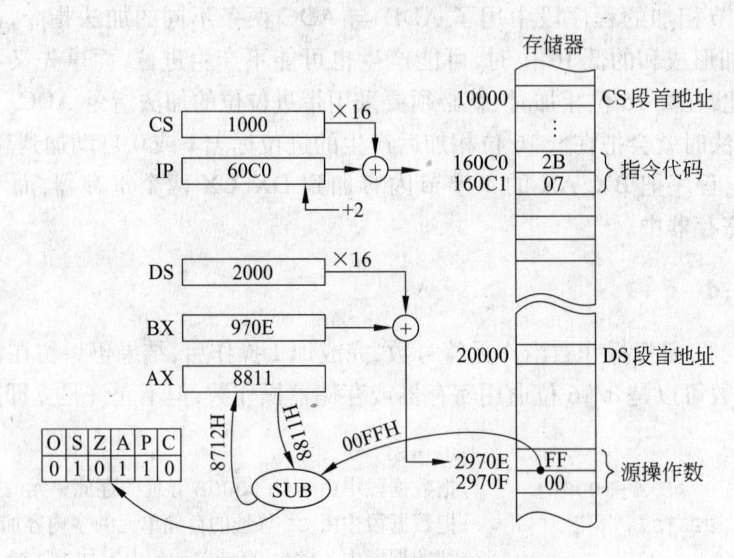

图 3-9　SUB AX,[BX]指令的操作过程

2. SBB d,s;d←d - s - CF

本指令与 SUB 指令的功能、执行过程基本相同,唯一不同的是完成减法运算时还要再减去进位标志 CF 的原状态。运算结束时,CF 将被置成新状态。这条指令通常用于比16 位数宽的多字节减法,在多字节减法中,如同多字节加法操作时传递进位一样,它需要传递借位。

SBB 指令的汇编语句形式很多。例如:

```
SBB  AX, BX                  ;AX = AX - BX - CF
SBB  WOLD PTR[DI], 50A0H     ;从由 DI 寻址的数据段字存储单元的内容减去 50A0H 及 CF 的值
SBB  DI, [BP + 2]            ;从 DI 中减去由 BP + 2 寻址的堆栈段字存储单元的内容及借位
```

【例 3-30】　假定从存于 BX 和 AX 中的 4 字节数减去存于 SI 和 DI 中的 4 字节数,则程序段为:

```
SUB  AX, DI
SBB  BX, SI
```

3. DEC d;d←d - 1

减 1 指令功能:将目标操作数的内容减 1 后送回目标。

目标操作数可以是 8/16 位通用寄存器和存储器操作数,但不允许是立即数。

```
DEC  BL                     ;BL = BL - 1
```

```
DEC  CX                  ;CX = CX - 1
DEC  BYTE PTR[DI]        ;由 DI 寻址的数据段字节存储单元的内容减 1
DEC  WORD PTR[BP]        ;由 BP 寻址的堆栈段字存储单元的内容减 1
```

从以上指令汇编语句的形式可以看出，对于间接寻址存储器数据减 1 指令要求用 TYPE PTR 类型伪指令来标识数据长度。

4. NEG d; d←$\bar{d}$ +1

NEG 是一条求补码的指令，简称求补指令。

指令功能：将目标操作数取负后送回目标。

目标操作数可以是 8/16 位通用寄存器或存储器操作数。

NEG 指令是把目标操作数当成一个带符号数，如果原操作数是正数，则 NEG 指令执行后将其变成绝对值相等的负数(用补码表示)；如果原操作数是负数(用补码表示)，则 NEG 指令执行后将其变成绝对值相等的正数。

若 AL = 00000100 = +4，执行 NEG AL 指令后得 11111100 = $[-4]_{补}$；若 AL = 11101110 = $[-18]_{补}$，执行 NEG AL 指令后将变成 00010010 = +18。

【例 3-31】　NEG BYTE PTR[BX]。

设当前 CS = 1000H，IP = 200AH，DS = 2000H，BX = 3000H，且由目标[BX]所指向的存储单元(= DS × 16 + BX = 23000H)已定义为字节变量(假定为 FDH)，则该指令执行后，将物理地址 23000H 中的的目标操作数 FDH = $[-3]_{补}$，变成 +3 送回物理地址 23000H 单元中。

注意：执行该指令后，根据系统的约定，CF 通常被置成 1；这并不是由运算所置的新状态，而是该指令执行后的约定。只有当操作数为 0 时，才使 CF 为 0。这是因为 NEG 指令在执行时，实际上是用 0 减去某个操作数，在一般情况下要产生借位，而当操作数为 0 时，无需借位，故这时 CF = 0。

5. CMP d，s；d - s，只置标志位

指令功能：将目标操作数与源操作数相减但不送回结果，只根据运算结果置标志位。源操作数可以是 8/16 位通用寄存器、存储器操作数或立即数；目标操作数只可以是 8/16 位通用寄存器或存储器操作数。但不允许两个操作数同时为存储器操作数，也不允许做段寄存器比较。比较指令使用的寻址方式与前面介绍过的加法和减法指令相同。例如：

```
CMP  BL,    CL            ;BL - CL
CMP  AX,    SP            ;AX - SP
CMP  AX,    1000H         ;AX - 1000H
CMP  [DI], BL             ;DI 寻址的数据段存储单元的字节内容减 BL
CMP  CL,    [BP]          ;用 CL 减由 BP 寻址的堆栈段存储单元的字节内容
CMP  SI,    TEMP[BX]      ;由 SI 减由 TEMP + BX 寻址的数据段存储单元的字内容
```

注意：执行比较指令时，会影响标志位 OF、SF、ZF、AF、PF、CF 等。当判断两比较数的大小时，应区分无符号数与有符号数的不同判断条件：对于两无符号数比较，只需根据

借位标志 CF 即可判断;而对于两有符号数比较,则要根据溢出标志 OF 和符号标志 SF 两者的异或运算结果来判断。具体判断方法如下:若为两无符号数比较,当 ZF=1 时,则表示 d=s;当 ZF=0 时,则表示 d≠s。如 CF=0 时,表示无借位或够减,即 d≥s;如 CF=1 时,表示有借位或不够减,即 d<s。若为两有符号数比较,当 OF ⊕ SF=0 时,则 d≥s;当 OF ⊕ SF=1 时,则 d<s。通常,比较指令后面跟一条条件转移指令,检查标志位的状态以决定程序的转向。

【例 3-32】 假如要将 CL 的内容与 64H 做比较,当 CL≥64H 时,则程序转向存储器地址 SUBER 处继续执行。其程序段为:

```
CMP  CL, 64H              ;CL与64H作比较
JAE  SUBER                ;如果等于或高于则跳转
```

以上的 JAE 为一条高于或等于的条件转移指令。

3.3.3 乘法指令

乘法指令用来实现两个二进制操作数的相乘运算,包括两条指令:无符号数乘法指令 MUL 和有符号数乘法指令 IMUL。

1. MUL s

MUL s 是无符号乘法指令,它完成两个无符号的 8/16 位二进制数相乘的功能。被乘数隐含在累加器 AL/AX 中;指令中由 s 指定的源操作数作乘数,它可以是 8/16 位通用寄存器或存储器操作数。相乘所得双倍位长的积,按其高 8/16 位与低 8/16 位两部分分别存放到 AH 与 AL 或 DX 与 AX 中去,即对 8 位二进制数乘法,其 16 位积的高 8 位存于 AH,低 8 位存于 AL;而对 16 位二进制数乘法,其 32 位积的高 16 位存于 DX,低 16 位存于 AX。若运算结果的高位字节或高位字有效,即 AH≠0 或 DX≠0,则将 CF 和 OF 两标志位同时置"1";否则,CF=OF=0。据此,利用 CF 和 OF 标志可判断相乘结果的高位字节或高位字是否为有效数值。

【例 3-33】 MUL BYTE PTR[BX+2AH]。

设当前 CS=3000H,IP=0250H,AL=12H,DS=2000H,BX=0234H,且源操作数已被定义为字节变量(66H),则指令的操作过程如图 3-10 所示。

该指令执行后,乘积 072CH 存放于 AX 中。根据机器的约定,因 AH≠0,故 CF 与 OF 两位置 1,其余标志位为任意状态,是不可预测的。

2. IMUL s

IMUL s 是有符号乘法指令,它完成两个带符号的 8/16 位二进制数相乘的功能。

对于两个带符号的数相乘,如果简单采用与无符号数乘法相同的操作过程,那么会产生完全错误的结果。为此,专门设置了 IMUL 指令。

IMUL 指令除计算对象是带符号二进制数以外,其他都与 MUL 是一样的,但结果不同。

IMUL 指令对 OF 和 CF 的影响:若乘积的高一半是低一半的符号扩展,则 OF=

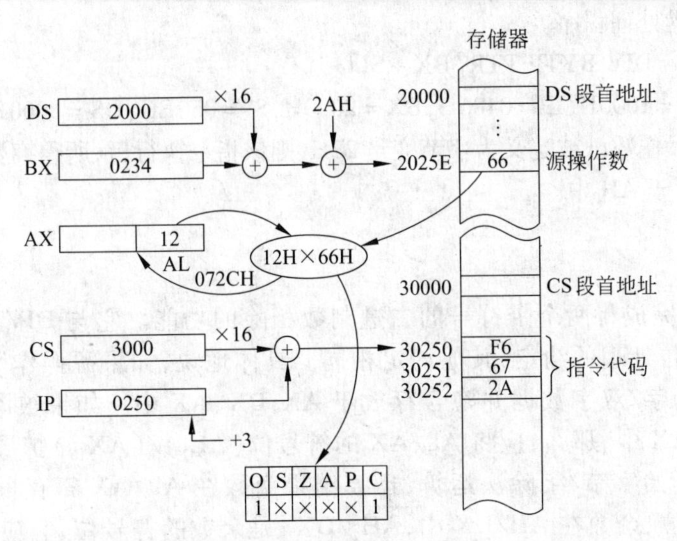

图3-10 MUL BYTE PTR[BX+2AH]指令的操作过程

CF=0;否则均为1。它仍然可用来判断相乘的结果中高一半是否含有有效数值。另外,IMUL指令对其他标志位没有定义。例如:

```
IMUL  CL                ;AX←(AL)×(CL)
IMUL  CX                ;DX、AX←(AX)×(CX)
IMUL  BYTE PTR[BX]      ;AX←(AL)×[BX],即AL中的和BX所指内存单元中的两个8位有
                         符号数相乘,结果送AX中
IMUL  WORD PTR[DI]      ;DX、AX←(AX)×[DI],即AX中的和DI、DI+1所指内存单元中的
                         两个16位有符号数相乘,结果送DX和AX中
```

有关IMUL指令的其他约定都与MUL指令相同。

3.3.4 除法指令

除法指令执行两个二进制数的除法运算,包括无符号二进制数除法指令DIV和有符号二进制数除法指令IDIV两条指令。

1. DIV s

DIV s指令完成两个不带符号的二进制数相除的功能。被除数隐含在累加器AX(字节除)或DX、AX(字除)中。指令中由s给出的源操作数作除数,可以是8/16位通用寄存器或存储器操作数。

对于字节除法,所得的商存于AL,余数存于AH。对于字除法,所得的商存于AX,余数存于DX。根据8086的约定,余数的符号应与被除数的符号一致。

若除法运算所得的商数超出累加器的容量,则系统将其当作除数为0处理,自动产生类型0中断,CPU将转去执行类型0中断服务程序作适当处理,此时所得商数和余数均无效。在进行类型0中断处理时,先是将标志位进栈,IF和TF清0,接着是CS和IP的内容进栈;然后,将0、1两单元的内容填入IP,而将2、3两单元的内容填入CS;最后,再

进入 0 号中断的处理程序。

【例 3-34】 DIV BYTE PTR[BX + SI]。

设当前 CS = 1000H, IP = 0406H, BX = 2000H, SI = 050EH, DS = 3000H, AX = 1500H,存储器中的源操作数已被定义为字节变量 22H,则该指令执行后,所得商数 9EH 存于 AL 中,余数 04H 存于 AH 中。

2. IDIV s

IDIV 指令完成将两个带符号的二进制数相除的功能。它与 DIV 指令的主要区别在于对符号位处理的约定,其他约定相同。具体地说,如果源操作数是字节/字数据,被除数应为字/双字数据并隐含存放于 AX/DX、AX 中。如果被除数也是字节/字数据在AL/AX 中,那么,应将 AL/AX 的符号位(AL_7)/(AX_{15})扩展到 AH/DX 寄存器后,才能开始字节/字除法运算,运算结果商数在 AL/AX 寄存器中,AL_7/AX_{15}是商数的符号位;余数在 AH/DX 中,AH_7/DX_{15}是余数的符号位,它应与被除数的符号一致。在这种情况下,允许的最大商数为 +127/ +32 767,最小商数为 -127/-32 767。例如:

```
IDIV  BX              ;将 DX 和 AX 中的 32 位数除以 BX 中的 16 位数,商在 AX 中,余数在
                      DX 中
IDIV  BYTE PTR[SI]    ;将 AX 中的 16 位数除以 SI 所指内存单元的 8 位数,所得的商在 AL 中,
                      余数在 AH 中
```

3. CBW 和 CWD

CBW 和 CWD 是两条专门为 IDIV 指令设置的符号扩展指令,用来扩展被除数字节/字为字/双字的符号,所扩充的高位字节/字部分均为低位的符号位。它们在使用时应安排在 IDIV 指令之前,执行结果对标志位没有影响。

CBW 指令将 AL 的最高有效位 D_7 扩展至 AH,即若 AL 的最高有效位是 0,则 AH = 00H;若 AL 的最高有效位为 1,则 AH = FFH。该指令在执行后,AL 不变。

CWD 指令将 AX 的最高有效位 D_{15}扩展形成 DX,即:若 AX 的最高有效位为 0,则 DX = 0000H;若 AX 的最高有效位为 1,则 DX = FFFFH。该指令在执行后,AX 不变。

符号扩展指令常用来获得除法指令所需要的被除数。例如 AX = FF00H,它表示有符号数 -256;执行 CWD 指令后,则 DX = FFFFH,DX、AX 仍表示有符号数 -256。

【例 3-35】 进行有符号数除法 AX ÷ BX 的指令,可以用下面的程序段:

```
CWD
IDIV  BX
```

对无符号数除法应该采用直接使高 8 位或高 16 位清 0 的方法,以获得倍长的被除数。

3.3.5 十进制调整指令

为了能方便地进行十进制数的运算,必须对计算机内的二进制运算结果进行十进制

调整，以得到正确的十进制运算结果。为此，8086 专门为完成十进制数运算而提供了一组十进制调整指令。

十进制数在计算机中是用 BCD 码（即二进制编码的十进制数）表示的。8086 支持压缩 BCD 码和非压缩 BCD 码，相应地十进制调整指令也分为压缩 BCD 码调整指令和非压缩 BCD 码调整指令。其中，压缩 BCD 码调整指令有两条：DAA 与 DAS；非压缩 BCD 码调整指令有 4 条：AAA、AAS、AAM 与 AAD。

1. DAA

DAA 是加法的十进制调整指令，它必须跟在 ADD 或 ADC 指令之后使用。其功能是将存于 AL 中的两位 BCD 码加法运算的结果调整为两位压缩型十进制数，仍保留在 AL 中。

AL 中的运算结果在出现非法码（1010B ~ 1111B）或本位向高位（指 BCD 码）有进位（由 AF = 1 或 CF = 1 表示低位向高位或高位向更高位有进位）时，由 DAA 自动进行加 6 调整。由于 DAA 指令只能对 AL 中的结果进行调整，因此，对于多字节的十进制加法，只能从低字节开始，逐个字节地进行运算和调整。

【例 3-36】　设当前 AX = 6698，BX = 2877，如果要将这两个十进制数相加，结果保留在 AX 中，则需要用下列几条指令来完成。

```
ADD  AL, BL                 ;低字节相加
DAA                         ;低字节调整
MOV  CL, AL
MOV  AL, AH
ADC  AL, BH                 ;高字节相加
DAA                         ;高字节调整
MOV  AH, AL
MOV  AL, CL
```

【例 3-37】　用 BCD 码计算“47 + 28 = ?”，试写出程序段。

```
MOV  AL, 47H                ;把压缩 BCD 数 47H 送 AL
ADD  AL, 28H                ;AL←47 与 28 之和 75H
DAA                         ;调整得: AL = 75H, 即 (47) BCD + (28) BCD = (75) BCD
```

2. DAS

DAS 是减法的十进制调整指令，它必须跟在 SUB 或 SBB 指令之后，将 AL 寄存器中的减法运算结果调整为两位压缩型十进制数，仍保留在 AL 中。

减法是加法的逆运算，对减法的调整操作是减 6 调整。

【例 3-38】　用 BCD 码计算“47 − 28 = ?”，试写出程序段。

```
MOV  AL, 47H                ;把压缩 BCD 数 47H 送 AL
SUB  AL, 28H                ;AL←47 与 28 之差 19H
DAS                         ;调整得: AL = 19H, 即 (47) BCD - (28) BCD = (19) BCD
```

3. AAA

AAA是加法的ASCII码调整指令,也是只能跟在ADD指令之后使用。其功能是将存于AL寄存器中的一位ASCII码数加法运算的结果调整为一位非压缩型十进制数,仍保留在AL中;如果向高位有进位(AF=1),则进到AH中。调整过程与DAA相似,其具体算法如下。

(1) 若AL的低4位是在0~9之间,且AF=0,则跳过第(2)步,执行第(3)步。

(2) 若AL的低4位是在0AH~0FH之间,或AF=1,则AL寄存器需进行加6调整,AH寄存器加1,且使CF=1。

(3) AL的高4位虽参加运算,但不影响运算结果,无须调整,且清除之。

【例3-39】 若AX=0835H,BL=39H,则执行下列指令。

```
ADD  AL, BL
AAA
```

结果是AX=0904H,AF=1,且CF=1。其运算与调整过程如下所示。

```
               00110101    —AL
             + 00111001    —BL
  00001000     01101110    —AL 低4位出现非法码,需进行加6调整
             +     0110
  00001001     01110100    —AF=1,应进位到AH中,即AH加1
             ∧ 00001111    —AL 高4位清0,低4位不变
  ----------------------
  00001001     00000100
     AH           AL
```

【例3-40】 若有两个用ASCII码表示的两位十进制数分别存放在AX和BX寄存器中,即

```
AX=0011011000110111
BX=0011100100110101
```

现要求将两数相加,并把结果保留在AX中,如果有进位,将进位置入DX中。则完成上述功能的程序段如下所示。

```
MOV  DX, 0
MOV  CX, AX              ;CX='67'
MOV  AH, 0
ADD  AL, BL              ;AL←'7'+'5'
AAA                      ;AH=01H,AL=02H
MOV  CL, AL              ;CL=02H
MOV  AL, CH              ;AL='6'
ADD  AL, AH
AAA                      ;AL=07H
MOV  AH, 0
ADD  AL, BH
```

```
AAA                    ;AH=01H,AL=06H
MOV  CH, AL            ;CH=06H
ADD  DL, AH            ;DL=01H
MOV  AX, CX            ;AX=0602H
```

最后得到正确的十进制结果为162,并以非压缩型BCD码形式存放在DX、AX中,如下所示。

DX	00000000	00000001	AX	00000110	00000010

【例 3-41】 用 BCD 码计算“7 +8 = ?”,试写出程序段。

```
MOV  AL, 07H           ;把非压缩 BCD 数 07H 送 AL
ADD  AL, 08H           ;AL←07 与 08 之和 15H,即(07)BCD + (08)BCD = (15)BCD
AAA                    ;调整得: AL=05H,AH=01H
```

4. AAS

AAS 是减法的 ASCII 码调整指令,它也必须跟在 SUB 或 SBB 指令之后,用来将 AL 寄存器中的减法运算结果调整为一位非压缩型十进制数;如果有借位,则保留在借位标志 CF 中。

【例 3-42】 用 BCD 码计算“7 -8 = ?”,试写出程序段。

```
MOV  AL, 07H           ;把非压缩 BCD 数 07H 送 AL
SUB  AL ,08H           ;AL←07 与 08 之差 -01H
AAS                    ;调整得: AL= -01H,AH=FFH
```

5. AAM

AAM 是乘法的 ASCII 码调整指令。由于 8086/8088 指令系统中不允许采用压缩型十进制数乘法运算,故只设置了一条 AAM 指令,用来将 AL 中的乘法运算结果调整为两位非压缩型十进制数,其高位在 AH 中,低位在 AL 中。参加乘法运算的十进制数必须是非压缩型,故通常在 MUL 指令之前安排两条 AND 指令。

【例 3-43】 完成 AL 与 BL 中两个非压缩型十进制数乘法运算,试写出程序段。

```
AND  AL, 0FH
AND  BL, 0FH
MUL  BL
AAM
```

执行 MUL 指令的结果,会在 AL 中得到 8 位二进制数结果,用 AAM 指令可将 AL 中结果调整为 2 位非压缩型十进制数,并保留在 AX 中。其调整操作是将 AL 寄存器中的结果除以 10,所得商数即为高位十进制数置入 AH 中,所得余数即为低位十进制数置入 AL 中。

【例 3-44】 用 BCD 码计算“5 ×7 = ?”,试写出程序段。

```
MOV  AL, 05H           ;把非压缩 BCD 数 05H 送入 AL
```

```
MOV  BL, 07H          ;把非压缩BCD数07H送入BL
MUL  BL               ;AL←05与07之积23H
AAM                   ;调整得: AH=03H,AL=05H;即AX=0305H
```

6. AAD

AAD是除法的ASCII码调整指令。它与上述调整指令的操作不同,它是在除法之前进行调整操作。

AAD指令的调整操作是将累加器AX中的两位非压缩型十进制的被除数调整为二进制数,保留在AL中。其具体做法是将AH中的高位十进制数乘以10,与AL中的低位十进制数相加,结果保留在AL中。例如,一个数据为67,用非压缩型BCD码表示时,则AH中为00000110,AL中为00000111;调整时执行AAD指令,该指令将AH中的内容乘以10,再加到AL中,故得到的结果为43H。

【例3-45】 用BCD码计算"34÷5=?",试写出程序段。

```
MOV  AX, 0304H    ;把两个非压缩BCD数0304H送入AX
MOV  BL, 05H      ;把一个非压缩BCD数05H送入BL
AAD               ;先把AX中的BCD数转换成二进制数03×10+04=34D=22H送AL
DIV  BL           ;调整后的被除数22H真正代表34D,再做除法运算,即得AL=06H,AH=04H
```

3.4 逻辑运算和移位循环类指令

这类指令可分为3种类型:逻辑运算、移位和循环。

1. 逻辑运算指令

(1) AND d,s;d←d∧s,按位"与"操作。源操作数可以是8/16位通用寄存器、存储器操作数或立即数;目标操作数只允许是通用寄存器或存储器操作数。

【例3-46】 设AND AX,ALPHA指令其当前CS=2000H,IP=0400H,DS=1000H,AX=F0F0H,ALPHA是数据段中偏移地址为0500H和0501H地址中的字变量7788H的名字。则执行该指令后,将累加器AX中的F0F0H与物理地址10500H和10501H地址中的数据字7788H进行逻辑"与"运算后得结果为7080H,并把它送回AX寄存器中。

(2) OR d,s;d←d∨s,按位"或"操作。源操作数与目标操作数的约定同AND指令。

【例3-47】 设AL='A'(41H),若要将AL中的大写字母A变为小写字母a('a'=61H),则使用指令: OR AL,20H。

(3) XOR d,s;d←d⊕s,按位"异或"操作。源操作数与目标操作数的约定同AND指令。

【例3-48】 若要将BL的高4位取反,低4位不变,则使用指令: XOR BL,F0H。

(4) NOT d;d←$\overline{d}$,按位取反操作。

(5) TEST d,s;d∧s,按位"与"操作,不送回结果。有关的约定和操作过程与AND指令相同,只是TEST指令不传送结果。

2. 移位与循环移位指令

移位与循环移位指令的功能如图3-11所示。

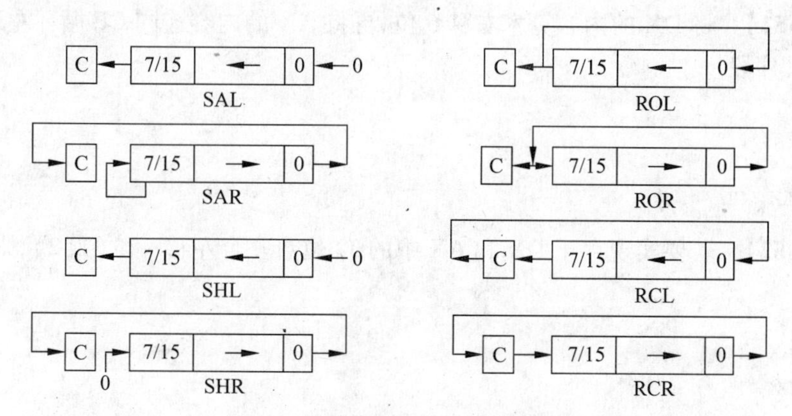

图3-11 移位/循环移位指令功能

1）移位指令

移位指令分为算术移位和逻辑移位，共有4条，即算术左移SAL、算术右移SAR和逻辑左移SHL、逻辑右移SHR。图3-11左边给出了4条移位指令及其操作示意图。

算术移位是对带符号数进行移位，SAL指令在左移时，最低位补0；SAR指令在右移时，最高位的符号在移位过程中保持不变；而逻辑移位是对无符号数移位，总是用0来填补已空出的位。SHL指令在逻辑左移时，最低位补0；SHR在右移时，最高位补0。

注意：根据移位操作的结果将置标志寄存器中的状态标志（AF标志除外）。若移位位数是1位，移位结果使最高位（符号位）发生变化，则将溢出标志OF置1，对有符号数，可由此判断已产生溢出；若移*n*位，则OF标志将无效。

比较SAL和SHL两条指令的操作示意图可知，两者的功能完全相同，这是由于对一个有符号数左移1位即乘以2和对一个无符号数左移1位乘以2其值相等。

【例3-49】 若欲将BX的内容算术左移1位，最低位补0，则使用指令：SAL BX,1。

【例3-50】 若欲将AX中的内容左移4位，则使用下列程序段：

```
MOV  CL, 4
SAL  AX, CL
```

2）循环移位指令

循环移位指令是将操作数首尾相接进行移位，它分为不带进位位与带进位位循环移位，也有4条，即不带进位位的循环左、右移指令（又称小循环）ROL、ROR和带进位位的循环左、右移指令（又称大循环）RCL、RCR。图3-11右边给出了4条循环移位指令及其操作示意图。

注意：循环移位指令只影响CF和OF标志。CF标志总是保持移出的最后一位的状态。若只循环移一位，且使最高位发生变化，则OF标志置1；若循环移多位，则OF标志无效。

所有移位与循环移位指令的目标操作数只允许是8/16位通用寄存器或存储器操作

数,指令中的 count(计数值)可以是 1,也可以是 $n(n\leqslant 255)$。若移一位,指令的 count 字段直接写 1;若移 n 位时,则必须将 n 事先装入 CL 寄存器中,故 count 字段只能书写 CL 而不能用立即数 n。

【例 3-51】 将 DX 的内容算术右移 6 位,再将 AX 的内容连同 CF 循环左移 6 位,则使用下列程序段。

```
MOV  CL, 6
SAR  DX, CL
RCL  AX, CL
```

【例 3-52】 若要实现存于 DX 和 AX 中的 32 位数联合左移一位(乘 2),则使用下列指令。

```
SAL  AX, 1
RCL  DX, 1
```

3.5 串操作类指令

串操作类指令是唯一地在存储器内的源与目标之间进行操作的指令。

串操作指令对数据块操作提供了很好的支持,可有效地加快处理速度、缩短程序长度。它们能对字符串进行各种基本的操作,如传送(MOVS)、比较(CMPS)、搜索(SCAS)、读(LODS)和写(STOS)等。对任何一个基本操作指令,可以用加一个重复前缀指令来指示该操作要重复执行,所需重复的次数由 CX 中的初值来确定。被处理的串长度可达 64KB。

为缩短指令长度,串操作指令均采用隐含寻址方式,源数据串一般在当前数据段中,即由 DS 段寄存器提供段地址,其偏移地址必须由源变址寄存器 SI 提供;目标串必须在附加段中,即由 ES 段寄存器提供段地址,其偏移地址必须由目标变址寄存器 DI 提供。如果要在同一段内进行串操作,必须使 DS 和 ES 指向同一段。串长度必须存放在 CX 寄存器中。在串指令执行之前,必须对 SI、DI 和 CX 进行预置,即将源串和目标串的首元素或末元素的偏移地址分别置入 SI 和 DI 中,将串长度置入 CX 中。这样,在 CPU 每处理完一个串元素时,就自动修改 SI 和 DI 寄存器的内容,使之指向下一个元素。

为加快串操作的执行,可在基本串操作指令的前方加上重复前缀,共有无条件重复(REP)、相等/为 0 时重复(REPE/REPZ)和不等/不为 0 重复(REPNE/REPNZ)5 种重复前缀。带有重复前缀的串操作指令,每处理完一个元素能自动修改 CX 的内容(按字节/字处理减 1/减 2),以完成计数功能。当 $CX\neq 0$ 时,继续串操作,直到 $CX=0$ 才结束串操作。

串操作指令对 SI 和 DI 寄存器的修改与两个因素有关,一是和被处理的串是字节串还是字串有关;二是和当前的方向标志 DF 的状态有关。当 $DF=0$,表示串操作由低地址向高地址进行,SI 和 DI 内容应递增,其初值应该是源串和目标串的首地址;当 $DF=1$ 时,则情况正好相反。

8086/8088 有 5 种基本的串操作指令,现分述如下。

1. MOVS 目标串,源串

串传送指令的功能：将由 SI 作为指针的源串中的 1 字节或字，传送到由 DI 作为指针的目标串中，且相应地自动修改 SI/DI，使之指向下一个元素。如果要加快串操作可在 MOVS 指令前加上无条件重复前缀 REP，则每传送一个元素，CX 自动减 1，直到 CX＝0 为止。

【例 3-53】　设 REP MOVSB 指令其当前 CS＝6180H，IP＝120AH，DS＝1000H，SI＝2000H，ES＝3000H，DI＝1020H，CX＝0064H，DF＝0。则该指令的操作过程如图 3-12 所示。

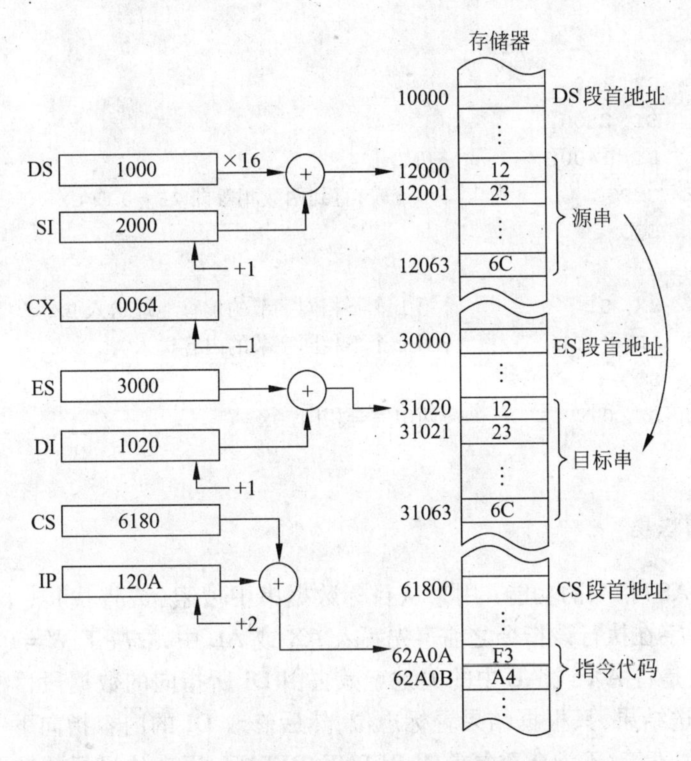

图 3-12　REP MOVSB 指令的操作过程

该指令执行后，将源串的 100 字节传送到目标串，每传送 1 字节，SI＋1、DI＋1、CX－1，直到 CX＝0 为止。

【例 3-54】　若要将源串的 100 字节数据传送到目标串单元中去，设源串首元素的偏移地址为 2500H，目标串首元素的偏移地址为 1400H，则完成这一串操作的程序段如下所示。

```
CLD                      ;DF←0,地址自动递增
MOV  CX, 100             ;串的长度
MOV  SI, 2500H           ;源串首元素的偏移地址
MOV  DI, 1400H           ;目标串首元素的偏移地址
REP  MOVSB               ;重复传送操作,直到 CX=0 为止
```

2. CMPS 目标串,源串

串比较(CMPS)指令的功能:将由 SI 作为指针的源串中的一个元素减去由 DI 作为指针的目标串中相对应的一个元素,不回送结果,只根据结果特征置标志位;并相应地修改 SI 和 DI 内容指向下一个元素。通常,在 CMPS 指令前加相等/为 0 时重复前缀 REPE/REPZ,用来确定两个串中的第 1 个不相同的数据。

【例 3-55】 试比较上例中两串是否完全相同,若两串相同,则 BX 寄存器内容为 0;若两串不同,则 BX 指向源串中第 1 个不相同字节的地址,且该字节的内容保留在 AL 寄存器中。完成这一功能的程序段如下。

```
      CLD
      MOV   CX, 100
      MOV   SI, 2500H
      MOV   DI, 1400H          ;初始化
      REPE  CMPSB              ;串比较,直到两数相等即 ZF=0 或 CX=0
      JZ    EQQ
      DEC   SI
      MOV   BX, SI             ;第 1 个不相同字节的偏移地址送入 BX
      MOV   AL, [SI]           ;第 1 个不相同字节的内容送入 AL
      JMP   STOP
EQQ:  MOV   BX, 0              ;两串完全相同,BX=0
STOP: HLT
```

3. SCAS 目标串

串搜索(SCAS)指令的功能:用来从目标数据串中搜索(或查找)某个关键字,要求将待查找的关键字在执行该指令之前事先置入 AX 或 AL 中,取决于 W=1 或 0。

搜索的实质是将 AX 或 AL 中的关键字减去由 DI 所指向的数据段目标数据串中的一个元素,不传送结果,只根据结果置标志位,然后修改 DI 的内容指向下一个元素。通常,在 SCAS 前加不等/不为 0 重复前缀 REPNE/REPNZ,用来从目标数据串中寻找关键字,操作一直进行到 ZF=1(查到了某关键字)或 CX=0(终未查找到)为止。

【例 3-56】 要求在长度为 N 的某字符串中查找是否存在 $ 字符。若存在,则将 $ 字符所在地址送入 BX 寄存器中,否则将 BX 清 0。假定字符串首元素的偏移地址为 DSTO。实现上述要求的程序段如下。

```
CLD
MOV    CX, N            ;字符串长度赋 CX
LEA    DI, DSTO         ;置目标数据串首元素的偏移地址至 DI
MOV    AL, '$'          ;把关键字 $ 的 ASCII 码送到 AL
REPNE  SCASB            ;找关键字,当两数不等即未搜索到关键字则重复查找
JNZ    ZER              ;ZF=0,表示未查找到
DEC    DI               ;已查找到,则恢复关键字所在地址指针
MOV    BX, DI           ;关键字所在地址送 BX
```

```
        JMP    STO
ZER:    MOV    BX, 0                ;未找到,则BX清0
STO:    HLT                         ;已找到,则停机
```

4. LODS 源串

读串(LODS)指令的功能:用来将源串中由SI所指向的元素取到AX/AL寄存器中,修改SI的内容指向下一个元素。该指令一般不加重复前缀,常用来和其他指令结合起来完成复杂的串操作功能。

【例3-57】 已知在数据段中有100个字组成的串,现要求将其中的负数相加,其和数存放到紧接着该串的下一个顺序地址中。若已知串首元素的偏移地址为1680H,则可用如下程序段完成上述要求。

```
        CLD
        MOV  SI, 1680H
        MOV  BX, 0
        MOV  DX, 0
        MOV  CX, 202                ;初始化
LOO:    DEC  CX
        DEC  CX
        JZ   STO                    ;判计数是否已完
        LODSW                       ;从源串中取一个字送AX
        MOV  BX, AX                 ;暂存于BX
        AND  AX, 8000H              ;判该元素是负数吗?
        JZ   LOO                    ;若为正数,则重取字串中的一个字
        ADD  DX, BX                 ;求负数元素之和并送至DX
        JMP  LOO
STO:    MOV [SI], DX                ;负数元素之和写入顺序地址中
        HLT
```

5. STOS 目标串

写串(STOS)指令的功能:用来将AX/AL寄存器中的1个字或字节写入由DI作为指针的目标串中,同时修改DI以指向串中的下一个元素。该指令一般不加重复前缀,常与其他指令结合起来完成较复杂的串操作功能。若利用重复操作,可以建立一串相同的值。

【例3-58】 要求将两串中各对应元素相加,所得到的新串写入目标串中。若已知当前目标串和源串的偏移地址分别为0300H和0500H,串长度为100字节,则可用如下程序段完成上述要求。

```
        CLD
        MOV  CX, 100
        MOV  BX, 0300H                      ;初始化
LL:     MOV  SI, BX
        LODSB                               ;将目标串先作为源串从中读一个元素送至AL
```

```
    MOV  DL, AL            ;目标串元素暂存于 DL
    ADD  BX, 0200H
    MOV  SI, BX            ;确定源串的地址指针
    LODSB                  ;读源串中的一个元素送至 AL
    ADD  AL, DL            ;两串对应元素相加,结果存放在 AL
    SUB  BX, 0200H
    MOV  DI, BX            ;恢复当前目标串地址指针
    STOSB                  ;AL 中新元素(即和数)写入目标串中相应地址单元
    INC  BX                ;确定下一个元素的地址
    DEC  CX
    JNZ  LL                ;CX≠0,则继续操作
    HLT
```

3.6 程序控制指令

一般情况下,指令按顺序逐条执行。但在实际运行中,程序也经常会根据 CPU 的状态和工作要求等不同情况而随时改变流向。程序控制指令就是用来控制程序流向的一类指令。本节介绍无条件转移、条件转移、循环控制和中断 4 种程序控制指令。

3.6.1 无条件转移指令

在无条件转移类指令中,除介绍无条件转移指令 JMP 外,也一并介绍无条件调用过程指令 CALL 与从过程返回指令 RET,因为,后两条指令在实质上也是无条件地控制程序流向的转移的,但它们在使用上与 JMP 有所不同。

1. JMP 目标标号

JMP 指令允许程序流无条件地转移到由目标标号指定的地址,去继续执行从该地址开始的程序。

转移可分为段内转移和段间转移两类。段内转移是指在同一代码段的范围之内进行转移,此时,只需要改变指令指针 IP 寄存器的内容,即用新的转移目标地址(指偏移地址)代替原有的 IP 值就可实现转移。而段间转移则是要转移到一个新的代码段去执行指令,此时不仅要修改 IP 的内容,还要修改段寄存器 CS 的内容才能实现转移。当然,此时的转移目标地址应由新的段地址和偏移地址两部分组成。根据目标地址的位置与寻址方式的不同,JMP 指令有以下 4 种基本格式。

1) 段内直接转移

段内直接转移是指目标地址就在当前代码段内,其偏移地址(即目标地址的偏移量)与本指令当前 IP 值(即 JMP 指令的下一条指令的地址)之间的字节距离即位移量将在指令中直接给出。此时,目标标号偏移地址为

$$目标标号偏移地址 = (IP) + 指令中位移量$$

式中,(IP)是指 IP 的当前值。位移量的字节数则根据微处理器的位数而定。

对于 16 位微处理器而言,段内直接转移的指令格式又分为 2 字节和 3 字节两种,它

们的第1字节是操作码,而第2字节或第2、3字节为位移量(最高位为符号位)。若位移量只有一个字节,则称为段内短转移,其目标标号与本指令之间的距离不能超过+127和-128字节范围;若位移量占两个字节,则称为段内近转移,其目标标号与本指令之间的距离不能超过±32K字节范围。

注意:段的偏移地址是周期性循环计数的,这意味着在偏移地址FFFFH之后的一个位置是偏移地址0000H。由于这个原因,如果指令指针IP指向偏移地址FFFFH,而要转移到存储器中的后两个字节地址,则程序流将在偏移地址0001H处继续执行。

【例3-59】 JMP ADDR1指令中是以目标标号ADDR1表示目标地址。若已知目标标号ADDR1与本指令当前IP值之间的距离(即位移量)为1235H字节,CS=1500H,IP=2400H,则该指令执行后,CPU将转移到物理地址18638H。

注意:在计算当前IP值时,是将原IP值2400H加上了本指令的字节数3,得到2403H;然后,再将段基址(1500H×16=15000H)加上此当前IP值2403H与位移量1235H之和3638H,于是,可求得最终寻址的目标地址18638H。其操作过程如图3-13所示。由图中可知,这是一个段内直接近转移的例子,其目标标号ADDR1就是一个符号地址。

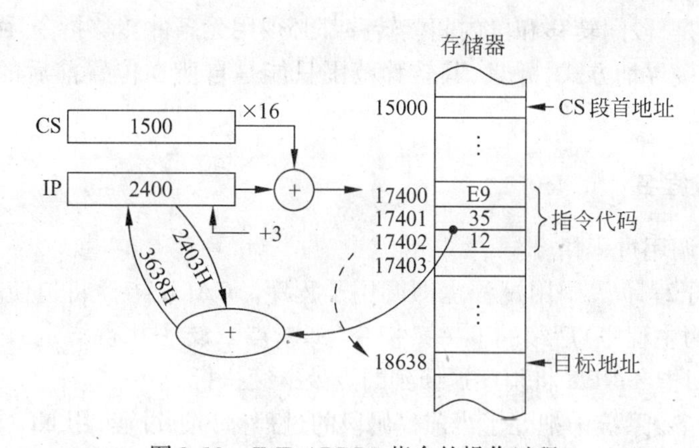

图3-13 JMP ADDR1指令的操作过程

2)段内间接转移

段内间接转移是一种间接寻址方式,它是将段内的目标地址(指偏移地址或按间接寻址方式计算出的有效地址)先存放在某通用寄存器或存储器的某两个连续地址中,这时指令中只需给出该寄存器号或存储单元地址即可。

【例3-60】 JMP BX指令中的BX未打方括号[],但仍表示间接指向内存区的某地址单元。BX中的内容即转移目标的偏移地址。设当前CS=1200H,IP=2400H,BX=3502H,则该指令执行后,BX寄存器中的内容3502H取代原IP值,CPU将转到物理地址15502H单元中去执行后续指令。

注意:为区分段内的短转移(位移量为8位)和近转移(位移量为16位),其指令格式常以JMP SHORT ABC和JMP NEAR PTR ABC的汇编语言形式表示。

3)段间直接转移

段间转移是指程序由当前代码段转移到其他代码段,由于其转移的范围超过±32KB,故段间转移指令也称为远转移。在远转移时,目标标号是在其他代码段中,若指令中直接给出目标标号的段地址和偏移地址,则构成段间直接转移指令。

【例 3-61】 JMP FAR PTR ADDR2 是一条段间直接远转移指令,ADDR2 为目标标号。设当前 CS = 2100H,IP = 1500H,目标地址在另一代码段中,其段地址为 6500H,偏移地址为 020CH,则该指令执行后,CPU 将转移到另一代码段中物理地址为 6520CH 目标地址中去执行后续指令。

一般来说,在执行段间直接(远)转移指令时,目标标号的段内偏移地址送入 IP,而目标标号所在段的段地址送入 CS。在汇编语言中,目标标号可使用符号地址,而机器语言中则要指定目标(或转向)地址的偏移地址和段地址。

4) 段间间接转移

段间间接转移是指以间接寻址方式实现由当前代码段转移到其他代码段。

【例 3-62】 有一条指令 JMP DWORD PTR[BX + ADDR3]。设当前 CS = 1000H, IP = 026AH, DS = 2000H, BX = 1400H, ADDR3 = 020AH, (2160AH) = 0EH, (2160BH) = 32H, (2160CH) = 00H, (2160DH) = 40H, 则执行指令时,目标地址的偏移地址 320EH 送入 IP,而其段地址 4000H 送入 CS,于是,该指令执行后,CPU 将转到另一代码段物理地址为 4320EH 的单元中去执行后续程序。

需要指出的是,段间转移和段内间接转移都必须用无条件转移指令,而条件转移指令则只能用段内直接寻址方式,并且,其转移范围只能是自所在位置前后的 -128 ~ +127 个字节。

2. CALL 过程名

这是无条件调用过程指令。

"过程"即"子程序";调用过程也即调用子程序。CALL 指令将迫使 CPU 暂停执行调用程序(或称为主程序)后续的下一条指令(即断点),转去执行指定的过程;待过程执行完毕,再用返回指令 RET 将程序返回到断点处继续执行。

8086/8088 指令系统中把处于当前代码段的过程称为近过程,用 NEAR 表示,而把其他代码段的过程称为远过程,用 FAR 表示。当调用过程时,如果是近过程,只需将当前 IP 值入栈;如果是远过程,则必须将当前 CS 和 IP 的值一起入栈。

CALL 指令与 JMP 类似,也有 4 种不同的寻址方式和 4 种基本格式。

1) CALL N_PROC

N_PROC 是一个近过程名,采用段内直接寻址方式。

执行段内直接调用指令 CALL 时,第 1 步操作是把过程的返回地址(即调用程序中 CALL 指令的下一条指令的地址)压入堆栈中,以便过程返回调用程序(主程序)时使用。第 2 步操作则是转移到过程的入口地址去继续执行。指令中的近过程名将给出目标(转向)地址(即过程的入口地址)。

2) CALL BX

这是一条段内间接寻址的调用过程指令,事先已将过程入口的偏移地址置入 BX 寄存器中。在执行该指令时,调用程序将转向由 BX 寄存器的内容所指定的某内存单元。

3) CALL F_PROC

F_PROC 是一个远过程名,它可以采用段间直接和段间间接两种寻址方式实现调用过程。在段间调用的情况下,则把返回地址的段地址和偏移地址先后压入堆栈。

【例 3-63】 CALL 2000H:5600H 是一条段间直接调用指令,调用的段地址为 2000H,偏移地址为 5600H。执行该指令后,调用程序将转移到物理地址为 25600H 的过程入口去继续执行。

【例 3-64】 CALL DWORD PTR[DI]是一条段间间接调用指令,调用地址在 DI、DI+1、DI+2、DI+3 所指的 4 个连续内存单元中,前两个字节为偏移地址,后两个字节为段地址。若 DI=0AH,DI+1=45H,DI+2=00H,DI+3=63H,则执行该指令后,将转移到物理地址为 6750AH 的过程入口去继续执行。

4) RET 弹出值

过程返回(RET)指令应安排在过程的出口即过程的最后一条指令处,它的功能是从堆栈顶部弹出由 CALL 指令压入的断点地址值,迫使 CPU 返回到调用程序的断点去继续执行。RET 指令与 CALL 指令相呼应,CALL 指令安排在调用过程中,RET 指令安排在被调用的过程末尾处。并且,为了能正确返回,返回指令的类型要和调用指令的类型相对应。也就是说,如果一个过程是供段内调用的,则过程末尾用段内返回指令;如果一个过程是供段间调用的,则末尾用段间返回指令。此外,如果调用程序通过堆栈向过程传送了一些参数,过程在运行中要使用这些参数,一旦过程执行完毕,这些参数也应当弹出堆栈作废,这就是 RET 指令有时还要带弹出值的原因,其取值就是要弹出的数据字节数,因此,带弹出值的 RET 指令除了从堆栈中弹出断点地址(对近过程为两个字节的偏移量,对远过程为两个字节的偏移量和两个字节的段地址)外,还要弹出由弹出值 n 所指定的 n 个字节偶数的内容。n 可以为 0~FFFFH 范围中的任何一个偶数。但是弹出值并不是必须的,这取决于调用程序是否向过程传送了参数。

3.6.2 条件转移指令

条件转移指令是根据 CPU 执行上一条指令时,某一个或某几个标志位的状态而决定是否控制程序转移。如果满足指令中所要求的条件,则产生转移;否则,将继续往下执行紧接着条件转移指令后面的一条指令。条件转移指令的测试条件如表 3-10 所示。

注意:为缩短指令长度,所有的条件转移指令都被设计成短转移,即转移目标与本指令之间的字节距离在 -128~+127 范围内。

【例 3-65】 JZ ADDR。

设当前 CS=1000H,IP=300BH,ZF=1,目标地址 ADDR 相对于本指令的字节距离为 -9,则该指令执行后,由于 ZF=1 满足条件,故 CPU 将转到目标地址为(CS×16+IP+2-9)13004H 的单元去执行后续程序。

在使用条件转移指令时,应注意以下一些特点。

(1) 所有的条件转移指令都是相对转移形式的,所以,其转移范围为 -128~+127 字节。这样设计的好处是指令字节少,执行速度快。当需要转移到较远的目标地址时,可以先用条件转移指令转到附近一个单元;然后,再从该单元起放一条无条件转移指令,这样,就可以通过该指令转移到较远的目标地址。一般来说,这种情况是使用得较少的。

表 3-10 条件转移指令测试条件

	指令名称		助记符		测试条件
无符号数	高于/不低于也不等于	转移	JA/JNBE	目标标号	CF=0 AND ZF=0
	高于或等于/不低于	转移	JAE/JNB	目标标号	CF=0 OR ZF=1
	低于/不高于也不等于	转移	JB/JNAE	目标标号	CF=1 AND ZF=0
	低于或等于/不高于	转移	JBE/JNA	目标标号	CF=1 OR ZF=1
带符号数	大于/不小于也不等于	转移	JG/JNLE	目标标号	(SF XOR OF) AND ZF=0
	大于或等于/不小于	转移	JGE/JNL	目标标号	SF XOR OF=0 OR ZF=1
	小于/不大于也不等于	转移	JL/JNGE	目标标号	SF XOR OF=1 AND ZF=0
	小于或等于/不大于	转移	JLE/JNG	目标标号	(SF XOR OF) OR ZF=1
单标志位	等于/结果为0	转移	JE/JZ	目标标号	ZF=1
	不等于/结果不为0	转移	JNE/JNZ	目标标号	ZF=0
	有进位/有错位	转移	JC	目标标号	CF=1
	无进位/无错位	转移	JNC	目标标号	CF=0
位条件转移	溢出	转移	JO	目标标号	OF=1
	不溢出	转移	JNO	目标标号	OF=0
	奇偶性为1/偶状态	转移	JP/JPE	目标标号	PF=1
	奇偶性为0/奇状态	转移	JNP/JPO	目标标号	PF=0
	符号位为1	转移	JS	目标标号	SF=1
	符号位为0	转移	JNS	目标标号	SF=0

(2) 有一部分条件转移指令是根据对两个数比较的结果决定是否转移的,但由于对无符号数和带符号数的比较会产生不同的结果,所以,为了作出正确的判断,8086 指令系统分别为无符号数和带符号数的比较提供了两组不同的条件转移指令。对于无符号数的比较判断,用"高于"和"低于"来作为判断条件;而对于带符号数的比较判断,则用"大于"和"小于"来作为判断条件。例如,FFH 和 00H,如果将它们当作无符号数,则 FFH"高于"00H;如果将它们当作带符号数,则 FFH"小于"00H。

(3) 在条件转移指令中,有一部分指令可以用两种不同的助记符来表示,但其指令功能是等同的。例如,一个数 M 高于另一个数 N 和 M 不低于也不等于 N 的结论是等同的,因此,条件转移指令 JA 和 JNBE 的功能是等同的。

3.6.3 循环控制指令

循环控制指令实际上是一组增强型的条件转移指令,但它是根据自己进行某种运算后来设置状态标志的。

循环控制指令都与 CX 寄存器配合使用,CX 中存放着循环次数。另外,这些指令所控制的目标地址的范围都在 -128 ~ +127 字节之内。

1. LOOP 目标标号

LOOP 指令的功能是先将 CX 寄存器内容减 1 后送回 CX,再判断 CX 是否为 0,若 CX≠0,则转移到目标标号所给定的地址继续循环;否则,结束循环顺序执行下一条指令。这是一条常用的循环控制指令,使用 LOOP 指令前,应将循环次数送入 CX 寄存器。其操作过程与条件转移指令类似,只是它的位移量应为负值。

2. LOOPE/LOOPZ 目标标号

LOOPE 和 LOOPZ 是同一条指令的两种不同的助记符,其指令功能是先将 CX 减 1 送 CX,若 ZF =1 且 CX≠0 时则循环,否则顺序执行下一条指令。

3. LOOPNE/LOOPNZ 目标标号

LOOPNE 和 LOOPNZ 也是同一条指令的两种不同的助记符,其指令功能是先将 CX 减 1 送 CX,若 ZF =0 且 CX≠0 时则循环,否则顺序执行下一条指令。

4. JCXZ 目标标号

JCXZ 指令不对 CX 寄存器内容进行操作,只根据 CX 内容控制转移。它既是一条条件转移指令,也可用来控制循环,但循环控制条件与 LOOP 指令相反。

循环控制指令在使用时放在循环程序的开头或结尾处,以控制循环程序的运行。

【例 3-66】 若在存储器的数据段中有 100 个字节构成的数组,要求从该数组中找出 $ 字符,然后将 $ 字符前面的所有元素相加,结果保留在 AL 寄存器中。完成此任务的程序段如下:

```
      MOV  CX, 100
      MOV  SI 00FFH                         ;初始化
LL1:  INC  SI
      CMP  BYTE PTR [SI], '$'
      LOOPNE LL1                            ;找'$'字符
      SUB  SI, 0100H
      MOV  CX,SI                            ;'$'字符之前字节数
      MOV  SI, 0100H
      MOV  AL, [SI]
      DEC  CX                               ;相加次数
LL2:  INC  SI
      ADD  AL, [SI]
      LOOP LL2                              ;累加'$'字符前的字节
      HLT
```

3.6.4　中断指令

1. INT 中断类型

8086/8088 系统中允许有 256 种中断类型(0~255),各种类型的中断在中断向量表中占 4 字节,前两个字节用来存放中断入口的偏移地址,后两个字节用来存放中断入口的段地址(即段值)。

CPU 执行 INT 指令时,首先将标志寄存器 F 内容入栈,然后清除中断标志 IF 和单步标志 TF,以禁止可屏蔽中断和单步中断进入,并将当前程序断点的段地址和偏移地址入

栈保护，于是，从中断向量表中获得的中断入口的段地址和偏移地址，可分别置入段寄存器 CS 和指令指针 IP 中，CPU 将转向中断入口去执行相应的中断服务程序。

【例 3-67】 有一条指令 INT 20H。设当前 CS = 2000H，IP = 061AH，SS = 3000H，SP = 0240H，则 INT 20H 指令操作过程如图 3-14 所示。

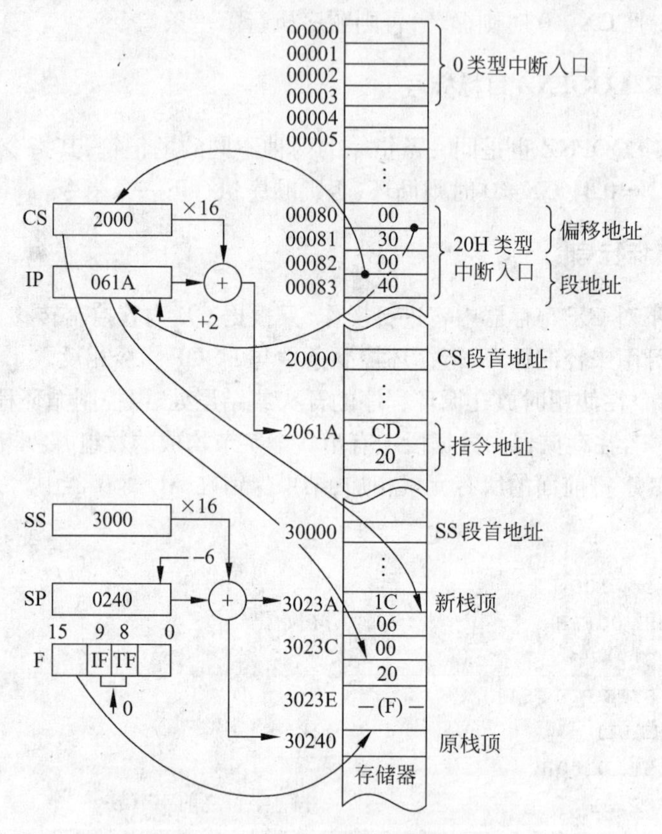

图 3-14　INT 20H 指令的操作过程

该指令执行时，F 标志寄存器内容先压入堆栈原栈顶 30240H 之上的两个单元 3023FH 和 3023EH；然后，再将断点地址的段地址 CS = 2000H 和指令指针 IP = 061AH + 2 = 061CH 入栈保护，分别放入 3023DH、3023CH 和 3023BH、3023AH 连续 4 个单元中；最后，根据指令中提供的中断类型号 20H 得到中断向量的存放地址为 80H ~ 83H，假定这 4 个单元中存放的值分别为 00H、30H、00H、40H，则 CPU 将转到物理地址为 43000H 的入口去执行中断服务程序。

2. INTO

为了判断有符号数的加减运算是否产生溢出，专门设计了一个字节的 INTO 指令用于对溢出标志 OF 进行测试；当 OF = 1，立即向 CPU 发出溢出中断请求，并根据系统对溢出中断类型的定义，可从中断向量表中得到类型 4 的中断服务程序入口地址。该指令一般安排在带符号的算术运算指令之后，用于处理溢出中断。

3. IRET

IRET 指令总是安排在中断服务程序的出口处，由它控制从堆栈中弹出程序断点送回 CS 和 IP 中，弹出标志寄存器内容送回 F 中，迫使 CPU 返回到断点继续执行后续程序。IRET 也是一条 1 字节指令。

3.7 处理器控制类指令

处理器控制指令只完成对 CPU 的简单控制功能。

1. 对标志位操作指令

1）CLC、STC、CMC 指令

CLC、STC、CMC 指令用来对进位标志 CF 清 0、置 1 和取反操作。

2）CLD、STD 指令

CLD、STD 指令用来将方向标志 DF 清 0、置 1，常用于串操作指令之前。

3）CLI、STI 指令

CLI、STI 指令用来将中断标志 IF 清 0、置 1。当 CPU 需要禁止可屏蔽中断进入时，应将 IF 清 0，允许可屏蔽中断进入时，应将 IF 置 1。

2. 同步控制指令

8086/8088 CPU 构成最大方式系统时，可与别的处理器一起构成多处理器系统，当 CPU 需要协处理器帮助它完成某个任务时，CPU 可用同步指令向协处理器发出请求，待它们接受这一请求，CPU 才能继续执行程序。为此，专门设置了 3 条同步控制指令。

1）ESC 外部操作码，源操作数

外部操作码是用于外部处理器的操作码，源操作数是用于外部处理器的源操作数。

ESC 指令是在最大方式系统中 CPU 要求协处理器完成某种任务的命令，它的功能是实现 8086 对 8087 协处理器的控制，使 8087 协处理器可以从 CPU 的程序中取得一条指令或一个存储器操作数。ESC 指令与 WAIT 指令、$\overline{\text{TEST}}$引线结合使用时，能够启动一个在某个协处理器中执行的子程序。

协处理器平时处于查询状态，一旦查询到 CPU 执行 ESC 指令且发出交权命令，被选协处理器便可开始工作，根据 ESC 指令的要求完成某种操作；待协处理器操作结束，便在$\overline{\text{TEST}}$状态线上向 8086 CPU 回送一个有效低电平信号，当 CPU 测试到$\overline{\text{TEST}}$有效时才能继续执行后续指令。

2）WAIT

WAIT 指令通常用在 CPU 执行完 ESC 指令后，用来挂起当前进程，等待外部事件，即等待$\overline{\text{TEST}}$线上的有效信号。当$\overline{\text{TEST}}=1$ 时，表示 CPU 正处于等待状态，并继续执行 WAIT 指令，每隔 5 个时钟周期就测试一次$\overline{\text{TEST}}$状态；一旦测试到$\overline{\text{TEST}}=0$，则 CPU 结束

WAIT 指令,继续执行后续指令。WAIT 与 ESC 两条指令是成对使用的,它们之间可以插入一段程序,也可以相连。

3）LOCK

LOCK 是一字节的指令前缀,而不是一条独立的指令,常作为指令的前缀可位于任何指令的前端。凡带有 LOCK 前缀的指令,在该指令执行过程中都禁止其他协处理器占用总线,故它可称为总线锁定前缀。

总线封锁常用于资源共享的最大方式系统中。可利用 LOCK 指令,使任一时刻只允许子处理器之一工作而其他的均被封锁。

3. 其他控制指令

1）HLT

HLT 是一条暂停指令,它用于迫使 CPU 暂停执行程序,直到接收到复位或中断信号为止。

2）NOP

NOP 是一条空操作指令,它并未使 CPU 完成任何有效功能,只是每执行一次该指令要占用 3 个时钟周期的时间,常用来作延时,或取代其他指令作调试之用。

3.8 CPU 指令集

指令集是 CPU 中为控制计算机系统工作而预先设计的一套操作命令的集合,从主流体系结构讲,指令集可分为复杂指令集和精简指令集两部分(参见 2.1 节 CISC 和 RISC 技术)。在现代先进的微处理器中,不仅兼容了 Intel 80x86 系列 CPU 的所有指令系统,同时也开发了新的 CPU 指令集。

1. CPU 的扩展指令集

为了提升处理器各方面的性能,Intel 和 AMD 公司的桌面级处理器在 x86 指令集的基础上,各自又开发了新的指令集。指令集中包含了处理器对多媒体、3D 处理等方面的支持。

1）MMX 指令集

多媒体扩展指令(Multi Media eXtension, MMX)指令集是 Intel 公司在 1996 年为 Pentium 系列处理器所开发的一项多媒体指令增强技术。MMX 指令集中包括了 57 条多媒体指令,通过这些指令可以一次性处理多个数据,在处理结果超过实际处理能力的时候仍能够进行正常处理,如果在软件的配合下,可以得到更强的处理性能。使用 MMX 指令集的好处就是当时所使用的操作系统可以在不做任何改变的情况下执行 MMX 指令。但是,MMX 指令集的问题也是比较明显的,MMX 指令集不能与 x86 的浮点运算指令同时执行,必须做密集式的交错切换才可以正常执行,但是这样一来,就会造成整个系统运行速度的下降。

2）SSE 指令集

SSE 指令集也叫单指令多数据流扩展。该指令集最先运用于 Intel 的 Pentium Ⅲ系列处理器,它是为提高处理器浮点性能而开发的扩展指令集,共有 70 条指令,其中包含提高 3D 图形运算效率的 50 条 SIMD 浮点运算指令、12 条 MMX 整数运算增强指令、8 条优化内存中的连续数据块传输指令。理论上这些指令对当时流行的图像处理、浮点运算、3D 运算、多媒体处理等众多多媒体的应用能力起到全面提升的作用。SSE 指令与 AMD 公司的 3DNow!指令彼此互不兼容,但 SSE 包含了“3DNow!”中的绝大部分功能,只是实现的方法不同而已。SSE 也向下兼容 MMX 指令,它可以通过 SIMD 和单时钟周期并行处理多个浮点数据来有效地提高浮点运算速度。

3)“3DNow!”指令集

“3DNow!”指令集是由 AMD 公司在 SSE 指令之前所推出的,它被广泛运用于 AMD 的 K6、K6-2 和 K7 系列处理器上,拥有 21 条扩展指令集。“3DNow!”指令集主要针对三维建模、坐标变换和效果渲染等 3D 数据的处理,在相应的软件配合下,可以大幅度提高处理器的 3D 处理性能。AMD 公司后来又在 Athlon 系列处理器上开发了新的 Enhanced “3DNow!”指令集,新的增强指令数达 52 个,Athlon 64 系列处理器也是支持“3DNow!”指令的。

4)SSE2 指令集

在 Pentium Ⅲ发布时,SSE 指令集就已集成在了处理器内部,但因各种原因一直没有得到充分的发展。直到 Pentium 4 发布后,开发人员看到使用 SSE 指令使程序执行性能得到极大的提升,于是 Intel 又在 SSE 的基础上推出了更先进的 SSE2 指令集。

SSE2 包含了 144 条指令,由 SSE 和 MMX 两个部分组成。SSE 部分主要负责处理浮点数,而 MMX 部分则专门计算整数。SSE2 的寄存器容量是 MMX 寄存器的两倍,寄存器存储数据也增加了两倍。在指令处理速度保持不变的情况下,通过 SSE2 优化后的程序和软件运行速度也能够提高两倍。由于 SSE2 指令集与 MMX 指令集相兼容,因此被 MMX 优化过的程序很容易被 SSE2 再进行更深层次的优化,达到更好的运行效果。SSE2 对于处理器性能的提升是十分明显的,AMD 方面也在随后的K-8 系列处理器中,都加入 SSE2 指令集。

5)SSE3 指令集

SSE3 指令是 Intel 公司 2005 年推出 Prescott 核心处理器时出现的,包含 13 条指令。它共划分为 5 个应用层,分别为数据传输命令、数据处理命令、特殊处理命令、优化命令、超线程性能增强 5 个部分,其中超线程性能增强是一种全新的指令集,它可以提升处理器的超线程的处理能力,大大简化了超线程的数据处理过程,使处理器能够更加快速的进行并行数据处理。

6)SSE4 指令集

SSE4 指令集是在 Intel Core 2 处理器中率先推出的。它更注重针对视频信息的优化,其主要改进之处是对 Intel 的 Clear Video 高清视频技术及 UDI 接口规范提供了支持。这两项技术基于 965 芯片组,Intel 把 Clear Video 技术定义为:支持高级解码、拥有预处理和增强型 3D 处理能力。

2. CPU 指令集的发展趋势

在指令集的发展过程中,x86 架构的主流处理器起着重要的作用。所谓 x86 架构的处理器就是采用了 Intel x86 指令集的处理器。x86 指令集是 Intel 为其第一块 16 位处理器 8086 所专门开发的。而 IBM 在 1981 年所推出的第一台 PC 上所使用的处理器 8088(8086 的简化版)也是使用的 x86 指令集,但是为了增加计算机的浮点运算能力,增加了 x87 数学协助处理器和加入了 x87 指令集,于是就将采用了 x86 指令集和 x87 指令集的处理器统称为 x86 架构的处理器。

至今,Intel 所生产的大部分处理器都是属于 x86 架构的处理器,包括像 80386、80486 和 Pentium 系列处理器等。除了 Intel 以外,AMD 和 Cyrix 等厂商也在生产集成了 x86 指令集的处理器产品,而这些处理器都能够与支持 Intel 处理器的软件和硬件相兼容,所以,这就形成了今天庞大的 x86 架构的处理器阵容。

随着处理器技术的发展,虽然处理器的主频和制造工艺都有了一定的进步,但是处理器的性能确不能得到非常明显的提高,其中一个很重要的原因就是受到了 x86 所采用的 SISC 指令集的限制。由于 IA-32(Intel Architechure-32 即 Intel 32 位体系架构)的 x86 系列处理器存在着一系列的问题,使得 Intel 已经打算放弃 x86 指令体系处理器,现 Intel 和 AMD 双方都已把重点转向 64 位体系架构的处理器指令集开发上。

习题 3

3-1 为什么要学习 8086/8088 CPU 的指令系统?它是按什么设计流派的理论来设计的?其主要特点是什么?

3-2 指令格式包括哪些部分?什么是寻址方式?8086/8088 的寻址方式可分为哪几种类型?

3-3 指出 8086/8088 下列指令源操作数的寻址方式。

(1) MOV AX,1200H　　(2) MOV BX,[1200H]

(3) MOV BX,[SI]　　(4) MOV BX,[SI+1200H]

(5) MOV[BX+SI],AL　　(6) ADD AX,[BX+DI+20H]

(7) MUL BL　　(8) XLAT

(9) IN AL,DX　　(10) INC WORD PTR[BP+50H]

3-4 指出 8086/8088 下列指令中存储器操作数物理地址的计数表达式。

(1) MOV AL,[DI]　　(2) MOV AX,[BX+SI]

(3) MOV AL,8[BX+DI]　　(4) ADD AL,ES:[BX]

(5) SUB AX,[2400H]　　(6) ADC AX,[BX+DI+1200H]

(7) MOV CX,[BP+SI]　　(8) INC BYTE PTR[DI]

3-5 指出 8086/8088 下列指令的错误。

(1) MOV[SI],IP　　(2) MOV CS,AX

(3) MOV BL,SI+2　　(4) MOV 60H,AL

(5) PUSH 2400H　　(6) INC[BX]

(7) MUL -60H　　(8) ADD [2400H],2AH

(9) MOV[BX],[DI]　　(10) MOV SI,AL

3-6　说明 MOV BX,DATA 和 MOV BX,OFFSET DATA 指令之间的区别。

3-7　指出 RET 与 IRET 两条指令的区别,并说明两者各用在什么场合?

3-8　设 SP = 2000H, AX = 3000H, BX = 5000H,执行下列片段程序后,问 SP = ? AX = ? BX = ?

```
PUSH  AX
PUSH  BX
POP   AX
```

3-9　假定 PC 存储器低地址区有关单元的内容如下:

(20H) = 3CH, (21H) = 00H, (22H) = 86H, (23H) = 0EH 且 CS = 2000H, IP = 0010H, SS = 1000H, SP = 0100H, FLAGS = 0240H,这时若执行 INT 8 指令,试问:

(1) 程序转向从何处执行(用物理地址回答)?

(2) 栈顶 6 个存储单元的地址(用逻辑地址回答)及内容分别是什么?

3-10　阅读下列程序段,指出每条指令执行以后有关寄存器的内容是多少?

```
MOV  AX, 0ABCH
DEC  AX
AND  AX, 00FFH
MOV  CL, 4
SAL  AL, 1
MOV  CL, AL
ADD  CL, 78H
PUSH AX
POP  BX
```

3-11　某程序段为:

```
2000H: 304CH ABC: MOV AX, 1234H
 ⋮
2000H: 307EH          JNE ABC
```

试问代码段中跳转指令的操作数为何值?

3-12　若 AX = 5555H, BX = FF00H,试问在下列程序段执行后, AX = ? BX = ? CF = ?

```
AND  AX, BX
XOR  AX, AX
NOT  BX
```

3-13　若 DS = 3000H, BX = 2000H, SI = 0100H, ES = 4000H,计算出下述各条指令中存储器操作数的物理地址:

(1) MOV[BX], AH　　　　(2) ADD AL, [BX + SI + 1000H]

(3) MOV AL, [BX + SI]　　　　(4) SUB AL, ES: [BX]

3-14　试比较 SUB AL, 09H 与 CMP AL, 09H 这两条指令的异同,若 AL = 08H,分别执行上述两条指令后, SF = ? CF = ? OF = ? ZF = ?

3-15　若要完成两个压缩 BCD 数相减(67 − 76),结果仍为 BCD 数,试编写该程序段。问执行程序后, AL = ? CF = ?

3-16 试选用最少的指令,实现下述功能。

(1) AH 的高 4 位清零。

(2) AL 的高 4 位取反。

(3) AL 的高 4 位移到低 4 位,高 4 位清零。

(4) AH 的低 4 位移到高 4 位,低 4 位清零。

3-17 设 BX = 6D16H, AX = 1100H,写出下列两条指令执行后 BX 寄存器中的内容。

```
MOV  CL, 06H
ROL  AX, CL
SHR  BX, CL
```

3-18 设初值 AX = 0119H,执行下列程序段后,AX = ?

```
MOV  CH, AH
ADD  AL, AH
DAA
XCHG AL, CH
ADC  AL, 34H
DAA
MOV  AH, AL
MOV  AL, CH
HLT
```

3-19 设初值 AX = 6264H, CX = 0004H,在执行下列程序段后,AX = ?

```
      AND  AX, AX
      JZ   DONE
      SHL  CX, 1
      ROR  AX, CL
DONE: OR   AX, 1234H
```

3-20 哪个段寄存器不能从堆栈弹出?

3-21 如果堆栈定位在存储器位置 02200H,试问 SS 和 SP 中将装入什么值?

3-22 若 AX = 1001H, DX = 20FFH,当执行 ADD AX, DX 指令以后,请列出和数及标志寄存器中每个位的内容(CF、AF、SF、ZF 和 OF)。

3-23 若 DL = 0F3H, BH = 72H,当从 DL 减去 BH 后,列出差数及标志寄存器各位的内容。

3-24 当两个 16 位数相乘时,乘积放在哪两个寄存器中?积的高有效位和低有效位分别放在哪个寄存器中?CF 和 OF 两个标志位是什么?

3-25 当执行 8 位数除法指令时,被除数放在哪个寄存器中?当执行 16 位除法指令时,商数放在哪个寄存器中?

3-26 执行除法指令时,微处理器能检测出哪种类型的错误?叙述它的处理过程。

3-27 试写出一个程序段,用 CL 中的数据除 BL 中的数据,然后将结果乘 2,最后的结果是存入 DX 寄存器中的 16 位数。

3-28 设计一个程序段,将 AX 和 BX 中的 8 位 BCD 数加 CX 和 DX 中的 8 位 BCD 数

(AX和CX是最高有效寄存器),加后的结果必须存入CX和DX中。

3-29 设计一个程序段,将DI中的最右5位置1,而不改变DI中的其他位,结果存入SI中。

3-30 选择正确的指令以实现下列任务。

(1) 把DI右移3位,再把0移入最高位。

(2) 把AL中的所有位左移一位,使0移入最低位。

(3) AL循环左移3位。

(4) EDX带进位循环右移一位。

3-31 若要将AL中的8位二进制数按逆序重新排列,试编写一段程序实现该逆序排列。

3-32 REPE CMPSB指令可实现什么功能。它和REPE CMPSD指令有何区别?

3-33 REPZ SCASB指令完成什么操作?它和REPZ SCASD指令有何区别?

3-34 如果要使程序无条件地转移到下列几种不同距离的目标地址,应使用哪种类型的JMP指令?

(1) 假定位移量为0120H字节。

(2) 假定位移量为0012H字节。

(3) 假定位移量为12000H字节。

3-35 已知指令JMP NEAG PROG1在程序代码段中的偏移地址为2105H,其机器码为E91234H。执行该指令后,问程序转移的偏移地址是多少?

3-36 JMP[DI]与JMP FAR PTR[DI]指令的操作有什么区别?

3-37 用串操作指令设计实现如下功能的程序段:先将100个数从6180H处搬移到2000H处;再从中检索出等于AL中字符的单元,并将此单元值换成空格符。

3-38 带参数的返回指令用在什么场合?设栈顶地址为2000H,当执行RET 0008后,问SP的值是多少?

3-39 在执行中断返回指令IRET和过程(子程序)返回指令RET时,具体操作内容有什么区别?

3-40 设平面上有一点P的直角坐标(x,y),试编写程序完成以下操作。

如P点落在第i象限,则$K=i$;

如P点落在坐标轴上,则$K=0$。

3-41 x86指令集有哪些主要的问题?CPU指令集的发展趋势是什么?

第4章 汇编语言程序设计

【学习目标】

汇编语言程序设计是开发微机系统软件的基本功,在程序设计中占有十分重要的地位。本章将选择广泛使用的IBM PC机作为基础机型,着重讨论8086/8088汇编语言的基本语法和程序设计的基本方法,以掌握一般汇编语言程序设计的初步技术。

【学习要求】

- 理解8086/8088汇编语言的一般概念。
- 通过学习8086/8088汇编源程序实例,理解源程序的结构。
- 学习汇编语言语句的类型及格式,掌握指令语句与伪指令语句的异同点。
- 学习8086/8088汇编语言的数据项时,着重分清变量与标号的区别。
- 学习表达式和运算符时,重点掌握地址表达式的3个属性。
- 熟练掌握和灵活运用顺序结构、分支结构、循环结构3种基本结构。

4.1 程序设计语言概述

程序设计语言是专门为计算机编程所配置的语言。它们按照形式与功能的不同可分为3种,即机器语言、汇编语言和高级语言。

机器语言(Machine Language)是由0、1二进制代码书写和存储的指令与数据。它的特点是能为机器直接识别与执行;程序所占内存空间较少;其缺点是难认、难记、难编和易错等。

高级语言(High Level Language)是脱离具体机器(即独立于机器)的通用语言,不依赖于特定计算机的结构与指令系统。用同一种高级语言写的源程序,一般可以在不同计算机上运行而获得同一结果。

高级语言源程序也必须经编译程序或解释程序编译或解释生成机器码目标程序后方能执行。它的特点是简短、易读和易编等;其缺点是编译程序或解释程序复杂,占用内存空间大,且产生的目标程序也比较长,因而执行时间就长;同时,目前用高级语言处理接口技术、中断技术还比较困难。所以,它不适合于实时控制。

汇编语言(Assembly Language)是介于机器语言与高级语言之间的一种中低级语言。

它是用指令的助记符、符号地址、标号等书写程序的语言，简称符号语言。它的特点是易读、易写、易记；其缺点是不能为计算机所直接识别。

由汇编语言写成的语句，必须遵循严格的语法规则。现将与汇编语言相关的几个名词介绍如下。

汇编源程序：它是按照严格的语法规则用汇编语言编写的程序，也称为汇编语言源程序，简称为汇编源程序或源程序。

汇编(过程)：将汇编源程序翻译成机器码目标程序的过程称为汇编过程或简称汇编。

手工汇编与机器汇编：前者是指由人工进行汇编；而后者是指由计算机进行汇编。

汇编程序：为计算机配置的担任把汇编源程序翻译成目标程序的一种系统软件。

驻留汇编：它又称为本机自我汇编，是在小型机上配置汇编程序，并在译出目标程序后在本机上执行。

交叉汇编：它是多用户终端利用某一大型机的汇编程序进行它机汇编，然后在各终端上执行，以共享大型机的软件资源。

汇编语言程序的上机与处理过程如图 4-1 所示。

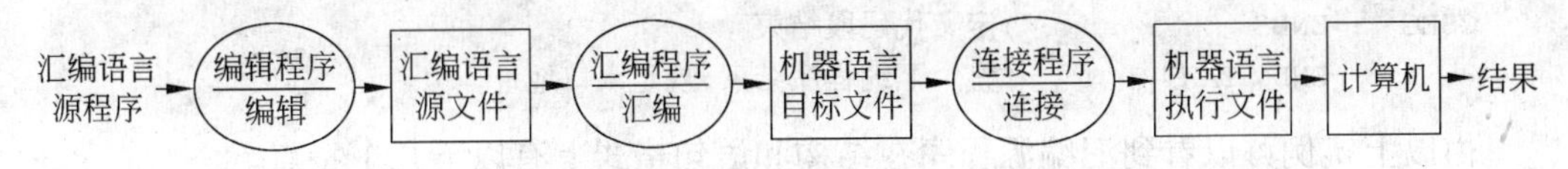

图 4-1　汇编语言程序的上机与处理过程

在图 4-1 中，椭圆表示系统软件及其操作，方框表示磁盘文件。椭圆中横线上部是系统软件的名称，横线下部是软件所作的操作。此图说明了从源程序输入、汇编到运行的全过程。首先，用户编写的汇编语言源程序要用编辑程序(如编辑程序 EDIT 或各种编辑器等)建立与修改，形成属性为 .ASM 的汇编语言源文件；再经过汇编程序进行汇编，产生属性为 .OBJ 的以二进制代码表示的目标程序并存盘。.OBJ 文件虽然已经是二进制文件，但它还不能直接上机运行，必须经过连接程序(LINK)把目标文件与库文件以及其他目标文件连接在一起，形成属性为 .EXE 的可执行文件，这个文件可以由 DOS 装入内存，最后方能在 DOS 环境下执行。

汇编程序分为小汇编程序 ASM 和宏汇编程序 MASM 共两种，后者功能比前者强，可支持宏汇编。

4.2　8086/8088 汇编源程序

4.2.1　8086/8088 汇编源程序实例

在第 3 章中介绍过一些用汇编语言编写的程序，但这些程序都还不是完整的汇编语言源程序，在计算机上不能通过汇编生成目标代码，因而也就不能在机器上运行。正因为如此，所以我们将这些不能直接汇编与运行的程序叫做程序段。下面先举一个完整的汇编源程序实例。

【例 4-1】 将数据段内存单元 DATA 中的数据 12H 与立即数 16H 相加,然后把和数存入 SUM 单元中保存。一个用完整的段定义语句编写的汇编语言源程序如下。

```
DSEG    SEGMENT              ;定义数据段,DSEG 为段名
DATA    DB  12H              ;用变量名 DATA 定义一个字节的内存单元,初值为 12H
SUM     DB  0                ;用变量名 SUM 定义一个字节,初值为 0
DSEG    ENDS                 ;定义数据段结束
SSEG    SEGMENT STACK        ;定义堆栈段,这是组合类型伪指令,其后必须跟 STACK 类型名
        DB512 DUP(0)         ;在堆栈段内定义 512 字节的连续内存空间,且初值为 0
SSEG    ENDS                 ;定义堆栈段结束
CSEG    SEGMENT              ;定义代码段开始
        ASSUME DS: DSEG,SS: SSEG,CS: CSEG  ;由 ASSUME 伪指令定义各段寄存器的内容
START:  MOV AX,  DSEG        ;设置数据段的段地址
        MOV DS,  AX
        MOV AL,  DATA        ;将变量 DATA 中的 12H 置入 AL
        ADD AL,  16H         ;将 AL 的 12H 加上 16H 的和置入 AL 中
        MOV SUM, AL          ;将 AL 中的和数送 SUM 单元保存
        MOV AH,  4CH         ;DOS 功能调用语句,机器将结束本程序的运行,返回 DOS 状态
        INT 21H
CSEG    ENDS                 ;定义代码段结束
        END START            ;整个汇编程序结束,规定入口地址
```

由以上实例可以看到汇编源程序在结构和语句格式上有以下几个特点。

(1) 汇编源程序一般由若干段组成,每个段都有一个名字(叫段名),以 SEGMENT 作为段的开始,以 ENDS 作为段的结束,这两者(伪指令)前面都要冠以相同的名字。从段的性质上看,可分为代码段、堆栈段、数据段和附加段 4 种,但代码段与堆栈段是不可少的,数据段与附加段可根据需要设置。在上面的例子中,程序分 3 段: 第 1 段为数据段,段名是 DSEG, 段内存放原始数据和运算结果;第 2 段为堆栈段, 段名是 SSEG,其功能用于存放堆栈数据;第 3 段为代码段,段名是 CSEG,它用于包含实现基本操作的指令。在代码段中,用 ASSUME 命令(伪指令)告诉汇编程序,在各种指令执行时所要访问的各段寄存器将分别对应哪一段。程序中不必给出这些段在内存中的具体位置,而由汇编程序自行定位。各段在源程序中的顺序可任意安排,段的数目原则上也不受限制。

(2) 汇编源程序的每一段是由若干行汇编语句组成的,每一行只有一条语句,且不能超过 128 个字符,但一条语句允许有后续行,最后均以回车作结束。整个源程序必须以 END 语句结束,它通知汇编程序停止汇编。END 后面的标号 START 表示该程序执行时的起始地址。

(3) 每一条汇编语句最多由 4 个字段组成,它们均按照一定的语法规则分别写在一个语句的 4 个区域内,各区域之间用空格或制表符(TAB 键)隔开。汇编语句的 4 个字段是: 名字或标号;操作码(指令助记符)或伪操作命令;操作数表(操作数或地址);注释。

4.2.2 8086/8088 汇编语言语句的类型及格式

1. 汇编语言语句的类型

汇编语言源程序的语句可分为两大类: 指令性语句(简称指令语句)和指示性语句

（简称伪指令语句）。

指令性语句是指由指令组成的一种可执行的语句，它在汇编时，汇编程序将产生与它一一对应的机器目标代码。例如：

```
汇编指令          机器码
MOV  DS, AX      8E D8
ADD  AX, BX      03 C3
```

指示性语句是指由伪指令组成的一种只起说明作用而不能执行的语句，它在汇编时只为汇编程序提供进行汇编所需要的有关信息，如定义符号，分配存储单元，初始化存储器等，而本身并不生成目标代码。例如：

```
DATA      SEGMENT
AA        DW 20H, -30H
DATA      ENDS
```

这 3 条伪指令语句只是告诉汇编程序定义一个段名为 DATA 的数据段。在汇编时，汇编程序将把变量 AA 定义为一个字类型数据区的首地址，在内存区的数据段中使数据的存放形式为

```
AA: 20H, 00H, 0D0H, 0FFH
```

该数据段在内存中的数据存放示意图如图 4-2 所示。

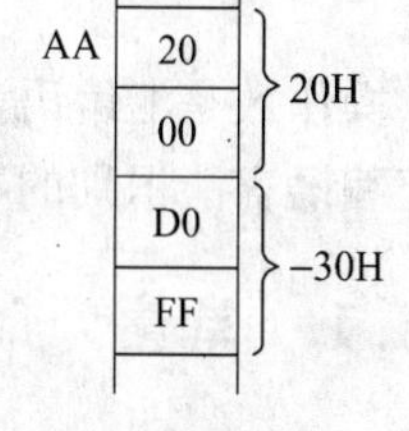

图 4-2　AA 字变量数据存放示意图

2. 汇编语言语句的格式

汇编语言源程序的语句一般由 4 个字段组成，但它们在指令性语句和指示性语句中的含义有些区别。现分述如下。

1）指令性语句的格式

[标号:] [前缀] 指令助记符 [操作数表] [;注释]

其中，[ ] 表示可以任选的部分；操作数表是由逗号分隔开的多个操作数。

(1) 标号

标号代表"："后面的指令所在的存储地址，供 JMP、CALL 和 LOOP 等指令作操作数使用，以寻找转移目标地址。除此之外，它还具有一些其他"属性"。

(2) 前缀

8086/8088 中有些特殊指令，它们常作为前缀同其他指令配合使用，例如和"串操作指令"（MOVS、CMPS、SCAS、LODS 与 STOS）连用的 5 条"重复指令"（REP、REPE/REPZ、REPNE/REPNZ），以及总线封锁指令 LOOK 等，都是前缀。

(3) 指令助记符

包括 8086/8088 的全部指令助记符，以及用宏定义语句定义过的宏指令名。宏指令在汇编时将用相应指令序列的目标代码插入。

(4) 操作数表

对 8086/8088 的一般性执行指令来说，操作数表可以是一个或两个操作数，若是两个操作数，则称左边的操作数为目标操作数，右边的操作数为源操作数；对宏指令来说，可能

有多个操作数。操作数之间用逗号分隔开。

(5) 注释

以";"开始,用来简要说明该指令在程序中的功能,以提高程序的可读性。

2) 伪指令语句的格式

[名字]伪操作命令[操作数表][;注释]

其中,"名字"可以是标识符定义的常量名、变量名、过程名、段名等。所谓标识符是由字母开头,由字母、数字、特殊字符(如?、下划线、@等)组成的字符串。

注意: 名字的后面没有冒号,这是它同指令语句中的标号在格式上的主要区别。

4.3 8086/8088汇编语言的数据项与表达式

操作数是汇编语言语句中的一个重要字段。它可以是寄存器、存储器单元或数据项。而汇编语言能识别的数据项又可以是常量、变量、标号和表达式。

4.3.1 常量

常量是指汇编时已经有确定数值的量,它有多种表示形式,常见的有二进制数、十六进制数、十进制数和ASCII码字符串。其中,十六进制数的第一个数值必须是0~9,如7A65H、0FA9H等;ASCII字符串是用单引号括起来的一个或多个字符,如'IBM PC'、'OK'等。

常量可以用数值形式直接写在汇编语言的语句中,也可以用符号形式预先给它定义一个"名字",供编程时直接引用。用"名字"表示的常量称为符号常量,符号常量是用伪指令"EQU"或"="定义的。例如:

```
ONE  EQU 1
DATA1 =2 *12H
MOV  AX, DATA1 +ONE
```

即把25H送AX。

常量是没有属性的纯数据,它的值是在汇编时确定的。

4.3.2 变量

变量是内存中一个数据区的名字,即数据所存放地址的符号地址,可以作为指令中的存储器操作数引用。由于存储器是分段使用的,因而对源程序中所定义的变量也有3种属性:段属性(变量所在段的段地址)、偏移值属性(该变量与起始地址之间相距的字节数)和类型属性(数据项的存取长度单位)。

应当注意,"变量"与"标号"有两点区别:

(1) 变量指的是数据区的名字;而标号是某条执行指令起始地址的符号表示。

(2) 变量的类型是指数据项存取单位的字节数大小(即字节、字、双字、四字或十字);而标号的类型则指使用该标号的两条指令之间的距离远近(即NEAR或FAR)。

变量名应由字母开头,其长度不能超过31个字符。在定义变量时,变量名对应的是数据区的首地址。若需对数据区中其他数据项进行操作时,必须修改地址值以指出哪个数据项是指令中的操作数。

例如: MOV SI,[WDATA +2]语句是指要取 WDATA 存储单元下面的第 2 个数据项给 SI。

4.3.3　标号

标号是为指令性语句所在地址所起的名字,表明该指令在存储器中的位置,用来作为程序转移的转向地址(目标地址)。和变量一样,标号也具有 3 个属性: 段属性、偏移地址属性和类型属性(距离属性)。标号的段属性和偏移地址属性分别指它的段地址和段内偏移地址,而距离属性(或类型属性)分 NEAR 与 FAR 两种。

标号是用标识符定义的,即以字母开头,由字母、数字、特殊字符(如?、下划线、@等)组成的字符串表示。标号的最大长度一般不超过 31 个字符,除宏指令名外,标号不能与保留字相同。保留字包括 CPU 寄存器名、指令助记符、伪指令、某些已由系统赋予有特定含义的名字。

标号最好用在程序功能方面具有一定含义的英文单词或单词缩写表示,以便于阅读。

标号也可单列一行,紧跟的下一行为执行性指令。例如:

```
SUBROUT:
MOV AX, 3000H
```

"标号"通常只在循环、转移和调用指令中使用。使用时要注意两种类型标号的不同点: NEAR 类型的标号是指标号所在的语句和调用指令或转移指令在同一个代码段中,执行调用指令或转移指令时,只需要把标号的偏移地址送给 IP,就可以实现调用或转移,并不需要改变码段的段值;而 FAR 类型的标号则不同,它所在的语句与其调用指令或转移指令不在同一码段中,执行调用指令或转移指令时,不仅需要改变偏移地址 IP 的值,而且还需要改变代码段寄存器 CS 的值。

4.3.4　表达式和运算符

以上介绍的常量、变量和标号是汇编语言中表示数据的 3 种基本形式。在实际使用时,通常需要将它们用运算符组合成所谓表达式作为汇编语言的数据。

注意: 表达式并不是指令,所以它本身不能执行,而只能在汇编时由汇编程序预先对它们进行运算,然后再将所得的值作为操作数参加指令规定的操作。也就是说,表达式的求值是由汇编程序来完成的。

8086/8088 汇编语言中使用的表达式有两类: 一类是数值表达式,它在汇编时只产生一个数值,仅具有大小而无其他属性,可作为执行性指令中的立即数和数据区中的初值使用;另一类是地址表达式,它产生的结果表示一个存储器地址,其值一般都是段内的偏移地址,因此它具有段属性、偏移值属性和类型属性。地址表达式主要用来表示执行性指令中的操作数。

表达式由运算对象和运算符组成。运算对象可根据不同的运算符选用常量、变量或标号,常用的运算符主要包括以下几种类型。

1. 算术运算符

常用的算术运算符包括加(+)、减(-)、乘(*)、除(/)和模除MOD(取余数)、左移(SHL)和右移(SHR)共7种。其中,MOD运算符表示两整数相除以后取余数,例如,17 MOD 7结果为3。SHR为右移运算符,SHL为左移运算符。例如,设NUMB = 01010101B,则NUMB SHL 1 =10101010B。

算术运算符用于数值表达式时,其汇编结果是一个数值。

注意:除了加和减运算符可以使用变量或标号外,其他算术运算符只适用于常量的数值运算。

2. 逻辑运算符

逻辑运算符包括AND(与)、OR(或)、XOR(异或)、NOT(非)共4种。逻辑运算符只能用于数值表达式,用来对数值进行按位逻辑运算,并得到一个数值;而对地址进行逻辑运算则无意义。这4种运算符与逻辑运算指令中的助记符书写的名称一样,但它们在语句中的位置和作用不同。表达式中的逻辑运算符出现在语句的操作数部分,并且是在汇编时由汇编程序完成的;而逻辑运算指令中的助记符出现在指令的操作码部分,其运算是在指令执行时完成的。例如:

```
MOV AL, 0ADH AND 0EAH
```

等价于

```
MOV AL, 0A8H
```

3. 关系运算符

关系运算符有6个,即EQ(或=)、NE(或≠)、LT(或<)、GT(或>)、LE(或≤)和GE(或≥)。

在数值表达式中参与关系运算的必须是两个数值,或同一段中的两个存储单元地址,关系运算的结果是一逻辑值(常数),其数值在汇编时获得。当关系成立(为真)时,结果为0FFFFH;当关系不成立(为假)时,结果为0。例如:

```
AND AX, ((NUMB LT 5) AND 30) OR ((NUMB GE 5) AND 20)
```

表示当NUMB <5时,指令含义为AND AX,30;当NUMB≥5时,指令含义为AND AX,20。

此例中,操作符AND与操作数表达式中的AND具有不同的含意,前者是助记符,后者是伪运算。

4. 数值返回运算符

数值返回运算符用来分析一个存储器操作数(即变量或标号)的属性,即将它分解为其组成部分(段地址、偏移值、类型、数据字节总数、数据项总数等),并在汇编时以数值形式返回给存储器操作数。运算符总是加在运算对象之前,返回的结果是一个数值。这里介绍几个常用的数值返回运算符SEG、OFFSET、TYPE、LENGTH和SIZE。

1）SEG 运算符

SEG 运算符加在变量名或标号之前，它返回的数值是位于其后的变量或标号的段地址。例如：

```
MOV AX, SEG DATA            ;将变量 DATA 的段地址送 AX
```

如果变量 DATA 的段地址为 0618H，则该指令执行后，AX =0618H。

2）OFFSET 运算符

OFFSET 运算符加在变量或标号之前，它返回的数值是位于其后的变量或标号的偏移值。例如：

```
MOV SI, OFFSET DATA1        ;将变量 DATA1 的偏移地址送 SI
```

3）TYPE 运算符

TYPE 运算符加在变量或标号之前，它返回的数值是反映该变量或标号类型的一个数值，如果是变量，则返回数值为字节数：DB 为 1，DW 为 2，DD 为 4，DQ 为 8，DT 为 10；如果是标号，则返回数值为代表该标号类型的数值：NEAR 为 -1（FFH），FAR 为 -2（FEH）。

4）SIZE 运算符

SIZE 运算符加在变量之前，它返回的数值是变量所占数据区的字节总数。

5）LENGTH 运算符

LENGTH 运算符加在变量之前，它返回的数值是变量数据区的数据项总数。如果变量是用重复数据操作符 DUP 说明的，则返回外层 DUP 前面的数值；如果没有 DUP 说明，则返回的数值总是 1。例如：

```
DATA1 DW 100 DUP(?)
```

则，LENGTH DATA1 的值为 100；SIZE DATA1 的值为 200；TYPE DATA1 的值为 2。

5. 属性运算符

属性运算符用来说明或修改存储器操作数的某个属性。这里介绍常用的 PTR 和 THIS。

1）PTR 运算符

PTR 运算符用来说明或修改位于其后的存储器操作数的类型。例如：

```
CALL DWORD PTR[BX]          ;说明存储器操作数为 4 个字节长，即调用远过程
MOV AL,BYTE PTR[SI]         ;将 SI 指向的存储器字节数送 AL
```

如果一个变量已经定义为字变量，利用 PTR 运算符可以修改它的属性。例如，变量 VAR 已定义为字类型，若要将 VAR 当作字节操作数写成 MOV AL，VAR 则会出错，因为两个操作数的字长类型不同；如果将指令写成 MOV AL，BYTE PTR VAR 就是合法的，因为指令中已经用 BYTE PTR 将 VAR 修改为字节类型操作数。

注意：PTR 运算符只对当前指令有效。

2）THIS 运算符

THIS 运算符用来把它后面指定的类型和距离属性赋给当前的变量、标号或地址表达式，但不分配新的存储单元，它所定义的存储器地址的段和偏移量部分与下一个能分配的

存储单元的段和偏移量相同。例如：

```
DATAB  EQU THIS BYTE
DATAW  DW ?
```

此例中 DATAB 与 DATAW 的段地址和偏移量相同，但变量 DATAB 的类型是字节，而变量 DATAW 的类型是字。

注意：运算符 THIS 和 PTR 有类似的功能，但具体用法有所不同，其中，THIS 是为当前存储单元定义一个指定类型的变量或标号，也就是说为下一个能分配存储单元的变量或标号定义新的类型，因此它必须放在被修改的变量之前。如上例第一句中的 THIS 运算符就是放在下一个字类型变量 DATAW 之前，以便将 DATAW 定义为字节类型变量 DATAB。运算符 PTR 则是对已经定义的变量或标号修改其属性，可以放在被修改的变量之前，也可以放在被修改的变量之后。

4.4 8086/8088 汇编语言的伪指令

伪指令就是微处理器指令表中所没有的一个伪操作命令集。汇编语言的伪指令较多，而且版本越高则伪指令功能越强。本节介绍 8086/8088 汇编语言中常用的几种伪指令。

4.4.1 数据定义伪指令

数据定义伪指令用来为数据项定义变量的类型、分配存储单元，且为该数据项提供一个任选的初始值。

常用的数据定义伪指令有如下几种。

(1) DB(定义字节)。DB 伪指令用于定义一个数据项为字节的数据区，需要时可以用数值表达式赋予初值。如果将该数据区定义作为一个变量，则变量类型是 BYTE。DB 也常用来定义字符串。

(2) DW(定义字)。DW 伪指令定义的数据项为字，允许用地址表达式为数据项赋初值(即偏移量属性)，变量类型是 WORD。

(3) DD(定义双字)。DD 伪指令定义的数据项为双字，允许用地址表达式为数据项赋初值(即段属性及偏移量属性)，变量类型为 DWORD。

(4) DQ(定义四字)。DQ 伪指令定义的数据项为 4 字(8 字节)，变量类型为 QBYTE。

(5) DT(定义十字节)。DT 伪指令定义的数据项为 10 字节，变量类型为 TBYTE。DT 后面的每个操作数都为 10 字节的压缩 BCD 数。

数据定义伪指令后面的操作数可以是常数、表达式或字符串。一个数据定义伪指令可以定义多个数据元素，但每个数据元素的值不能超过由伪指令所定义的数据类型限定的范围。如 DB 伪指令定义数据的类型为字节，则它所定义的数据元素的范围为 0 ~ 255 (无符号数)或 -128 ~ +127(有符号数)。字符和字符串都必须用单引号括起来。超过两个字符的字符串只能用于 DB 伪指令。

当一个变量用 DB、DW 和 DD 定义时，变量名出现在伪指令 DB、DW 和 DD 的左边，伪指令给出了该变量的类型属性,变量在汇编时的偏移量等于段首址到该变量的字节数(即偏移值属性),其段地址为当前段首址的高 16 位。若某变量所表示的是一个数组(向量),则其类型属性为变量的单个元素所占用的字节数。

【例 4-2】　现有下列程序:

```
DSEG    SEGMENT
TABLE   DW  12
        DW  34
DATA1   DB  5
TABLE2  DW  67
        DW  89
        DW  1011
DATA2   DB  12
RATES   DW  1314
OTHRAT  DD  1718
DSEG    ENDS
```

这段程序用 DB、DW 和 DD 定义了若干变量,根据上述对数据定义命令的约定,则各变量及其属性可列于表 4-1 中。

表 4-1　变量及其属性

变　量　名	段属性(SEG)	偏移值属性(OFFSET)	类型属性(TYPE)
TABLE	DSEG	0	2
DATA1	DSEG	4	1
TABLE2	DSEG	5	2
DATA2	DSEG	11	1
RATES	DSEG	12	2
OTHRAT	DSEG	14	4

所有变量的段属性(分量)均为 DSEG。DB、DW、DD 右边的表达式或数值即相应存储单元中的内容,汇编后的存储器分配情况如图 4-3 所示。

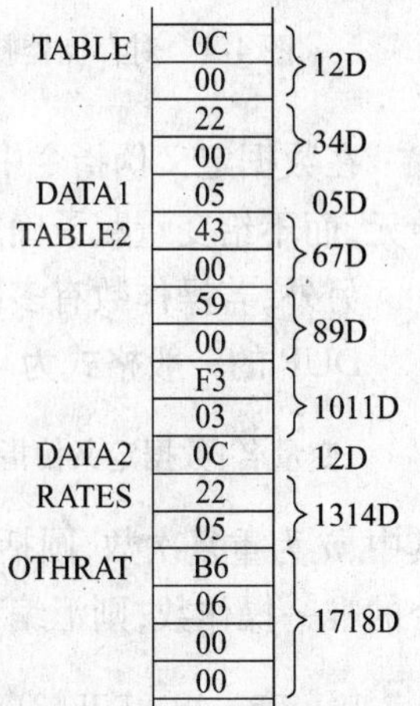

变量	存储单元	值
TABLE	0C	12D
	00	
	22	34D
	00	
DATA1	05	05D
TABLE2	43	67D
	00	
	59	89D
	00	
	F3	1011D
	03	
DATA2	0C	12D
RATES	22	1314D
	05	
OTHRAT	B6	1718D
	06	
	00	
	00	

图 4-3　汇编后存储器分配情况

DB、DW、DD 可用于初始化存储器。这些伪指令的右边有一表达式,表达式之值即该存储"单位"的初值。一个存储单位可以是字节、字、双字。

表达式有数值表达式与地址表达式之分,在使用地址表达式来初始化存储器时,这样的表达式只可在 DW 或 DD 伪指令中出现,绝不允许出现在 DB 中。"DW 变量"语句表示利用该变量的偏移量来初始化相应的存储字;"DD 变量"语句表示利用该变量的段地址和偏移量来初始化相应的两个连续的存储字,低位字中是偏移量,高位字中是段地址。

【例 4-3】　现有下列程序:

```
FOO  SEGMENT AT 55H
ZERO DB  0
```

```
ONE  DW  ONE                    ;内容为0001H
TWO  DD  TWO                    ;内容为00550003H,即高位字为55H,低位字为3
FOUR DW  FOUR+5                 ;内容为7+5=12
SIX  DW  ZERO-TWO               ;内容为0-3=-3
ATE  DB  5*6                    ;内容为30
FOO  ENDS
```

这段程序对存储器初始化以后的情况如图4-4所示。

以语句TWO DD TWO为例说明如下。

① 从0003H单元开始分配4个存储单元。

② 为0003H~0006H 4个字节存储单元设置初值。汇编后将变量TWO的偏移量0003H存入其前两个字节内存单元;而将段FOO的段地址0055HH存入其后两个字节内存单元中。DD伪指令中的两个字即表示变量TWO的偏移地址及段地址。

一个字节的操作数也可以是某个字符的ASCII代码,注意只允许在DB伪指令中用字符串来初始化存储器。例:

```
STRING1  DB  'HELLO'
STRING2  DB  'AB'
STRING3  DW  'AB'
```

这3个语句在汇编后,存储器初始化的情况将如图4-5所示。

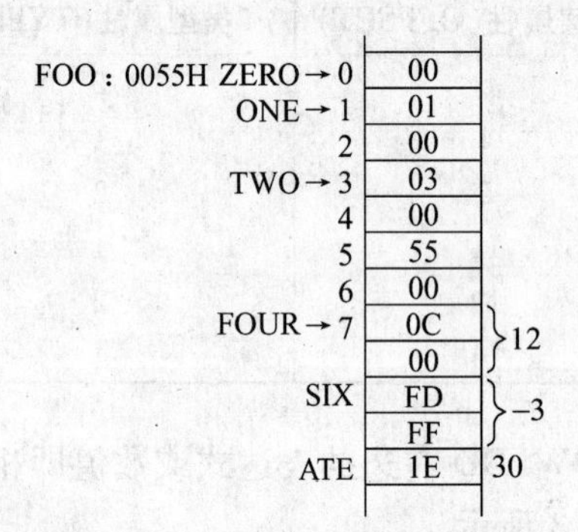

图4-4 对存储器初始化的情况

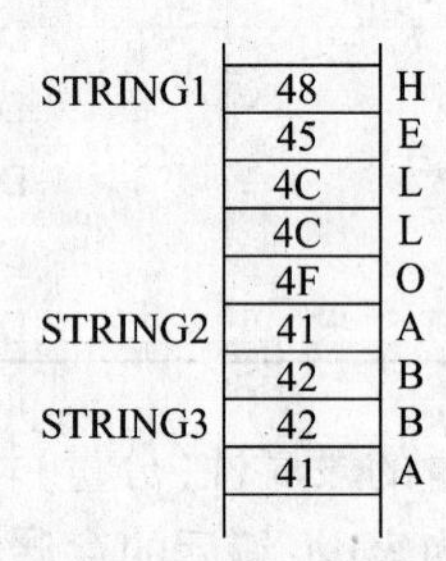

图4-5 对字符串的存储器初始化情况

在数据定义伪指令中的操作数还可以是问号"?",它表示只给变量保留相应的存储单元,而不给变量赋予确定的值。

另外,若操作数有多次重复时,可用重复操作符DUP表示。

DUP的一般格式为

```
[变量名]数据定义伪指令 n DUP(初值[,初值…])
```

其中,*n*为重复次数,圆括号内的项为重复的内容。若用"*n* DUP(?)"作为数据定义伪指令的唯一操作数,则汇编程序只是保留*n*个元素大小的数据区。例如:

```
D1  DB  40  DUP(?)              ;为变量D1分配40个字节的数据区,初值为任意值
D2  DW  ?                       ;为变量D2分配2个字节的数据区,初值为任意值
D3  DB  40  DUP(60H)            ;为变量D3分配40个字节的数据区,初值为60H
```

4.4.2 符号定义伪指令

在程序中,对于多次出现的同一个表达式,通常要预先为它赋予一个名字,以便于在需要修改该表达式的值时,只需修改名字即可。符号定义伪指令就是用来给一个表达式赋予名字的。

1. EQU

EQU 为赋值伪指令。

格式:

```
名字 EQU 表达式
```

EQU 伪指令给表达式赋予一个名字。语句中的"名字"为任何有效的标识符;"表达式"可以是常数、符号、数值表达式、地址表达式,甚至可定义为指令助记符。

EQU 伪指令只用来为常量、表达式、其他符号等定义一个符号名,但并不申请分配内存。表达式的更改只需修改其赋值指令(或语句),使原名字具有新赋予的值,而使用名字的各条指令可保持不变。下面分别举例说明。

(1) 为常量定义一个符号。

```
ONE  EQU  1
TWO  EQU  2                     ;数值赋给符号名
SUM  EQU  ONE + TWO             ;把 1 + 2 = 3 赋给符号名 SUM
```

(2) 给变量或标号定义新的类型属性并取一个新的名字。

```
BYTES  DB  4  DUP(?)            ;为变量 BYTES 先定义保留 4 个字节类型的连续内存单元
FIRSTW  EQU  WORD  PTR  BYTES   ;给变量 BYTES 重新定义为字类型
```

(3) 给由地址表达式指出的任意存储单元定义一个符号名,符号名可以是"变量"或"标号",取决于地址表达式的类型。

```
XYZ  EQU  [BP + 3]              ;变址寻址引用赋予符号名 XYZ
A    EQU  ARRAY[BX][SI]         ;基址加变址寻址引用赋予符号名 A
B    EQU  ES: ALPHA             ;加段前缀的直接寻址引用赋予符号名 B
```

(4) 为汇编语言中的任何符号定义一个新的名字。

格式:

```
新的名字 EQU 原符号名
COUNT  EQU  CX                  ;为寄存器 CX 定义新的符号名 COUNT
LD     EQU  MOV                 ;为指令助记符 MOV 定义新的符号名 LD
```

则在以后的程序中,可以用 COUNT 作 CX 寄存器的名字,而用 LD 作与 MOV 同含义的助记符。

(5) EQU 伪指令不能重复定义已使用过的符号名。

2. =

"="为等号伪指令。

它与EQU基本类似,也用于赋值,但区别如下。

① 使用“=”定义的符号名可以被重新定义,使符号名具有新值。

```
X=18                    ;先将18赋予符号名X
X=X+1                   ;将符号名X重新定义使其具有新值19
```

② 习惯上“=”主要用来定义符号常量。

3. LABEL

LABEL为类型定义伪指令。

LABEL伪操作命令为当前存储单元定义一个指定类型的变量或标号。其格式为

```
变量名或标号名 LABEL 类型
```

对于数据项,类型可以是BYTE、WORD、DWORD;对于可执行的指令代码,类型为NEAR和FAR。

LABEL伪指令不仅给名字(标号或变量)定义一个类型属性,而且隐含有给名字定义段属性和段内偏移量属性。

```
ARRAY_BYTE LABEL BYTE          ;为变量ARRAY_BYTE定义一个字节类型的数据区
ARRAY_WORD DW 50 DUP(?)        ;为变量ARRAY_WORD定义一个字类型的数据区
```

则下面程序中可用指令

```
MOV  AL, ARRAY_BYTE            ;将该数据区的第1个字节数据送AL
MOV  BX, ARRAY_WORD            ;将该数据区的第1个和第2个字节数据送BX
```

这两个变量名具有同样的段值属性和偏移值属性,只是类型属性不同,前者是BYTE,后者是WORD。

4.4.3 段定义伪指令

8086的存储器是分段管理的,段定义伪指令就用来定义汇编语言源程序中的逻辑段,即指示汇编程序如何按段组织程序和使用存储器。段定义的命令主要有SEGMENT,ENDS,ASSUME与ORG。

1. SEGMENT和ENDS伪指令

SEGMENT和ENDS伪指令用来把程序模块中的指令或语句分成若干逻辑段,其格式如下。

```
段名  SEGMENT  [定位类型][组合类型]['类别名']
        ⋮                           ;一系列汇编指令
段名  ENDS
```

格式中,SEGMENT与ENDS必须成对出现,它们之间为段体,给其赋予一个名字,名字由用户指定,是不可省略的,而定位类型、组合类型和类别名是可选的。

1) 定位类型

定位类型又称“定位方式”,它指示汇编程序如何确定逻辑段的起始边界地址,定位

类型有4种。

① BYTE即字节型。指示逻辑段的起始地址从字节边界开始，即可以从任何地址开始。这时本段的起始地址可以紧接在前一个段的最后一个存储单元。

② WORD即字型。指示逻辑段的起始地址从字边界开始，即本段的起始地址必须是偶数。

③ PARA即节型。指示逻辑段的起始地址从一个节(16个字节称为一个节)的边界开始，即起始地址应能被16整除，也就是段起始物理地址=XXXX0H。

④ PAGE即页型。指示逻辑段的起始地址从页边界开始。256字节称为一页，故本段的起始物理地址=XXX00H。

其中PARA为隐含值，即如果省略"定位类型"，则汇编程序按PARA处理。

2）组合类型

组合类型又称"联合方式"或"连接类型"。它主要用在具有多个模块的程序中，指示连接程序如何将某个逻辑段在装入内存时与其他段进行组合。连接程序不但可以将不同模块的同名段进行组合，并根据组合类型，可将各段顺序地连接在一起或重叠在一起。共有6种组合类型。

① NONE。表示本段与其他段在逻辑上不发生关系，这是隐含的组合类型，若省略"组合类型"项即为NONE。

② PUBLIC。表示在不同程序模块中，凡是用PUBLIC说明的同名同类别的段在汇编时将被连接成一个大的逻辑段，而运行时又将它们装入同一物理段中，并使用同一段基址。

③ STACK。在汇编连接时，将具有STACK类型的同名段连接成一个大的堆栈段，由各模块共享，而运行时，堆栈段地址SS和堆栈指针SP指向堆栈段的开始位置。

④ COMMON。表示本段与其他模块中由COMMON说明的所有同名同类别的其他段连接时，将被重叠地放在一起，其长度是同名段中最长的那个段的长度，这样可以使不同模块的变量或标号使用同一存储区域，便于模块之间的通信。

⑤ MEMORY。表示当几个逻辑段连接时，由MEMORY说明的本逻辑段被放在所有段的最后(高地址端)。若有几个段的组合类型都是MEMORY，则汇编程序只将所遇到的第1个段作为MEMORY组合类型，而其他的段则被均当做COMMON段处理。

⑥ AT表达式。表示本逻辑段以表达式指定的地址值来定位16位段地址，连接程序将把本段装入由该段地址所指定的存储区内。例如，AT 0C16H表示本段从物理地址0C160H开始装入。但要注意，这一组合类型不能用来指定代码段。

3）类别名

类别名是用单引号括起来的字符串，以表示该段的类型。连接时，连接程序只把类别名相同的所有段存放在连续的存储区内。典型的类别名如STACK、CODE和DATA等，也允许用户在类别名中用其他的表示。

以上是对定位类型、组合类型和类别名3个参数的说明，各常数之间用空格分隔。在选用时，可以只选其中一个或两个参数项，但不能改变它们之间的顺序。

2. ASSUME伪指令

ASSUME伪指令一般出现在代码段中，用来告诉汇编程序，如何设定各段(通过段名)与对应段寄存器的相互关系。当在程序中使用这条语句后,汇编程序就能将被设定的段作为当前可访问的段来处理。它也可以用来取消某段寄存器与其原来设定段之间的对应关系(使用 NOTHING 即可)。引用该伪指令后,汇编程序方能对使用变量或标号的指令汇编出正确的目标代码。其格式为:

```
ASSUME  段寄存器:段名[,段寄存器名:段名]
```

其中,段寄存器是 CS、DS、SS、ES 中的一个,“段名”可以是 SEGMENT/ENDS 伪指令语句中已定义过的任何段名或组名,也可以是表达式“SEG 变量”或“SEG 标号”,或者是关键字 NOTHING。例如:

```
ASSUME  CS:SEGA, DS:SEGB, SS:NOTHING
```

其中,CS:SEGA 与 DS:SEGB 表示 CS 与 DS 分别被设定为以 SEGA 和 SEGB 为段名的代码段与数据段的两个段地址寄存器;SS:NOTHING 表示以前为 SS 段寄存器所作的设定已被取消,以后指令运行时将不再用到该寄存器,除非再用 ASSUME 给其重新定义。

注意:使用 ASSUME 伪指令,仅仅告诉汇编程序,有关段寄存器将被设定为内存中哪一个段的段地址寄存器,而其中段地址值(CS 的值除外)的真正装入还必须通过给段寄存器赋值的执行性指令来完成。

例如:

```
SEGA  SEGMENT
      ASSUME CS:SEGA, DS: SEGB, SS:NOTHING
      MOV  AX,SEGB
      MOV  DS, AX                          ;为 DS 段寄存器赋段值
      ⋮
```

其中,代码段寄存器 CS 的值是由系统在初始化时自动设置的,程序中不能用以上方法装入段值。但 ASSUME 伪指令中一定要给出 CS 段寄存器对应段的正确段名——ASSUME 所在段的段名(这里是 SEGA)。

数据段寄存器 DS 中的段地址值是在程序执行 MOV AX,SEGB 与 MOV DS,AX 两条语句后装入的。

堆栈段寄存器 SS 原来建立的段对应关系已被取消,故程序运行时将不再访问该段寄存器。

3. ORG 伪指令

ORG 伪指令用来指出其后的程序段或数据块所存放的起始地址的偏移量。当汇编程序对源程序中的段进行汇编时,将段名填入段表,并为该段配备一个初值为 0 的位置计数器。计数器依次累计段内语句被汇编后生成的目标代码字节个数。为了改变该位置计数器的内容,可用 ORG 实现。其格式为:

```
ORG  表达式
```

汇编程序把语句中表达式之值作为起始地址,连续存放程序和数据,直到出现一个新的 ORG 指令。若省略 ORG,则从本段起始地址开始连续存放。

4.4.4 过程定义伪指令

在程序设计中,常常把具有一定功能并可能多次重复使用的程序设计成一个"过程"。"过程"也称为"子程序",在主程序中任何需要的地方都可以调用它。控制从主程序转移到"过程",被定义为"调用";"过程"执行结束后将返回主程序。在汇编语言中,用 CALL 指令调用过程,用 RET 指令结束过程并返回 CALL 指令的后续指令。过程定义伪指令格式如下:

```
过程名  PROC  [类型]
        ⋮                       ;指令序列
        RET
过程名  ENDP
```

其中,伪指令 PROC 和 ENDP 必须成对出现,过程名是为该过程起的名字,但它被 CALL 指令调用时作为标号使用。过程的属性除了段和偏移量之外,其类型属性可选作 NEAR 或 FAR。选 NEAR 时,该过程一定要与主程序在一个段;选 FAR 时,该过程可以与主程序在同一个段,也可与主程序不在同一个段。如果类型省略,则系统取 NEAR 类型。由于过程是被 CALL 语句调用的,因此过程中必须包含返回指令 RET。

4.5 8086/8088 汇编语言程序设计基本方法

在 DOS 环境下的 8086/8088 汇编语言程序结束时,通常用 DOS 的 4CH 号中断调用,使程序控制返回 DOS。即采用如下两条指令。

```
MOV  AH, 4CH
INT  21H
```

有关 DOS 及 BIOS 的中断调用将在后续部分详细说明。

下面,将根据程序的几种基本结构(顺序结构、分支结构、循环结构、子程序及 MASM 的源程序基本组成)分别举例,以介绍 8086/8088 汇编语言程序设计的一般方法。

4.5.1 顺序结构程序

【例 4-4】 对两个 8 字节无符号数求和,这两个数分别用变量 D_1 及 D_2 表示。将两数之和的最高位进位放在 AL 中,两数之和的其他位按从高到低顺序依次放在 SI、BX、CX、DX 中。

程序如下所示。

```
D    SEGMENT
D1   DB 12H, 34H, 56H, 78H, 9AH, 0ABH, 0BCH, 0CDH
D2   DB 0CDH, 0BCH, 0ABH, 9AH, 78H, 56H, 34H, 12H
D    ENDS
C    SEGMENT
     ASSUME  CS:C, DS:D                 ;说明代码段、数据段
```

```
BG: MOV  AX, D
    MOV  DS, AX                    ;给 DS 赋段值
    LEA  DI, D1                    ;将 D1 表示的偏移地址送 DI
    MOV  DX, [DI]                  ;取第 1 操作数到寄存器中
    MOV  CX, [DI+2]
    MOV  BX, [DI+4]
    MOV  SI, [DI+6]
    LEA  DI, D2                    ;将 D2 表示的偏移地址送 DI
    ADD  DX, [DI]
    ADC  CX, [DI+2]
    ADC  BX, [DI+4]
    ADC  SI, [DI+6]
    MOV  AL, 0
    ADC  AL, 0
    MOV  AH, 4CH
    INT  21H
C   ENDS
    END  BG
```

设这一源程序名为 ABC. asm，即利用任一编辑软件产生一个 ASCII 文件 ABC. asm；然后，用 MASM 汇编 ABC. asm，产生 ABC. obj；再用 LINK 软件对 ABC. obj 进行连接，产生 ABC. exe；最后，在 DOS 环境下运行 ABC. exe。当然，这个程序的最终运行结果是存放在寄存器中，而在 DOS 环境下运行时，看不到任何结果。为了能观察结果，可在 DEBUG 环境下，在程序返回 DOS 处设一“断点”，然后在 DEBUG 中连续运行 ABC. exe，当运行到“断点”处，程序会暂停，这时 DEBUG 会将 CPU 寄存器的内容显示在屏幕上，即显示结果。

4.5.2 分支结构程序

【例 4-5】 试编制计算下列函数值的程序（设 x、y 为带符号 8 位二进制数）。

$$a=\begin{cases}1, & x\geqslant 0, y\geqslant 0\\ -1, & x<0, y<0\\ 0, & x, y \text{ 异号}\end{cases}$$

依题意，输入数据为 x、y，输出数据为 a。假定存储单元分配为：变量 X、Y 中存放 x、y 的值，变量 A 用来存放函数值 a。则函数中各变量均为字节类型。

程序如下所示。

```
DATA    SEGMENT
X       DB  -12
Y       DB  9
A       DB  ?
DATA    ENDS
STACK   SEGMENT STACK
        DB  200  DUP(0)
```

```
STACK   ENDS
CODE    SEGMENT
        ASSUME  CS:CODE, DS:DATA, SS: STACK
BEGIN:  MOV  AX, DATA
        MOV  DS, AX                        ;为 DS 赋值 DATA
        CMP  X,  0                         ;判 x 是否为负
        JS   L1                            ;若 x<0,则转 L1
        CMP  Y,  0                         ;判 y 是否小于零
        JL   L2                            ;若 x>=0、y<0,则转 L2
        MOV  A,  1
        JMP  EXIT                          ;若 x>=0,y>=0 时,则 1→A,无条件转 EXIT
L1:     CMP  Y,  0
        JGE  L2                            ;若 x<0,y>=0 时,则转 L2
        MOV  A,  -1
        JMP  EXIT                          ;若 x<0,y<0 时,则 -1→A 且无条件转 EXIT
L2:     MOV  A,  0                         ;若 x 与 y 异号时,则 0→A
EXIT:   MOV  AH, 4CH
        INT  21H
CODE    ENDS
        END  BEGIN
```

4.5.3　循环结构程序

【例 4-6】 找出从无符号字节数据存储变量 VAR 开始存放的 N 个数中的最大数放在 BH 中,程序如下所示。

```
DSEG    SEGMENT
VAR     DB 5, 7, 19H, 23H, 0A0H
N       EQU $ -VAR
DSEG    ENDS
CSEG    SEGMENT
        ASSUME  CS:CSEG, DS:DSEG                 ;说明代码段、数据段
BG:     MOV  AX, DSEG
        MOV  DS, AX                              ;给 DS 赋段值
        MOV  CX, N-1                             ;置循环控制数
        MOV  SI, 0
        MOV  BH, VAR[SI]                         ;取第 1 字节数到 BH
        JCXZ LAST                                ;如果 CX=0 则转
AGIN:   INC  SI
        CMP  BH, VAR[SI]
        JAE  NEXT
        MOV  BH, VAR[SI]
NEXT:   LOOP AGIN                                ;CX←CX-1,若 CX 不等于 0 则转
LAST:   MOV  AH, 4CH
        INT  21H
```

```
CSEG   ENDS
       END  BG
```

这个例子的程序结构是顺序、分支、循环3种结构的复合。在应用实例中,程序结构不会是单一的顺序、或单一的分支、或单一的循环,而是多种基本结构的复合。保证了这一点,程序的结构就是比较良好的。为了增强程序的可读性,使程序功能的层次性更加分明,便于较大软件设计的分工合作,往往将一个大的程序中的诸多功能用功能子程序实现,主程序采用"调用"的形式组装这些功能子程序。

【例4-7】 将一组有符号存储字节数据按从小到大的顺序排序。设数组变量为VAR,数组元素个数为N。

现采用气泡浮起(或叫冒泡法)的算法思想实现上述要求。这种算法思想是:反复对相邻的数作两两比较,并使相邻的两数按从小到大顺序排列,直到数组中任意两个相邻的数都是从小到大时,则排序结束。为简单起见,不妨设该组数是-1、8、-5、-8等4个数,说明这种算法思想。

排序前数据顺序为

```
VAR[1] = -1
VAR[2] =8
VAR[3] = -5
VAR[4] = -8
```

第1轮比较:从第1个元素开始进行第1轮比较,需要做3次两两相邻的数据比较,且每对相邻的两数比较后,保证前一个数据比后一个数据小。因此,3次比较并做交换后,这一组数中的最大数"8"就被排在最后,即

```
VAR[1] = -1
VAR[2] = -5
VAR[3] = -8
VAR[4] =8
```

第2轮比较:经第1轮比较交换后,已经将最大数"沉入"最底,因此这一遍比较只需考虑前3个元素的排序,即进行2次比较。这一轮比较及交换后,数据的排列顺序为

```
VAR[1] = -5
VAR[2] = -8
VAR[3] = -1
VAR[4] =8
```

第3轮比较:经第2轮比较交换后,最大的两个数已排好序,剩下只有两个较小数待排序,即比较1次,最后得到排序结果为

```
VAR[1] = -8
VAR[2] = -5
VAR[3] = -1
VAR[4] =8
```

经上述分析后可知:对N个元素的排序采用这种算法思想最多要做$N-1$轮比较;第i轮比较时,应作$N-i$次两两比较及交换。

如果对第 i 轮的比较及交换用一子程序实现，即子程序功能是从第 1 个元素开始做 $N-i$ 次两两比较交换，主程序对该子程序做 $N-1$ 次调用，即完成对 N 个数的排序。

设子程序名为 SUBP。

子程序的输入为 DX 表示当前是第几轮比较。

数组为 VAR。

子程序的输出为作了第 DX 轮比较及交换的数组。

现将 SUBP 作为段内过程，则气泡浮起程序如下。

```
D       SEGMENT
VAR     DB -1, -10, -100, 27H, 0AH, 47H
N       EQU $ - VAR
D       ENDS
C       SEGMENT
        ASSUME  CS:C, DS:D                          ;说明代码段、数据段
B:      MOV   AX, D
        MOV   DS, AX                                ;给 DS 赋段值
        MOV   CX, N - 1                             ;设置 N - 1 轮比较次数
        MOV   DX, 1                                 ;比较轮次计数，输入子程序
AG:     CALL  SUBP
        INC   DX
        LOOP  AG
        MOV   AH, 4CH
        INT   21H
SUBP    PROC
        PUSH  CX
        MOV   CX, N
        SUB   CX, DX
        MOV   SI, 0
RECMP:  MOV   AL, VAR[SI]
        CMP   AL, VAR[SI + 1]
        JLE   NOCH
        XCHG  AL, VAR[SI + 1]
        XCHG  AL, VAR[SI]
NOCH:   INC   SI
        LOOP  RECMP
        POP   CX
        RET
SUBP    ENDP
C       ENDS
        END   B
```

在此例中，若用子程序中的指令序列代替主程序中的 CALL 指令，则程序结构为一多重循环结构。由此可知，解决某一具体问题的程序，其结构可以多样化。采用何种结构，由程序员决定。但采用良好的结构，即用上列几种基本结构复合，将有利于增强程序的可维护性、可读性、正确性等。

4.5.4 DOS 中断调用

磁盘操作系统(Disk Operation System,DOS),包含负责将 DOS 内的程序装入内存的引导程序,对 I/O 设备管理的 IBMBIO. com 程序,对文件管理与若干服务功能的 IBMDOS. com 程序,以及负责命令处理的 COMMAND. com 程序等。

所谓 DOS 中断调用,就是在 DOS 中预先设计好了一系列的通用子程序,以便供 DOS 调用。

1. DOS 中断调用及中断服务子程序返回

中断调用是一种内部中断方式,是通过执行 INT n 指令实现的,即执行 INT n 指令,使 CPU 根据中断类型号(或向量号)n 在中断向量表中找到第 n 项作为此服务程序的入口(0 段相对地址 $4\times n+0$ 单元的字为 IP,0 段相对地址 $4\times n+2$ 单元的字为 CS)。

2. DOS 常用中断调用举例

在 DOS 中断调用中,使用最多的是向量号为 21H 的向量中断,举例如下。

1) 返回 DOS(系统功能号为 4CH)

当一个用户程序执行后,一般返回到 DOS 提示符状态。这和执行 HLT 停机指令有所不用,HLT 指令虽然可以使 CPU 停止运行,但不能将控制权交还 DOS。程序段如下所示。

```
MOV AH, 4CH
INT 21H
```

2) 键盘输入并回显(功能号为 01H)

1 号的系统调用功能是等待接收从键盘输入一个字符,并送入 AL,以便显示。不需要入口参数。程序段如下。

```
MOV AH, 1
INT 21H
```

执行上述指令后中断返回时,系统将扫描键盘,等待有键按下,若有键按下,就将相应输入字符的键值(ASCII 码)读入,先检查是否为 Ctrl + Break 键,若是,就自动调用中断 INT 23H,并执行退出命令,否则将键值送入 AL 中,同时,在屏幕上显示该字符。

3) 键盘输入但无回显(功能号为 08H)

8 号系统功能调用与 1 号系统功能类似,也是等待从键盘上输入一个字符,检查键入是否为 Ctrl + Break 键,但屏幕上无回显。程序段如下。

```
MOV   AH, 8
INT   21H
```

4) 显示输出(功能号为 02H)

2 号系统功能调用是向键盘输出一个字符代码,入口参数是将要输出的字符的 ASCII 码置入 DL,例如:要输出字母 A,程序段如下。

```
MOV  AH, 2
```

```
MOV  DL, 'A';
INT  21H
```

执行上述指令,屏幕上将显示字母A。

5) 打印机输出(功能号为05H)

5号系统功能调用是把入口时放入DL中的字符输出到标准打印输出设备(默认为接入1号并行接口的打印机)。例如:打印数字9,程序段如下。

```
MOV  AH, 5
MOV  DL, '9'
INT  21H
```

执行上述指令后,打印输出数字9。

6) 字符串输出(功能号为09H)

9号系统功能调用是能从输出设备上输出存于存储器内的一个字符串。09H功能调用要求,在执行INT 21H前,DS:DX中应存放内存中以'\$'为结尾符的字符串的首地址。在执行该功能调用时,输出设备将连续显示或打印字符串中的每一个字符,直至遇到'\$'结尾标志为止(但不显示\$)。若要求显示字符串后光标自动回车换行,则要在'\$'字符前再加上0DH(回车)和0AH(换行)字符。

【例4-8】 试编程:在显示器上显示一个以'\$'为结尾符的字符串"HOW ARE YOU?",且光标回车换行。然后,再读一个字符,但不显示此字符。若读入的字符是Y,则显示OK。程序如下。

```
D       SEGMENT
D1      DB  'HOW  ARE  YOU? ', 0DH, 0AH, '$'
D2      DB  'OK', 0DH, 0AH, '$'
D       ENDS
C       SEGMENT
        ASSUME  CS:C, DS:D                        ;说明代码段、数据段
BG:     MOV  AX, D
        MOV  DS, AX                               ;给DS赋段值
        MOV  DX, OFFSET  D1
        MOV  AH, 9
        INT  21H                                  ;显示HOW ARE YOU?
        MOV  AH, 8
        INT  21H                                  ;不显示方式读一字符到AL
        CMP  AL, 'Y'
        JNE  NEXT                                 ;不等则转
        LEA  DX, D2
        MOV  AH, 9
        INT  21H
NEXT:   MOV  AH, 4CH
        INT  21H
C       ENDS
        END  BG
```

执行上述程序后,将显示以$结尾的字符串"HOW ARE YOU?",且光标回车换行。

7) 字符串输入(功能号为0AH)

0AH系统功能调用是能从键盘输入并接收一个字符串到内存的输入缓冲区,要求预先定义一个输入缓冲区,由DS:DX给出键盘输入缓冲区的首地址。缓冲区的第1个字节指出缓冲区的长度(最大255),由用户给出;第2个字节存放实际键入字符的个数;从第3个字节到缓冲区的末尾为键入的字符串,末尾可能是回车符(0DH)。此功能不断读键盘输入(并随时显示输入的数据),直至输入指定数目的字符或键入回车符为止。

若实际输入的字符数大于给定的最大字符数,就会发出"嘟嘟"声,且光标不在向右移动,后面输入的多余字符将丢失。若键入的字符数小于给定的最大字符数,缓冲区其余部分填0。

【例4-9】 要求:屏幕显示"PASSWORD?",随后从键盘读入字符串,并比较这个字符串与程序内部设定的字符串。若两者相同则显示"OK",否则不作任何显示(0DH是回车的ASCII码,0AH是换行的ASCII码)。利用09和0AH号系统功能调用,程序如下。

```
D       SEGMENT
PASS1   DB '12AB'
N       EQU $ -PASS1
D1      DB 'PASSWORD ? ', 0DH, 0AH, '$'
PASS2   DB 20
        DB ?
        DB 20 DUP(?)
D2      DB 0DH, 0AH, 'OK $'
D       ENDS
C       SEGMENT
        ASSUME CS:C, DS:D, ES:D              ;说明代码段、数据段、附加段
BG:     MOV  AX, D
        MOV  DS, AX                          ;给DS赋段值
        MOV  ES, AX                          ;给ES赋段值
        LEA  DX, D1                          ;将D1表示的相对地址送DX
        MOV  AH, 9
        INT  21H                             ;显示'PASSWORD? '并回车换行
        LEA  DX, PASS2
        MOV  AH, 0AH
        INT  21H                             ;输入字符串
        LEA  SI, PASS1
        LEA  DI, PASS2
        CMP  BYTE PTR[DI +1],N
        JNE  LAST
        MOV  CX, N
        LEA  DI, PASS2 +2
        CLD
```

```
        REPZ CMPSB                              ;重复比较
        JZ   DISOK
LAST:   MOV  AH, 4CH
        INT  21H
DISOK:  LEA  DX, D2
        MOV  AH, 9
        INT  21H                                ;显示"OK"
        JMP  LAST
C       ENDS
        END  BG
```

8）设置日期（功能号为 2BH）

此功能调用的入口参数（CX:DX）中必须有一个有效日期，CX 中存入年（1980～2099），DH 中存入月号（1～12），DL 中存入日号（1～31）。若日期有效，则设置成功，AL＝0；否则，AL＝0FFH。

【例 4-10】　要将微机日期设置成 2009 年 3 月 4 日，可用下列程序段实现。

```
MOV  CX, 2009
MOV  DH, 3
MOV  DL, 4
MOV  AH, 2BH
INT  21H
```

需要指出的是，微机系统软件中提供的功能调用，除了 DOS 功能调用之外，还有 BIOS（Basic Input and Output System）的功能调用。

前面介绍的 DOS 中断功能，主要是利用 INT 21H 中断指令方便地输入键值和显示字符，但它很难控制视频显示；同时，DOS 的中断功能只适用在 DOS 环境下使用，有较大的局限性。而 BIOS 中断调用，却能方便地利用其视频显示功能调用来控制视频显示，且它不受任何操作系统的约束。另外，BIOS 还具有一些在 DOS 中所没有的其他功能。

BIOS 中颇具特色的是显示中断子程序，其向量号是 10H。限于篇幅，这里不再详述 BIOS 的功能调用。关于计算机主板上 BIOS 的主要管理功能，将在 8.5 节中介绍。

习题 4

4-1　说明 MOV BX,DATA 和 MOV BX,OFFSET DATA 指令之间有何区别？

4-2　指令语句 AND AX,OPD1 AND OPD2 中，OPD1 和 OPD2 是两个已赋值的变量，问两个 AND 在含义上和操作上有何区别？

4-3　已知一数组语句定义为：

```
ARRAY DW 100 DUP(567H,3 DUP(?)), 5678H
```

试指出下列指令执行后，各个寄存器中的内容是多少？

```
MOV BX, OFFSET  ARRAY
```

```
MOV CX, LENGTH  ARRAY
MOV SI, 0
ADD SI, TYPE    ARRAY
```

4-4　已知某数据段中有

```
COUNT1  EQU  16H
COUNT2  DW   16H
```

下面两条指令有何异同点：

```
MOV  AX, COUNT1
MOV  BX, COUNT2
```

4-5　下列程序段执行后，寄存器 AX、BX 和 CX 的内容分别是多少？

```
          ORG  0202H
DA_WORD  DW 20H
          MOV  AX,  DA_WORD
          MOV  BX,OFFSET    DA_WORD
          MOV  CL,BYTE PTR  DA_WORD
          MOV  CH,TYPE      DA_WORD
```

4-6　已知下列数组语句：

```
   ORG  0100H
ARY DW 3, $ +4, 5, 6
CNT EQU $ -ARY
   DB 7, 8, CNT, 9
```

问执行语句 MOV AX,ARY +2 和 MOV BX,ARY +10 后，AX = ？ BX = ？

4-7　假设数据段的定义如下所示。

```
P1      DW  ?
P2      DB  32 DUP(?)
PLENTH  EQU  $ - P1
```

试问 PLENTH 的值为多少？它表示什么意义？

4-8　在 MOV AX,[BX + SI] 与 MOV AX,ES：[BX + SI] 两个语句中，数据项段的属性有什么不同？

4-9　某程序设置的数据区如下所示。

```
DATA  SEGMENT
DB1   DB  12H, 34H, 0, 56H
DW1   DW  78H, 90H, 0AB46H, 1234H
ADR1  DW  DB1
ADR2  DW  DW1
AAA   DW   $ -DB1
BUF   DB  5  DUP(0)
DATA  ENDS
```

画出该数据段内容在内存中的存放形式(要求用十六进制补码表示,按字节组织)。

4-10 分析下列程序:

```
A1  DB  10 DUP(?)
A2  DB  0, 1, 2, 3, 4, 5, 6, 7, 8, 9
          ⋮
    MOV  CX,LENGTH A1
    MOV  SI,SIZE A1 - TYPE A1
LP: MOV  AL,A2[SI]
    MOV  A1[SI],AL
    SUB  SI,TYPE A1
    DEC  CX
    JNZ  LP
    HLT
```

问:(1)该程序的功能是什么?(2)该程序执行后,A1 单元开始的 10 个字节内容是什么?

4-11 假设 BX=45A7H,变量 VALUE 中存放的内容为 78H,确定下列各条指令单独执行后 BX=?

(1) XOR BX,VALUE
(2) SUB BX,VALUE
(3) OR BX,VALUE
(4) XOR BX,0FFH
(5) AND BX,00H
(6) TEST BX,01H

4-12 已知:DABY1 DB 6BH
DABY2 DB 3DUP(0)

试编写一程序,把 DABY1 字节单元中的数据分解成 3 个八进制数,其最高位八进制数据存放在 DABY2 字节单元中,最低位存放在 DABY2+2 字节单元中。

4-13 从 BUF 地址处起,存放有 60 个字节的字符串,设其中有一个以上的 A 字符,试编程查找出第一个 A 字符相对起始地址的距离,并将其存入 LEN 单元。

4-14 以 BUF1 和 BUF2 开头的两个字符串,其长度均为 LEN,试编程实现:

(1) 将 BUF1 开头的字符串传送到 BUF2 开始的内存空间。
(2) 将 BUF1 开始的内存空间全部清零。

4-15 试分析下列程序:

```
BUF  DB  0BH
     MOV  AL, BUF
     CALL FAR PTR HECA
HECA PROC FAR
     CMP  AL, 10
     JC   LP
     ADD  AL, 7
```

```
LP:  ADD  AL, 30H
     MOV  DL, AL
     MOV  SH, 2
     INT  21H
     RET
HECA ENDP
```

问：(1)该程序是什么结构的程序？功能是什么？(2)程序执行后，DL =？(3)屏幕上显示输出的字符是什么？

4-16　分析下列程序：

```
DATA    SEGMENT
NUM     DB  06H
SUM     DB  ?
DATA    ENDS
STACK   SEGMENT PARA STACK 'STACK'
STAPN   DW 100 DUP (?)
STACK   ENDS
CODE    SEGMENT
        ASSUME  CS:CODE, DS:DATA, SS:STACK
START:  MOV   AX,   DATA
        MOV   DS,   AX
        PUSH  AX
        PUSH  DX
        CALL  AAA
        MOV   AH,   4CH
        INT   21H
AAA    PROC
        XOR   AX,   AX
        MOV   DX,   AX
        INC   DL
        MOV   CL,   NUM
        MOV   CH,   00H
BBB:    ADD   AL,   DL
        DAA
        INC   DL
        LOOP  BBB
        MOV   SUM,  AL
        RET
AAA     ENDP
CODE          ENDS
END     START
```

问：(1)程序执行到 MOV AH,4CH 语句时，AX =？DX =？SP =？(2)BBB：ADD AL,DL 语句的功能是什么？(3)整个程序的功能是什么？

4-17　试编写一程序，找出 BUF 数据区中 N 个带符号数(设为 11H、22H、33H、44H、55H、

66H、77H、88H)中的最大数和最小数。

4-18 试编写一程序,统计出某数组中相邻两数间符号变化的次数。

4-19 若 AL 中的内容为两位压缩的 BCD 数,即 6AH,试编程:

(1) 将其拆开成非压缩的 BCD 码,高低位分别存入 BH 和 BL 中。

(2) 将上述已求出的两位 BCD 码变换成对应的 ASCII 码,并存入 CH 和 CL 中。

4-20 设一存储区中存放有 10 个带符号的单字节数(设为 -10、15H、20H、-1、-23、46H、16H、-33、65H、88H),现要求分别求出其绝对值后存放到原单元中,试编写出汇编源程序。

4-21 分析下列程序:

```
DATA      SEGMENT
DISPDATA  DB 'INPUT NUMBER KEY, CR OR SP RETURN', 0DH, 0AH
DATA      ENDS
CODE      SEGMENT
          ASSUME  CS:CODE, DS:DATA
START:    MOV  AX,  DATA
          MOV  DS,  AX
          LEA  DX,  DISPDATA          ;(1)
          MOV  AH,  09H               ;(2)
          INT  21H
AGAIN:    MOV  AH,  01H               ;(3)
          INT  21H
          CMP  AL,  0DH               ;(4)
          JZ   EXIT                   ;(5)
          CMP  AL,  20H               ;(6)
          JZ   EXIT;
          CMP  AL,  30H               ;(7)
          JBE  AGAIN                  ;(8)
          CMP  AL,  39H               ;(9)
          JA   AGAIN                  ;(10)
          SUB  AL,  30H               ;(11)
          MOV  CL,  AL                ;(12)
          AND  CX,  0FFH
DONE:     MOV  AH,  02H
          MOV  DL,  07H               ;(13)
          INT  21H
          CALL DELAY
          LOOP DONE
          JMP  AGAIN
EXIT:     MOV  AH,  4CH               ;(14)
          INT  21H
DELAY:    PUSH CX
          MOV  CX,  0FFFH
          LOOP DELAY
```

```
         POP   CX
         RET
CODE     ENDS
END      START
```

按照程序各语句中“;”号后面的题号(1)~(14),试分别回答这些语句的功能。程序执行后将完成什么功能?

第5章 存储器系统

【学习目标】

本章首先以半导体存储器为对象，在讨论存储器及其基本电路、基本知识的基础上，讨论存储芯片及其与 CPU 之间的连接和扩充问题。然后，介绍内存技术的发展以及外部存储器（如硬盘、光驱）。最后，介绍存储管理技术（如虚拟存储管理和高速缓存 Cache 技术）。

【学习要求】

- 存储器的分类、组成及功能。着重理解行选与列选对 1 位信息的读出。
- 重点掌握位扩充与地址扩充技术。
- 理解存储器与 CPU 的连接方法。
- 了解内存条技术的发展。
- 理解存储器系统的分层结构。
- 理解虚拟存储技术及高速缓存 Cache 技术的原理。

5.1 存储器的分类与组成

计算机的存储器可分为两大类：一类为内部存储器，简称内存或主存，其基本存储组件多以半导体存储器芯片组成；另一类为外部存储器，简称外存，多以磁性材料或光学材料制造。

5.1.1 半导体存储器的分类

半导体存储器的分类如图 5-1 所示。按使用的功能可分为两大类：随机存取存储器 RAM 和只读存储器 ROM。RAM 在程序执行过程中，每个存储单元的内容根据程序的要求既可随时读出，又可随时写入，故可称读写存储器。它主要用来存放用户程序、原始数据、中间结果，也用来与外存交换信息和用作堆栈等。RAM 所存储的信息在断开电源时会立即消失，是一种易失性存储器。ROM 在程序执行过程中，对每个存储单元的原存信息，只能读出，不能写入。ROM 在断开电源时，所存储的信息不会丢失。因此，ROM 常用来存储固定的程序，例如微机的监控程序、汇编程序、系统软件以及各种常数和表格等。

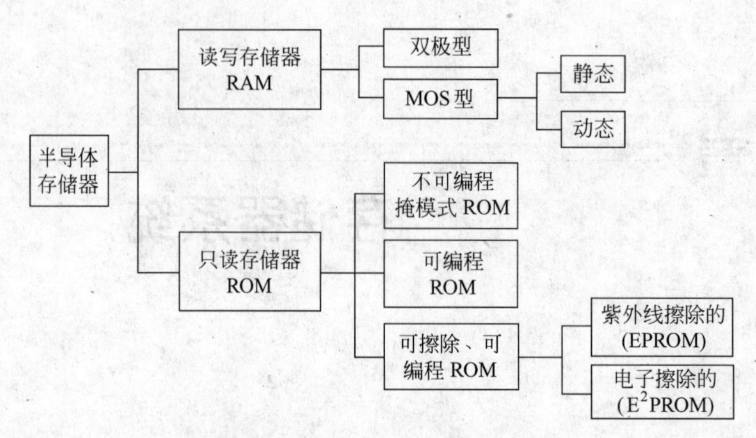

图 5-1　半导体存储器的分类

RAM 按工艺又可分为双极型 RAM 和 MOS RAM 两类,而 MOS RAM 又可分为静态(Static)和动态(Dynamic)RAM 两种。双极型 RAM 的特点是存取速度快,但集成度低,功耗大,主要用于速度要求高的位片式微机中;静态 MOS RAM 的集成度高于双极型 RAM,而功耗低于双极型 RAM;动态 RAM 比静态 RAM 具有更高的集成度,但是它靠电路中的栅极电容来储存信息,由于电容器上的电荷会泄漏,因此,它需要定时进行刷新。

只读存储器 ROM 按工艺也可分为双极型和 MOS 型,但一般根据信息写入的方式不同,而分为掩模式 ROM,可编程 ROM(PROM)和可擦除、可再编程 ROM(紫外线擦除 EPROM 与电子擦除 E^2PROM 以及 Flash ROM)等几种。

5.1.2　半导体存储器的组成

半导体存储器的组成框图如图 5-2 所示。它一般由存储体、地址选择电路、输入输出电路和控制电路组成。

1. 存储体

存储体是存储 1 或 0 信息的电路实体,它由许多个存储单元组成,每个存储单元赋予一个编号,称为地址单元号。而每个存储单元由若干相同的位组成,每个位需要一个存储元件。对存储容量为 1K(1024 个单元)×8 位的存储体,其总的存储位数为

$$1024 \times 8 \text{ 位} = 8192 \text{ 位}$$

存储器的地址用一组二进制数表示,其地址线的位数 n 与存储单元的数量 N 之间的关系为

$$2^n = N$$

地址线数与存储单元数的关系列于表 5-1 中。

表 5-1　地址线数与存储单元数的关系

地址线数 n	3	4	…	8	9	10	11	12	13	14	15	16
存储单元数 $N=2^n$	8	16	…	256	512	1024	2048	4096	8192	16384	32768	65536
存储容量/B	8	16	…	256	512	1K	2K	4K	8K	16K	32K	64K

2. 地址选择电路

地址选择电路包括地址码缓冲器、地址译码器等。

地址译码器用来对地址码译码。设其输入端的地址线根数为 n，输出线数为 N，则它分别对应 2^n 个不同的地址码，作为对地址单元的选择线。这些输出的选择线又叫字线。

地址译码方式有两种。

1）单译码方式（或称字结构）

它的全部地址码只用一个地址译码器电路译码，译码输出的字选择线直接选中与地址码对应的存储单元，如图 5-2 所示，图中有 A_2、A_1、A_0 3 根输入地址线，经过地址译码器输出 8 种不同编号的字线：000、001、010、011、100、101、110、111。这 8 条字线分别对应着 8 个不同的地址单元。这一方式需要的选择线数较多，只适用于容量较小的存储器。

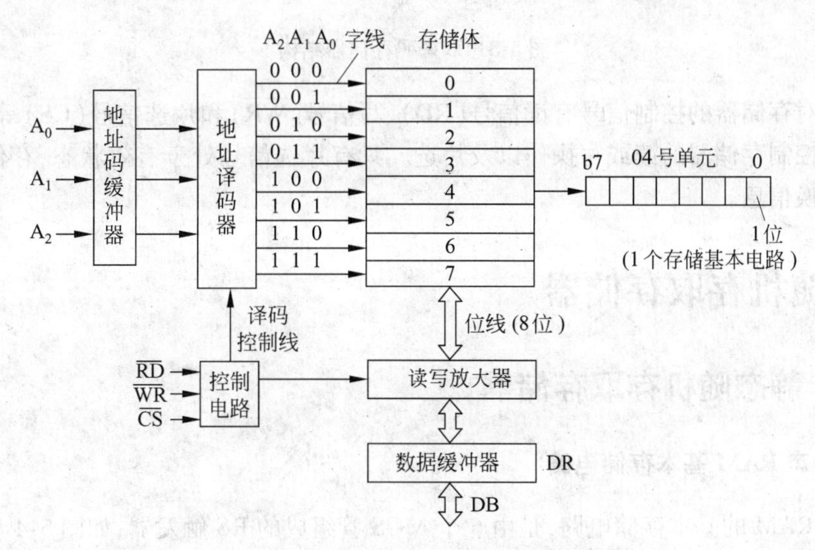

图 5-2　半导体存储器组成框图

2）双译码方式（或称重合译码）

双译码方式如图 5-3 所示。它将地址码分为 X 与 Y 两部分，用两个译码电路分别译码。X 向译码又称行译码，其输出线称行选择线，它选中存储矩阵中一行的所有存储单元。Y 向译码又称列译码，其输出线称列选择线，它选中一列的所有单元。只有当 X 向和 Y 向的选择线同时选中的那一位存储单元，才能进行读或写操作。由图 5-3 可见，具有 1024 个基本单元电路的存储体排列成 32 ×32 的矩阵，它的 X 向和 Y 向译码器各有 32 根译码输出线，共 64 根。若采用单译码方式，则有 1024 根译码输出线。因此，双译码方式所需要的选择线数目较少，也简化了存储器的结构，故它适用于大容量的存储器。

3. 读写电路与控制电路

读写电路包括读写放大器、数据缓冲器（三态双向缓冲器）等。它是数据信息输入和输出的通道。

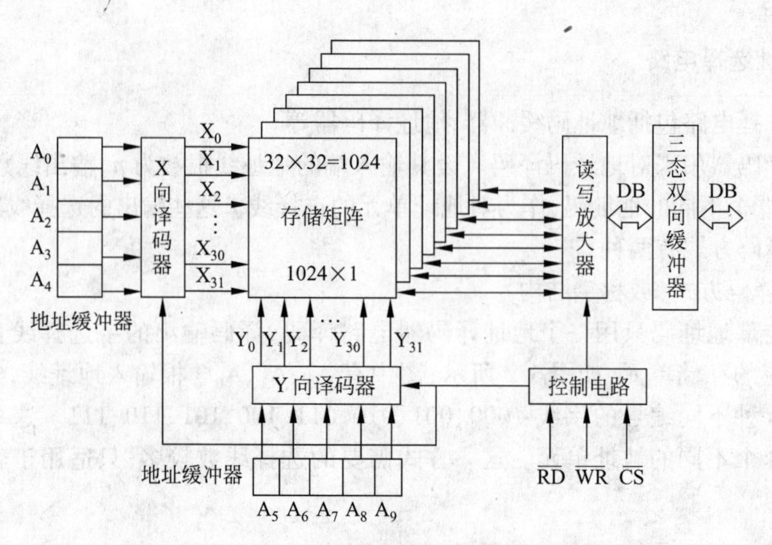

图 5-3　双译码存储器结构

外界对存储器的控制信号有读信号($\overline{RD}$)、写信号($\overline{WR}$)和片选信号($\overline{CS}$)等，通过控制电路以控制存储器的读或写操作以及片选。只有片选信号处于有效状态，存储器才能与外界交换信息。

5.2　随机存取存储器

5.2.1　静态随机存取存储器

1. 静态 RAM 基本存储电路

静态 RAM 的基本存储电路，是由 6 个 MOS 管组成的 RS 触发器，如图 5-4 所示。

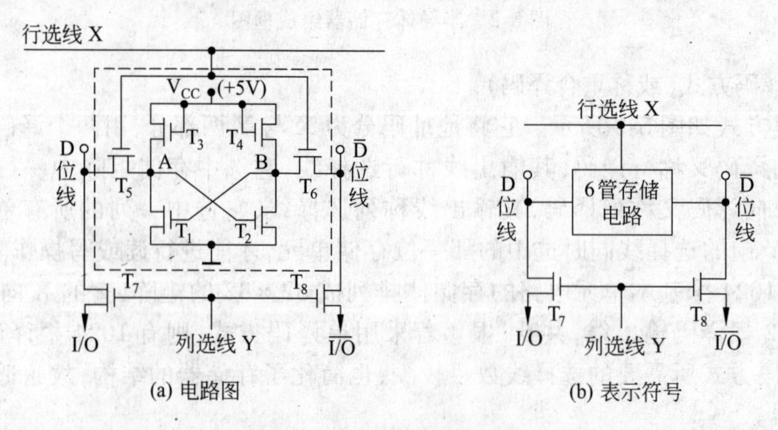

图 5-4　6 管静态存储电路

在图 5-4 中，T_3、T_4 为负载管，T_1、T_2 交叉耦合组成了一个 RS 触发器，具有两个稳定状态。在 A 点(相当于 Q 端)与 B 点(相当于 Q 端)可以分别寄存信息 1 和 0。T_5、T_6 为行向选通门，受行选线上的电平控制。T_7、T_8 为列向选通门，受列选线上的电平控制。由此，组成了双译码方式。当行选线与列选线上的信号都为高电平时，则分别将 T_5、T_6 与 T_7、T_8 导通，使 A、B 两点的信息经 D 与 $\overline{D}$ 两点分别送至输入输出电路的 I/O 线及 $\overline{I/O}$ 线上，从而存储器某单元位线上的信息同存储器外部的数据线相通。这时，就可以对该单元位线上的信息进行读写操作。

写入时，被写入的信息从 I/O 和 $\overline{I/O}$ 线输入。如写 1 时，使 I/O 线为高电平，$\overline{I/O}$ 线为低电平，经 T_7、T_5 与 T_8、T_6 分别加至 A 端和 B 端，使 T_1 截止而 T_2 导通，于是 A 端为高电平，触发器为存 1 的稳态；反之亦然。

读出时，只要电路被选中，T_5、T_6 与 T_7、T_8 导通，A 端与 B 端的电位就送到 I/O 及 $\overline{I/O}$ 线上。若原存的信息为 1，则 I/O 线上为 1，$\overline{I/O}$ 线上为 0；反之亦然。读出信息时，触发器状态不受影响，故为非破坏性读出。

2. 静态 RAM 的组成

静态 RAM 的结构组成原理图如图 5-5 所示。存储体是一个由 64×64=4096 个 6 管静态存储电路组成的存储矩阵。在存储矩阵中，X 地址译码器输出端提供 X_0 ~ X_{63} 计 64 根行选择线，而每一行选择线接在同一行中的 64 个存储电路的行选端，故行选择线能同时为该行 64 个行选端提供行选择信号。Y 地址译码器输出端提供 Y_0 ~ Y_{63} 计 64 根列选择线，而同一列中的 64 个存储电路共用同一位线，故由列选择线可以同时控制它们与输入输出电路（I/O 电路）连通。显然，只有行和列均被选中的某个单元存储电路（这里为 1 位），在其 X 向选通门与 Y 向选通门同时被打开时，才能进行读出信息和写入信息的操作。

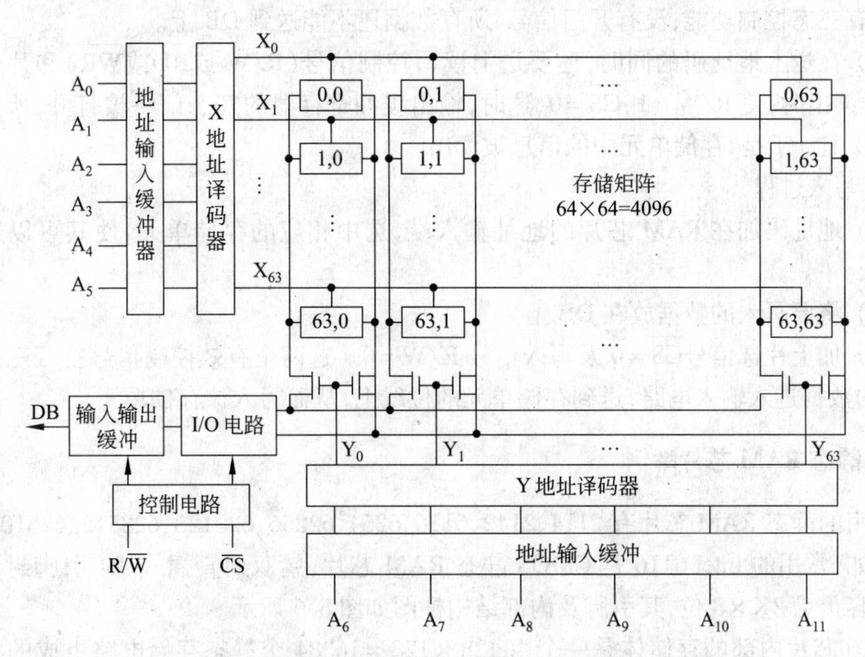

图 5-5　静态 RAM 结构组成原理图

图 5-5 中的存储体是容量为 4K×1 位的存储器，因此，它仅有一个 I/O 电路，用于存

取各存储单元中的1位信息。如果要组成字长为4位或8位的存储器，则每次存取时，同时应有4个或8个单元存储电路与外界交换信息。因此，在这种存储器中，要将列的列向选通门控制端引出线按4位或8位来分组，使每根列选择线能控制一组的列向门同时打开；相应地，I/O电路也应有4个或8个。每一组的同一位，共用一个I/O电路。这样，当存储体的某个存储单元在一次存取操作中被地址译码器输出端的有效输出电平选中时，则该单元内的4位或8位信息将被一次读写完毕。

必须指出，图5-5所示的存储体如果是4K×1位的存储矩阵，则在读写操作时每次只能存取一位信息。如果是8个4K×1位的存储矩阵，则在读写操作时每次才能存取8位信息，这时的存储容量为4K×8位。

通常，一个RAM芯片的存储容量是有限的，需要用若干片才能构成一个实用的存储器。这样，地址不同的存储单元，可能处于不同的芯片中，因此，在选中地址时，应先选择其所属的芯片。对于每块芯片，都有一个片选控制端（$\overline{CS}$），只有当片选端加上有效信号时，才能对该芯片进行读或写操作。一般，片选信号由地址码的高位译码产生。

3. 静态RAM的读写过程

静态RAM的读写过程如图5-5所示。

1）读出过程

（1）地址码$A_0 \sim A_{11}$加到RAM芯片的地址输入端，经X与Y地址译码器译码，产生行选与列选信号，选中某一存储单元，该单元中存储的代码，经一定时间，出现在I/O电路的输入端。I/O电路对读出的信号进行放大、整形，送至输出缓冲寄存器。缓冲寄存器一般具有三态控制功能，没有开门信号，所存数据还不能送到DB上。

（2）在送上地址码的同时，还要送上读写控制信号（$R/\overline{W}$或$\overline{RD}$或$\overline{WR}$）和片选信号（$\overline{CS}$）。读出时，使$R/\overline{W}=1$，$\overline{CS}=0$，这时，输出缓冲寄存器的三态门将被打开，所存信息送至DB上。于是，存储单元中的信息被读出。

2）写入过程

（1）地址码加在RAM芯片的地址输入端，选中相应的存储单元，使其可以进行写操作。

（2）将要写入的数据放在DB上。

（3）加上片选信号$\overline{CS}=0$及写入信号$R/\overline{W}=0$。这两个有效控制信号打开三态门使DB上的数据进入输入电路，送到存储单元的位线上，从而写入该存储单元。

4. 静态RAM芯片举例

常用的静态RAM芯片有2114、2142、6116、6264、62256、628128、628512、6281024等。

例如，常用的Intel 6116是CMOS静态RAM芯片，属双列直插式、24引脚封装。它的存储容量为2K×8位，其引脚及内部结构框图如图5-6所示。

6116芯片内部的存储体是一个由128×128=16384个静态存储电路组成的存储矩阵。$A_0 \sim A_{10}$这11根地址线用于作行、列地址的译码，以便对$2^{11}=2048$个存储单元进行选址。每当选中一个存储单元，将从该存储单元中同时读写8位二进制信息，故6116有

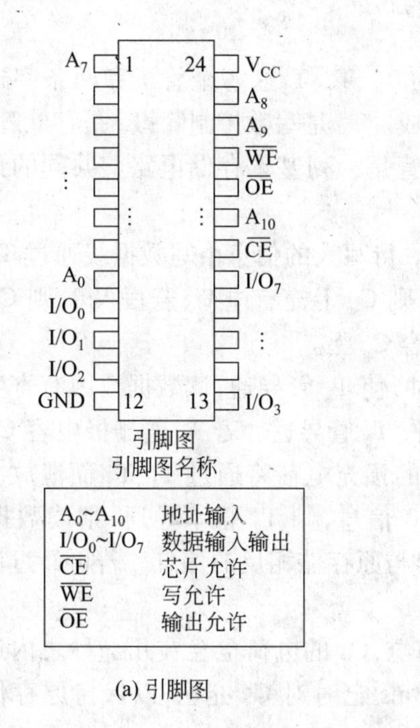

(a) 引脚图

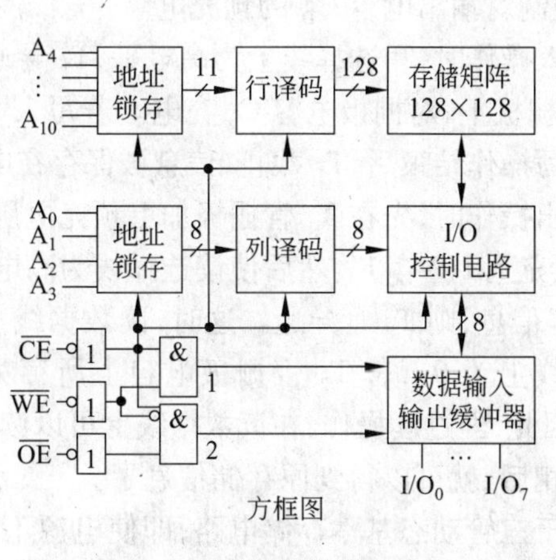

(b) 内部结构框图

图 5-6　6116 芯片的引脚及内部结构框图

8 根数据输入输出线 $I/O_0 \sim I/O_7$。6116 存储矩阵内部的基本存储电路上的信息，正是通过 I/O 控制电路和数据输入输出缓冲器与 CPU 的数据总线连通的。数据的读出或写入将由片选信号$\overline{CE}$、写允许信号$\overline{WE}$以及数据输出允许信号$\overline{OE}$一起控制。当$\overline{CE}$有效而$\overline{WE}$为低电平时，1 门导通，使数据输入缓冲器打开，信息将由 $I/O_0 \sim I/O_7$ 写入被选中的存储单元；当$\overline{CE}$与$\overline{OE}$同时有效而$\overline{WE}$为高电平时，2 门导通，使数据输出缓冲器打开，CPU 将从被选中的存储单元由 $I/O_0 \sim I/O_7$ 读出信息送往数据总线。无论是写入或读出，一次都是读写 8 位二进制信息。

Intel 6264 芯片的结构及工作原理与 6116 相似，它是一个存储容量为 8K×8 位的 CMOS SRAM 芯片，其引脚有 28 条引脚，包括 13 根地址线（$A_{12} \sim A_0$），8 根双向数据线（$D_7 \sim D_0$）以及 4 根控制线（片选信号线$\overline{CS_1}$、CS_2，输出允许信号$\overline{OE}$与写允许信号$\overline{WE}$），另外，还有 3 根其他信号（+5V 电源端 V_{CC}，接地端 GND，空端 NC）。这些引脚的功能及其用法是很容易理解的，限于篇幅这里不再赘述。

5.2.2　动态随机存取存储器

动态 RAM 芯片是以 MOS 管栅极电容是否充有电荷来存储信息的，其基本单元电路一般由四管、三管和单管组成，以三管和单管较为常用。由于它所需要的管子较少，故可以扩大每片存储器芯片的容量，并且其功耗较低，所以在微机系统中，大多数采用动态 RAM 芯片。

1. 动态基本存储电路

下面重点介绍常用的三管和单管这两种基本存储电路。

1）三管动态基本存储电路

三管动态基本存储电路如图 5-7 所示，它由 T_1、T_2、T_3 这 3 个管子和两条字选择线（读写选择线）以及两条数据线（读写数据线）组成。T_1 是写数控制管；T_2 是存储管，用它的栅极电容 C_g 存储信息；T_3 是读数控制管；T_4 管是一列基本存储电路上共同的预充电管，以控制对输出电容 C_D 的预充电。

写入操作时，写选择线上为高电平，T_1 导通。待写入的信息由写数据线通过 T_1 加到 T_2 管的栅极上，对栅极电容 C_g 充电。若写入 1，则 C_g 上充有电荷；若写入 0，则 C_g 上无电荷。写操作结束后，T_1 截止，信息被保存在电容 C_g 上。

读出操作时，先在 T_4 管栅极加上预充电脉冲，使 T_4 管导通，读数据线因有寄生电容 C_D 而预充到 1（V_{DD}）。然后使读选择线为高电平，T_3 管导通。若 T_2 管栅极电容 C_g 上已存有"1"信息，则 T_2 管导通。这时，读数据线上的预充电荷将通过 T_3、T_2 而泄放，于是，读数据线上为 0。若 T_2 管栅极电容上所存为 0 信息，则 T_2 管不导通，则读数据线上为 1。因此，经过读操作，在读数据线上可以读出与原存储相反的信息。若再经过读出放大器反相后，就可以得到原存储信息了。

对于三管动态基本存储电路，即使电源不掉电，C_g 的电荷也会在几毫秒之内逐渐泄露掉，而丢失原存 1 信息。为此，必须每隔 1 ~ 3ms 定时对 C_g 充电，以保持原存信息不变，此即动态存储器的刷新（或叫再生）。

刷新要有刷新电路，如图 5-8 所示，若周期性地读出信息，但不往外输出（这由读信号 $\overline{RD}$ 为高电平来保证），经三态门（由刷新信号 $\overline{RFSH}$ 为低电平时使其导通）反相，再写入 C_g，就可实现刷新。

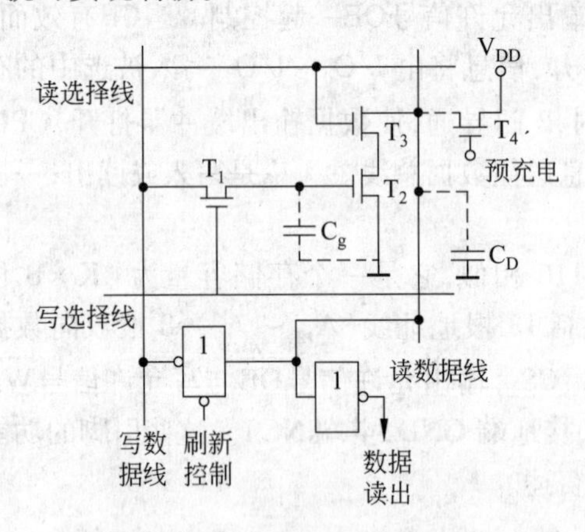

图 5-7　三管动态基本存储电路

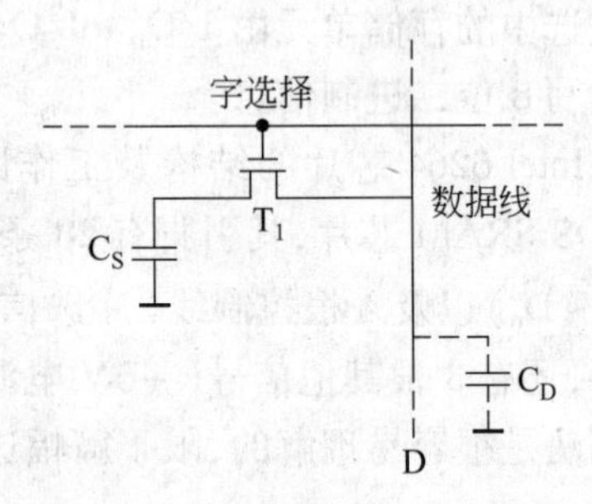

图 5-8　单管动态基本存储电路

2）单管动态基本存储电路

单管动态基本存储电路如图 5-8 所示，它由 T_1 管和寄生电容 C_s 组成。

写入时，使字选线上为高电平，T_1 管导通，待写入的信息由位线 D（数据线）存入 C_S。

读出时，同样使字选线上为高电平，T_1 管导通，则存储在 C_S 上的信息通过 T_1 管送到 D 线上，再通过放大，即可得到存储信息。

为了节省面积，电容 C_S 不可能做得很大，一般使 $C_S < C_D$。这样，读出 1 和 0 时电平差别不大，故需要鉴别能力高的读出放大器。此外，C_S 上的信息被读出后，其上记存的电

压由0.2V下降为0.1V。这是一个破坏性读出，要保持原存信息，读出后必须重写。因此，使用单管电路，其外围电路比较复杂。但由于使用管子最少，4KB以上容量较大的RAM，大多采用单管电路。

2. 动态RAM芯片举例

Intel 2116单管动态RAM芯片的引脚和逻辑符号如图5-9所示。

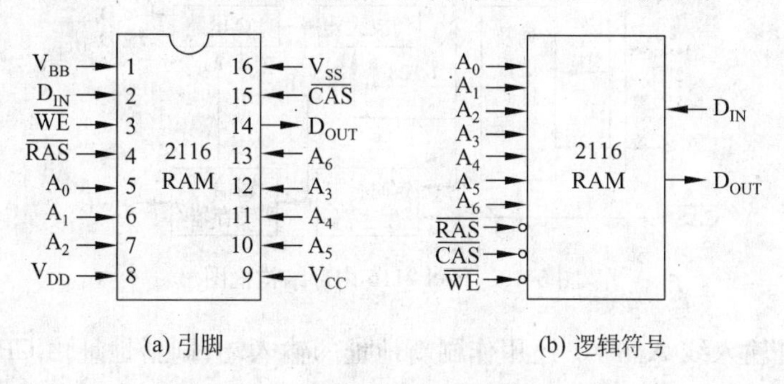

(a) 引脚　　(b) 逻辑符号

图5-9 Intel 2116引脚及逻辑符号图

引脚名称如表5-2所示。

表5-2 Intel 2116引脚名称

$A_6 \sim A_0$	地址输入	$\overline{WE}$	写(或读)允许
$\overline{CAS}$	列地址选通	V_{BB}	电源(-5V)
$\overline{RAS}$	行地址选通	V_{CC}	电源(+5V)
D_{IN}	数据输入	V_{DD}	电源(+12V)
D_{OUT}	数据输出	V_{SS}	地

Intel 2116芯片的存储容量为16K×1位，需用14条地址输入线，但2116只有16条引脚。由于受封装引线的限制，只用了$A_0 \sim A_6$这7条地址输入线，数据线只有1条(1位)，而且数据输入(D_{IN})和输出(D_{OUT})端是分开的，它们有各自的锁存器。写允许信号$\overline{WE}$为低电平时表示允许写入，为高电平时可以读出，如表5-2指出，它需要3种电源。

Intel 2116的内部结构如图5-10所示。

为了解决用7条地址输入线传送14位地址码的矛盾，2116采用地址线分时复用技术，用$A_0 \sim A_6$这7根地址线分两次将14位地址按行、列两部分分别引入芯片，即先把7位行地址$A_0 \sim A_6$在行地址选通信号$\overline{RAS}$有效时通过2116的$A_0 \sim A_6$地址输入线送至行地址锁存器，而后把7位列地址$A_7 \sim A_{13}$在列地址选通信号$\overline{CAS}$有效时通过2116的$A_0 \sim A_6$地址输入线送至列地址锁存器，从而实现了14位地址码的传送。

7位行地址码经行译码器译码后，某一行的128个基本存储电路都被选中，而列译码器只选通128个基本存储电路中的一个(即1位)，经列放大器放大后，在定时控制发生器及写信号锁存器的控制下送至I/O电路。

2116没有片选信号$\overline{CS}$，它的行地址选通信号$\overline{RAS}$兼作片选信号，且在整个读、写周期中均处于有效状态，这是与其他芯片不同之处。

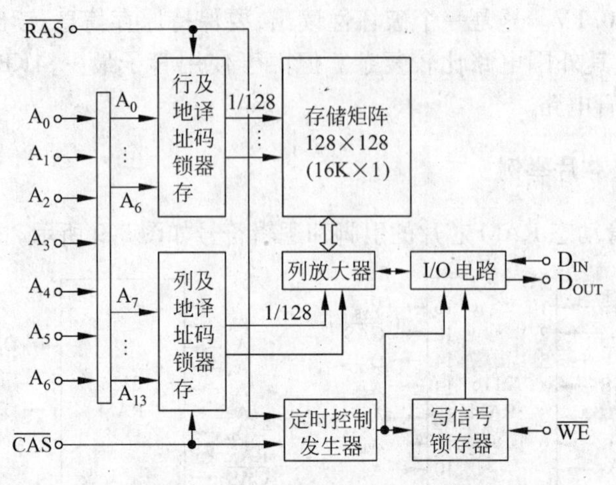

图 5-10　Intel 2116 内部结构框图

此外,地址输入线 $A_0 \sim A_6$ 还用作刷新地址的输入端,刷新地址由 CPU 内部的刷新寄存器 R 提供。

与 Intel 2116 芯片类似的还有 2164、3764、4164 等 DRAM 芯片。

综上所述,动态基本存储电路所需管子的数目比静态的要少,提高了集成度,降低了成本,存取速度快。但由于要刷新,需要增加刷新电路,外围控制电路比较复杂。静态 RAM 尽管集成度低些,但静态基本存储电路工作较稳定,也不需要刷新,所以外围控制电路比较简单。

5.3　只读存储器

5.3.1　只读存储器存储信息的原理和组成

ROM 的存储元件如图 5-11 所示,它可以看作是一个单向导通的开关电路。当字线上加有选中信号时,如果电子开关 S 是断开的,位线 D 上将输出信息 1;如果 S 是接通的,则位线 D 经 T_1 接地,将输出信息 0。

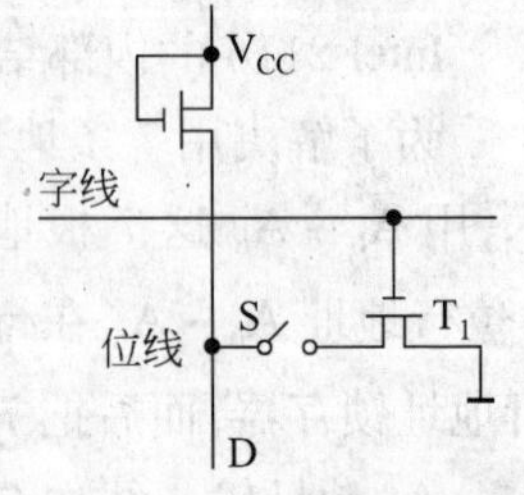

图 5-11　ROM 存储元件

ROM 的组成结构与 RAM 相似,一般也是由地址译码电路、存储矩阵、读出电路及控制电路等部分组成。图 5-12 是有 16 个存储单元、字长为 1 位的 ROM 示意图。16 个存储单元,地址码应为 4 位,因采用复合译码方式,其行地址译码和列地址译码各占两位地址码。对某一固定地址单元而言,仅有一根行选线和一根列选线有效,其相交单元即为选中单元,再根据被选中单元的开关状态,数据线上将读出 0 或 1 信息。例如,若地址 $A_3 \sim A_0$ 为 0110,则行选线 X_2 及列选线 Y_1 有效(输出低电平),图 5-12 中,有 * 号的单元被选中,其开关 S 是接通的,故读出的信息为 0。当片选信号有效时,打开三态门,被选中单元所存信息即可送至外面的数据总线上。图 5-12 所示的仅是 16 个存储单元的 1 位, 8 个这样的阵列,才能组成一个 16 ×8 位的 ROM 存储器。

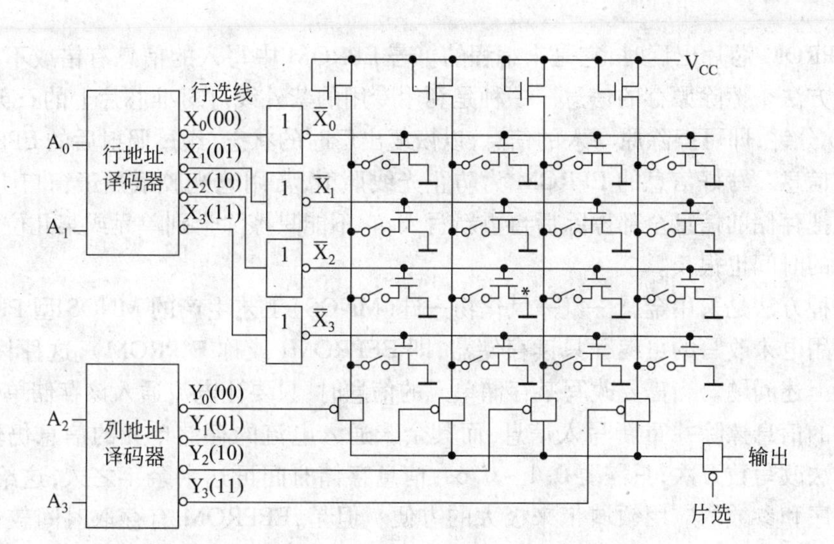

图 5-12　16×1 位 ROM 结构图

5.3.2　只读存储器的分类

1. 不可编程掩模式 MOS 只读存储器

不可编程掩模式 MOS ROM 又称为固定存储器，其内部存储矩阵的结构如图 5-12 所示。它是由器件制造厂家根据用户事先编好的机器码程序，把 0 和 1 信息存储在掩模图形中而制成的 ROM 芯片。这种芯片制成以后，它的存储矩阵中每个 MOS 管所存储的信息 0 或 1 被固定下来，不能再改变，而只能读出。如果要修改其内容，只有重新制作。因此，它只适用于大批量生产，不适用于科学研究。

2. 可编程只读存储器

为了克服上述掩模式 MOS ROM 芯片不能修改内容的缺点，设计了一种可编程序的只读存储器 PROM(Programmable ROM)，用户在使用前可以根据自己的需要编制 ROM 中的程序。

熔丝式 PROM 的存储电路相当于图 5-11 的 ROM 存储元件原理图，其中的电子开关 S 改为一段熔丝，熔丝可用镍铬丝或多晶硅制成。假定在制造时，每一单元都由熔丝接通，则存储的都是 0 信息。如果用户在使用前根据程序的需要，利用编程写入器对选中的基本存储电路通以 20～50mA 的电流，将熔丝烧断，则该单元将存储信息 1。这样，便完成了程序修改。由于熔丝烧断后，无法再接通，所以，PROM 只能一次编程。编程后，不能再修改。

3. 可擦除、可再编程的只读存储器

PROM 芯片虽然可供用户进行一次修改程序，但仍很局限。为了便于研究工作，试验各种 ROM 程序方案，就研制了一种可擦除、可再编程的 ROM，即 EPROM(Erasable PROM)。

在 EPROM 芯片出厂时,它是未编程的。若 EPROM 中写入的信息有错或不需要时,可用两种方法来擦除原存的信息。一种是利用专用的紫外线灯对准芯片上的石英窗口照射 15 ~ 20 分钟,即可擦除原写入的信息,以恢复出厂时的状态,经过照射后的 EPROM,就可再写入信息。写好信息的 EPROM 为防止光线照射,常用遮光胶纸贴于窗口上。这种方法只能把存储的信息全部擦除后再重新写入,它不能只擦除个别单元或某几位的信息,而且擦除的时间也很长。

另一种方法是采用金属—氮—氧化物—硅(MNOS)工艺生产的 MNOS 型 PROM,它是一种利用电来改写的可编程只读存储器,即 EEPROM(或称 E^2PROM),这种只读存储器能解决上述问题。当需要改写某存储单元的信息时,只要让电流通入该存储单元,就可以将其中的信息擦除并重新写入信息,而其余未通入电流的存储单元的信息仍然保留。用这种方法改写数万次,只需要 0.1 ~ 0.6s,信息存储时间可达十余年之久,这给需要经常修改程序和参数的应用领域带来极大的方便。但是,EEPROM 有存取时间较慢,完成改写程序需要较复杂的设备等缺点。

5.3.3 常用 ROM 芯片举例

1. Intel 2716 芯片

1) Intel 2716 的引脚与内部结构

2716 EPROM 芯片的容量为 2K ×8 位,采用 MNOS 工艺和双列直插式封装,其引脚、逻辑符号及内部结构如图 5-13 所示。

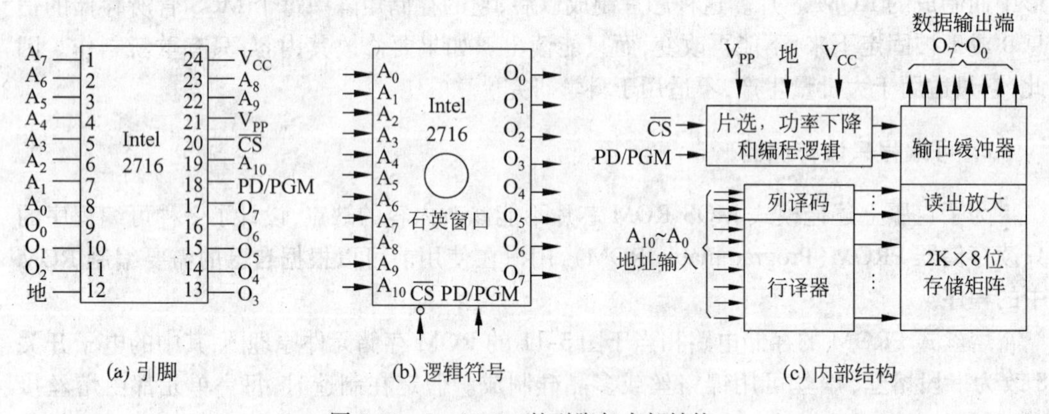

图 5-13 Intel 2716 的引脚与内部结构

2716 有 24 条引脚。

- A_{10} ~ A_0: 11 条地址输入线,可寻址 2716 芯片内部的 2K 存储单元。其中 7 条用于行译码,以选择 128 行中的一行;4 条用于列译码,用以选择 16 组中的一组。被选中的一组,8 位同时读出。
- O_7 ~ O_0: 8 位数据输入、输出线,都通过缓冲器输入、输出。对 2716 进行编程写入时是输入线,用来输入要写入的信息;当 2716 处于正常读出时,O_7 ~ O_0 是输出线,用来输出 2716 中存储的信息。

- $\overline{CS}$：片选信号。当$\overline{CS}$ =0 时，允许对 2716 读出。
- PD/PGM：输入信号线，它是待机/编程的控制信号。
- V_{PP}：编程电源。在编程写入时，V_{PP} = +25V，正常读出时，V_{PP} = +5V。
- V_{CC}：工作电源，为 +5V。

2) 2716 的工作方式

2716 的工作方式如表 5-3 所示。

表 5-3　2716 的工作方式

引脚 方式	PD/PGM	$\overline{CS}$	V_{PP}/V	数据总线状态
读出	0	0	+5	D_{OUT}(输出)
未选中	×	1	+5	高阻抗
待机	1	×	+5	高阻抗
编程输入	宽 52ms 的正脉冲	1	+25	D_{IN}(输入)
校验编程内容	0	0	+25	D_{OUT}
禁止编程	0	1	+25	高阻抗

(1) 读出方式。在$\overline{CS}$ =0 时，此方式可以将被选中的存储单元的内容读出。

(2) 未选中。当$\overline{CS}$ =1 时，不论 PD/PGM 的状态如何(除加上宽 52ms 的正脉冲这一状态之外)，2716 均未选中，数据总线呈高阻抗，即该芯片的输出被禁止送上数据总线。

(3) 待机。当 PD/PGM =1 时，2716 处于待机方式。这种方式和未选中方式类似，但其功耗由 525MW 下降到 132MW，所以又称为功率下降方式。这时数据总线呈高阻抗。

(4) 编程输入。若要向 2716 写入程序，应使 V_{PP} = +25V，$\overline{CS}$ =1，把要写入数据的单元地址送上地址总线，数据送上数据总线，然后在 PD/PGM 端加上 52ms 宽的正脉冲，就可以将数据线上的信息写入指定的地址。如对 2K 地址全部编程，需要 100s 以上的时间。

(5) 校验编程内容方式。此方式与读出方式基本相同，只是 V_{PP} = +25V。在完成编程后，可将 2716 中的信息读出，与写入的内容进行比较，以确定编程内容是否已经正确地写入。

(6) 禁止编程方式。此方式禁止把数据总线上的信息写入 2716。

与 2716 属于同一类的常用 EPROM 芯片还有 2732、2764、27128、27256、27512 以及 271024 等，它们的内部结构与外部引脚分配基本相同，主要是存储容量逐次成倍递增为 4K×8 位、8K×8 位、16K×8、32K×8 位、64K×8 位以及 128K×8 位等。

2. Intel 2732 芯片

2732 EPROM 芯片的容量为 4K×8 位，采用 HNMOS-E(高速 NMOS 硅栅)工艺制造和双列直插式封装。

2732 EPROM 芯片也是 24 条引脚，与 2716 相似，只是将其 21 引脚由 V_{PP}改为 A_{11}，20 引脚由$\overline{CS}$改为$\overline{OE}$与 V_{PP}共用，而将 18 引脚由 PD/PGM 改为$\overline{CE}$，其他引脚功能不变。即：

$A_{11} \sim A_0$：12 条地址输入线，可寻址 2732 芯片内部的 4K 存储单元。

$O_7 \sim O_0$：8 位数据输入及输出线，都通过缓冲器输入和输出。

$\overline{CE}$与$\overline{OE}$：两条控制线。$\overline{CE}$为片选控制线，低电平有效。$\overline{OE}$为芯片编程后存储单元信息读出控制线，低电平有效。

V_{PP}：编程电源。V_{PP}与$\overline{OE}$共用一条引脚，在编程时应输入规定的编程电压，一般 V_{PP} 有 12.5V 和 +25V 两种。

V_{CC}：工作电压，为 +5V。

GND：地线。

2732 EPROM 的工作方式如表 5-4 所示。

表 5-4　2732 EPROM 的工作方式

引脚 / 方式	$\overline{CE}$(18)	$\overline{OE}/V_{PP}$(20)	A_9(22)	V_{CC}(24)	输出 (9～11,13～17)
读	V_{IL}	V_{IL}	×	+5V	D_{OUT}
输出禁止	V_{IL}	V_{IH}	×	+5V	高阻抗
待机	V_{IH}	×	×	+5V	高阻抗
编程	V_{IL}	V_{PP}	×	+5V	D_{INT}
编程禁止	V_{IH}	V_{PP}	×	+5V	高阻抗
读标识码	V_{IL}	V_{IL}	V_H	+5V	标识码

与 2732 属于同一类的常用 EPROM 芯片还有 2764、27128、27256、27512 以及 271024 等，它们的内部结构与外部引脚分配基本相同，主要是存储容量逐次成倍递增为 4K×8 位、8K×8 位、16K×8 位、32K×8 位、64K×8 位以及 128K×8 位等。

3. E²PROM 芯片

常用的 E²PROM 芯片有 2816/2816A、2817/2817A/2864A 等。其中，以 2864A 的 8K×8b的容量为最大，它与 6264 兼容。其主要特点是能像 SRAM 芯片一样读写操作，在写之前自动擦除原内容。但它并不能像 RAM 芯片那样随机读写，而只能有条件地写入，即只有当一个字节或一页数据编程写入结束后，方可以写入下一个字节或下一页数据。在 E²PROM 的应用中，若需读某一个单元的内容，只要执行一条存储器读指令，即可读出；若需对其内容重新编程，可在线直接用字节写入或页写入方式写入。

4. Flash ROM 芯片

常用的 Flash ROM 芯片类型和型号很多。例如，AMD 28F020/12V(2MB)、29F002(N)T/5V(2MB)、29F400BT/5V(4MB)等；INTEL E82802AB/3.3V(4MB)、E82802AC/3.3V(8MB)等。

在 Pentium CPU 以上的主板中普通采用了 Flash ROM 芯片来作为 BIOS 程序的载体。Flash ROM 也称为闪速存储器，在本质上属于 E²PROM。平常情况下 Flash ROM 与 EPROM 一样是禁止写入的，在需要时，加入一个较高的电压就可以写入或擦除。为预防误操作删除 Flash ROM 中的内容导致系统瘫痪，一般都在 Flash ROM 中固化了一小块启动程序(BOOT BLOCK)用于紧急情况下接管系统的启动。

一般主板上有关Flash ROM的跳线开关用于设置BIOS的只读/可读写状态。关机后在主板上找到它将其设置为可写(Enable或Write),重新开机,即可重写BIOS升级。Flash ROM升级需要两个软件:一个是Flash ROM写入程序,一般由主板附带的驱动程序盘提供;另一个是新版BIOS的程序数据,需要到Internet或BBS上下载。升级前检查BIOS数据的编号及日期,确认它是否比本机正使用的BIOS版本更新,同时也应检查它与现行BIOS是否是同一产品系列,如TX芯片组的BIOS不宜用于VX的主板,避免出现不兼容问题。BIOS升级程序只能在DOS实模式运行,因此,开机启动时应按F5跳过Config.sys和Autoexec.bat,并且不能进入Windows。

5.4 存储器的扩充及其与CPU的连接

本节要解决两个问题:一个是如何用容量较小而且字长较短的芯片,组成微机系统所需的存储器;另一个是存储器与CPU的连接方法与应注意的问题。

5.4.1 存储器的扩充

1. 位数的扩充

用1位或4位的存储器芯片构成8位的存储器,可采用位并联的方法。例如,可以用8片2K×1位的芯片组成容量为2K×8位的存储器,如图5-14所示。这时,各芯片的数据线分别接到数据总线的各位,而地址线的相应位及各控制线,则并联在一起。图5-15则是用2片1K×4位的芯片,组成1K×8位的存储器的情况。这时,一片芯片的数据线接数据总线的低4位,另一片芯片的数据线则接数据总线的高4位。而两片芯片的地址线及控制线则分别并联在一起。

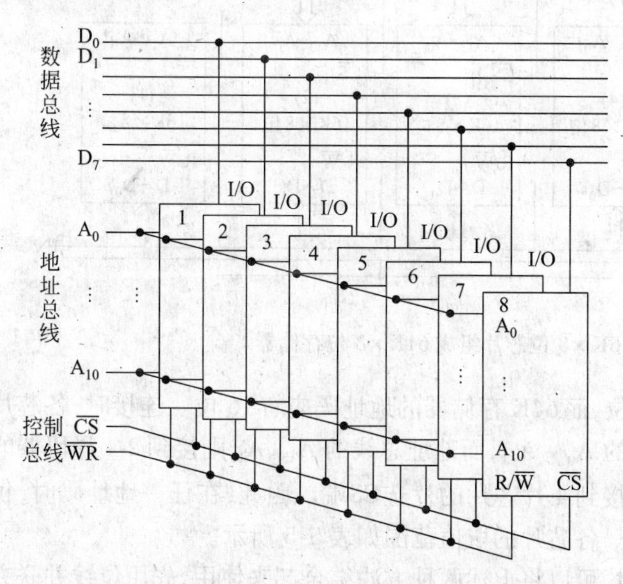

图5-14 用2K×1位芯片组成2K×8位存储器

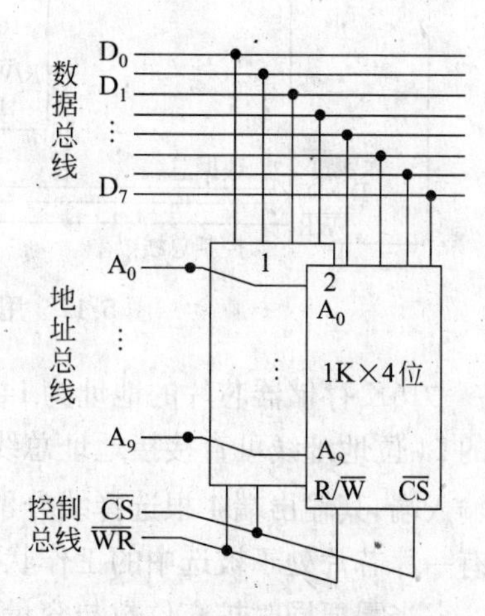

图5-15 用1K×4位芯片组成1K×8位存储器

2. 地址的扩充

当扩充存储容量时,采用地址串联的方法。这时,要用到地址译码电路,以其输入的地址码来区分高位地址,而以其输出端的控制线来对具有相同低位地址的几片存储器芯片进行片选。

地址译码电路是一种可以将地址码翻译成相应控制信号的电路。有 2-4 译码器,3-8 译码器等。例如,图 5-16 所示是一个 2-4 译码器,输入端为 A_0、A_1 位地址码,输出为 4 根控制线,对应于地址码的 4 种状态,不论地址码 A_0、A_1 为何值,输出总是只有一根线处于有效状态,如逻辑关系表中所示,输出以低电平为有效。

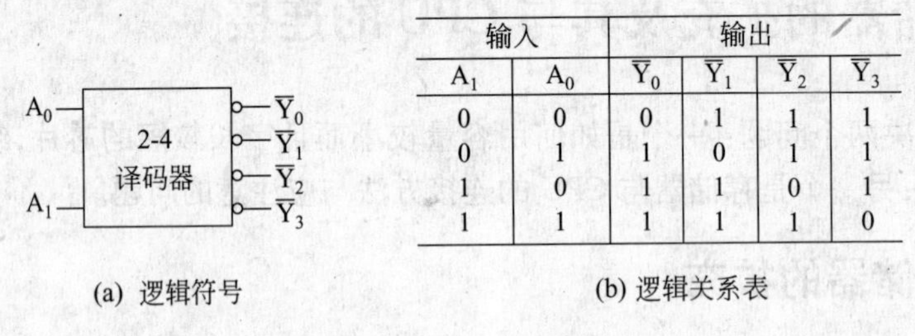

输入		输出			
A_1	A_0	$\overline{Y}_0$	$\overline{Y}_1$	$\overline{Y}_2$	$\overline{Y}_3$
0	0	0	1	1	1
0	1	1	0	1	1
1	0	1	1	0	1
1	1	1	1	1	0

(a) 逻辑符号　　(b) 逻辑关系表

图 5-16　2-4 译码器

图 5-17 给出了用 4 片 16K ×8 位的存储器芯片(或是经过位扩充的芯片组)组成 64K ×8 位存储器连接线路示意图。

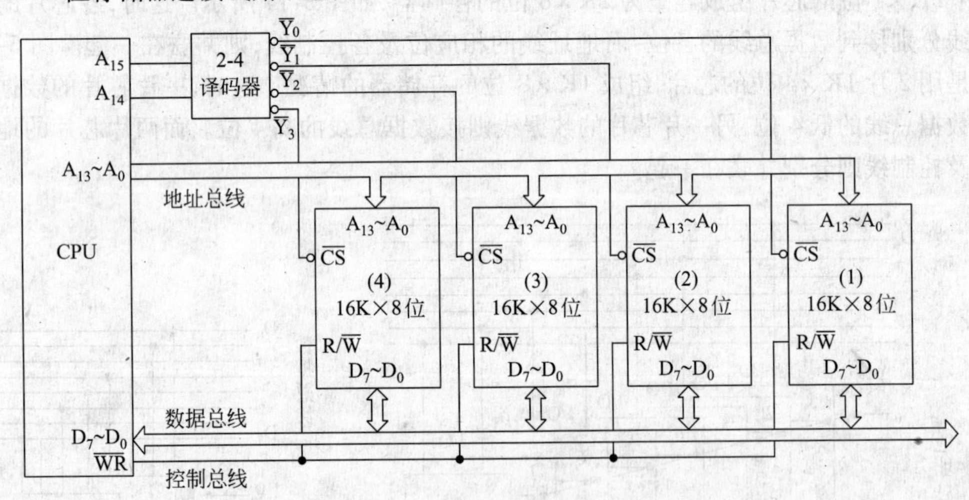

图 5-17　用 16K ×8 位芯片组成 64K ×8 位存储器

16K 存储器芯片的地址为 14 位,而 64K 存储器的地址码应有 16 位。连接时,各芯片的 14 位地址线可直接接地址总线的 A_0 ~ A_{13},而地址总线的 A_{15}、A_{14} 则接到 2-4 译码器的输入端,其输出端 4 根选择线分别接到 4 片芯片的片选 $\overline{CS}$ 端。因此,在任一地址码时,仅有一片芯片处于被选中的工作状态,各芯片的取值范围如表 5-5 所示。

当需要同时扩充位数与容量时,可以将上述两种方法结合起来使用,先用位线并联方法,再用地址扩充方法。

表 5-5　存储器芯片取址范围

地址			译码器输出	选中的工作芯片	地址范围
A_{15}	A_{14}	$A_{13} \sim A_0$			
0	0	从全 0 到全 1	$\overline{Y}_0$	1 号	0000H ~ 3FFFH
0	1	从全 0 到全 1	$\overline{Y}_1$	2 号	4000H ~ 7FFFH
1	0	从全 0 到全 1	$\overline{Y}_2$	3 号	8000H ~ BFFFH
1	1	从全 0 到全 1	$\overline{Y}_3$	4 号	C000H ~ FFFFH

5.4.2　存储器与 CPU 的连接

存储器与 CPU 的连接主要是涉及两者之间地址线、数据线和控制线的对应连接。

1. 只读存储器与 8086 CPU 的连接

ROM、PROM 或 EPROM 芯片都可以与 8086 系统总线连接,实现程序存储器。例如,2716、2732、2764 和 27128 这一类 EPROM 芯片,由于它们是按 1 字节宽度组织的,因此,在连接到 8086 系统时,为了存储 16 位指令字,要使用两片这类芯片并联组成一组。

图 5-18 给出了两片 2732 EPROM 与 8086 系统总线的连接示意图。该存储器子系统提供了 4K 字的程序存储器(即存放指令代码的只读存储器)。图中,上下两片 2732 芯片分别代表了高 8 位与低 8 位存储体;为了寻址 4K 字存储单元,将 8086 系统的 $A_{12} \sim A_1$ 这 12 根地址线接至两片 2732 的 $A_{11} \sim A_0$ 引脚上;8086 其余的高位地址线和 $M/\overline{IO}$(高电平)控制信号(图中未画出)用来译码产生片选信号$\overline{CS}$并接至 2732 的片选端$\overline{CE}$,而两片 2732 的输出允许端$\overline{OE}$将和 8086 系统的控制信号$\overline{RD}$(最小方式时)或$\overline{MRDC}$(最大方式时)连接,只有在$\overline{CE}$和$\overline{OE}$同时为低电平时,2732 才能把被选中存储单元的指令代码读出到数据总线上去。

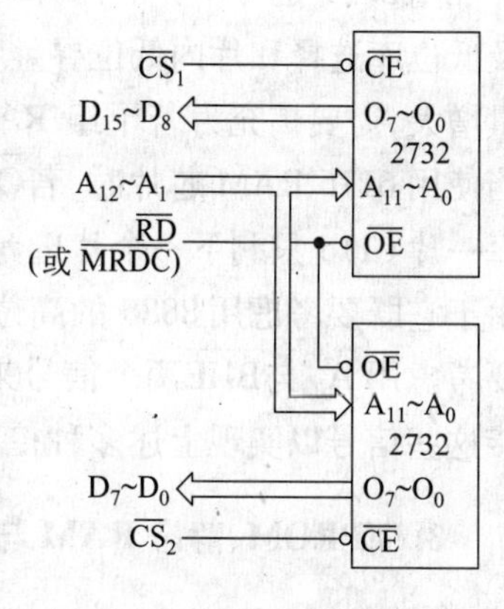

图 5-18　两片 2732 组成 4K 字程序存储器

2. 静态 RAM 与 8086 CPU 的连接

一般,当微机系统的存储器容量少于 16K 字时,宜采用静态 RAM 芯片,因为大多数动态 RAM 芯片都是以 16K ×1 位或 64K ×1 位组织的,并且,动态 RAM 芯片还要求动态刷新电路,这种附加的支持电路会增加存储器的成本。

8086 CPU 无论是在最小方式或最大方式下,都可以寻址 1MB 的存储单元,存储器均按字节编址。图 5-19 给出了 2K 字的读写存储器子系统。存储器芯片选用静态 RAM

6116(2K×8 位)。该存储器子系统接成最小工作方式,由两片 6116 构成 2K 字的数据存储器。8086 可以通过软件从存储器中读取字节、字和双字数据。

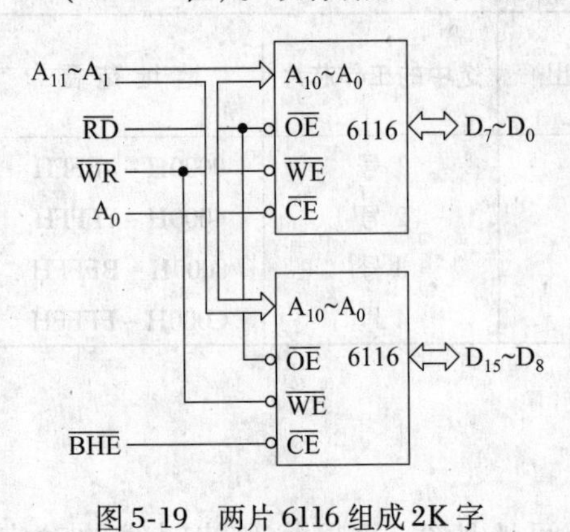

图 5-19　两片 6116 组成 2K 字数据存储器

在图 5-19 中,上面的一片 6116 用作低 8 位 RAM 存储体,它的 I/O 引线和数据总线 D_7 ~ D_0 相连,它代表偶数地址字节数据;下面的一片 6116 用作高 8 位 RAM 存储体,它的 I/O 引线和数据总线 D_{15} ~ D_8 相连,它代表了奇数地址字节数据。利用 A_0 与 $\overline{BHE}$ 可对偶数地址的低位库与奇数地址的高位库分别进行选择。数据的读出或写入,在保持 6116 的片选信号 $\overline{CE}$ 为低电平的同时,将取决于输出允许信号 $\overline{OE}$ 或者写允许信号 $\overline{WE}$ 为低电平。例如,在执行偶地址边界上的字操作时,8086 将使 A_0 与 $\overline{BHE}$ 都为低电平。这样,两个存储体都被允许执行读写操作,读写数据的高位字节和低位字节将同时在 16 位数据总线上传送。若此时 $\overline{OE}=0$ 而 $\overline{WE}=1$,则字数据将从所选中的存储单元读出;反之,若此时 $\overline{OE}=1$ 而 $\overline{WE}=0$,则字数据将从数据总线上写入被选中的存储单元。

图 5-19 是一个只有两片一组其容量为 2K 字 RAM 子系统,故只有组内两片间的高及低位库选择和片内低位寻址,而没有若干组之间的高位片选。如果 RAM 子系统的容量增大,需要扩充为若干组 RAM 芯片,那么,就会涉及到组与组之间的高位片选问题。当使用 6116 RAM 芯片时,若 $\overline{OE}$ 与 $\overline{WE}$ 已分别接至 8086 系统的 $\overline{RD}$ 与 $\overline{WR}$ 两条控制线,则每一片 6116 只剩下一个片选允许信号端 $\overline{CE}$ 可供作为唯一的片选信号端 $\overline{CS}$ 来使用;这时,由于它既要考虑用 8086 的高位地址线和 $M/\overline{IO}$(高电平)控制信号来控制片选信号 $\overline{CS}$,又要考虑用 A_0 与 $\overline{BHE}$ 两个信号来控制选择高、低位库,因此,必须同时通过逻辑电路来连接这些信号以实现上述多种控制要求。

3. EPROM、静态 RAM 与 8086 CPU 连接的实例

图 5-20 给出了 8086 CPU 组成的单处理器系统的典型结构。其中,8086 接成最小工作方式($MN/\overline{MX}$ 引脚置逻辑高电平)。当机器复位时,8086 将执行 FFFF0H 单元的指令。

本系统具有 32K 字节的 EPROM 区,使用了 8 片 2732(4K×8 位)EPROM 芯片,分别以 U_{32} ~ U_{39} 表示。这 8 个芯片按每两片一组分别组成 4 组 4K 字的 EPROM 区,它们分别用 A_{19} ~ A_{13} 这 7 条地址线和 $M/\overline{IO}$ 线以及 $\overline{RD}$ 线作为输入信号,通过 U_{22}(74LS138 译码器)的 4 个输出端信号 $\overline{Y}_4$ ~ $\overline{Y}_7$ 控制该 4 组 2732 的输出允许信号端 $\overline{OE}$。同时,还要用 8086 的 A_0 与 $\overline{BHE}$ 两个信号来控制各组内两片高、低位库的选择。显然,U_{32}、U_{34}、U_{36}、U_{38} 是受 A_0 控制的偶数地址低位库,而 U_{33}、U_{35}、U_{37} 与 U_{39} 是受 $\overline{BHE}$ 控制的奇数地址高位库。并且,4 组 EPROM 的地址范围可以很容易被确定,如表 5-6 所示。

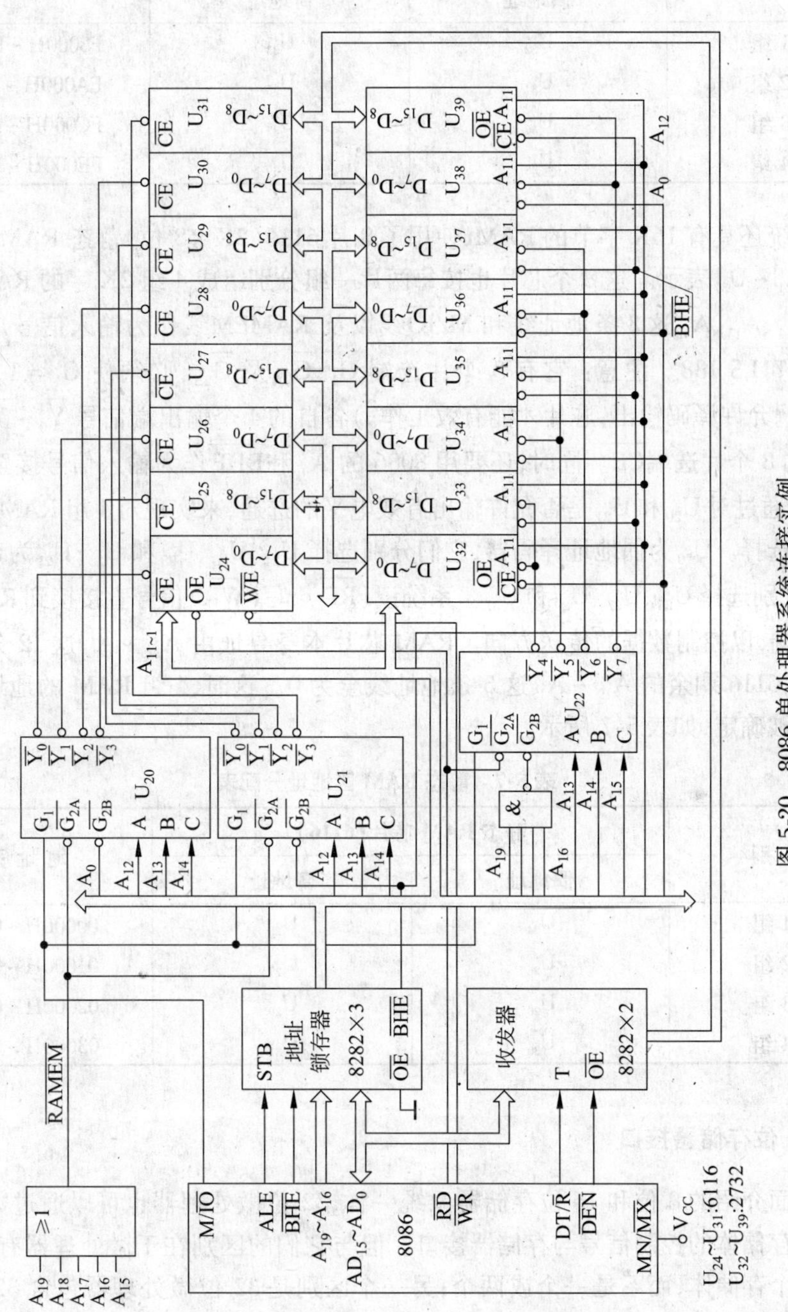

图5-20 8086单处理器系统连接实例

表 5-6 EPROM 区地址分配表

组 别	EPROM 芯片(2732)		地址范围
	偶地址	奇地址	
第 1 组	U_{32}	U_{33}	F8000H ~ F9FFFH
第 2 组	U_{34}	U_{35}	FA000H ~ FBFFFH
第 3 组	U_{36}	U_{37}	FC000H ~ FDFFFH
第 4 组	U_{38}	U_{39}	FE000H ~ FFFFFH

本系统还具有 16K 字节的 RAM,使用了 8 片 6116(2K ×8 位)静态 RAM 芯片,它们分别以 U_{24} ~ U_{31}表示。这 8 个芯片也按每两片一组分别组成 4 组 2K 字的 RAM 区,它们分别用 A_{14}、A_{13}、A_{12}这 3 条地址线和 $M/\overline{IO}$线以及 $\overline{RAMEM}$线作为输入信号,通过 U_{20} 和 U_{21}(均为 74LS 138。注意:它有 3 个片选端 G_1、$\overline{G}_{2A}$ 及 $\overline{G}_{2B}$,必须使 $G_1=1$,$\overline{G}_{2A}=0$ 及 $\overline{G}_{2B}=0$ 时。允许译码输出,芯片才能有效工作。)各自的 4 个输出端信号 $\overline{Y}_0$ ~ $\overline{Y}_3$ 控制该 4 组 6116 的 8 个片选端$\overline{CE}$。同时,还要用 8086 的 A_0 和BHE作为输入信号接至 U_{20}和 U_{21} 的 $\overline{G}_{2B}$端,通过对 U_{20}和 U_{21}是否允许输出有效电平的选通,来实现对 4 组 RAM 芯片内高、低位库的选择。U_{20}为偶地址译码器,它们分别选择 U_{24}、U_{26}、U_{28}和 U_{30};U_{21}为奇地址译码器,它们分别选择 U_{25}、U_{27}、U_{29}和 U_{31}。系统读($\overline{RD}$)、写($\overline{WR}$)信号直接接到 RAM 芯片的 OE和$\overline{WE}$端,以控制数据的传送方向。RAM 芯片本身寻址由 A_{11} ~ A_0 这 12 条地址线决定。此外,6116 剩余的 A_{19} ~ A_{15}这 5 条地址线全为 0。这时,4 组 RAM 的地址范围也可以很容易被确定,如表 5-7 所示。

表 5-7 静态 RAM 区地址分配表

组 别	静态 RAM 芯片(6116)		地址范围
	偶地址	奇地址	
第 1 组	U_{24}	U_{25}	00000H ~ 00FFFH
第 2 组	U_{26}	U_{27}	01000H ~ 01FFFH
第 3 组	U_{28}	U_{29}	02000H ~ 02FFFH
第 4 组	U_{30}	U_{31}	03000H ~ 03FFFH

4. 32 位存储器接口

与前面介绍的 8 位和 16 位存储器系统一样,32 位微处理器也可以通过数据总线和选择独立存储体的控制信号与存储器接口。但与它们的区别在于微处理器有 32 位数据总线和 4 个存储体,而不是一个或两个;另一个区别是 32 位微处理器包含 32 位地址总线,并且由于它们的地址线数目,通常需要用 PLD 可编程译码器作为地址译码器而不是用集成电路作为地址译码器。

这里,用 80386DX 和 80486(SX 和 DX)为例讨论 32 位存储器接口。

1) 32 位存储体

80386DX 和 80486 微处理器的存储体系统组织如图 5-21 所示。该存储器系统包括

4 个 8 位存储体，每个存储体最多有 1GB 存储器。存储体选择由存储体选择信号 $\overline{BE_3}$、$\overline{BE_2}$、$\overline{BE_1}$ 和 $\overline{BE_0}$ 来实现。如果传送一个 32 位数，则所有 4 个存储体都应被选中；如果传送一个 16 位数，则需要两个存储体（通常是 $\overline{BE_3}$ 和 $\overline{BE_2}$ 或 $\overline{BE_1}$ 和 $\overline{BE_0}$）被选中；如果传送一个8 位数，则只需要一个存储体被选中。

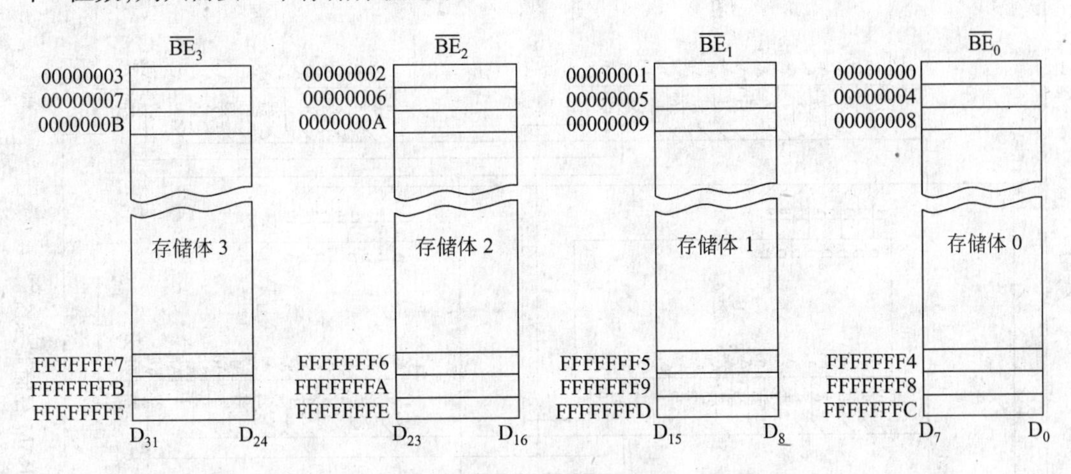

图 5-21　80386DX 和 80486 微处理器的存储体组织

2）32 位存储器接口

32 位存储器接口需要有 4 个存储体写选通信号并译码 32 位地址。但没有一个集成的译码器（如 74LS138）适合作为 32 位微处理器的存储器接口。因此，需要使用可编程译码器 PLD 器件。有 3 种 PLD 器件能以同样的方式工作，但名字不同：PLA（可编程逻辑阵列）、PAL（可编程阵列逻辑）和 GAL（门阵列逻辑）。这些器件虽然早已于 20 世纪 70 年代中期就已推出，但只是最近才用于存储器接口设计中。其中，PAL 和 PLA 与 PROM 一样都是熔丝型可编程器件，一些 PLD 器件为可擦除器件（同于 EPROM）。

图 5-22 给出了 80486 微处理器的一个 256K ×8 存储器系统。该存储器接口使用了 8 个 32K ×8 SRAM 存储器件和两个 PAL16L8 器件。需要两个 PAL16L8 器件是因为微处理器的地址线数较多。此系统使 SRAM 存储器位于存储单元 02000000H ~ 0203FFFFH。

5. 64 位存储器接口

64 位存储器接口原理和 32 位存储器接口原理一样，只是它包含 8 个存储体而不是 4 个。

图 5-23 给出了一个小型 Pentium ~ Pentium 4 系统的 64 位存储器接口。该系统使用了两片 PAL16L8 可编程译码器，地址位 A_{19} ~ A_{28} 由 PAL16L8 U_2 进行译码，地址位 A_{29} ~ A_{31} 由 PAL16L8 U_1 进行译码。该系统包含 8 个 27512EPROM 存储器件（64K ×8），它们与 Pentium ~ Pentium 4 接口，地址范围为 FFF80000H ~ FFFFFFFFH。

注意：Pentium Pro 至 Pentium 4 可以被配置为 36 条地址线，这样可允许微处理器最大寻址 64GB 存储器空间。

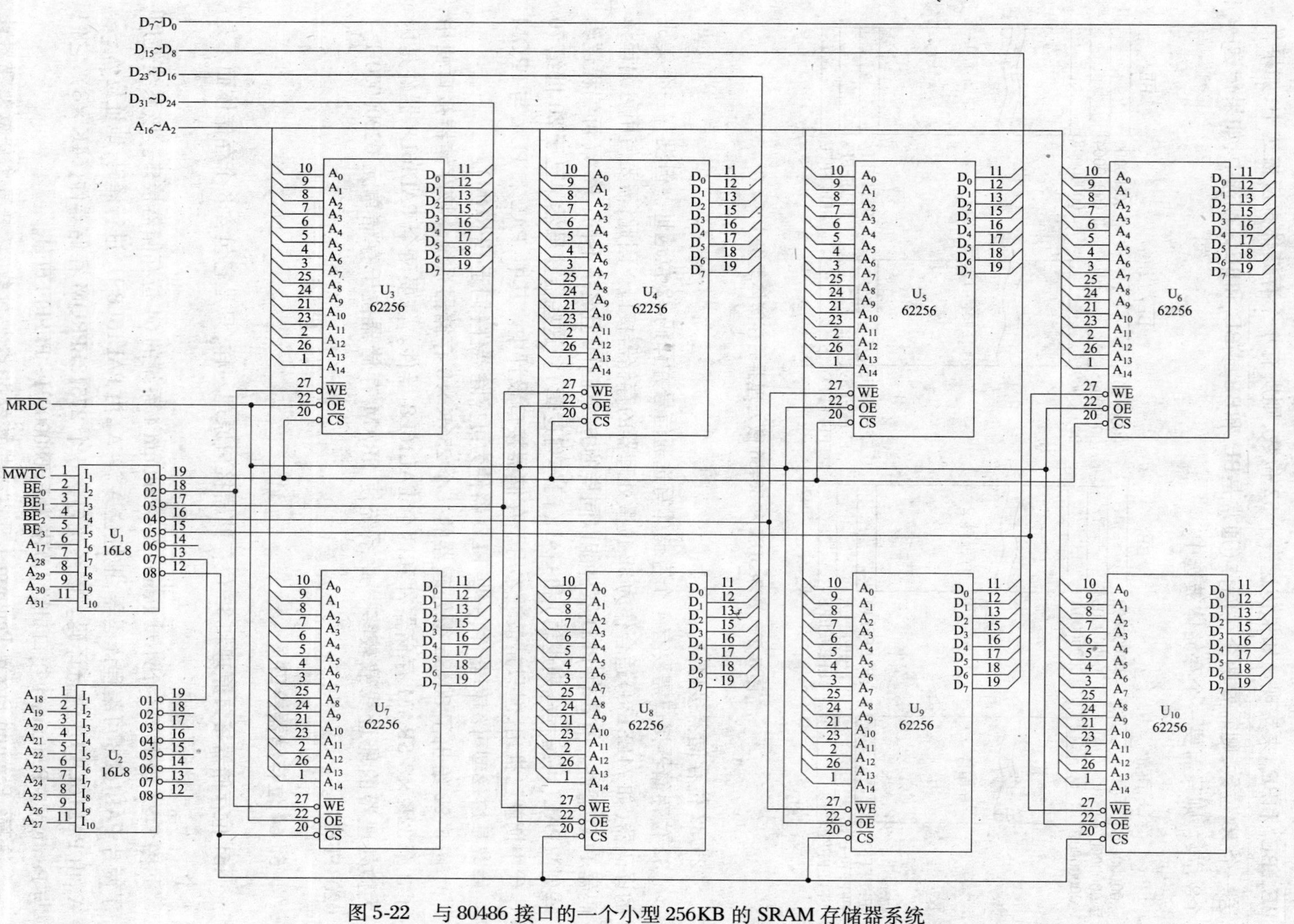

图 5-22 与 80486 接口的一个小型 256KB 的 SRAM 存储器系统

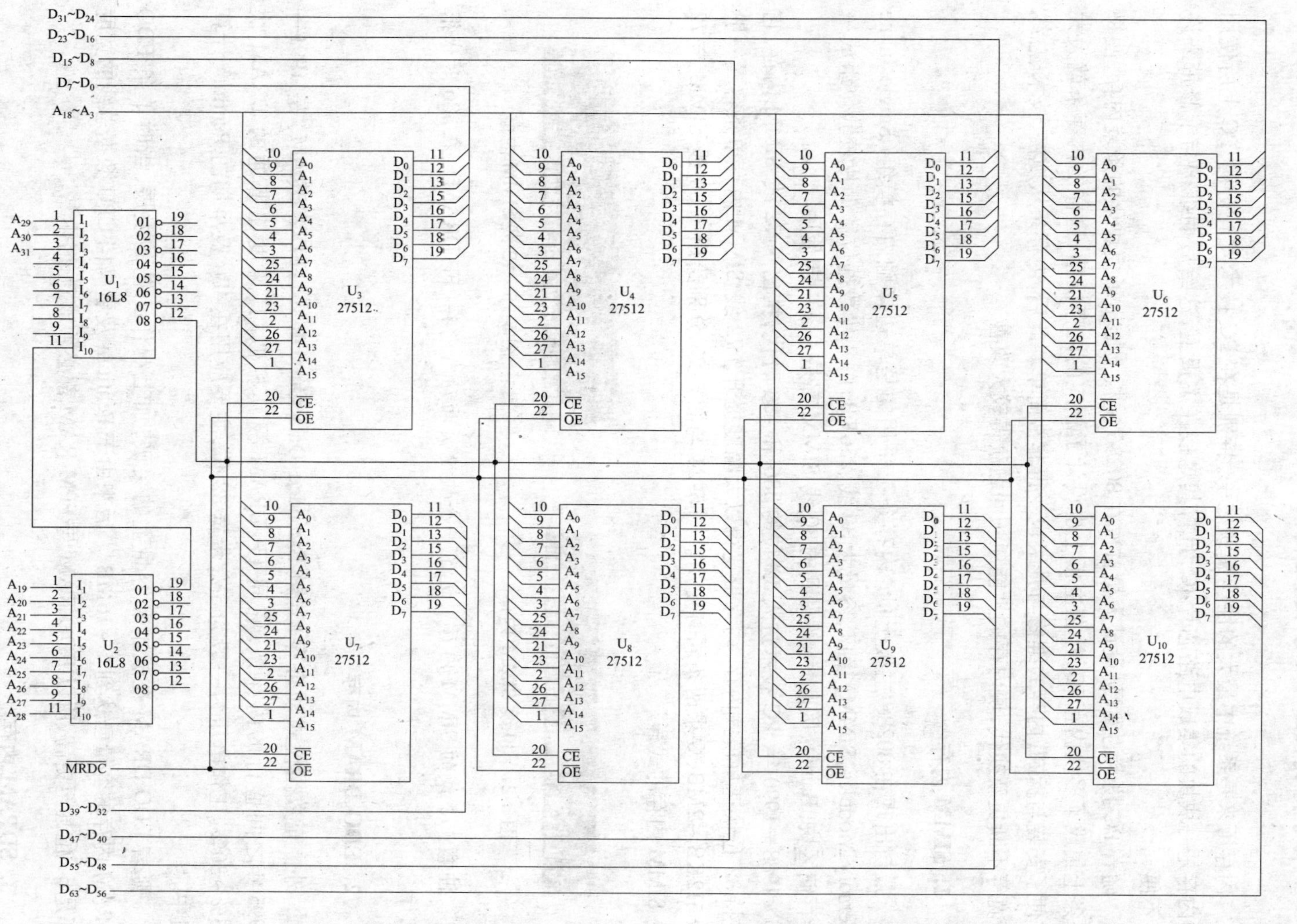

图 5-23　与 Pentium ~ Pentium 4 接口的一个小型 512KB 的 EPROM 存储器

5.5 内存条技术的发展

内存历来是系统中最大的性能瓶颈之一，特别是在PC技术发展初期，PC上所使用的内存是一块块的集成电路芯片IC，且将其焊接在主板上，这给后期维护与维修带来许多不便。

随着PC技术的发展，设计人员首次在80286主板上推出了模块化的条装内存，使每一条上集成了多块内存IC，并在主板上也设计了相应的内存插槽，这样的内存条就大大方便了安装与拆卸，内存的维修与升级也变得非常简单。此后，内存条从规格、技术、总线带宽等不断更新换代，使内存的性能瓶颈问题获得较大改善。

1. SIMM内存

最初出现在80286主板上的"内存条"，采用的是单边接触内存模组(Single Inline Memory Modules，SIMM)接口，容量为30线、256KB，由8片数据位和1片校验位组成一个存储区块(Bank)，因此，一般见到的30线SIMM都是4条一起使用。

1988—1990年，PC技术进入32位的386和486时代，推出了72线SIMM内存，它支持32位快速页模式内存，内存带宽得以大幅度提升。72线SIMM内存单条容量一般为512KB～2MB，要求两条同时使用。图5-24与图5-25分别给出了30线SIMM与72线SIMM内存的式样。

图5-24　30线SIMM内存

图5-25　72线SIMM内存

注意：72线的SIMM内存引进了一个快速页面动态内存(FP DRAM)，在386时代很流行。

2. EDO DRAM内存

外扩充数据模式动态存储器(Extended Data Out DRAM，EDO DRAM)是1991—1995年之间盛行的内存条，它同FP DRAM极其相似，其速度比普通的DRAM快15%～30%。工作电压为一般为5V，带宽32位，主要应用在486及早期的Pentium计算机中。

随着EDO DRAM在成本和容量上的突破，加上制作工艺的发展，当时单条EDO DRAM内存的容量已达到4～16MB。后来由于Pentium及更高档CPU数据总线的宽度都是64位甚至更高，所以EDO RAM与FPM RAM都必须成对使用。

3. SDRAM内存

自Intel Celeron系列以及AMD K6处理器以及相关的主板芯片组推出后，EDO DRAM内存又被SDRAM内存所取代。

第一代 SDRAM 内存为 PC66 规范，之后有 PC100、PC133、PC150（如图 5-26 所示）等规范。由于 SDRAM 的带宽为 64 位，正好对应 CPU 的 64 位数据总线宽度，因此它只需要一条内存便可工作，便捷性进一步提高。在性能方面，由于其输入输出信号保持与系统外频同步，因此速度明显超越 EDO 内存。

4. Rambus DRAM 内存

SDRAM PC133 内存的带宽可提高到 1064MBps，但仍不能满足后来 CPU 主频的提升需求，于是，Intel 与 Rambus 联合推出了 Rambus DRAM 内存（称为 RDRAM 内存）。与 SDRAM 不同的是，它采用了新一代高速简单内存架构，基于 RISC 理论，可以减少数据的复杂性，使得整个系统性能得到提高（如图 5-27 所示）。硬件技术竞争的特点是频率竞争，由于 CPU 主频的不断提升，Intel 在推出高频 Pentium Ⅲ以及 Pentium 4 CPU 的同时，推出了 Rambus DRAM 内存，它曾一度被认为是 Pentium 4 的绝配。

图 5-26　PC150 SDRAM 内存

图 5-27　Rambus DRAM 内存

尽管如此，Rambus DRAM 内存并未在市场竞争中立足长久，很快被更高速度的 DDR 所取代。

5. DDR 内存

双倍速率 SDRAM（Dual Data Rate SDRAM，DDR SDRAM）简称 DDR，它实际上是 SDRAM 的升级版本，采用在时钟信号上升沿与下降沿各传输一次数据，这使得 DDR 的数据传输速度为传统 SDRAM 的两倍。

DDR SDRAM 内存有 184 个引脚，引脚部分有一个缺口，其作用是在安装内存条时，可以防止插反，还有就是可以用于区分不同类型的内存条。采用 184-Pin DIMM 的 DDR 400 内存条如图 5-28 所示。

图 5-28　DDR 400 内存

6. DDR 2 内存

随着 CPU 性能不断提高，对内存性能的要求也逐步升级。仅靠高频率提升带宽的 DDR 已力不从心，于是 JEDEC 组织推出了 DDR 2 标准，加上 LGA 775 接口的 915/925 以及 945 等新平台开始对 DDR 2 内存的支持，使 DDR 2 内存条成为内存条之星。

DDRII SDRAM 同样采用在时钟上升/下降沿同时进行数据传输的方式，但 DDRII 内存拥有两倍于 DDR 内存预读能力，DDRII 内存的引脚数为 240 针。

7. DDR 3 内存

DDR 3 在 DDR 2 基础上采用的新型设计，包括：

(1) 8 位预取设计(DDR 2 为 4 位预取),这样 DRAM 内核的频率只有接口频率的 1/8,DDR3-800 的核心工作频率只有 100MHz。

(2) 采用点对点的拓扑架构,以减轻地址/命令与控制总线的负担。

(3) 采用 100nm 以下的生产工艺,将工作电压从 1.8V 降至 1.5V。

面向 64 位构架的 DDR 3 显然在频率和速度上拥有更多的优势,在功耗方面 DDR 3 也要出色得多。在 CPU 外频提升迅速的 PC 领域,DDR 3 的应用进一步扩大。

5.6 外部存储器

随着信息量的不断增大,人们对存储介质容量的要求越来越大,对介质的存取速度要求也越来越高。作为外存储器的硬盘、DVD-ROM 等为计算机提供了大容量、永久性存储功能。

硬盘(Hard Disk)是计算机最重要的外部存储设备,包括操作系统在内的各种软件、程序、数据都需要保存在硬盘上,其性能直接影响计算机的整体性能。随着硬盘技术的不断改进,它正朝着容量更大、体积更小、速度更快、性能更高、价格更便宜的方向发展。光盘存储技术是采用磁盘以来最重要的新型数据存储技术,具有容量大、速度高、工作稳定可靠以及耐用性强等许多独特的优良性能,特别适合于多媒体应用技术发展的需要。

5.6.1 硬盘

硬盘是一种固定的存储设备,其存储介质是若干个钢性磁盘片,其特点是速度快、容量大、可靠性高、几乎不存在磨损问题。目前常见的硬盘接口有两种,分别是 IDE 接口和 SATA 接口。常用的硬盘品牌有迈拓(Maxtor)、希捷(Seagate)、IBM、西部数据(Western Digtal)等。图 5-29 给出了硬盘内部图解。

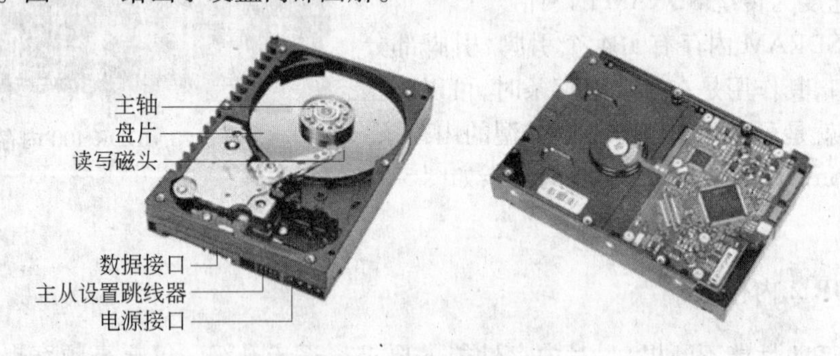

图 5-29　硬盘内部图解

硬盘的核心部件被密封在净化腔体内,而控制电路及外围电路则布置在硬盘背面的一块电路板上,主要是控制硬盘读写数据及硬盘与计算机之间的数据传输。这块电路板上有几颗较大的芯片,包括主控芯片、缓存芯片等。

硬盘作为一种重要的存储部件,其容量就决定着个人计算机的数据存储量大小的能力。

硬盘的容量是以千兆(GB)为单位的。1956 年 9 月 IBM 公司制造的世界上第一台磁盘存储系统只有 5MB,而现今硬盘技术飞速的发展使其容量达到数百千兆。硬盘技术还在继续发展,更大容量的硬盘还将不断推出。

1. 硬盘的组成

硬盘内部的主要组成部件有记录数据的磁头、刚性磁盘、马达及定位系统、电子线路、接口等。

1）硬盘的磁头

一块硬盘存取数据的工作完全是依靠磁头来进行的,磁头是硬盘进行读写的"笔尖",通过全封闭式的磁阻感应读写,将信息记录在硬盘内部特殊的介质上。硬盘磁头的发展先后经历了亚铁盐类磁头(Monolithic Head)、MIG(Metal In GAP)磁头和薄膜磁头(Thinfilm Head)、磁阻磁头(Magneto Resistive Head)等几个阶段。

20 世纪 80 年代末期 IBM 对硬盘发展做了一项重大贡献,即发明了磁阻磁头,这种磁头在设计方面引入了全新的分离式磁头结构,写入磁头仍沿用传统的磁感应磁头,而读取磁头则应用了新型的磁阻磁头(即所谓的感应写及磁阻读)。这种磁头在读取数据时对信号变化相当敏感,使得盘片的存储密度能够比以往 20MB 每英寸提高了数十倍。1991 年IBM 生产的 3.5 英寸的硬盘使用了 MR 磁头,使硬盘的容量首次达到了 1GB,从此硬盘容量开始进入了千兆数量级的时代。1999 年 9 月 7 日,迈拓公司(Maxtor)宣布了首块单碟容量高达 10.2GB 的 ATA 硬盘,从而把硬盘的容量引入了一个新的里程碑。

除上述几种磁头外,技术更为创新的是采用多层结构,用磁阻效应更好的材料制作的 GMR 磁头(Giant Magneto Resistive Heads)已经在 2000 年问世,应用这种技术,可以使目前硬盘的容量在此基础上再提高 10 倍以上。

2）硬盘的磁盘

硬盘内部是由金属磁盘组成的,分为单碟、双碟与多碟。目前主流硬盘的盘片大都是由金属薄膜磁盘构成。除金属薄膜磁盘以外,也有尝试使用玻璃作为磁盘基片的。与金属薄膜磁盘相比,用玻璃作为盘片有利于把硬盘盘片做得更平滑,单位磁盘密度也会更高,同时由于玻璃的坚固特性,新一代的玻璃硬磁盘在性能方面也会更加稳定。但也带来了新的问题,最主要的就是一旦用玻璃材质作为盘片,玻璃材质较之金属材质的脆性就会突出地体现出来。

3）硬盘的马达

硬盘主轴上的马达控制磁头在盘片上高速工作。马达高速运转时所产生的浮力使磁头飘浮在盘片上方进行工作。硬盘在工作时,通过马达的转动将用户需要存取的数据所在的扇区带到磁头下方,马达的转速越快,等待存取记录的时间也就越短。普遍使用的硬盘速度已达 7200RPM,10000RPM 甚至 15000RPM 的硬盘马达肯定不会采用传统意义上的普通滚珠轴承马达,因为随着硬盘转速的不断提高,同时也会带来诸如磨损加剧、温度升高、噪声增大等一系列负面问题。传统的普通滚珠轴承马达无法妥善解决这些问题,于是先前曾广泛应用在精密机械工业上的液态轴承马达(Fluid Dynamic Bearing Motors)被引入到硬盘技术中,使硬盘的抗震能力由以往的 150GB 提高至 1200GB;此外,从理论上讲,液态轴承马达无磨损,使用寿命可以达到无限长。

2. 硬盘的分类

通常,硬盘是按其接口类型分类的。

硬盘接口是硬盘与主机系统间的连接部件,它的作用是在硬盘缓存和主机内存之间传输数据。不同的硬盘接口决定着硬盘与计算机之间数据的传输速度。硬盘接口可分为IDE、SATA、SCSI和光纤通道4种。下面主要介绍前3种接口的硬盘。

1) IDE硬盘

IDE(Integrated Device Electronics)硬盘在计算机中使用广泛,它的另一个名称为ATA(AT Attachment)。ATA、Ultra ATA、DMA、Ultra DMA等接口都属于IDE硬盘。它们通过专用的数据线(40芯IDE排线)与主板的IDE接口相连。图5-30所示为IDE硬盘接口、数据线与主板上的IDE接口式样。

(a) IDE接口硬盘

(b) IDE数据线

(c) 主板上的IDE接口

图5-30 IDE接口硬盘、数据线与主板上的IDE接口式样

2) SATA(Serial ATA)硬盘

SATA接口的硬盘又叫串口硬盘,是当前主流的硬盘接口。SATA(串行ATA)主要用于取代已经遇到瓶颈的PATA(并行ATA)接口技术。在传输方式上,SATA比PATA先进,提高了数据传输的可靠性,抗干扰能力更强。另外,串行接口还具有结构简单、支持热插拔的优点。图5-31所示为SATA硬盘接口、数据线与主板上SATA接口的式样。

(a) SATA硬盘接口

(b) 数据线

(c) 主板上的SATA接口

图5-31 SATA硬盘接口、数据线与主板上的SATA接口式样

3) SCSI硬盘

小型计算机系统接口(Small Computer System Interface,SCSI)接口是一种广泛应用于小型机上的高速数据传输技术。它具有应用范围广、多任务、带宽大、CPU占用率低,以及热插拔等优点,主要应用于中高端服务器和高档工作站中。SCSI硬盘通过SCSI扩展卡与计算机连接。

一般,普通计算机中都使用IDE和SATA接口的硬盘,SCSI接口的硬盘多用于工作站或服务器中;而光纤通道由于其价格较贵,只用在高端服务器上。

3. 硬盘的几个主要参数

硬盘的主要参数如下所述。

1) 单碟容量

单碟容量是硬盘重要的参数之一,在一定程度上决定着硬盘的性能档次的高低。一块硬盘是由多个存储碟片组合而成,单碟容量就是一个存储碟片所能存储的最大数据量。

单碟容量越大技术越先进,而且更容易控制成本及提高硬盘工作稳定性。它的增加意味着在同样大小的盘片上建立更多的磁道数,盘片每转到一周,磁头所能读出的数据就越多,在相同转速的情况下,硬盘单碟容量越大其内部数据传输速度就越快。目前主流硬盘的单碟容量在80~100GB之间,一些高端硬盘的单碟容量已达到200GB。

硬盘容量等于单碟容量之和,目前主流的硬盘容量为320GB、500GB等。

2) 硬盘的转速

转速是指硬盘内主轴的转动速度。转速的快慢是决定硬盘内部传输率的关键因素之一,硬盘的转速越快,硬盘寻找文件的速度就越快,传输速度也就越快。

较高的转速可以缩短硬盘的平均寻道时间,但同时也会产生硬盘温度升高、电机主轴磨损加大、工作噪音增大等现象。

台式机硬盘有5400RPM和7200RPM两种转速。在容量价格都差不多的情况下,可首选转速快的7200RPM的硬盘产品。

3) 硬盘的传输速率

不同的硬盘接口,其传输速率不同,IDE接口硬盘有ATA/66、ATA/100、ATA/133几种规格,在理论上的外部最大传输速率分别为66MBps、100MBps、133MBps;SATA 1.0的传输速率为150MBps,SATA 2.0的传输速率为300MBps。

4) 缓存容量

硬盘的缓存是集成在硬盘控制器上的一块内存芯片,用于缓存硬盘内部和外界接口之间的交换数据。缓存的大小与速度是直接关系到硬盘的传输速度的重要因素,较大的缓存可以大幅度的提高硬盘整体性能。

主流硬盘的缓存容量为8MB、16MB等,一些高端产品的缓存容量甚至达到了64MB。

5) 平均寻道时间

平均寻道时间是指硬盘在收到系统指令后,硬盘磁头移动到数据所在磁道时所需要的平均时间,是影响硬盘内部数据传输率的重要参数,单位为毫秒(ms)。时间值越小,硬盘的性能就越高。

平均寻道时间是由转速及单碟容量等多个因素决定的,一般来说,硬盘的转速越高,单碟容量越大,其平均寻道时间就越短。

5.6.2 光盘驱动器

光盘存储技术是采用磁盘以来最重要的新型数据存储技术,具有容量大、速度高、工作稳定可靠以及耐用性强等许多独特的优良性能,特别适合于多媒体应用技术发展的需要。

1. 光盘驱动器的分类

按照读取方式和读取光盘类型的不同,可以将光盘驱动器分为CD-ROM、DVD-ROM和刻录机3种。

1) CD-ROM

只读光盘驱动器(CD-ROM),可读取CD和VCD两种格式的光盘。随着DVD-ROM逐渐占据主流市场,CD-ROM已逐渐停止生产。

2) DVD-ROM

DVD-ROM既可以读CD光盘,也可读取容量更大的DVD光盘,目前,已成为市场主流的只读光盘驱动器。

3) 刻录机

刻录机可以分为CD刻录机、DVD刻录机以及COMBO刻录机。

(1) CD刻录机。CD刻录机不仅可以读取CD光盘,还可以将数据写入CD光盘。可写入数据的光盘有CD-R和CD-RW,其中,CD-R可进行一次刻录,CD-RW可通过CD刻录机反复擦写数据。

(2) DVD刻录机。DVD刻录机不仅可以读取DVD光盘,还可将数据刻录到DVD或CD光盘中,是目前市场上的主流产品。

(3) COMBO刻录机。COMBO刻录机可以刻录CD光盘,还可以读取CD、VCD和DVD格式的所有光盘。它与DVD刻录机的最大不同之处在于:COMBO刻录机只能刻录CD光盘,而无法刻录DVD光盘。

2. 光驱的倍速

1) 刻录速度

(1) CD刻录速度。

CD刻录速度是指该光储产品所支持的最大的CD-R刻录倍速。主流内置式CD-RW产品最大能达到的是52倍速的刻录速度,还有部分40倍速、48倍速的产品;外置式的CD-RW刻录机市场上的产品速度差异较大,有24倍速、40倍速、48倍速和52倍速等。

(2) DVD刻录速度。

目前市场中的DVD刻录机能达到的最高刻录速度为22倍速,较多的产品还只能达到16~20倍速的刻录速度,每秒数据传输量为2.76~5.52MB(2~4X),刻录一张4.7GB的DVD盘片需要大约15~27分钟的时间(2~4倍时);而采用8倍速刻录则只需要7~8分钟,只比刻录一张CD-R的速度慢一点。DVD刻录速度和刻录品质是购买DVD刻录机的首要因素,购买时,尽可能选择高倍速且刻录品质较好的DVD刻录机。

2) 读取速度

(1) CD读取速度。

CD读取速度是指光存储产品在读取CD-ROM光盘时,所能达到最大光驱倍速。因为是针对CD-ROM光盘,因此该速度是以CD-ROM倍速来标称,不是采用DVD-ROM的倍速标称。目前CD-ROM所能达到的最大CD读取速度是56倍速;DVD-ROM读取

CD-ROM 速度方面要略低一点,大部分为 48 倍速;COMBO 产品基本都达到了 52 倍速。

(2) DVD 读取速度。

DVD 读取速度是指光存储产品在读取 DVD-ROM 光盘时,所能达到最大光驱倍速。该速度是以 DVD-ROM 倍速来定义的。目前 DVD-ROM 驱动器所能达到的最大 DVD 读取速度是 16 倍速;DVD 刻录机所能达到的 DVD 读取速度是 12 倍速;COMBO 中产品所支持的最大 DVD 读取速度主要有 8 倍速和 16 倍速两种。

(3) 复写速度。

复写速度是指刻录机在刻录可复写的 CD-RW 或 DVD-RW 光盘时,对其进行数据擦除并刻录新数据的最大刻录速度。较快 CD-RW 刻录机在对 CD-RW 光盘复写操作时可以达到 32 倍速;主流 DVD 刻录机中能达到的 DVD 复写速度为 8 倍速,也就是每秒约 10.5MBps 的速度。

3. DVD 光盘的类型

由于 CD 刻录盘性价比(容量/价格)上的劣势,一般都倾向于选择容量更大的 DVD 刻录盘。这里将重点讨论 DVD 刻录盘。

1) DVD－R 与 DVD＋R

DVD－R 与 DVD＋R 是市面上较多的两种 DVD 刻录盘。经过多年的发展,DVD 刻录机已能很好地兼容两者。R 是 Recordable(可记录)的意思。DVD－R/DVD＋R 代表光盘可以写入数据,但只能一次性写入,刻录上数据后不能再被删除或更改。

DVD－R 是先锋(Pioneer)主导研发的一种一次性 DVD 刻录规格(1997 年面世)。现在的 DVD－R 盘片都是后续的 Ver. 2. 0 版本,容量 4. 7GB(12cm 光盘)/1. 46GB(8cm 光盘)。

第一张 DVD＋R 诞生于 2002 年,容量也是 4. 7GB。从物理结构上 DVD＋R 更优秀一些。图 5-32 所示是 SONY 的 8X DVD＋R,图 5-33 所示是 Maxcell 的 16X DVD－R。

图 5-32　SONY DVD＋R

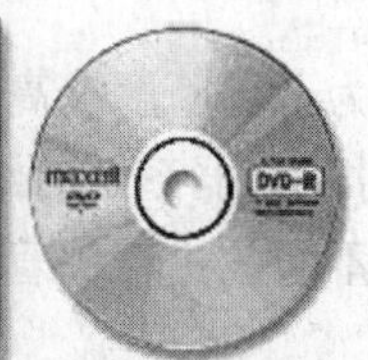

图 5-33　Maxcell DVD－R

2) DVD±RW

RW 是 Re-Writable(可覆写)的缩写,它可实现光盘的重复写入/删除数据。由于光盘的光感层上使用的有机染料的不同,DVD±RW 的可覆写次数从几百次到一千次不等。图 5-34 和图 5-35 所示是常用的 DVD∓RW。

3) DVD＋R DL(Dual Layer)与 DVD－R DL

DVD±R DL 有两个数据层,容量是 8. 5GB,而普通 DVD 只有一个数据层,容量是 4. 7GB。常见 DVD 的格式分为 4 种:单面单层(DVD-5)、单面双层(DVD-9)、双面单层(DVD-10)以及双面双层(DVD-18)。几种盘片容量的比较参见表 5-8。

图 5-34 SONY DVD－RW

图 5-35 Maxcell DVD＋RW

表 5-8 常见光盘的参数比较

盘片规格	标称容量	面数/层数	播放时间
CD-ROM	650MB	单面	最多 74 分钟音频
DVD-5	4.7GB	单面单层	超过 2 小时视频
DVD-9	8.5GB	单面双层	约 4 小时视频
DVD-10	9.4GB	双面单层	约 4.5 小时视频
DVD-18	17GB	双面双层	超过 8 小时视频

4）光盘随机存储器（DVD Random Access Memory, DVD-RAM）

在全能刻录机上，会发现 DVD-RAM 这个标志。与 DVD±RW 类似，也是一种可覆写光盘。所不同的是，DVD-RAM 不需要专门的刻录软件便可以直接读写数据（前提是光驱可以支持），理论上达 10 万次之多。DVD-RAM 从诞生以来一直应用于光盘录像机等数码产品上，2005 年才开始投入 PC 市场。图 5-36 所示为 Panasonic 5X DVD-RAM。

图 5-36 Panasonic DVD-RAM

5.7 存储器系统的分层结构

为了不断解决高速 CPU 与相对慢速存储访问之间的矛盾，以提高微机系统的整体性能，对存储器系统的结构与存储管理提出了越来越高的要求，于是发展了存储器的分层结构并不断改进存储管理技术。

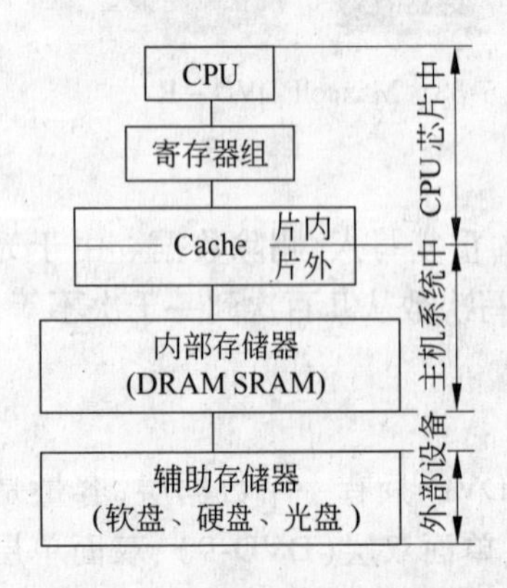

图 5-37 存储器的分级结构

图 5-37 给出了存储器的分级结构示意图。从图 5-37 中可以看出，分层结构的顶端，存储访问速度最快，单位价格最高，存储容量最小。自上而下速度越来越低，而容量越来越大，单位价格越来越低。

主流的微机中都采用了分层结构的存储系统，在 CPU 内部除了寄存器组以外，还集成了高速缓存。并配以较大容量的主存储器以及大容量的硬盘存储器和海量光盘存储器。这样，使得整个存储器系统达到速度、容量与价格三者优势互补和均衡发展。在操作系统的支持下，通过存储器管理技术，使 CPU 能够高速访问大容量的、单位价格低廉的外存储器。Cache 技术就是在充分发挥分层结构优势的条件下所产生的技术思想。

关于高速缓存 Cache 技术将在 5.8.2 节中详细讨论。

5.8　存储管理概述

存储管理的基本目标是实现 CPU 对存储器系统的数据快速访问、信息安全处理和降低存储成本的需求。为此,不断改进了存储管理,主要是引入了虚拟存储技术与高速缓存技术。

5.8.1　虚拟存储管理

虚拟存储技术的基本概念是从 CPU 结构内部设置存储器管理单元(Memory Management Unit,MMU),以实现将外部存储器中由虚拟地址指定的程序映射(或转存)到内存中由物理地址指定的同一程序。

80386 作为第一个全 32 位 CPU,它在改进 80286 首次引入的虚拟存储技术方面得到进一步发展和完善,并具有典型意义。

80386 CPU 首次在段式管理基础上增加了页式管理,利用片内的存储管理单元实现对存储器系统的两级管理:分段管理和分页管理。设计两级存储管理的主要目的,一是从硬件上为任务之间的快速切换提供了条件;二是支持 64TB 的虚拟存储器。此外,为了使操作系统和各任务之间相互隔离和保护,还通过硬件提供了多级保护机构和违章检测机构。

下面简要讨论 80386 的 3 种工作模式及其存储管理,重点是讨论保护模式的虚拟存储管理。

1. 实模式

当 80386 系统机复位或上电复位时,就进入实模式工作,其物理地址的形成与 8086 相同,可寻址的实地址空间只有 1MB,所有的段其最大容量为 64KB。而且,中断向量表仍设置在 00000H ~ 003FFH 共计 1KB 的存储区内;系统初始化区在 FFFFFFF0H ~ FFFFFFFFH 存储区内。设置实模式一方面为了保持 80386 和 8086 兼容;另一方面可以从实模式转变到保护模式。

2. 保护模式

保护模式是指 CPU 具有对多任务环境下的存储器实现一个任务之内或多个任务之间的双重保护功能的工作方式。

80386 保护模式的存储器管理系统包含地址转换与保护两个关键功能以及分段与分页等重要机制,是实现 80386 段、页式结构寻址的基础。在保护模式下,80386 可提供 4GB 的实地址空间。

1) 地址流水线及其转换

地址流水线是指 CPU 在形成物理地址的过程中,能够通过片内存储器管理单元

(MMU)实现多路重叠的地址转换操作，其操作原理涉及逻辑地址、线性地址和物理地址这三个地址及其相互之间的转换。

逻辑地址(或虚拟地址)是指程序员可以看到和使用的编程地址。在80386中，逻辑地址由16位选择字(也称为选择器、选择符或选择子等)和32位偏移地址指出。选择字用于选择一个对应的8字节的描述符，描述符中包含有段基地址、偏移地址和保护信息。在指令中，偏移地址可能是由基址、变址、位移量等多个因素构成，通常，将最后计算出的一个真正的偏移地址(简称为偏移量)称为有效地址，程序员在编程时只需要关注有效地址。80386的每个任务最多可拥有16384(2^{14})个段，而每段可长达4GB，所以，一个任务的逻辑地址空间可达64TB。

分段部件的功能是将包含选择字和偏移地址的逻辑地址转换为32位线性地址，这种转换是通过段描述符表实现的。段描述符表中的每一项即为段描述符，段描述符为64位，包含对应逻辑空间的线性基地址、界限、特权级、存取权(只读或读写)等地址空间的信息。线性地址空间的寻址范围也是由32位决定的。当80386运行程序时，由于指令中的偏移地址可能由立即数和另外一两个寄存器给出的值构成，所以，分段部件将首先把各地址分量送到一个加法器中去运算，以形成一个有效地址，然后，再经过另一个加法器将其与段基地址相加，于是便得到线性地址；同时，还要通过一个32位的减法器对段的界限值进行比较，检查是否越界。

分页部件的功能是将线性地址转换为物理地址，如果分页部件处于禁止状态，即在段内不分页，则线性地址就是物理地址。物理地址是内存芯片可以实际寻址的地址，它的具体地址单元号和芯片引脚上的地址信号相对应，指出存储单元在存储体中的具体位置。

当分段部件获得线性地址后就把它送到分页部件，由分页部件将线性地址转换为物理地址，并且负责向总线接口部件请求总线服务。

由此可知，80386的地址转换机制就是通过分段部件和分页部件两级管理来支持虚拟地址向物理地址的转换的。因此，无论哪一种类型的程序在系统中运行，都要由存储管理机制把虚拟地址最终转换成物理存储器地址，才能实现CPU对存储器的访问。

图5-38给出了80386地址转换的示意图。由图可知，80386的32位地址运算，包括

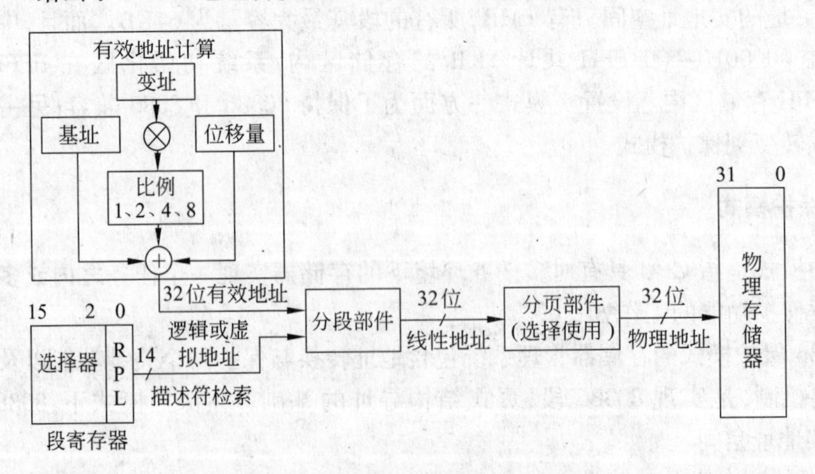

图5-38　80386的地址转换示意图

两个基本过程：先由分段部件（即段式管理机构）将逻辑地址转换为线性地址；再由分页部件（即页式管理机构）将线性地址转换为物理地址。所以，80386 在执行每条指令期间，硬件将自动地进行复杂的地址计算：寻址机构计算出有效地址；段式管理机构计算出线性地址；页式管理机构计算出物理地址。

注意：80386 的地址流水线就是由分段部件、分页部件和总线接口部件这 3 个分离的部件组成的，而地址流水线的执行过程就具体体现在有效地址的形成，逻辑地址到线性地址的转换，以及线性地址到物理地址的转换这 3 个过程的重叠操作。通常，当前一个地址转换操作还在总线上进行时，下一个新的地址信息已经调入；而当前一个物理地址计算完毕，下一个地址已进入转换过程中。地址流水线操作的分级越多，则物理地址形成的速度越快。

2）保护

80386 CPU 支持两种类型的保护：一类是不同任务之间的保护，即通过给每一任务分配不同的虚拟地址空间，使每一任务有各自不同的虚拟—物理地址转换映射，因而可实现任务之间的完全隔离；另一类是同一任务内的保护，即在一个任务之内定义 4 种（0～3）执行特权的级别，0 级最高，在最里层，依次为 1、2、3 级，3 级在最外层。

每个段都与一个特权级别（DPL）相联系，每当一个程序试图访问某一个段时，就把该程序所拥有的特权级与它所要访问的段的特权级进行比较，以便决定能否访问。系统约定，CPU 只能访问同一特权级别或外层级别的数据段，如果试图访问里层的数据段，则将产生一般保护异常中断（异常中断）。图 5-39 表示特权级 1 的代码可访问特权级 2、3 的代码，而不能访问特权级 0 的代码。

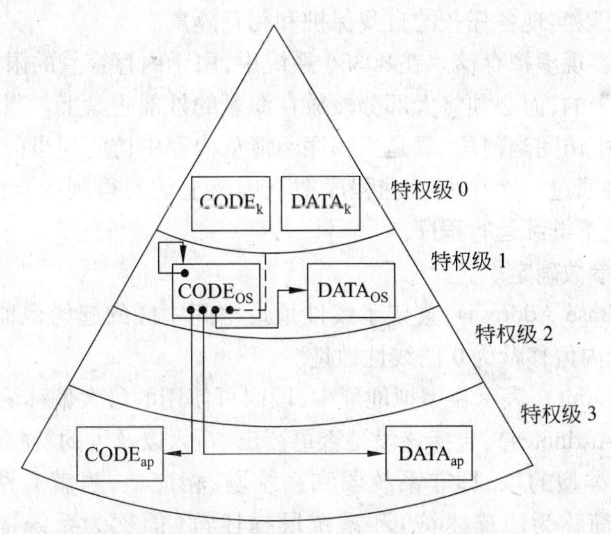

图 5-39 特权级 1 的代码可访问的其他特权级的代码

特权级的典型用法是把操作系统的核心放在 0 级，操作系统的其余部分放在 1 级，应用程序放在第 3 级，2 级供中间软件使用。这样安排的目的是使操作系统的核心得以保护而不致被操作系统的其余部分以及用户程序所访问，从而实现了同一任务内的保护。

3）分段管理

分段管理可以把虚拟存储器组织成其容量大小可变的存储区间的集合，这些区间称为段。为了实现分段管理，80386 把有关段的信息即段基地址、长度和属性全部都存放在一个称为段描述符（简称描述符）的 8 字节长的数据结构中，并把系统中所有的描述符编成一张表，以便硬件查找和识别。80386 共设置了 3 种描述符表，即全局描述符表（GDT）、局部描述符表（LDT）和中断描述符表（IDT）。GDT 和 LDT 定义了系统中使用的所有的段。IDT 是为中断描述符专门设计的，包含了指向 256 个中断处理程序入口地址的中断描述符。这些描述符表都放在存储器中，它们的位置分别由 3 个寄存器定义：全局描述符表寄存器（GDTR）、局部描述符表寄存器（LDTR）和中断描述符表寄存器（IDTR）。由于 GDT 和 IDT 是面向系统中所有任务的，即全局性的，这两者各自只有一个描述符表，所以，它们所在的存储区只需要用 32 位线性地址和 16 位界限指出，而不需要段寄存器去选择段，故 GDTR 和 IDTR 均为 6 字节寄存器。而 LDT 是面向某个任务的，在多任务系统中有多个对应的 LDT，所以，它们各自所在的存储区分别作为对应某个任务的一个特定系统段，其位置需要用一个 16 位选择字指定，LDTR 就是容纳该选择字的 16 位寄存器。

如上所述，由于 80386 的多任务操作系统中只设置了一个 GDT，而各个任务又分别设置了各自的 LDT，这样，就可以使每一个任务的代码段、数据段、堆栈段和系统其他部分隔离开来，而和所有任务有关的公用段（通常为操作系统使用的数据段、堆栈段及表示任务状态的任务状态段）的描述符仍放在 GDT 中。假如某个任务的段描述符未包含在 GDT 和当前 LDT 中，则该任务就不能访问相应的段，这样，既可以实现全局性数据能被所有任务共享，又可以实现各任务的自我保护和相互隔离。

分段管理可以实现虚拟存储。在 80386 系统中，由于内存容量的限制，并不可能将所有的段都放在内存中的，而必须将大部分段放在海量的外部磁盘上。当系统实际运行时，程序首先是在内存中访问当前段，只是当程序不能从内存中访问到当前段时，才立即转到磁盘中去访问，并将通过一个中断处理程序把从磁盘上访问得到的当前段调入内存，然后，再从断点开始往下继续运行程序。

每个段由 3 个参数确定。

- 段基地址（Base Address），规定了线性地址空间中段的起始地址。也可以把基地址看成是段内偏移量为 0 的线性地址。
- 段的界限（Limit），表示在虚拟地址中，段内可使用的最大偏移量。
- 段的属性（Attributes），包括该段是否可读出、写入以及段的特权级等。

80386 有两种类型的段，即非系统段和系统段，相应地，也就有两种段描述符，即非系统段描述符（简称为段描述符）和系统段描述符（简称为系统描述符）。它们之间有一些细小的差别，即非系统段是指一般的存储器代码段和数据段，堆栈段被包括在数据段中，有时也简称为程序段，描述这些段的基地址、界限与属性等参数的 8 字节长的数据结构则称为非系统描述符；而系统段是指由系统描述符所指定的段，包括多任务系统中的任务状态段 TSS 和描述任务转换机制的各种类型的门（如调用门、任务门、中断门与陷阱门），由于这些段是有别于非系统段的一些特殊段，所以，系统段描述符也称为特殊段描述符。有关段描述符的具体内容及其技术细节在此不再详述。

图 5-40 给出了 80386 利用段式管理实现从逻辑地址到线性地址的转换示意图。

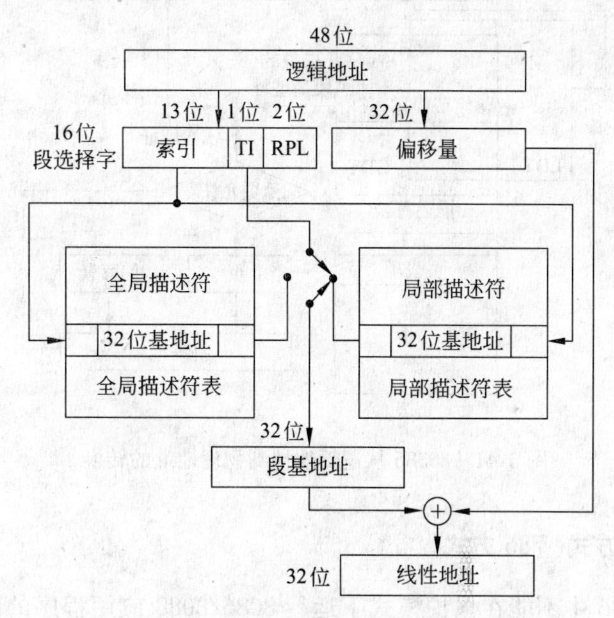

图 5-40 80386 从逻辑地址到线性地址的转换

4）分页管理

存储器的分段虽然带来了隔离与保护等优点，但仅有分段还是有一些局限性的。例如，段空间大小是可以任意设定的，若分段过大，则在转载程序和数据时，容易产生较大空间的内存碎片，造成浪费，也不便管理和回收；若分段过小，则在处理较大的程序和数据时，需要多次调入与调出，因为分段存储管理是以段为单位来调入与调出的。又如，由于程序的局限性原理，系统不可能同时访问段中所有的指令和数据，这样，当它们在以段为单位调入与调出内存时，不可避免地也会造成存取操作在时间和空间上的浪费。由此看来，还需要采取新的存储管理部件和机制来改善分段的局限性。这样，就引入了分页部件和分页机制。

通过分页管理就可以进一步完成从线性地址到物理地址的转换，如果禁止分页，则线性地址就是物理地址，请参见图 5-41。

在 80386 中，增加分页管理可以带来更多优越性。因为，在多任务系统中，有了分页管理功能，就只需把每个活动任务当前所需要的少量页面放在存储器中，这样，可大大提高存取效率。正如前面指出的，分段管理可以把虚拟的逻辑地址转换为线性地址，而分页机制可以进一步把线性地址转换为物理地址。当控制寄存器 CR_0 中的 PG＝1 时，系统就启动分页机制；当 PG＝0 时，则禁止使用分页机制，而且把分段机制产生的线性地址直接当作物理地址使用。

80386 分页管理规定一个大小为 4KB 的存储块为一页。分页机制把整个线性地址空间和整个物理地址空间都看成是以页为单位来组成的，线性地址中的任何一页都可以映射到物理地址空间中的任何一页。

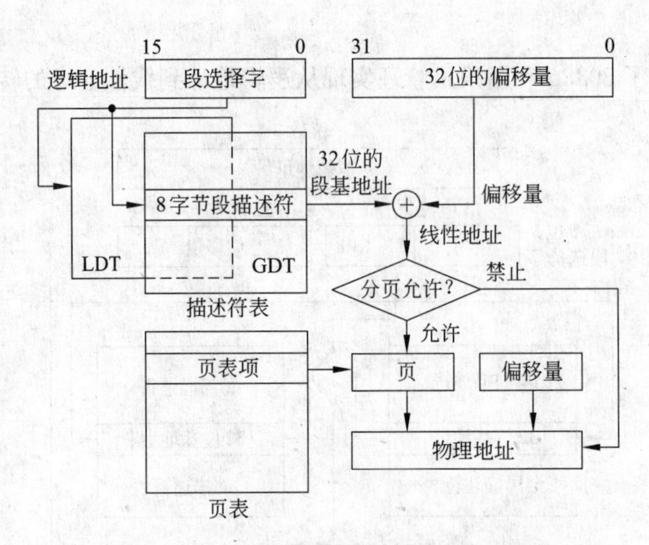

图 5-41 80386 从逻辑地址到物理地址的转换

3. 虚拟 8086 方式(V86 方式)

为了解决 80286 中不能在保护模式下运行 8086/8088 应用程序的问题,从 80386 开始,在保护模式中引入了虚拟 8086 工作模式(简称 V86 模式)。80386 的 V86 模式是一种特殊的工作模式,具有许多新的特点,它使得多个 8086 实模式的应用软件可以同时运行。例如,PC 上的 DOS 应用程序就允许在这种模式下。特别是在这种模式下,操作系统可以并行执行 8086、80286 和 80386 的程序。80386 虚拟模式是让 80386 模拟 1MB 空间的寻址环境,但它并不仅限于 1MB 的存储空间,因为它可以同时支持几个虚拟 86 环境。在多用户系统中,每一个虚拟 86 环境都可以有它自己的 DOS 拷贝和应用程序。例如,如果有 3 个任务在执行,操作系统为每个任务分配一定的时间片如 1ms,这就意味着每过 1ms 就会发生从一个任务到另一个任务的切换。在这种方式下,每个任务都得到一部分微处理器的运行时间,使得系统看上去就好像在同时执行多个任务。这就是操作系统利用称为时间片的技术允许多个应用程序同时执行的基本原理。当然,时间片的大小或者每个任务占用微处理器的时间比例是可以任意调整的。

在一般的保护模式下,在 80386/80486 EFLAGS 寄存器中的 VM 位为 0,若使 VM=1,则进入 V86 模式。该模式是面向任务的,它允许 80386/80486 生成多个模拟的 8086 微处理器。

4. 80386 的 3 种工作模式及其相互转换

80386 有 3 种工作模式:实地址模式(Real Address Mode),简称为实模式;保护虚拟地址模式(Protected Virtual Address Mode),也叫保护模式;虚拟 8086 模式(Virtual Address 8086 Mode),简称为虚拟 86 模式。

以上 3 种工作模式是靠 80386 的存储管理机制实现的。

80386 的 3 种工作模式及其相互转换方法如图 5-42 所示。CPU 被复位后就进入实地址模式,通过修改控制寄存器 CR_0 或 MSW 中的控制位 PE(位 0),可以使 CPU 从实地

址模式转变到保护模式,或者向反方向转变,从保护模式转变到实地址模式。通过执行IRETD指令,或者进行任务转换,可从保护模式转变到虚拟的8086模式。采用中断操作,可以从虚拟的8086模式转变到保护模式。

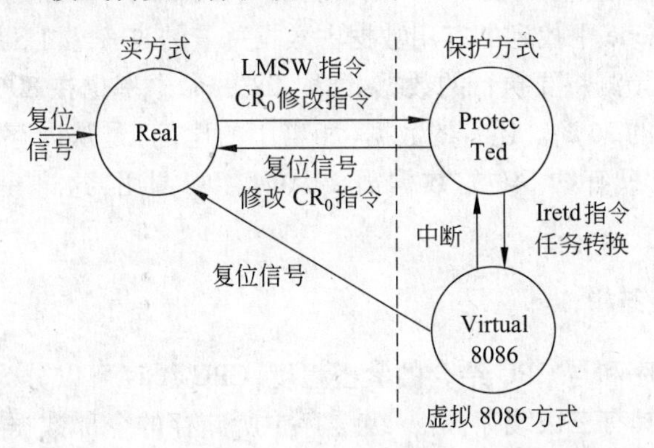

图5-42　80386/80486 3种工作模式的相互转变

以上有关80386微处理器的存储管理技术概念和基本原理,也适用于80486微处理器。

5.8.2　高速缓存Cache技术

随着CPU速度的提高,它与存储器之间的速度越来越不匹配。为了解决CPU运算速度与内存读写速度不匹配的矛盾,在现代CPU中都引入了缓存及其技术。

缓存(Cache Memory)是位于CPU与内存之间的临时存储器,它的容量比内存小得多但是交换速度却比内存要快得多。

在Cache中的数据是内存中的一小部分,但这一小部分是短时间内CPU即将访问的,当CPU调用大量数据时,就可避开内存直接从Cache中调用,从而加快读取速度。由此可见,在CPU中加入Cache是一种高效的解决方案,这样整个内存储器(Cache+内存)就变成了既有Cache的高速度,又有内存的大容量的存储系统了。

总之,在传输速度有较大差异的设备间都可以利用Cache作为匹配来调节速度差距。在显示系统、硬盘和光驱,以及网络通信中,也都需要使用Cache技术。缓存基本上都是采用SRAM存储器,它具有节能、速度快、无需内存刷新电路、可提高整体的工作效率;缺点是集成度低、相同的容量体积较大、且价格较高,这也是不能将缓存容量做得太大的重要原因。

1. 高速缓存的工作原理

1）读取顺序

CPU读取数据的顺序是首先从一级缓存中查找,如果没有找到再从二级缓存中查找,如果还是没有就从三级缓存或内存中查找。例如,CPU要读取一个数据时,首先从Cache中查找,若找到就立即读取并送给CPU处理;若未找到,就用相对慢的速度从内存中读取并送给CPU处理,同时把这个数据所在的数据块调入Cache中,可以使得以后对整块数据的读取都从Cache中进行,不必再调用内存,这极大地节省了CPU直接读取内存的时间,也使 CPU 读取数据时基本无需等待。

2）读取命中率

从理论上讲,在一颗拥有2级 Cache 的 CPU 中,读取 L1 Cache 的命中率为80%。也就是说 CPU 从 L1 Cache 中找到的有用数据占数据总量的80%,剩下的20%从 L2 Cache 读取。由于不能准确预测将要执行的数据,读取 L2 的命中率也在80%左右(从 L2 读到有用的数据占总数据的16%),还有的数据(相当小的比例)是从内存调用。在一些拥有 L3 Cache 的 CPU 中,只有约5%的数据需要从内存中调用,这进一步提高了 CPU 的效率。

2. 高速缓存分级结构

按照数据读取顺序和与 CPU 结合的紧密程度,CPU 缓存可以分为一级缓存、二级缓存,部分高端 CPU 还具有三级缓存,每一级缓存中所储存的全部数据都是下一级缓存的一部分,这三种缓存的技术难度和制造成本是相对递减的,所以其容量也是相对递增的。

1）一级缓存(Level 1 Cache)

一级缓存(Level 1 Cache),简称 L1 Cache,位于 CPU 内核的旁边,是与 CPU 结合最为紧密的 CPU 缓存。一般来说,一级缓存可以分为一级数据缓存(Data Cache,D-Cache)和一级指令缓存(Instruction Cache,I-Cache)。两者分别用来存放数据以及对执行这些数据的指令进行即时解码,而且两者可以同时被 CPU 访问,减少了争用 Cache 所造成的冲突,提高了处理器效能。大多数 CPU 的一级数据缓存和一级指令缓存具有相同的容量,如 AMD 的 Athlon XP 就具有64KB 的一级数据缓存和64KB 的一级指令缓存,其一级缓存就以64KB +64KB 表示,其余的 CPU 的一级缓存表示方法依此类推。

Intel 的采用 NetBurst 架构的 CPU(最典型的就是 Pentium 4)的一级缓存有点特殊,使用了新增加的一种一级追踪缓存(Execution Trace Cache,T-Cache 或 ETC)替代一级指令缓存,容量为12KμOps,表示能存储12000条解码后的微指令。一级追踪缓存与一级指令缓存的运行机制是不相同的,一级指令缓存只是对指令作即时的解码而并不会储存这些指令,而一级追踪缓存同样会将一些指令解码,这些指令称为微指令(Micro-ops),而这些微指令能储存在一级追踪缓存之内,无需每一次都做出解码的程序,因此一级追踪缓存能有效地增加在高工作频率下对指令的解码能力,而 μOps 就是 Micro-ops,也就是微型操作的意思。它以很高的速度将 μOps 提供给处理器核心。Intel NetBurst 微型架构使用执行跟踪缓存,将解码器从执行循环中分离出来。这个跟踪缓存以很高的带宽将 μOps 提供给核心,从本质上适于充分利用软件中的指令级并行机制。

例如,Northwood 核心的一级缓存为8KB 12KμOps,就表示其一级数据缓存为8KB,一级追踪缓存为12KμOps;而 Prescott 核心的一级缓存为16KB 12KμOps,就表示其一级数据缓存为16KB,一级追踪缓存为12KμOps。在架构极为近似的 CPU 对比中,分别对比各种功能缓存大小有一定的意义。

2）二级缓存

最早先的 CPU 缓存是个整体的,而且容量很低,Intel 公司从 Pentium 时代开始把缓存进行了分类。当时集成在 CPU 内核中的缓存已不足以满足 CPU 的需求,而制造工艺上的限制又不能大幅度提高缓存的容量。因此出现了集成在与 CPU 同一块电路板上或主板上的缓存,此时就把CPU内核集成的缓存称为一级缓存,而外部的称为二级缓存。

从PⅢ开始,随着CPU制造工艺的发展,二级缓存也能轻易地集成在CPU内核中,与CPU大差距分频的情况也被改变,此时其以相同于主频的速度工作,可以为CPU提供更高的传输速度。

L2 Cache只存储数据,因此不分数据Cache和指令Cache。在CPU核心不变化的情况下,增加L2 Cache的容量能使性能提升。

CPU产品中,一级缓存的容量基本在4~64KB,二级缓存的容量则分为128KB、256KB、512KB、1MB、2MB等。一级缓存容量各产品之间相差不大,而二级缓存容量则是提高CPU性能的关键。二级缓存容量的提升是由CPU制造工艺所决定的,容量增大必然导致CPU内部晶体管数的增加,要在有限的CPU面积上集成更大的缓存,对制造工艺的要求也就越高。

双核心CPU的二级缓存比较特殊,和以前的单核心CPU相比,最重要的就是两个内核的缓存所保存的数据要保持一致;否则就会出现错误。为了解决这个问题不同的CPU使用了不同的办法:

(1) Intel双核心处理器的二级缓存。

Intel的双核心CPU主要有Pentium D、Pentium EE、Core Duo三种,其中Pentium D、Pentium EE的二级缓存方式完全相同。Pentium D和Pentium EE的二级缓存都是CPU内部两个内核具有互相独立的二级缓存,其中,8xx系列的Smithfield核心CPU为每核心1MB,而9xx系列的Presler核心CPU为每核心2MB。

Core Duo使用的核心为Yonah,它的二级缓存则是两个核心共享2MB的二级缓存,共享式的二级缓存配合Intel的Smart Cache共享缓存技术,实现了真正意义上的缓存数据同步,大幅度降低了数据延迟,减少了对前端总线的占用,性能表现不错,是双核心处理器上先进的二级缓存架构。今后Intel的双核心处理器的二级缓存都会采用这种两个内核共享二级缓存的Smart Cache共享缓存技术。

(2) AMD双核心处理器的二级缓存。

Athlon 64 X2 CPU的核心主要有Manchester和Toledo两种,他们的二级缓存都是CPU内部两个内核具有互相独立的二级缓存,其中,Manchester核心为每核心512KB,而Toledo核心为每核心1MB。处理器内部的两个内核之间的缓存数据同步是依靠CPU内置的系统请求接口(System Request Interface, SRI)控制,传输在CPU内部即可实现。这样一来,不但CPU资源占用很小,而且不必占用内存总线资源,数据延迟也比Intel的Smithfield核心和Presler核心大为减少,协作效率明显胜过这两种核心。不过,由于这种方式仍然是两个内核的缓存相互独立,从架构上来看也明显不如以Yonah核心为代表的Intel的共享缓存技术Smart Cache。

3) 三级缓存

三级缓存是为读取二级缓存后未命中的数据设计的一种缓存,在拥有三级缓存的CPU中,只有约5%的数据需要从内存中调用,这进一步提高了CPU的效率。

其实最早的L3缓存被应用在AMD发布的K6-Ⅲ处理器上,当时的L3缓存受限于制造工艺,并没有被集成进芯片内部,而是集成在主板上;后来使用L3缓存的是Intel为服务器市场所推出的Itanium(安腾)处理器接着就是P4EE(Extreme Edition)和至强MP

等。基本上 L3 缓存对处理器的性能提高显得不是很重要,前端总线的增加,要比缓存增加带来更有效的性能提升。

高速缓存作为 CPU 不可分割的一部分,已经融入性能提升的考虑因素当中,随着生产技术的进一步发展,缓存的级数还将增加,容量也会进一步提高。作为 CPU 性能助推器的高速缓存,仍会在成本和功耗控制方面发挥巨大的优势,而性能方面也会取得长足的发展。

习题 5

5-1 试简要说明半导体存储器的分类。每类又包括哪些存储器?

5-2 常见的地址译码方式有几种? 各有哪些特点?

5-3 某一 RAM 内部采用两个 32 选 1 的地址译码器,并且有一个数据输入端和一个数据输出端,试问该 RAM 的容量是多少? 基本存储电路采用何种译码电路? 存储阵列排列成怎样一种阵列格式?

5-4 设有一个具有 13 位地址和 8 位字长的存储器,试问:

(1) 存储器能存储多少字节信息?

(2) 如果存储器由 1K ×4 位 RAM 芯片组成,共计需要多少片?

(3) 需要用哪几位高位地址做片选译码来产生芯片选择信号?

5-5 下列 RAM 各需要多少条地址线进行寻址? 需要多少条数据 I/O 线?

(1) 512 ×4 位　(2) 1K ×4 位　(3) 1K ×8 位　(4) 2K ×1 位

(5) 4K ×1 位　(6) 16K ×4 位　(7) 64K ×1 位　(8) 256K ×4 位

5-6 分别用 1024 ×4 位和 4K ×2 位芯片构成 64K ×8 位的随机存取存储器,各需多少片?

5-7 在有 16 根地址总线的微机系统中,根据下面两种情况设计出存储器片选的译码电路及其与存储器芯片的连接电路。

(1) 采用 1K ×4 位存储器芯片,形成 32KB 存储器。

(2) 采用 2K ×8 位存储器芯片,形成 32KB 存储器。

5-8 何谓动态存储器? 何谓静态存储器? 试比较两者的不同点。

5-9 使用下列 RAM 芯片,组成所需的存储容量,问各需多少 RAM 芯片? 各需多少 ROM 芯片组? 共需多少条寻址线? 每块片子需多少条寻址线?

(1) 512 ×2 位的芯片,组成 8KB 的存储容量。

(2) 1K ×4 位的芯片,组成 64KB 的存储容量。

5-10 用 lK ×2 位的 RAM 芯片,组成 8KB 的存储容量,需多少 RAM 芯片? 多少根地址线? 多少芯片组?

5-11 256 ×4 位的 RAM 芯片,组成 4KB 存储容量,每片需多少地址线? 共需多少地址线? 多少块芯片? 多少芯片组?

5-12 1K ×4 位的 RAM 芯片,组成 4KB 的存储容量,若采用线选法进行片选,共需多少芯片? 多少芯片组? 每组需多少条地址线?

5-13　试为某 8 位微机系统设计一个具有 16KB ROM 和 48KB RAM 的存储器。

（1）选用 EPROM 芯片 2716 组成只读存储器（ROM），从 0000H 地址开始。

（2）选用 SRAM 芯片 6264 组成随机存取存储器（RAM）。

（3）分析出每个存储芯片的地址范围。

5-14　已知某 RAM 芯片的引脚中有 12 根地址线，8 位数据线，该存储器的容量为多少字节？若该芯片所占存储空间的起始地址为 1000H，其结束地址是多少？

5-15　在 8088 系统中，地址线 20 根，数据线 8 根，设计 192K ×8 位的存储系统，其中数据区为 128K ×8 位，选用芯片 628128（128K ×8 位），置于 CPU 寻址空间的最低端，程序区为 64K ×8 位，选用 27256（32K ×8 位），置于寻址空间的最高端，写出地址分配关系，画出所设计的原理电路图。

5-16　假设要用 2K ×4 位的 RAM 存储芯片，组成 8KB 的存储容量，需多少芯片？多少芯片组？每块芯片需多少寻址线？总共需多少寻址线？若与 8088 CPU 连接，试画出连接原理图（假定工作于最大组态下），连接好后，写出地址分配情况。

5-17　CPU 有 16 根地址线，即 $A_{15} \sim A_0$，计算图 5-43 中片选信号 $\overline{CS_1}$ 和 $\overline{CS_2}$ 所指定的基地址范围。

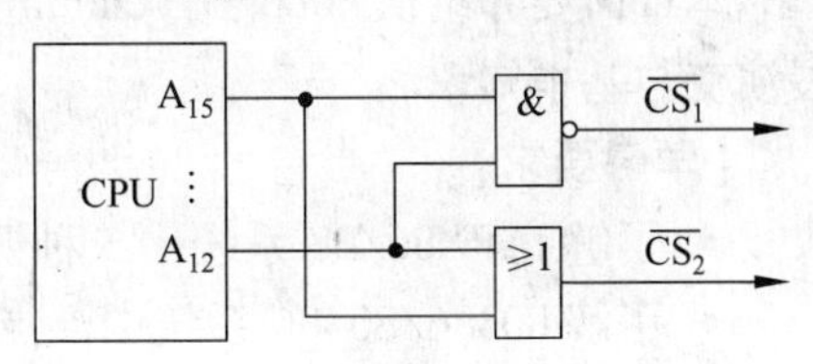

图 5-43　片选信号译码电路

5-18　编制一个简单的 RAM 检查程序，此程序能记录多少个 RAM 单元出错，并且能把出错的 RAM 单元的地址记录下来。

5-19　已知某 16 位微机系统的 CPU 与 RAM 连接的部分示意图如图 5-44 所示，若 RAM 采用每片容量为 2K ×2 位的芯片，试回答下列问题。

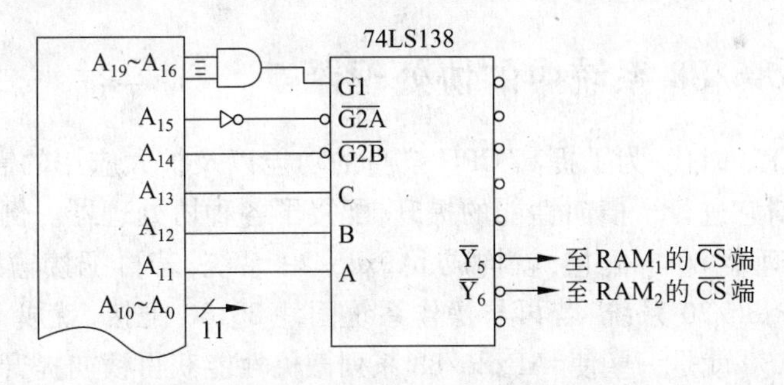

图 5-44　某 16 位 CPU 与 RAM 的连接示意图

（1）根据题意，本系统需该种芯片多少片？

（2）设由 74LS138 的 $\overline{Y}_5$ 和 $\overline{Y}_6$ 端分别引出引线连至 RAM_1 和 RAM_2 两组芯片的端，则 RAM_1 与 RAM_2 的地址范围分别是多少？

5-20　存储管理的基本目标及引入的主要技术是什么？

第6章 浮点部件

【学习目标】

本章简要介绍从8086到Pentium微处理器浮点部件(Floating Point Unit, FPU)的发展演变与基本知识。

【学习要求】

- 了解iAPX86/88系统中3种协处理器8087、8089、80130的基本知识。
- 了解80386/80486系统中浮点部件的特点。
- 了解Pentium浮点部件的8级流水线组成及其操作步骤。

6.1 80x86微处理器的浮点部件概述

6.1.1 iAPx86/88系统中的协处理器

早在8086 CPU时代,为了提高CPU自身的功能以及扩大应用的需要,Intel公司在8086的基础上,对它进行了横向性能的提升,配接了各种协处理器。例如,把8086处理器与数值数据处理器8087配接,就构成iAPx86/20系统;若再配接输入输出协处理器8089,就构成iAPx86/20系统;若再与操作系统固件80130配接,就成iAPx86/30系统。8087、8089与80130就是一些使iAPx86/88系列微机性能获得横向提升的协处理器。与此同时,为了相应地提升微机的纵向性能,Intel在8086的基础上,对其自身的基础结构加以改进,提高其运算速度、功能、增加存储器管理和虚地址保护机构,于是,又推出了超级16位的80286处理器,形成iAPx286。

6.1.2 80386/80486系统中的浮点部件

1. 80387协处理器

到了80386时代,随着CPU性能的大幅度提升,为了充分发挥其整体性能,也同时推出了能与80286和80386配合使用的数学单元协处理器80287和80387。由于它们能用硬件取代许多软件模拟工作,因而使数字浮点运算速度大大加快。

80287 与 80387 分别于 1982 年与 1985 年问世,它们与早期的协处理器 8087 软件兼容,都使用 80 位数值寄存器的内部结构,实现了 IEEE 浮点格式,但运行速度较快,即使 80287 也能满足一般应用对浮点运算速度的要求,而 80387 在 16MHz 时比 80287 在 5MHz 下工作的速度还要快 6 倍。

80387 协处理器在性能和指令功能上都大大超过 80287,它的内部运行时钟可达 16MHz。为了达到这一速度,它和 80386 的接口保持时钟同步,并包括一个全 32 位数据总线。

2. 80486 的浮点部件

80386 CPU 外部分离的协处理器部件在制造和使用方面都有一些不足。于是,从 80486 CPU 开始,就将具有 80387 功能的类似协处理器部件集成到 CPU 模块内部,这就是后来在 80486 CPU 内部所能见到的浮点运算单元 FPU。

由 2.5.3 节可知,80486 CPU 的体系结构与 80386 相比,除保留了 80386 的6 个基本部件外,增加了浮点运算数学单元(相当于增强的 387)和 8KB Cache 单元(4KB 指令和 4KB 数据 Cache)。

80486 片内的 4KB 指令 Cache 和 4KB 数据 Cache,具有极高的命中率。在 Cache 中存放了最频繁使用的指令和数据信息,大大加快了存取速度。特别是 80486 采用了 EISA 总线以及双层的总线插座,保证了在开发多处理器系统时其他处理器能正常工作。

此外,由于 80486 片内含有浮点运算数学单元,相当于把 80387 也集中到片内,因此具有强大的浮点处理能力,适用于处理三维图像。

6.2 Pentium 微处理器的浮点部件

Pentium 的浮点部件是在 80486 浮点部件的基础上重新设计而成的。在 Pentium 及其之后的微处理器,都像 80486 一样继续把浮点部件与整数部件、分段部件、分页部件等集成到同一芯片之内,而且执行流水线操作方式。为了充分发挥浮点部件的运算功能,把整个浮点部件设计成每个时钟周期都能够进行一次浮点操作,利用 Pentium CPU 的 U、V 双流水线使其在每个时钟周期可以接受两条浮点指令(但其中的一条浮点指令必须是交换类的指令)。

从程序设计模型的观点来说,可以把 Pentium 微处理器片内的浮点部件 FPU 看成为一组辅助寄存器,只不过是数据类型的扩展;还可以把浮点部件的指令系统看成是 Pentium 微处理器指令系统的一个子集。本节简要介绍 Pentium 微处理器片内浮点部件的基本知识。

1. 浮点部件片内数值寄存器

Pentium 微处理器浮点部件的数值寄存器和 80387 一样,如图 6-1 所示。它由 8 个 80 位的数值寄存器、3 个 16 位的寄存器以及两个指针寄存器等构成。其中,8 个 80 位的

数值寄存器能各自独立进行寻址,它们可用来构成一个寄存器堆栈;3 个 16 位的寄存器分别称之为浮点部件 FPU 的状态字寄存器、控制字寄存器和标记字寄存器;两个指针寄存器是 48 位的指令指针寄存器和数据指针寄存器,分别用来保存在浮点计算中出错的指令地址和存放操作数的存储器地址。

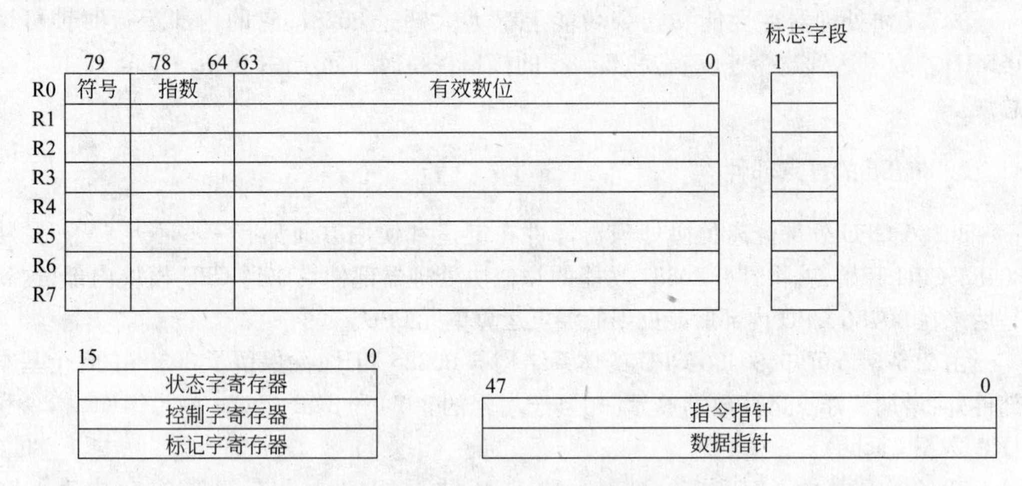

图 6-1 Pentium 浮点部件的数值寄存器

2. 浮点部件片内状态字寄存器

图 6-2 给出了浮点部件的状态字寄存器结构,状态字中各字段所标记的内容反映了浮点部件的整体状态。借助于 Pentium CPU 中的整数部件,还可以对浮点部件的状态实施检查。

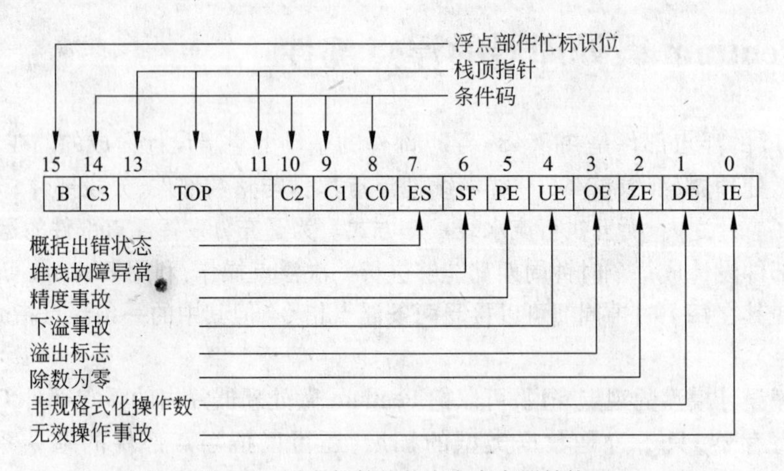

图 6-2 浮点部件的状态字寄存器结构

Pentium 片内浮点部件状态字寄存器的内容,反映了浮点部件的全部状态和环境。根据其作用将状态字又可细分成两个字段:一个是异常事故标志字段;另一个则是状态位字段。状态字的内容和各位状态都可以用浮点指令来检查。状态字各字段含义如表 6-1 所示。

表6-1 状态字各字段含义

位	名称	各字段含义
15(B位)	浮点部件忙标志位	表示浮点部件目前正在执行指令还是空闲状态。实际上,它反映的是位7(ES概括出错状态)的内容
位13~11(TOP)	栈顶指针位	表示8个寄存器组成的堆栈中哪一个是当前栈顶。当TOP值为000~111之一时,则相应地表示寄存器0~7中的一个为当前栈顶。如TOP值=001,则表示寄存器1为当前栈顶;其余的依此类推
位14、位10~8(C3~C0)	4位数值条件码位	它与Pentium微处理器的标志寄存器EFLAGS中的标志类似。用这4位得到有关当前栈顶的辅助信息,根据这些信息将产生某些条件转移
位7(ES)	概括出错状态位	当任何一个非屏蔽的异常事故状态位,即本状态字中的位5~位0被置为1时,就把位7位也置为1,否则,就将其置为0。而每当将出错状态位置为1时,将随之发出FERR浮点出错信号
位6(SF)	堆栈故障异常标志位	用来区别是由于堆栈上溢而出现的无效操作,还是由于堆栈下溢而出现的无效操作。当堆栈标志位6被置为1,位9(C1)=1表示上溢,而位9(C1)=0表示下溢
位5(PE)	精度异常事故标志位	若计算结果必须圆整,则将位5置为1,因此可用浮点格式表示它的精确值
位4(UE)	下溢事故标志位	当计算结果按指定的浮点格式存储时,由于其数值太小而不能给以正确表示时,就将位4置为1
位3(OE)	溢出事故标志	当计算结果按指定的浮点格式存储时,由于其数值太大而不能给以正确表示时,就将位3置为1
位2(ZE)	除数为0的事故标志位	表示是否出现除数为0和被除数是否是一个非0值
位1(DE)	非规格化操作数事故标志位	表示指令是否企图对非规格化数进行操作,或操作时至少出现了一个非规格化的操作数
位0(IE)	无效操作事故标志位	表示是否为若干种非法操作中的一种,例如负数开平方,或在一个非数字的字母符号上操作等

3. 浮点部件片内控制字寄存器

Pentium片内浮点部件提供了几种处理选择。其具体做法是,从存储器取出浮点部件的控制字并将其送入控制字寄存器,以实现处理选择。控制字内包含有事故屏蔽、允许中断屏蔽以及若干控制位。图6-3中给出了控制字格式以及各字段的含义。

控制字中的低序字节用来屏蔽数值异常事故,位0~位5用于对由Pentium微处理器识别的6个浮点异常事故中的任一个都能独立进行屏蔽;而控制字中的高序字节用于对处理任选方式进行选择,其中包括对精度控制的选择和舍入方式的选择。

浮点部件的控制字的格式如下。

控制字中的异常事故屏蔽表明:浮点部件应该处理哪一个异常事故和哪一个异常事故能使浮点部件产生中断信号(一个未被屏蔽的异常事故)。

位11、位10(R、C)是两位的圆整控制字段,用来表示选择4种圆整方式中的哪一种。这4种圆整方式如下。

00——无偏差的向最近的值或偶数值圆整。

01——舍去（向负数方向，即负无穷大、圆整）。

10——舍入（向正数方向，即无穷大、圆整）。

11——截去（截去项趋向0）。

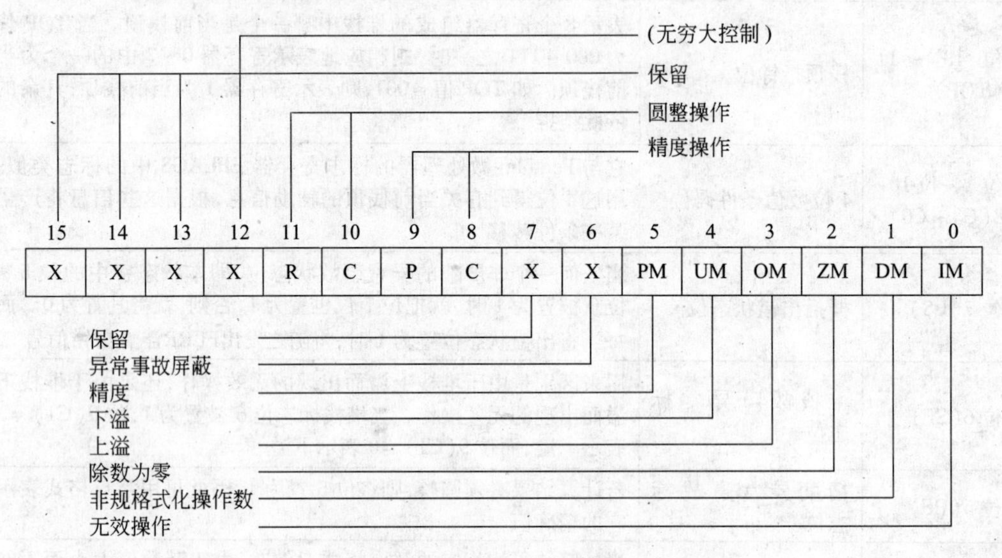

图6-3　控制字格式及各字段的含义

位(R、C)圆整控制字段提供了由IEEE标准规定的几种圆整方法，如直接舍入圆整、实际截去、保留几位有效值、偶数位圆整等。位11、位10(R、C)可提供公用的向最近数圆整方式，以及直接圆整和截断方式，圆整控制位不仅对算术运算指令有影响，而且对某些非算术运算类指令也有影响。

位9、位8（P、C)是两位的精度控制字段，用来表示选择3种精度中的哪一种精度。这3种精度表示分别是：00为24位短实数(单精度)；01为(保留)；10为53位长实数(双精度)；11为64位暂时实数(扩展精度)。

4. 浮点部件片内标记字寄存器

图6-4给出了标记字格式。由图可知，标记字是由8个字段构成，每个字段长度均为两位，分别用来标志8个数据寄存器。也就是说，每个数据寄存器的内容均用标记字中的一个字段标记。

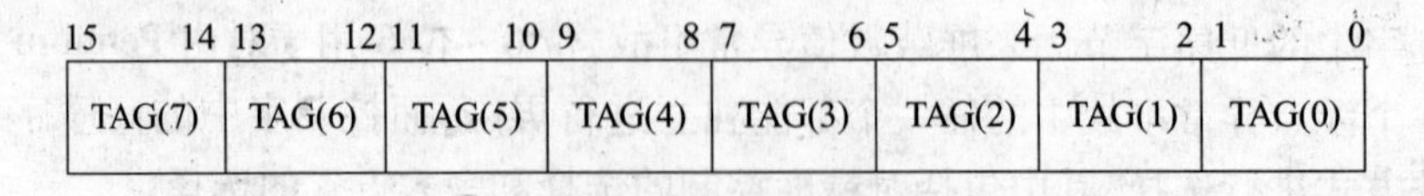

图6-4　标记字格式

浮点部件中的标记字用于表示寄存器堆栈中的每一个寄存器的内容，从标记字的格式与内容可知，只有浮点部件自己用标记字去区分空寄存器和非空寄存器的位置。异常事故处理程序也常用标记信息去检验某一数值寄存器的内容，而且不必对数值寄存器中的实际数据进行复杂的译码操作。标记字中的标记值分别用来标志 8 个数据寄存器 R0 ~ R7。

各段标记值及其对应的含义为 00 为有效;01 为零;10 为特定值——无效(NaN,不支持的),无穷大,或非正常数;11 为空。

6.3　Pentium 流水线的分级结构及其操作

Pentium 体系结构中最重要的特点之一就是它设计了 3 条流水线：1 条浮点流水线和两条整数流水线(即 U、V 管道)。这种能同时执行多条流水线的体系结构,就称为超标量流水线体系结构。图 6-5 给出了超标量流水线分级结构组成的详细图解。

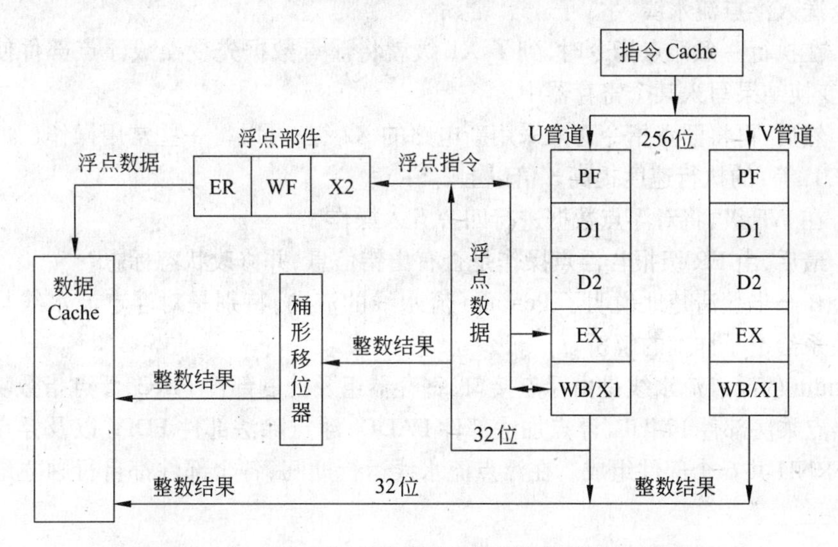

图 6-5　Pentium 超标量流水线分级结构组成的详细图解

由图 6-5 可知,Pentium 的两条独立的整数流水线都是由 5 级流水线组成：预取 PF;首次译码 D1(对指令译码);二次译码 D2(生成地址和操作数);存储器和寄存器的读操作 EX(由 ALU 执行指令);WB(将结果写回到寄存器或存储单元中)。

Pentium 的一条浮点流水线由 8 级组成,其前 5 级与整数流水线一样,只是在第 5 级 WB 重叠了用于浮点执行开始步骤的 X1 级(浮点执行步骤 1,它是将外部存储器数据格式转换成内部浮点数据格式,并且还要把操作数写到浮点寄存器上),此级也称为 WB/X1 级;而后 3 级是：二次执行 X2(浮点执行步骤 2);写浮点数 WF(完成舍入操作,并把计算后的浮点结果写到浮点寄存器);出错报告 ER(报告出现的错误/更新状态字的状态)。

由于 Pentium 的浮点部件是在 80486 的基础上重新设计而成的,不仅增加为 8 级浮点流水线,且引入了新的快速算法,这使一些常用指令如加法(ADD)、乘法(MUL)以及装入(LOAD)指令的操作速度提高了 3 倍以上。

Pentium 流水线的操作步骤如下所示。

(1) Pentium 处理器在每个时钟周期可以发出两条整数指令或一条浮点指令。每条整数流水线的操作按预取 PF、首次译码 D1(对指令译码)、二次译码 D2(生成地址和操作数)、读操作 EX(由 ALU 执行指令)与回写 WB 等 5 个步骤依次进行。

(2) 当执行整数指令时,先要在 D1 译码级作出决定,是否将两条整数指令同时发送给 U,V 整数流水线,再由两个平行的译码部件 D1 同时工作,去确定这两条当前整数指令是否可以同时执行。

(3) 当整数指令执行后,要将所得整数结果送入高速缓存(即数据 Cache),或写回 ALU 中去继续计算。在将结果数据写入高速缓存之前,可以将结果数据送入桶形移位器进行加载存储、加减、逻辑和移位等处理,这将减少 ALU 的操作负担。

(4) 浮点流水线实际上是 U 管道的扩充,它是在 5 级整数流水线的基础上,增加了后 3 级,总共为 8 级。浮点指令的操作数为 64 位,因而要由两个算逻部件合作去准备将浮点指令送入浮点流水线。

(5) 在执行一条浮点指令时,到了 X1 级就将浮点数据先变换成浮点部件使用的格式,并将变换结果写入某个寄存器中。

(6) 然后,再将浮点指令送入采用新电路的 X2 级,可以将一些常用操作(如 LOAD、ADD、MUL 等)的执行速度提高 3 倍以上。

(7) 在 WF 级,将对浮点数据进行四舍五入操作。

(8) 最后,由 ER 级报告浮点操作是否有出错信息,并修改状态标志。

以上 8 个步骤清楚地说明了 Pentium 流水线的流向,特别是对浮点流水线与整数流水线的关系给予了详细的解析。

Pentium 的浮点流水线是由浮点接口、寄存器组及控制部件 FIRC、浮点指数功能部件 FEXP、浮点乘法部件 FMUL、浮点加法部件 FADD、浮点除法部件 FDIV 以及浮点舍入处理部件 FRND 共 6 个部件组成。在浮点流水线运行期间,各个部件都自行独立地进行专项操作。

习题 6

6-1 使 iAPx86/88 系列微机性能获得横向提升的协处理器有哪些?

6-2 80387 协处理器与 80287 有何不同?

6-3 80486 的浮点部件与 80386 的浮点部件 80387 比较有何特点?

6-4 Pentium 的浮点部件在设计上有何特点?

6-5 Pentium 体系结构中的浮点流水线有多少级?它们是如何组成的?

6-6 Pentium 的浮点流水线在执行一条浮点指令时,是从在哪一级开始将浮点数据变换成浮点部件能使用的格式?浮点指令在哪一级进行处理操作和报告出错信息?

第7章 微机总线应用技术

【学习目标】

本章主要介绍微机总线的基本概念、分类和特点。

【学习要求】

- 了解总线、总线标准、接口、接口标准的基本概念。
- 了解几种主要的扩展总线。
- 根据总线的3个性能指标能够计算总线带宽。

7.1 微机总线技术概述

1. 基本概念

在总线技术中，首先要弄清楚微机总线、总线标准、接口、接口标准等几个基本概念的联系与区别。

(1) 微机总线。一组按一定规范进行互连并能安全、迅速和有效传输信息的信号线，这组信号线包括地址线、数据线、控制线、电源线等几种信号线类型。在单板计算机的各芯片之间，微型计算机系统的各插件板之间，或微型机系统之间，都有各自的总线把多个相关部件连接起来，组成一个能彼此传送信息和对信息进行加工处理的整体。因此，微机总线是微型计算机系统各部件联系的纽带。

(2) 总线标准。国际工业界正式公布或推荐的把各种不同的模块组成计算机系统时必须遵守的规范。具体来讲，它是指芯片之间、插件板之间及微机系统之间，通过总线进行连接和传输信息时，应遵守的一些协议和规范。总线标准一般包括硬件和软件两方面的内容。硬件方面主要有总线的信号线定义、时钟频率、系统结构、仲裁及配置机构、电气规范、机械规范等方面的内容；软件方面主要有总线协议、驱动程序和管理程序等。

采用总线标准可以为计算机接口的软、硬件设计提供方便。

(3) 接口。CPU与其“外部世界”的连接电路以及为管理它们所提供的软件，它是CPU与“外部世界”进行信息交换的中转站。这里所说的“外部世界”，是指除了CPU本身以外的所有设备或电路，如存储器、I/O设备、测量设备、控制设备、通信设备等。

(4) 接口标准。外设接口的规范和定义,涉及外设接口的信号线定义、传输速率、传输方向、拓扑结构、电气和机械特性等方面。一般来讲,不同类型的外设有不同的接口标准,只有符合该标准的外设,才能使用这种接口标准。

2. 总线标准和接口标准的一般特点

总线标准和接口标准具有不同的特点。

(1) 微机总线的一般特点如下所示。

① 公用性是微机总线的最重要的特点,不同类型的功能模块可以同时挂接到总线上,共享总线的资源。

② 信号传输形式一般为并行传输方式。

③ 总线在微机主板上通常以多个扩展插槽形式提供使用。

④ 总线上被定义的信号线较多,种类也比较齐全。对每个微机系统来说,一般都有独立的数据线、地址线和控制线。

(2) 接口标准的一般特点如下所示。

① 专用性是接口标准不同于总线标准的重要特点,通常是一种接口只连接一类设备,不能混用。

② 接口上的信号传输形式既有并行也有串行传输。

③ 接口一般被安置在机箱外,以插头或插座形式提供使用。

④ 接口的定义信号线少,且种类不齐全,一般情况下不是单独的数据线、地址线和控制线,有时它们是分时复用的。

需要说明的是,随着计算机和接口技术的迅速发展,总线标准和接口标准的区别越来越小,例如在新型的接口标准中也具备了类似微机总线的某些特点,故有时人们也将它们称为总线,如将 AGP 接口标准叫 AGP 总线,USB 通用串行接口标准叫做 USB 总线等。

7.2 总线分类

1. 微机总线的分类

微机中的总线分类方法很多,最常用的一种分类方法是依总线所处位置分类。大致可以分为以下 5 种。

(1) CPU 总线。位于微处理器芯片内部的总线,用于 ALU 及各种寄存器等功能单元之间的相互连接。

(2) 元件级总线。一台单板计算机或一块 CPU 插件板使用的板上总线,用于芯片一级的连接。它一般是 CPU 芯片引脚的延伸,当板上芯片较多时,一般都有锁存和驱动电路。

(3) 系统总线(也叫板级总线、标准总线或计算机总线)。主要用于微机系统内部各插件板之间进行连接和传输信息,是微机系统最重要的一种总线,一般在主板上做成扩展插槽形式,所以在计算机主板上,它通常与 I/O 扩展槽相连。如 ISA、EISA 就是构成 IBM

PC x86 系列微机的系统总线。在现在流行的主板上,它通常是指 CPU 的 I/O 接口单元与系统内存、L2 Cache 和主板芯片组之间的数据、指令等传输通道。

(4) 局部总线。介乎于 CPU 总线和系统总线之间的一级总线,是高档微机中常采用的一种重要总线。它的两侧都由桥接电路连接,分别面向 CPU 总线和系统总线,但局部总线离 CPU 总线更近一些。采用局部总线的优点在于它可以使一些高速外设通过局部总线和 CPU 总线直接连接,而不必像早期的微机中那样将高速外设和慢速外设都同时挂在较慢的系统总线上,这样,就可以克服系统 I/O“瓶颈”效应,显著地提高数据传输速率,充分发挥 CPU 的高性能优势。

局部总线又可分专用局部总线、VL 总线(486 机型中采用)、PCI 总线 3 种。其中前两种已很少用或不用,微机系统中的局部总线主要是指 PCI 总线,它是一种先进的局部总线标准。

(5) 通信总线(也叫外部总线)。系统之间或微机系统与通信设备之间进行通信的一组信号线。如微机之间串行通信采用的 RS-232C/RS-485 总线,微机与智能仪器之间通信采用的 IEEE 488 或 VXI 总线等,以及广泛用于微机与外部设备之间进行通信的 USB 和 IEEE 1394 通用串行总线等。但正如前面所述,由于通信总线的特点更符合接口标准的特点,所以它可以叫做通信总线,也可以叫做接口标准。

2. 接口标准的分类

接口标准的分类方法也很多,若根据所连设备的性质及功能,大致可以分为以下 5 种。

(1) 传统串/并行接口标准。它是微机系统中进行串行和并行输入输出基本端口。如 RS-232-C/RS-485、I^2C、IEEE 1284(Centronics、EPP、ECP)等。

(2) 外部存储设备接口标准。支持硬盘、光盘等存储介质的接口标准如 SATA 和 SCSI 接口标准。

(3) 视频显示接口标准。如支持三维和纹理图形数据高速显示的新型接口标准 AGP。

(4) 测试仪器接口标准。提供和一些测试仪器仪表相连接的接口标准,如 IEEE 488 和 VXI接口标准。

(5) 通用外设接口标准。如 USB、IEEE 1394 等,可以支持多种新型外设的通用型接口标准。

7.3 几种常用的扩展总线

主板上都有数条插槽供扩展 I/O 外设之用,总线就是通过插槽来连接 CPU 与外设插件的,所以通常也将这些连通插槽的总线称为扩展总线(Expansion Bus)。

在微型计算机中,一般都采用多种总线共存的形式。一种微机系统的总线层次结构示意图如图 7-1 所示。

下面简要介绍在总线发展历程中常用的几种典型的扩展总线。

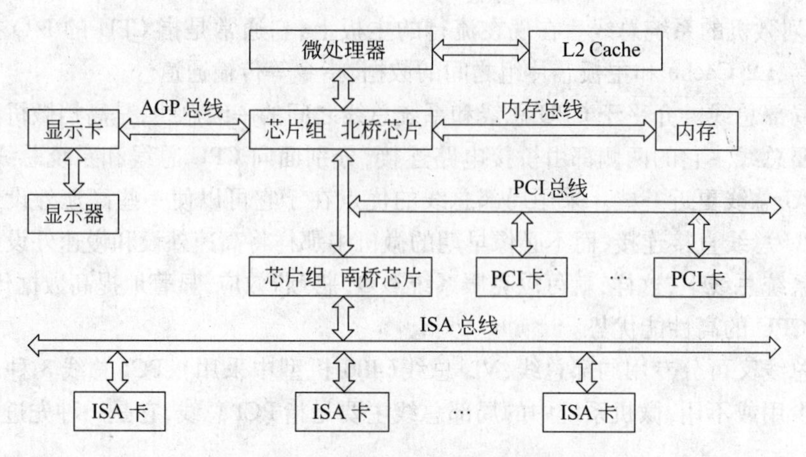

图 7-1 流行微机系统的总线层次结构

7.3.1 PC 总线

PC 总线是早期开发的总线之一，虽然在它之前还有诸如 MCA、VESA 在内的多种总线规格，但它却是第一种被认可为广泛使用的标准总线技术。PC 总线最早出现在 IBM 公司 1981 年推出的 PC/XT 系统中，它基于 8 位结构的 8088 处理器，也被称为 PC/XT 总线。

PC 总线沿用了三年多时间，直到 1984 年，IBM 推出基于 Intel 超级 16 位 80286 处理器的 PC/AT，系统总线才被 16 位的 PC/AT 总线所代替。此时，PC 产业已初具规模，加之 IBM 允许第三方厂商开发兼容产品，PC/AT 总线规范才被逐渐标准化，并衍生出著名的工业标准架构（Industry Standard Architecture，ISA）总线。

ISA 总线采用程序请求 I/O 方式与 CPU 进行通信，网络传输速率低，CPU 资源占用大。目前在市面上基本上看不到有 ISA 总线类型的网卡。

7.3.2 ISA/EISA 总线

与 PC/AT 总线不同，ISA 总线是 8/16 位兼容的总线，也是早期网卡使用的总线接口，其最大数据传输率为 8MBps 和 16MBps。在微机主板上 ISA 插槽一般用黑色标示，其插槽为两段，分别为前 62 线段和后 36 线段。其中单独前 62 线引脚插槽可用于 8 位的插接板，前 62 线引脚插槽加上后 36 线引脚插槽一起使用时，信号线达到 98 线，用来支持 16 位的插接板。

ISA 总线作为计算机发展过程中非常重要的一种系统总线，由于其相对简单，资料齐全，所以，部分接口设计人员在实际的测量与控制系统的接口插接板卡开发时，仍是基于 ISA 插槽进行的。

ISA 总线一直贯穿 286 和 386SX 时代，但在 32 位 386DX 处理器出现之后，16 位宽度的 ISA 总线就遇到问题，总线数据传输慢得使处理器性能受到严重的制约。有鉴于此，康柏、惠普、AST、爱普生等 9 家厂商在 1988 年协同将 ISA 总线扩展到 32 位宽度，EISA 总线由此诞生。

EISA 总线的工作频率仍然保持在 8MHz 水平，但受益于 32 位宽度，它的总线带宽提升到 32MBps。另外，EISA 可以完全兼容之前的 8/16 位 ISA 总线，但 EISA 并没有重复 ISA 的辉煌，它的成本过高，且速度潜力有限；尤其是，在还没有来得及成为正式工业标准的时候，更先进的 PCI 总线就开始出现，EISA 的推广也就由此受阻。EISA 总线在计算机系统中与 PCI 总线共存了相当长的时间，直到 2000 年后 EISA 才正式退出。

7.3.3　PCI 局部总线

1. PCI 局部总线产生的背景

随着微处理器工作频率的不断提高，使得 ISA、EISA 总线的工作速度显得更加落后，为了解决 CPU 与总线之间速度的不同步这一矛盾，Intel 公司在 1991 年推出了外设部件互连标准（Peripheral Component Interconnect，PCI）局部总线。在 1993 年以后，由于从 Pentium 到 PⅡ、PⅢ直到 P4 微处理器的工作频率不断迅速提高，使 PCI 局部总线的应用得以迅速推广，几乎所有的主板产品上都带有 PCI 插槽。例如，在台式机主板上，ATX 结构的主板一般带有 5 或 6 个 PCI 插槽，而小一点的 MATX 主板也都带有 2 或 3 个 PCI 插槽。

从结构上看，PCI 局部总线实质上就是在 CPU 总线和 ISA 总线之间增加了一级总线。它具体由一个桥接电路实现对这一层的管理，并实现上下之间的接口以协调数据的传送。这样，就可以将一些高速外设，例如网络适配卡、磁盘控制器、图形卡等从 ISA 总线上卸下来而通过 PCI 局部总线直接挂到 CPU 总线上，使之更能匹配 CPU 的高速度，充分发挥双方的性能优势。PCI 局部总线的结构示意图如图 7-2 所示。

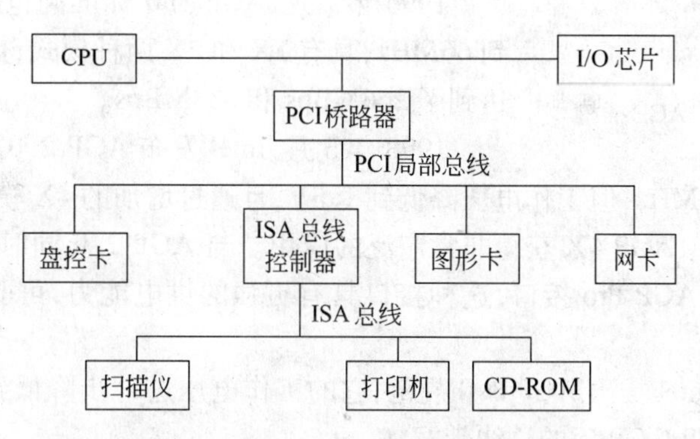

图 7-2　采用 PCI 总线结构的示意图

2. PCI 总线的特点

PCI 总线同以前的总线相比，它具有以下一些优点。

（1）传输速率高。PCI 能以 133MBps（32 位）或 266MBps（64 位）的速率传送数据，远比 ISA 总线的 16MBps 快，大大缓解了 I/O 瓶颈。像高性能图形、视频图像、网络等应用程序，对处理速度都提出了很高的要求，而 PCI 局部总线由于提供了很宽的通路，使这些应用程序可以平滑地执行。

(2) 真正的兼容性,允许多总线共存。与其他总线标准不同,任何与PCI相兼容的机器也可用于任何遵从PCI的系统而不论其总线类型。

(3) 独立于CPU。PCI总线可与Intel系列不同工作频率的CPU协同工作,这些CPU包括Intel 486SX到Pentium、PⅡ、PⅢ、P4(包含Celeron系列)及未来更高的版本。

(4) 自动识别与配置外设,极大地方便了用户使用。

PCI局部总线为外设提供了CPU处理的更宽、更快的通路,有效地克服了数据传输的瓶颈现象。在相当一段时间内,PCI局部总线接口曾作为许多适配器的首选接口,如网络适配器、内置Modem卡、声音适配器、视频捕捉卡等。

3. PCI总线的应用

第一个版本的PCI总线工作于33MHz频率下,传输带宽达到133MBps。1993年之后,Intel推出64位PCI总线,它的传输性能达到266MBps,但主要用于企业服务器和工作站领域;随着x86服务器市场的不断扩大,64位/66MHz规格的PCI总线很快成为该领域的标准,针对服务器/工作站平台设计的SCSI卡、RAID控制卡、千兆网卡等设备无一例外都采用64位PCI接口。

7.3.4 AGP

1996年,由于3D显卡的出现,Intel在PCI基础上研发出一种专门针对显卡的AGP接口。AGP接口是主板上的一种高速点对点传输通道,供显示卡使用,主要应用在三维动画的加速上。图7-3给出了ISA、PCI和AGP插槽样式。

图7-3 ISA、PCI、AGP插槽

1996年7月,AGP 1.0标准问世,它的工作频率达到66MHz,具有1X和2X两种模式,数据传输带宽分别达到了266MBps和533MBps。

1998年5月,Intel发布AGP 2.0版规范,它的工作频率仍然停留在66MHz,但工作电压降低到1.5V,且通过增加的4X模式,将数据传输带宽提升到1.06GBps,AGP 4X获得非常广泛的应用。与AGP 2.0同时推出的,还有一种针对图形工作站的AGP Pro接口,这种接口具有更强的供电能力,可驱动高功耗的专业显卡。

2000年8月,Intel推出AGP 3.0规范,它的工作电压进一步降低到0.8V,所增加的8X模式,可以提供2.1GBps的总线带宽。

表7-1给出了AGP几个版本的参数。

直至2004年,新版本AGP的数据传输量为早期版本的2~8倍。

AGP与PCI之间有着不同的使用目的和性能特点。采用AGP的目的是为了打破由PCI总线形成的系统瓶颈,实现三维图形数据的良好显示,而不是要用AGP去取代PCI,实际上也不可能取代,因为AGP并不是系统总线。另外,AGP是在PCI Reversion 2.1规范基础上,经过扩充而产生的,因此,它既具有PCI的一些特性,同时,又有一些性能超过了PCI。表7-2列出了AGP和PCI的主要性能指标。

表 7-1 AGP 1.0/2.0/3.0 参数表

AGP 标准	AGP 1.0	AGP 1.0	AGP 2.0	AGP 3.0
接口速率	AGP 1X	AGP 2X	AGP 4X	AGP 8X
工作频率/MHz	66	66	66	66
传输带宽/MBps	266	533	1066	2132
工作电压/V	3.3	3.3	1.5	1.5
单信号触发次数	1	2	4	4
数据传输位宽/b	32	32	32	32
触发信号频率/MHz	66	66	133	266

表 7-2 AGP 和 PCI 的主要性能指标

性能指标	PCI	AGP	性能指标	PCI	AGP
传输方式	同步	同步	带宽/MBps	133	533
数据优先存取	不支持	支持	插槽	最多5个	1个
总线时钟/MHz	33	66			

7.3.5 PCI-X

PCI-X 接口是并连的 PCI 总线的更新版本,它仍采用传统的总线技术,但有更多数量的接线针脚, 同时,所有的连接装置将共享所有可用的频宽。PCI-X 是服务器网卡经常采用的总线接口,它与原来的 PCI 相比在 I/O 速度方面提高了一倍,比 PCI 接口具有更快的数据传输速度。PCI-X 总线接口的网卡一般为 32 位总线宽度,也有 64 位数据总线宽度的。图 7-4 给出了主板上带有 PCI-X 总线插槽的样式。

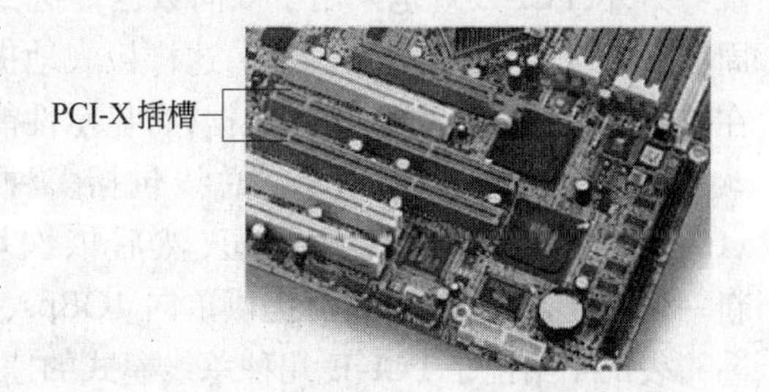

图 7-4 主板上带有 PCI-X 总线插槽的样式

Intel 于 2000 年正式发布 PCI-X 1.0 版标准。

2002 年 7 月,PCI-SIG 推出更快的 PCI-X 2.0 规范,它包含较低速的 PCI-X 266 及高速的 PCI-X 533 两套标准,分别针对不同的应用。PCI-X 266 标准可提供 2.1GBps 共享带宽,PCI-X 533 标准则更是达到 4.2GBps 的高水平。此外,PCI-X 2.0 也保持良好的兼容性,它的接口与 PCI-X 1.0 完全相同,可无缝兼容之前所有的 PCI-X 1.0 设备和 PCI 扩展设备。

与原来的 PCI 接口相比,PCI-X 接口已不再是 32 位,而是采用 64 位宽度来传送数据,所以它的频宽就自动倍增两倍,相应地,其扩充槽的长度也有所增加;此外,其余的包含传输通信协议、信号和标准的接头格式都一并兼容,好处是 3.3V 的 32 位 PCI 适配卡可以用在 PCI-X 扩充槽上,如果需要,也可以将 64 位 PCI-X 适配卡接在 32 位的 PCI 扩充槽上,只不过这将引起频宽速度的减少。

表 7-3 给出了 PCI-X 各种速度等级的技术细节比较。

表 7-3 PCI-X 不同速度等级的技术细节比较

速度等级规格	总线宽度	频率速度/MHz	功能	频宽
PCI-X 66	64位	66	Hot Plugging, 3.3V	533MBps
PCI-X 133	64位	133	Hot Plugging, 3.3V	1.06GBps
PCI-X 266	64位/16位选项	133	Double Data Rate Hot Plugging, 3.3 &1.5V, ECC supported	2.13GBps
PCI-X 533	64/16 位选项	133	Quad Data Rate Hot Plugging,3.3 &1.5V,ECC supported	4.26GBps

7.3.6 PCI Express 总线

随着系统外部带宽需求的快速增加,第3代I/O总线——PCI-E(PCI Express)应运而生。它很好地解决了PCI/AGP总线在遇到大量数据传输时就显得捉襟见肘的问题。

PCI-E在工作原理上与并行体系的PCI不同,它采用串行方式传输数据,并依靠高频率来获得高性能,因此,PCI-E也一度被称为"串行PCI"。由于串行传输不存在信号干扰,总线频率提升不受阻碍,所以PCI-E总线很顺利地就达到2.5GHz的超高工作频率。其次,PCI-E采用全双工运作模式,最基本的PCI-E拥有4根传输线路,其中2线用于数据发送,2线用于数据接收,即发送数据和接收数据可以同时进行。由于PCI-E将PCI或AGP的并行数据传输变为串行数据传输,并且采用了点对点技术,允许每个设备建立自己的数据通道,因此,极大地加快了相关设备之间的数据传送速度。

另外,PCI-E规范采用了双向数据传送,类似于DDR内存采用的技术,即在一个时钟周期的上下沿都可以传送数据,这样极大地提高了显示设备同内存的数据交换带宽,得以在较短时间内传送大量图形数据,为显示性能的飞跃打下基础。

这种全新的PCI Express总线包括多种速率的插槽,如PCI Express x1、x2、x4、x8、x16、x32等(x1的PCI-E最短,然后依次增长)。其中PCI Express x16总线已成为新一代图形总线标准,它可提供单向4GBps、双向8GBps的高速传输带宽。

表7-4给出了PCI-E几种总线模式的速率。图7-5给出了PCI Express插槽样式。

表 7-4 PCI Express 总线的速率表

模式	双向传输模式	数据传输模式	模式	双向传输模式	数据传输模式
PCI Express x1	500MBps	250MBps	PCI Express x8	4GBps	2GBps
PCI Express x2	1GBps	500MBps	PCI Express x16	8GBps	4GBps
PCI Express x4	2GBps	1GBps	PCI Express x32	16GBps	8GBps

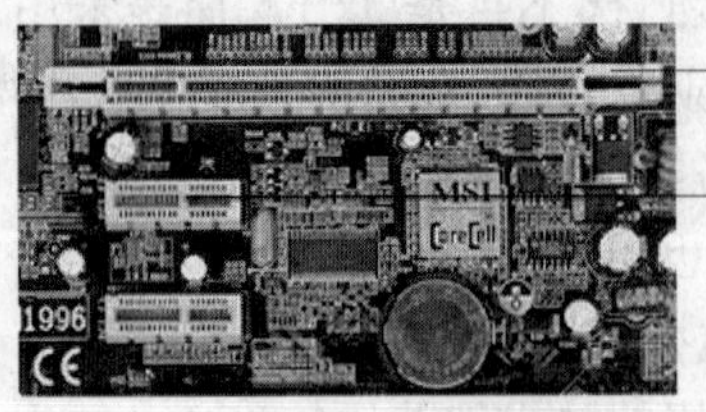

图 7-5 PCI Express 插槽样式

图 7-6 汇总列举了 20 世纪 80 年代以来各个阶段的总线性能水平，从图中可以清楚地看出，就总线性能水平来说，AGP 比 ISA/PCI 有一定优势，而 PCI-Express 比 AGP 又有明显优势，PCI-Express 1.0 两倍于 AGP 8X 的带宽。

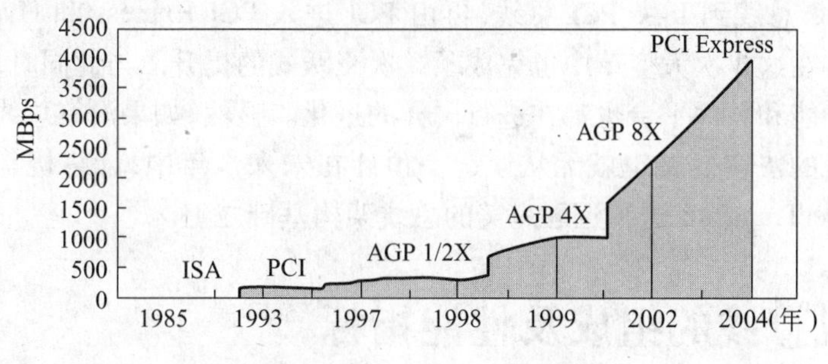

图 7-6　PCI Express 的带宽优势

7.3.7　HyperTransport 总线

在系统总线中，HyperTransport 是一个另类总线，它最初是由 AMD 在 1999 年提出的一种总线技术，随着 AMD 64 位平台的发布和推广，HyperTransport 应用越来越广泛，并成为连接 AMD 64 处理器、北桥芯片和南桥芯片的系统中枢。

尽管 HyperTransport 总线在 2004 年才开始得到广泛应用，但 AMD 早在 1999 年就着手进行设计，当时它被称为闪电式数据传输（Lightning Data Transport，LDT）技术。2000 年 5 月，发布 LDT 1.0 版，并将它更名为 HyperTransport。

从技术概念上讲，HyperTransport 是一种为主板上的集成电路互连而设计的端到端总线技术，可以在内存控制器、磁盘控制器以及 PCI 总线控制器之间提供更高的数据传输带宽。HyperTransport 采用类似 DDR 的工作方式，在 400MHz 工作频率下，相当于 800MHz 的传输频率。此外，HyperTransport 是在同一个总线中模拟出两个独立数据链进行点对点数据双向传输，因此理论上最大传输速率可以视为翻倍，具有 4、8、16 位及 32 位频宽的高速序列连接功能。

除了速度快之外，HyperTransport 还有一大特色，就是当数据位宽并非 32 位时，可以分批传输数据达到与 32 位相同的效果。例如，16 位的数据就可以分两批传输，8 位的数据就可以分 4 批传输，这种数据分包传输的方法，给了 HyperTransport 在应用上更大的弹性空间。

2004 年 2 月，AMD 推出 HyperTransport 2.0，其主要变化是数据传输频率提升到 1GHz，32 位总线的带宽达到 8GBps。AMD 将它用于 Opteron 以及高端型号的 Athlon 64 FX、Athlon 64 处理器中，该平台的所有芯片组产品都迅速提供支持。

2006 年 4 月 24 日，AMD 又正式发布了 HyperTransport 3.0 标准。从规格上来看，HyperTransport 3.0 并不属于全新的总线技术，只是在 HyperTransport 2.0 的基础之上进行了优化，并加入了几项新技术，如跨系统连接、总线的自适应配置、热拔插支持、更先进的电源动态管理机制，并支持 HTX 接口以及远程信号传输等。HyperTransport 3.0 标准有 1.8GHz、2.0GHz、2.4GHz 和 2.6GHz 4 种物理工作频率，并可支持 32 位通道总线，在最高级的 2.6GHz 频率下，32 位 HyperTransport 3.0 总线拥有 20.8GBps 的单向传输效能,若考虑双向传输,总带宽值将达到史无前例的41.6GBps。即使在常规的16位通道模式下,HyperTransport 3.0总线也将拥有20.8GBps的总带宽。

HyperTransport可以广泛应用于服务器、工作站、网络交换器与内嵌式应用系统中。

总之,从PC总线到ISA、PCI总线,再由PCI进入PCI Express和HyperTransport体系,计算机总线在这3次大变革中也完成了3次飞跃式的提升。与此同时,计算机的处理速度、实现的功能和软件平台也都在进行同样的进化。显然,如果没有总线技术的进步作为基础,计算机的快速发展也就无从谈起。预计在未来十年中,计算机都将运行在PCI Express和HyperTransport这种近乎完美的总线架构基础之上。

7.4 微机总线的组成及性能指标

1. 微机总线的组成

微机总线一般都有几十到上百根信号线,按其功能或信号类型一般可分为以下几种类型。

(1) 数据总线。数据总线一般为双向三态逻辑,主要用来传输数据,数据总线的宽度(位数)反映了总线传输和处理数据的能力,是总线性能优劣的主要指标。例如,ISA总线为16位数据线,EISA总线是32位数据线,PCI总线为32位或64位数据线。

(2) 地址总线。地址总线一般为单向三态逻辑,用来传送地址信息,地址线根数决定了微机系统的寻址范围,是衡量微机系统规模的重要尺度。如ISA总线为24位地址线,可寻址16MB的地址空间,EISA总线为32位地址线,可寻址4GB,而PCI总线的地址线为32位或64位,具有更强的寻址能力。

(3) 控制总线。控制总线常常分时复用,用来传送控制或状态信号。它根据使用条件不同,有时为单向,有时为双向传送,有的是三态逻辑,有的是非三态逻辑。控制总线代表了总线的特色,反映了总线的控制能力的大小。

(4) 电源和地线。电源和地线是总线中不可缺少的,它说明了总线使用的电源种类,地线分布及用法。

(5) 备用线。备用线主要是留作功能扩充和用户的特殊要求使用,某种程度上它反映了总线的扩充能力。

2. 微机总线的性能指标

微机中所采用的总线标准是各不相同的,各种总线标准在结构设计、功能定义、信号类型和总体性能上各有特色,以适用各种不同场合的需求。总线的基本性能指标如下。

(1) 总线的工作频率(或总线的时钟频率)。它是指用于协调总线上的各种操作的时钟频率,也称为总线的工作频率,单位为MHz。它是影响总线传输速率的重要因素之一。例如,ISA的总线频率为8MHz,而PCI总线有33.3MHz和66.6MHz两种总线频率。

(2) 总线的位宽。它是指总线能同时传输的数据位数,通常是指总线中数据总线的位数,单位为位(b),所以也叫总线宽度,如ISA总线宽度为16位,PCI总线则为32或64位。

（3）总线的带宽，它是指总线上每秒可传输数据的最大字节数，也简称总线数据传输速率，以 MBps 为单位。例如，PCI 总线时钟频率若为 33.3MHz，则其总线数据传输速率为 $33.3 \times 32/8 = 133.2$MBps。

以上 3 个性能指标之间的关系：

$$总线带宽 = (总线位宽/8) \times 总线工作频率$$

此外，还有一些其他指标，如总线的信号线数、负载能力、同步方式、电源种类等。

习题 7

7-1　总线标准和接口标准的含义有何不同?

7-2　微机总线按其所处位置可分为哪几类?

7-3　局部总线是属于哪一级总线？它是如何组成的？采用局部总线有何优点？

7-4　PCI 是何时推出的总线？它为何能得到广泛的应用？

7-5　PCI 局部总线在结构上有何特点？它的主要作用是什么？

7-6　AGP 是何时开发的一种什么性质的接口？它的主要性能特点是什么？

7-7　PCI-E 是什么总线？它与 PCI 在工作原理上有何主要区别?

7-8　什么是总线带宽？若 PCI-X 133 采用 64 位数据总线宽度和 133MHz 的总线工作频率（频率速度），试计算其总线带宽为多少？

第 8 章 微型计算机的主板及其 I/O 接口

【学习目标】

本章简要介绍 Pentium 4 后微型计算机系统的主板技术,包括主板芯片组、CPU 插槽、总线及扩展槽、内存条插槽以及主板上的 I/O 接口等。

【学习要求】

- 了解主板设计中的技术特点。
- 理解芯片组及其与 I/O 接口的架构。
- 理解主板上 CPU 插座、多种插槽与 I/O 接口。
- 了解 BIOS 芯片与 COMS 芯片的区别。

8.1 主板概述

主板是微机硬件系统中最重要的部件,通常制成矩形电路板,由 4 ~6 层组成,在面板上除了固定配置有与 CPU 芯片紧密配合工作的芯片组之外,还分布着众多的电容、电阻等电子元件,以及 CPU 插槽、内存条插槽、总线插槽等多种插槽与接口。有些主板上还集成了音效芯片、显示芯片等。

主板是所有计算机配件的总平台,在配置或使用主板时首先要了解主板的核心功能,支持何种类型的 CPU 芯片、内存、显卡以及能支持的扩展插槽的类型和数量。

图 8-1 给出了一块典型主板的示例。

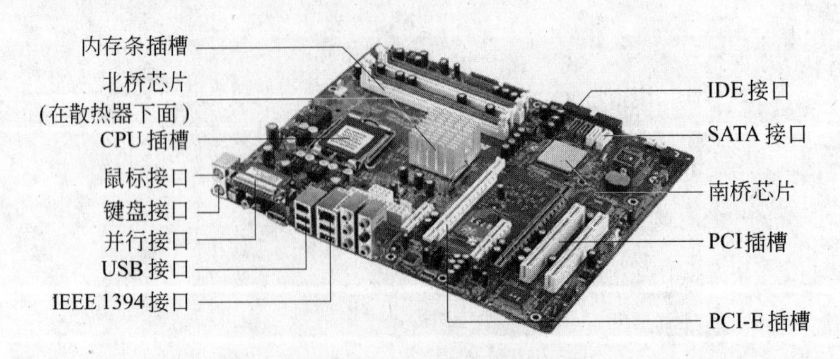

图 8-1　一块典型主板的示例

8.2　主板的基本结构

主板结构就是根据主板上各元器件(如芯片组、各种 I/O 控制芯片、扩展槽等)的布局排列方式、尺寸大小、形状、元器件的放置位置和所使用的电源规格等制定出的通用标准,所有主板厂商都必须遵循。ATX 是比较常见的主板结构,扩展插槽较多,PCI 插槽数量在 4 ~6 个;Micro ATX 又称 Mini ATX,是 ATX 结构的简化版,扩展插槽较少,PCI 插槽数量在 3 个或 3 个以下,多用于品牌机并配备小型机箱;而 BTX 则是 Intel 制定的最新一代主板结构。

1. ATX 结构

Intel 早在 1995 年 1 月就公布了扩展 AT 主板结构,即 ATX(AT extended)主板标准,如图 8-2 所示。这一标准得到世界主要主板厂商支持,已经成为最广泛的工业标准。

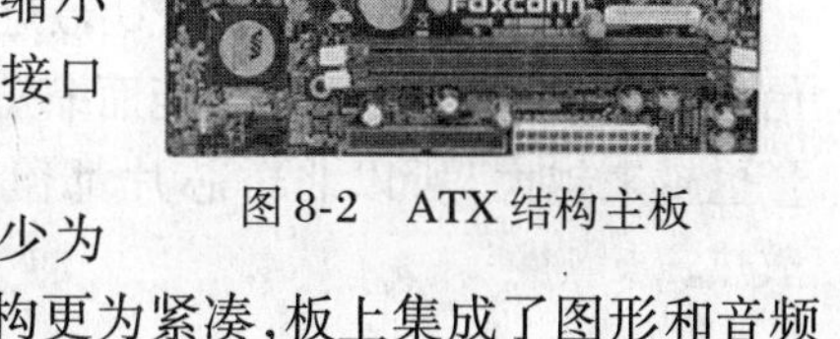

图 8-2　ATX 结构主板

1997 年 2 月推出了 ATX 2.01 版。ATX 主板针对 AT 和 Baby AT 主板的缺点做了一些改进。

Micro ATX 是 Intel 在 1997 年提出的 ATX 改进型主板结构,主要是通过减少 PCI 和 ISA 插槽的数量来缩小主板尺寸的。它保持了 ATX 标准主板背板上的外设接口位置,与 ATX 兼容。

如图 8-3 所示,Micro ATX 主板把扩展插槽减少为 3 ~4 个,DIMM 插槽为 2 ~3 个,比 ATX 标准主板结构更为紧凑,板上集成了图形和音频处理功能。

2. BTX 结构

随着计算机技术的进一步发展,特别是随着 SATA 和 PCI Express 等新技术、新总线、新接口的出现,ATX 规范在散热性、抗信号干扰、噪声控制等方面逐渐显现出不足之处。于是,Intel 推出了 BTX(Balanced Technology Extended)新型主板架构,其主板样式如图 8-4 所示。

图 8-3　MATX 结构主板

图 8-4　BTX 结构主板

在 BTX 规范中,大量采用新型总线(如 PCI Express)及接口,取代一些传统的总线及接口(如串口、并口)。采用 BTX 规范以后,主机的系统结构更加紧凑,可显著提高系统的散热效能并降低噪声。

8.3 主板的多功能外围芯片组

8.3.1 主板芯片组概述

主板的核心是主板芯片组,通常包含北桥芯片和南桥芯片。一块主板的性能和档次主要取决于它所采用的芯片组。目前,能够生产芯片组的主要厂家中,以 Intel 和 NVIDIA 以及 VIA 的芯片组最为常见。

1. 北桥芯片

北桥芯片(North Bridge)是主板芯片组中起主导作用的组成部分,也称为主桥(Host Bridge)。一般来说,芯片组的名称就是以北桥芯片的名称来命名的,例如 Intel 845E 芯片组的北桥芯片是 82845E,875P 芯片组的北桥芯片是 82875P 等。北桥芯片负责与 CPU 的联系并控制内存、AGP、PCI 数据在北桥内部传输,提供对 CPU 的类型和主频、系统的前端总线频率、内存的类型和最大容量、PCI/AGP/PCI-E 插槽、ECC 纠错等支持,整合型芯片组的北桥芯片还集成了显示核心。

北桥芯片是主板上离 CPU 最近的芯片,这主要是考虑到北桥芯片与处理器之间的通信最密切,为了提高通信性能而缩短传输距离。由于北桥芯片的数据处理量非常大,发热量也越来越大,所以北桥芯片都覆盖着散热片(有的配合风扇)用来加强北桥芯片的散热。

2. 南桥芯片

南桥芯片与 CPU 并不直接相连,而是通过一定的方式与北桥芯片相连。南桥芯片负责 I/O 总线之间的通信,主板上的各种接口(如串口、并口、IEEE 1394 以及 USB 2.0/1.1 等)、PCI 总线(如接电视卡、内置 Modem、声卡等)、IDE 接口(如接硬盘、光驱)以及主板上的其他芯片(如集成声卡、集成 RAID 卡、集成网卡等),都由南桥芯片控制。南桥芯片通常位于 PCI 插槽旁边,芯片体积比较大。

在各芯片组中,每个北桥芯片都有相应规格的南桥芯片与其对应,南桥的功能需要北桥支持,因此,在正规厂商出品主板时都将同一时期的南北桥搭配在一起,而一些杂牌的主板为节省资金会出现高档的北桥搭配低挡南桥的现象发生。为避免此类现象发生,从 810 开始,Intel 放弃了以往的南桥和北桥的概念,用内存控制中心(Memory Controller Hub,MCH)取代了以往的北桥芯片,用输入输出控制中心(I/O Controller Hub,ICH)取代了南桥芯片。

8.3.2 主流芯片组简介

1. Intel 芯片组

Intel 的主板芯片组的系列与型号繁多,如 810、820、845、865、915、945、965、975 等流

行系列以及最新的 P、Q、H 等系列。

P 是面向个人用户的主流芯片组版本,无集成显卡,支持当时主流的 FSB 和内存,支持 PCI-E x16 插槽。

G 是面向个人用户的主流的集成显卡芯片组,而且支持 PCI-E x16 插槽,其余参数与 P 类似。

Q 则是面向商业用户的企业级台式机芯片组,具有与 G 类似的集成显卡,并且除了具有 G 的所有功能之外,还具有面向商业用户的特殊功能,例如主动管理技术(Active Management Technology)等。

Intel 公司在 2006 年以后将全部精力放在了高端芯片组产品的生产上。针对工作站及高端主板市场,Intel 在 2006 年用最新开发的 i975X 芯片组取代 955X 芯片组,而其中的 Pentium XE 处理器就必须使用 i975X 平台。i975X 芯片组支持双 PCI-E 图形技术,可将一条 PCI-E x16 总线划分成两个 PCI-E x8 总线,并且可支持弹性的 I/O 执行方案,其中包括了 SLI 和 Crossfire 技术。除了支持双显卡以外,i975X 芯片组还可支持 800/1066MHz 的 FSB,支持 533/667MHz 的 DDR 2 内存,并且在容量上可达到 8GB,还可支持 ECC 内存。

针对主流市场需求,Intel 在 2006 年初还发布了支持 65nm 处理器的 i965 系列芯片组。i965 系列芯片组可完整地支持虚拟化技术及 Intel 的 Active Management Technology(第 2 代主动管理技术)。i965 包括 4 种型号,它们均可支持 1066MHz、800MHz 和 533MHz 前端总线。

Intel i975、965 都将与 ICH8 系列南桥配合使用。ICH7 南桥芯片集成 4 个 SATA 接口,而 ICH8 集成 6 个 SATA 接口,还提供对 PATA 的支持,并把 ICH8 USB 接口从 ICH7 的 8 个提升到 10 个。另外,在 ICH8 中集成了一个额外的 EHCI 控制器,以提升 USB 带宽。

图 8-5 给出了 Intel i975 芯片组及其与 I/O 接口的架构示意图。

进入 2009 年,Intel 公司发布了新的芯片组产品,已推出的有 Q55、P57、P55、H57 和 H55 等 5 款芯片组。其中,P55 是 LGA 1156 接口的主流级产品。

与 Intel 推出 P 系列芯片组的同时,AMD 也相应推出了 Phenom Ⅱ、AM3 和 LGA 1156,这些使针对主流用户的产品将会获得更多的选择。

值得指出的是,现在流行主板采用的都是双芯片组架构,即由南桥与北桥分离的双芯片组与 CPU 连接的架构,从而组成 3 片式解决方案的架构。而未来更新的主板将采用由新的 Nehalem 微处理器与南、北桥合一芯片组连接的架构,称为新的 Nehalem 处理器的两片式解决方案的架构。在这种将南、北桥合一的两片式的主板架构中,原来放置在北桥内的图形处理和内存控制器等模块将移植到 Nehalem 处理器中。

关于 Nehalem 处理器,简单地说,它是一种全新的移动版 CPU 系列,其代号为 Clarksfield。它采用 45nm 制程,基本建立在 Core Microarchitecture(Core 微架构)的骨架上,外加增添了 SMT、3 层 Cache、TLB 和分支预测的等级化、IMC、QPI 和支持 DDR 3 等技术。比起从 Pentium 4 的 NetBurst 架构到 Core 微架构的较大变化来说,从 Core 微架到 Nehalem 架构的基本核心部分的变化则要小一些,因为 Nehalem 还是 4 指令宽度的解码/重命名/撤销。

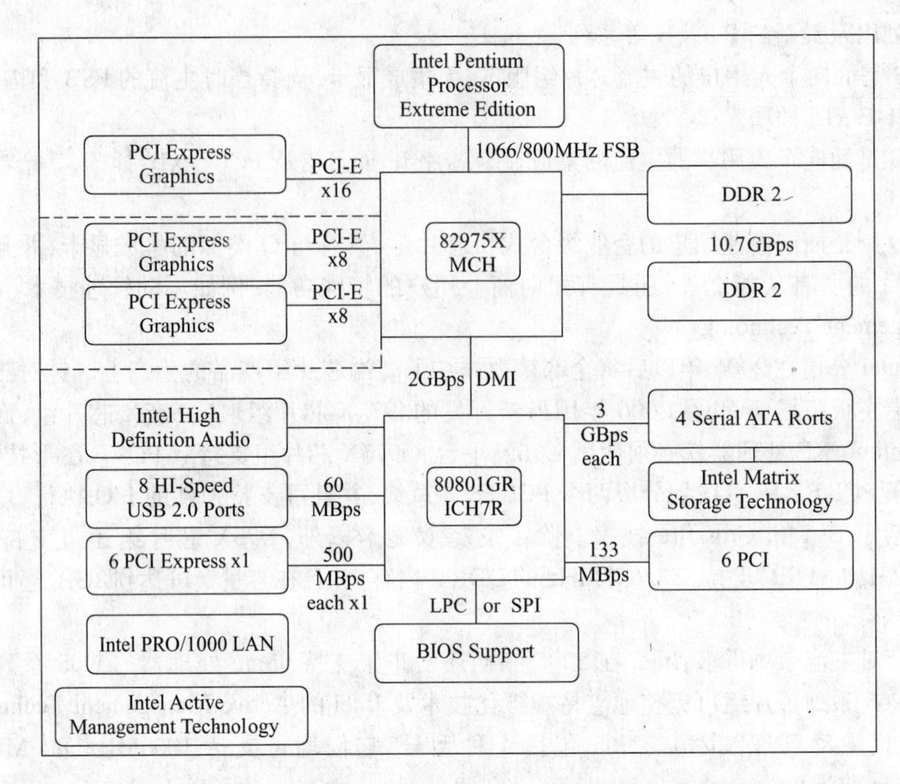

图 8-5 Intel i975 芯片组及其与 I/O 接口的架构示意图

此外,Nehalem 的核心部分比 Core 微架构新增加的功能主要有以下几方面：新增加 SSE 4.2 指令(New SSE 4.2 Instructions)；改进的锁定支持(Improved Lock Support)；新的缓存层次体系(Additional Caching Hierarchy)；更深的缓冲(Deeper Buffers)；改进的循环流(Improved Loop Streaming)；同步多线程(Simultaneous Multi-Threading)；更快的虚拟化(Faster Virtualization)；更好的分支预测(Better Branch Prediction)。

2. VIA 的 K8T 900 芯片组

K8T 900 是 VIA 针对 AMD 平台推出的新一代 PCI-E 芯片组。图 8-6 给出了 K8T 900 芯片组及其与 I/O 接口的架构示意图。

K8T 900 采用了 V-MAP(Modular Architecture Platform,模块化架构平台)平台设计，最值得关注的还是 VIA 改进了 K8T 890 中的 DualGFX Express 技术,引入了更为完善的多显卡并联技术。这意味着 VIA 也迈入真实的双卡互连时代,将为 S3 显卡提供更好的支持,也为更完善地对 SLI、CrossFire 硬件支持打下了基础。

在南桥方面,K8T 900 将与 VT 8251 南桥相搭配。VT 8251 的大多数技术特征与 Intel 发布的 i945/955 系列芯片组所搭配的 ICH7 南桥的功能相近。VT 8251 提供了两组额外的 PCI Express 总线、8 组 USB 2.0 接口、7 条 PCI 总线支持、AC97 音频设备、10/100M 网络适配器,以及支持 VIA DriveStation 等。

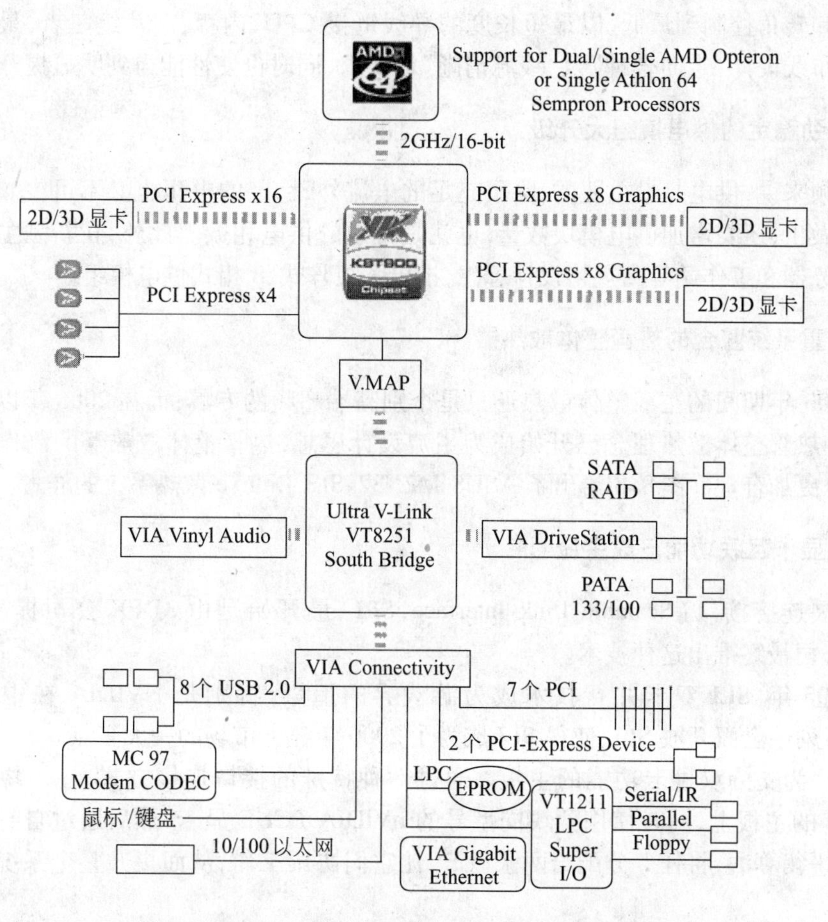

图 8-6　K8T 900 芯片组及其与 I/O 接口的架构示意图

8.4　主板设计中的一些技术特点

主板作为整机配件的承载体,地位非常重要,因此,在设计和选择主板时,应同时考虑它对未来处理器升级的支持。主板设计中的一些技术特点如下所示。

1. 突破传统的全新板型设计

由于 CPU 和芯片组架构的进化,板载设备的增多,以往的传统 ATX 主板已限制了整体性能的提高。只有重新设计板型,才能实现主板性能最佳化。图 8-7 给出了全新板型设计的 ASUS M2N32-SLI Deluxe 主板式样。

图 8-7　M2N32-SLI Deluxe 主板

标准的 ATX 板型规定内存插槽,是放置在远离 I/O 接口一端,而图 8-7 中的 ASUS 主板采用了新颖设计,将内存模组放到了主板顶端和 I/O 接口后方。突破性的布局能将走线的长度和转角控制到最低,以最短长度的导线链接 CPU、内存、芯片组三者,最佳化满足了主板布线设计“走向合理”及“线脉清晰”等要求,同时也使性能得到明显提升。

2. 强劲稳定的供电模组大升级

对超频来说,供电是最重要的,除了充足的电流外,稳定的电压也必不可少。不但要加强用料做工,还要增加供电模块数量,也就是常说的供电相数。此外,在新型主板中还借鉴了服务器和工作站等高规格设计思想,推出了矩阵式、8 相式供电模组。

3. 注重系统整合的热管整体散热器

在 2005 年期间的主板整体散热还只是个别高端超频的专属;而在 2006 年以后的产品上,这种热管整体散热理念已开始成为主流设计思想,热管整体散热器的制作更为精细,结构也更加合理。图 8-8 给出了 ASUS M2N32-SLI Deluxe 散热系统的样式。

4. 双显卡互联功能已成主流

可扩展连接接口(Scalable Link Interface, SLI)最开始是由 3DFX 公司提出,后由 nVIDIA 公司最终推出这种技术。

在 2005 年, SLI 双卡并行技术成为游戏界的追崇,特别是 NVIDIA 在中低端的 GF6600 系列中全面开放 SLI,使得 SLI 成为了 2006 年显卡市场的一大亮点。

图 8-9 为支持双显卡功能的主板。通过一种特殊的接口连接方式,在一块支持双 PCI-E x16 的主板上,同时使用两块同型号的 nVIDIA PCI-E 显卡,然后通过自身开发的动态负载平衡算法,将任务分配给两张显卡,让它们协调工作,从而提升整个系统的显示效能。

图 8-8 ASUS 的散热系统

图 8-9 支持双显卡功能的主板

Cross Fire 是 ATI 公司开发的类似 SLI 的技术,其工作原理也很类似,只是其连接方式更灵活一些。可以说,支持 SLI 或 Cross Fire 双显卡功能是中高端主板的标准功能。

5. 主流 PC 平台向 DDR 3 时代过渡

2004 年 6 月, Intel 曾发布与 Prescott 核心配合的 i915/925X 芯片组,首度实现对 DDR 2 内存的支持,而后的 945 和 955 芯片组则完全放弃了对 DDR 的支持,全面将 P4 平台引入了 DDR 2 时代。在 2006 年, AMD 也开始对处理器的内存控制器进行升级,对 DDR 2 提供支持。

2006 年以后, 在 Intel 平台, DDR 2-533 内存开始大面流行; 而在 AMD 平台,

DDR 2-667 也在高端系统上率先引入。

在 2009 年,由于 DDR 3 内存的应用,PC 平台又将进一步过渡到DDR 3时代。

6. AMD 平台向 Socket AM3 时代过渡

AMD 的主流平台从 Socket 939 架构转换到 Socket AM2。Socket AM2 拥有 940 根针脚,而且新一代 Socket AM2 主板的实际布局与 Socket 939 主板很类似,但它并不兼容 Socket 939 处理器。

Socket AM2 接口处理器改进之处不仅是提供了对 DDR 2 内存的支持,而且也使处理器能够"支持安全和虚拟技术",这样可以允许一个系统同时运行多个操作系统。这些新技术的应用给 PC 性能带来更大的提升。

到 2009 年,由于 AM3 主板的推出,AMD 平台将进一步提升到新一代 Socket AM3。

7. SATA 3.0 将取代 SATA 2.0 成为主流

在 2006 年以前,主板支持的 SATA 1.0 接口可提供 150MBps 的接口带宽,虽然这对硬盘整体性能来说还是非常充裕的,但到 2006 年,主板所支持的硬盘接口标准已提升到传输速率高达 300MBps 的 SATA 2.0 接口。图 8-10 给出了 SATA 2.0 接口的样式。

SATA 2.0 最大的特点就是更高的传输带宽,它允许的数据吞吐速率达到 3GBps,有效吞吐速率达到 300MBps,是第 1 代 SATA 接口的两倍。

图 8-10　6 个 SATA 2.0 接口

到 2009 年,随着 SATA 3.0 接口标准的发布,使主板所支持的硬盘接口标准又过渡到 SATA 3.0 接口,而 SATA 3.0 总线的传输速度提升至 6GBps,这特别适合于未来更大容量硬盘接口的需求。这是它的最大特点。

8.5　主板上的插座、插槽与外部接口

8.5.1　CPU 插座

CPU 插座是用于连接安装 CPU 的专用插座。在装机时,务必要弄清所配主板的类型结构及兼容性,不同的主板可搭配不同的 CPU。

1. Intel 公司 CPU 插座

Intel 公司 CPU 插座的典型应用举例如下。

1) Socket 478

Socket 478 接口是早期 Pentium 4 系列处理器所采用的接口类型,针脚数为 478 针。Socket 478 的 Pentium 4 处理器面积很小,其针脚排列极为紧密。Intel 的 Pentium 4 系列和 P4 赛扬系列都采用此接口。

Intel 于 2006 年初推出了一种全新的 Socket 478 接口,这种接口是采用 Core 架构的

处理器 Core Duo 和 Core Solo 的专用接口，与早期桌面版 Pentium 4 系列的 Socket 478 接口相比，虽然针脚数同为 478 根，但其针脚定义以及电压等重要参数完全不同，所以两者之间并不能互相兼容。随着 Intel 处理器全面向 Core 架构转移，采用新 Socket 478 接口的处理器越来越多，如 Core 架构的 Celeron M 也采用此接口。

2）Socket 603/604

Socket 603 的用途比较专业，应用于高端服务器/工作站平台，采用此接口的 CPU 是 Xeon MP 和早期的 Xeon，Socket 603 具有 603 个 CPU 针脚插孔，只能支持 100MHz 外频以及 400MHz 前端总线频率。

与 Socket 603 类似，Socket 604 仍然是应用于高端服务器/工作站的主板，但与 Socket 603 的最大区别是增加了对 133MHz 外频以及 533MHz 前端总线频率的支持，2004 年随着支持 EM64T 技术的 Xeon 的发布，又增加了对 200MHz 外频以及 800MHz 前端总线频率的支持。

3）Socket 775

Socket 775 又称为 Socket T，是应用于 LGA775 封装的 CPU 所对应的接口，采用此种接口的有 LGA775 封装的单核心的 Pentium 4、Pentium 4 EE、Celeron D 以及双核心的 Pentium D 和 Pentium EE 等 CPU。Socket 775 接口 CPU 的底部没有传统的针脚，而代之以 775 个触点，即并非针脚式而是触点式，通过与对应的 Socket 775 插槽内的 775 根触针接触来传输信号。Socket 775 接口不仅能够有效提升处理器的信号强度、提升处理器频率，同时也可以提高处理器生产的良品率、降低生产成本。随着 Socket 478 的逐渐淡出，Socket 775 已成为 Intel 桌面 CPU 的标准接口。

图 8-11 所示为几种 Intel 处理器插槽类型及其与之配套的主板样式。

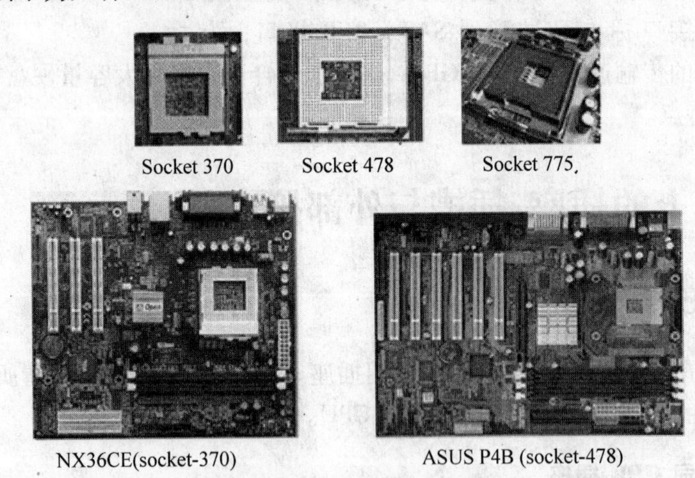

图 8-11　几种 Intel 处理器插槽类型和配套的主板样式

2. AMD 公司 CPU 插座

AMD 公司 CPU 插座的典型应用举例如下。

1）Socket A

Socket A 接口也叫 Socket 462，是 AMD 的 Athlon XP 和 Duron 处理器的插座标准。

Socket A 接口具有 462 插孔,可支持 133MHz 外频。在这个接口上,AMD 推出了多款 CPU,从最开始的雷鸟、毒龙,到后来的 Athlon XP、新毒龙,产品跨度极大,是 AMD 赶超 Intel 公司的重要产品。现在 AMD 已不再生产 Socket A 接口的 CPU。

2) Socket 939

Socket 939 是 AMD 于 2004 年 6 月发布的 64 位桌面平台插槽标准,具有 939 个 CPU 针脚插孔,支持 200MHz 外频和 1000MHz 的 Hyper Transport 总线频率,并支持双通道内存技术。

采用 Socket 939 插槽的有面向入门级服务器/工作站市场的部分 Opteron 1XX 系列,面向桌面市场的 Athlon 64 以及 Athlon 64 FX 和 Athlon 64 X2。

随着 AMD 从 2006 年开始全面转向支持 DDR 2 内存,Socket 939 插槽逐渐被具有 940 根 CPU 针脚插孔、支持双通道 DDR 2 内存的 Socket AM2 插槽所取代。

3) Socket AM2

Socket AM2 是 2006 年 5 月底 AMD 发布的支持 DDR 2 内存的 AMD64 位桌面 CPU 的插槽标准。Socket AM2 具有 940 个 CPU 针脚插孔,支持 200MHz 外频和 1000MHz 的 HyperTransport 总线频率。虽然同样都具有 940 个 CPU 针脚插孔,但 Socket AM2 与原有的 Socket 940 在针脚定义以及针脚排列方面都不相同,并不兼容。

图 8-12 给出了几种 AMD 处理器插槽类型及其配套主板的产品样式。

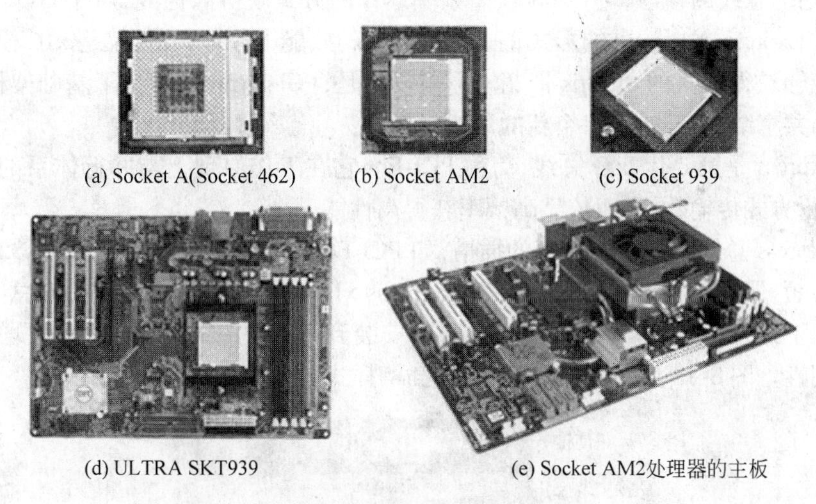

图 8-12　几种 AMD 处理器插槽类型和配套的主板样式

8.5.2　总线扩展槽

扩展插槽是主板上用于固定扩展卡并将其连接到系统总线上的插槽,任何接口卡插入扩展槽后才能与主板“沟通”。扩展槽中安装的扩展卡可添加或增强计算机的功能,如在整合了显示芯片的主板中,插接独立显卡可增强显示性能;安装网卡后可连接网络等。主板上常见的总线扩展槽有 PCI、AGP 和 PCI-E 等。

1. PCI 总线

外设部件互连标准(Peripheral Component Interconnect,PCI)总线诞生于 1992 年。

PCI 总线主要用来连接外设及扩展卡,它所提供的接口就是 PCI 插槽,用于连接一些扩展插卡,如网卡、声卡、视频采集卡等,从而扩展计算机的功能,一般主板上可提供 2~6 个 PCI 插槽。

2. AGP 加速图形接口

加速图形接口(Accelerated Graphics Port,AGP)是计算机主板上的一种高速点对点传输通道。1996 年,3D 显卡出现,Intel 公司在 PCI 基础上研发出一种专门针对显卡的 AGP 接口,推出原因是为了消除 PCI 在处理 3D 图形时的瓶颈。

AGP 标准也经过了几年的发展,从 1996 年 7 月推出的 AGP 1.0 标准、1998 年 5 月发布的 AGP 2.0 标准到 2000 年 8 月的 AGP 3.0 标准。如果按倍速区分,主要经历了 AGP 1X、AGP 2X、AGP 4X、AGP PRO、AGP 8X。AGP 8X 的总线带宽为 2.1GB/s。

3. PCI Express 总线

在 2001 年的春季 IDF 论坛上,Intel 提出 3GIO(Third Generation I/O Architecture,第 3 代 I/O 体系)总线的概念,它以串行、高频率运作的方式获得高性能,后于 2002 年 4 月更名为 PCI Express 并以标准的形式正式推出。它的效能十分惊人,仅仅是 x16 模式的显卡接口就能够获得惊人的 8GBps 带宽。更重要的是,PCI Express 改良了基础架构,彻底抛弃落后的共享结构,开始了一个新的总线时代。

PCI Express 是第 3 代 I/O 总线,简称 PCI-E。它在工作原理上与并行体系的 PCI 不同,采用串行方式传输数据,而依靠高频率获得高性能。

PCI Express 总线包括多种速率的插槽,如 PCI Express x1、x2、x4、x8、x16、x32 等(1X 的 PCI-E 最短,然后依次增长)。其中 PCI Express x16 总线已成为新一代图形总线标准。接口速率向下兼容,即使是 1X 的产品,也可以安装到 16X 的接口中使用,大大增加了方便性和易用性。图 8-13 所示为 PCI Express 插槽样式。

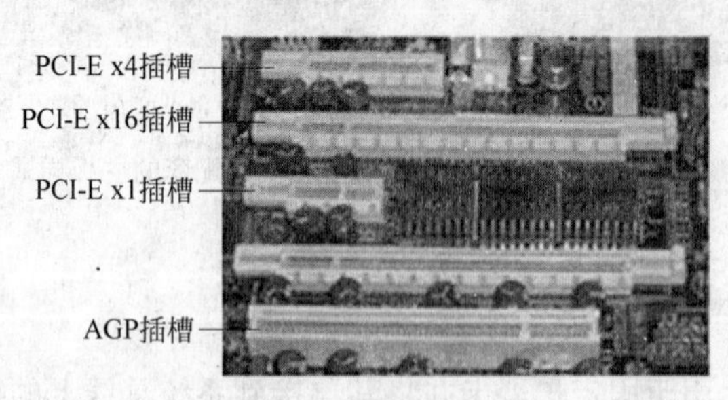

图 8-13 4 种 PCI-E 插槽和 1 个 AGP 插槽

8.5.3 内存条插槽

内存插槽的主要作用是安装内存条,一般位于 CPU 插座的旁边,是主板上必不可少的插槽。

1. DDR SDRAM 内存插槽

主板上通常可以看到两组颜色不同的 4 根长度一样的内存插槽，其中第 1 和第 3 根颜色相同，第 2 和第 4 根颜色相同，分成两组颜色是为了便于组建双通道内存。184 线的 DDR SDRAM 内存条及其插槽的样式如图 8-14 所示。

(a) 内存　(b) 插槽

图 8-14　184 线的 DDR SDRAM 内存及其插槽的样式

2. DDR2 SDRAM 内存插槽

从外观上看，DDR2 与 DDR 内存插槽的长度是一样的，但两者的针脚数不同，隔断位置也不同。DDR2 内存采用 240 线设计，而 DDR 为 184 线。因此在一些同时具有 DDR DIMM 和 DDR2 DIMM 的主板上，不会出现将内存插错插槽的问题，如图 8-15 所示。

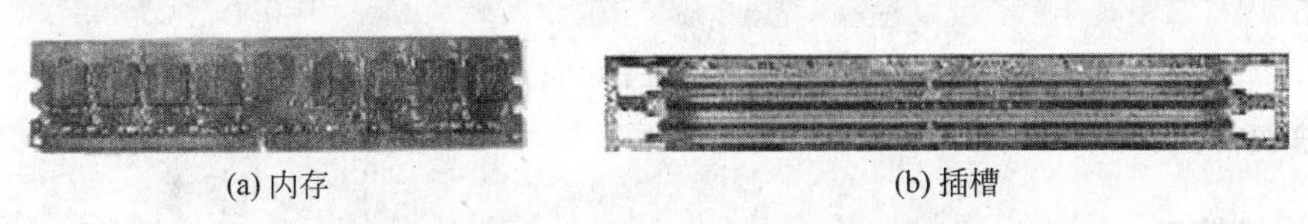

(a) 内存　(b) 插槽

图 8-15　240 线的 DDR2 DIMM 内存及其插槽的样式

3. DDR3 SDRAM 内存插槽

DDR3 属于 SDRAM 家族的内存产品，提供了相较于 DDR2 SDRAM 更高的运行效能与更低的电压，是主流的内存产品。

鉴别内存类型的方法有：使用专业的 CPU 检测工具、在 BIOS 中查看、根据内存频率判断、直接查看外观等。

其中，直接查看外观法可通过以下两个方面去观察。

1）针脚数量

DDR 内存金手指针脚数量为 184 个，而 DDR2 内存和 DDR3 内存金手指针脚数为 240 个。

2）防呆缺口

3 种内存的防呆缺口的位置也是不同的。DDR 内存的缺口在左数 52 个针脚后面，缺口后面还有 40 个针脚；DDR2 内存的缺口在左数第 64 个针脚后面，缺口后面有 56 个针脚；而 DDR3 的缺口在左数 72 个针脚后面，缺口后面还有 48 个针脚，缺口比 DDR2 内存的缺口偏右。

注意：DDR3 与 DDR2 和 DDR 内存条并不兼容。插的位置不一样，对计算机的影响也可能不一样。单插的话，最好插第一槽，双搭配的话，插一三槽组成双通道；否则，可能导致无法开机或不能正确识别内存条。

8.5.4 主板的I/O接口

目前主板上的接口有很多，如串行口、并行口、PS/2 接口、USB 接口、声卡输入输出接口和网线接口等，如图 8-16 所示。

图 8-16 主板上的I/O接口

1. 键盘、鼠标 PS/2 接口

主板上都提供两个 PS/2 接口，它们是键盘和鼠标的专用6针圆形接口。一般情况下，符合 PC99 规范的主板，其键盘的接口为紫色、鼠标的接口为绿色。

2. LPT 插座

LPT 插座俗称"并口"（Parallel Port），在主板上是25孔的母接头。一般用于连接打印机，现在因打印机多采用 USB 接口，并口已不多见。

3. 声卡接口

现在因多数主板都集成了声卡，因此，在主板的外接接口中便有了集成声卡的音频输入输出接口。

4. 网络接口

随着网络应用的日益普及，现在主板大都集成了网卡，因此，在主板的外接接口中便有了集成网卡的 RJ-45 接口。

5. USB 接口

通用串行总线（Universal Serial Bus，USB）不是一种新的总线标准，而是一种新型的串行外设接口标准和广泛应用在 PC 领域的接口技术，也是高性能外设总线设计的发展趋势。

USB 从 1994 年底由 Microsoft、Intel、Compaq、IBM 等大公司共同推出以来，已有 USB 1.0、USB 1.1 和 USB 2.0 等几个版本，均完全向后兼容。2000 年正式出台的 USB 2.0 标准，它的速率提高到 USB 1.1 的 40 倍而高达 480Mbps。

1）USB 的性能特点

（1）通用性强。

USB 采用一种通用的连接器连接多种类型的外设，可取代主机箱后板上的各种串/并口（鼠标、Modem）键盘等插头，直接实现对各种常规 I/O 设备、部分多媒体设备、通信设备以及家用电器的插接。USB 接口还可以通过专门的 USB 连机线实现双机互连，并可以通过 Hub 扩展出更多的接口。

（2）连接简便。

USB 使用方便，支持热插拔连接和即插即用，即在主机不切断电源的情况下，可直接

插拔外设。并且,USB 还能自动识别设备的接入和移走。其连接也很灵活,可以连接鼠标、键盘、打印机、扫描仪、摄像头、闪存盘、MP3 机、手机、数码相机、移动硬盘、外置光软驱、USB 网卡、ADSL Modem、Cable Modem 等几乎所有的外部设备。

(3) 数据传输速度较快。

USB 2.0 标准,它的速率高达 480Mbps。

(4) 自备电源。

USB 为低功耗 USB 设备(如 USB 键盘、USB 鼠标等)提供了 +5V、500mA 的自备电源,能独立供电;同时还采用了 APM(先进电源管理)技术,有效地节省了系统能源。

2) USB 3.0 简介

USB 3.0 是新一代的 USB 接口,特点是传输速率非常快,理论上能达到 4.8Gbps,比 USB 2.0 快 10 倍,外形和 USB 2.0 接口基本一致。

随着数字媒体的日益普及,高清视频、游戏程序、大容量数码照片,大容量闪存、MP4 及"海量"移动硬盘等 USB 设备不断增加,用户随时会遇到同时传输几 GB 甚至几十 GB 的大文件。快速同步即时传输(更高的传输速度和更大的带宽)已经成为必要的性能需求。为此,Intel 联合 NEC、NXP 半导体、惠普、微软、德州仪器等公司推出了 USB 3.0 标准。

USB 3.0 简要规范有: ①提供了更高的 4.8Gbps 传输速度;②对需要更大电力支持的设备提供了更好的支撑,最大化了总线的电力供应;③增加了新的电源管理职能;④全双工数据通信(USB 2.0 为半双工模式),提供了更快的传输速度;⑤向下兼容 USB 2.0 设备等。

所有的高速 USB 2.0 设备连接到 USB 3.0 上会有更好的表现。这些设备包括: ①外置硬盘,在传输速度上至少有两倍的提升,更不用担心供电不足的问题;②高分辨率的网络摄像头等;③视频显示器,如采用 DisplayLink USB 视频技术的产品;④USB 接口的数码相机、数码摄像机;⑤蓝光光驱等。

此外,使用光纤连接之后,USB 3.0 的速度可以达到 USB 2.0 的 20 倍甚至 30 倍。随着光纤导线的全面应用,USB 3.0 将得到更高的传输速度,未来在主流产品上的扩展应用将进一步展现。

6. IEEE 1394 接口

IEEE 1394 是由 IEEE 协会于 1995 年 12 月正式接纳的一个新的工业标准,全称为高性能串行总线标准。它的原名叫 FireWire 串行总线,是由 Apple 公司于 20 世纪 80 年代中期开发的一种串行总线,现在一般都称为 IEEE 1394 总线。

IEEE 1394 也是一种高效的串行接口标准,其主要特点是: 连接方便,支持外设热插拔和即插即用;传输速率高,较新的 IEEE 1394b 标准已达 800Mbps,并正在开发 1Gbps 的版本;通用性强,是横跨 PC 及家电产品平台的一种通用界面,适用于大多数需要高速数据传输的产品,如高速外置式硬盘、DVD-ROM、扫描仪、打印机、数码相机、摄影机、HDTV 等;实时性好,对传送多媒体信息非常重要,因 IEEE 1394 的传输速率高以及它的同步传送方式,可减少图像和声音的断续传送或失真;可为连接设备提供电源,IEEE 1394 采用 6 芯电缆,可向被连接的设备提供 4 ~ 10V,1.5A 的电源;无需驱动等。图 8-17 所示为 USB

和 IEEE 1394 插头与接口的式样。

(a) USB　　(b) IEEE 1394

图 8-17　USB、IEEE 1394 插头与接口的式样

8.6　主板的 BIOS 与 CMOS

8.6.1　主板的 BIOS

1. BIOS

用户在使用计算机的过程中，都会接触到 BIOS，它在计算机系统中起着非常重要的作用。

只读存储器基本输入输出系统（Basic Input Output System，BIOS）实际上是被固化到计算机主板上一个 ROM 芯片内的一组最基础也是最重要的程序，为计算机提供最底层的、最直接的硬件控制。比如系统信息设置、开机上电自检程序和系统启动自举程序等。形象地说，BIOS 是硬件与软件程序之间的一个"转换器"，或者说是接口（虽然它本身也只是一个程序），负责解决硬件的即时需求，并按软件对硬件的操作要求具体执行。

图 8-18 给出了主板上的 BIOS 芯片，它是一块呈长方形或正方形的芯片。主板上的 BIOS ROM 芯片是记录 BIOS 程序的载体，它从最初的不可刷新发展到了电可刷新芯片（E^2PROM），通常是 5V 刷新电压。

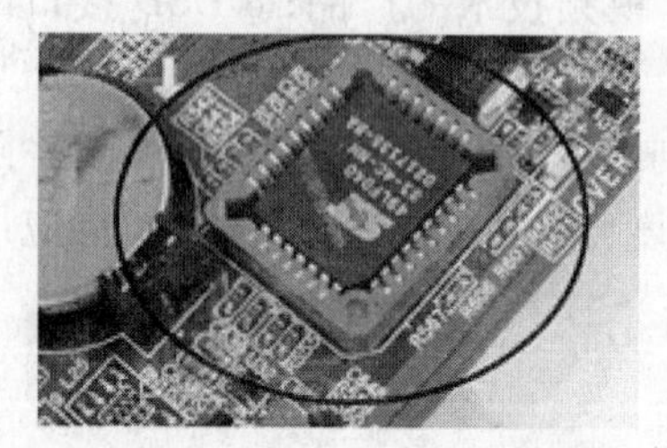
图 8-18　主板上的 BIOS 芯片

由于 BIOS ROM 芯片具有可电刷新性能，所以像 CIH 这样的病毒就有可能利用 BIOS 芯片电可刷新原理，往 BIOS 芯片写入一堆垃圾，使得原有的正常 BIOS 程序被破坏，导致计算机无法启动。

至于平时所说的刷 BIOS 是指正常的刷新过程，即利用刷新程序或编程器把新版本的 BIOS 程序写进 ROM 芯片。刷新 BIOS（或升级 BIOS）除了可以获得许多新的功能之外，还可以解决芯片组、主板设计上的一些缺陷，排除一些特殊的计算机故障等。

2. BIOS 的主要管理功能

BIOS 控制着系统的启动、部件之间的兼容和程序管理等多项任务。一块主板或一台计算机的性能优越与否，在很大程度上取决于板上的 BIOS 管理功能是否先进。

从功能上看，BIOS 分为 4 部分。

1）BIOS 中断服务程序

它是微机系统软、硬件之间的一个可编程接口，主要用来在程序软件与微机硬件之间实现衔接。例如，DOS 和 Windows 操作系统中对软盘、硬盘、光驱、键盘、显示器等各种外围设备的管理，都是直接建立在 BIOS 系统中断服务程序基础之上的，程序员可以通过使用 BIOS 提供的各种中断功能（如 INT 调用）直接调用 BIOS 中断服务程序。

2）BIOS 系统设置程序

微机各个部件的配置记录是放在一块可读写的 CMOS RAM 芯片中的，主要保存着系统的基本情况、CPU 特性、软硬盘驱动器、显示器、键盘等部件的信息。在 BIOS ROM 芯片中装有“系统设置程序”，用来设置 CMOS RAM 中的各项参数。这个程序在开机时按下某个特定键即可进入设置状态，并提供了良好的界面供操作人员使用。事实上，这个设置 CMOS 参数的过程，习惯上也称为“BIOS 设置”。

3）POST 上电自检

当接通电源启动主机后，系统首先由上电自检（Power On Self Test，POST）程序对内部各个设备进行检查。通常完整的 POST 自检将包括对 CPU、基本内存、1MB 以上的扩展内存、ROM、主板、CMOS 存储器、串并口、显卡、软硬盘子系统及键盘等进行测试，一旦在自检中发现问题，系统将给出提示信息或鸣笛警告。

4）BIOS 系统启动自举程序

系统在完成 POST 自检后，ROM BIOS 就首先按照系统 CMOS 设置中保存的启动顺序搜寻软硬盘驱动器及光驱、网络服务器等，以有效地启动驱动器，读入操作系统引导记录，然后将系统控制权交给引导记录，并由引导记录来完成系统的顺利启动。

3. BIOS 的升级

现在的 BIOS 芯片都采用了 Flash ROM，都能通过特定的写入程序实现 BIOS 的升级。

升级 BIOS 主要有两个优点：一是可以免费获得新功能；二是可以解决旧版 BIOS 中的 BUG。

1）免费获得新功能

升级 BIOS 最直接的优点就是可以免费获得许多新功能，如能支持新频率和新类型的 CPU；突破容量限制，能直接使用大容量硬盘；获得新的启动方式；开启以前被屏蔽的功能，像 Intel 的超线程技术，VIA 的内存交错技术等；识别其他新硬件等。

2）解决旧版 BIOS 中的 BUG

BIOS 既然也是程序，就必然存在着 BUG，而这些 BUG 常会导致一些未知的故障，如无故重启，经常死机，系统效能低下，设备冲突，硬件设备无故“丢失”等。在用户反馈以及厂商自己发现以后，负责任的厂商都会及时推出新版的 BIOS 以修正这些已知的 BUG，从而解决那些莫名其妙的故障。

由于 BIOS 升级具有一定的危险性，各主板厂商针对自己的产品和用户的实际需求，也开发了许多 BIOS 特色技术。例如，BIOS 刷新方面的有著名的技嘉公司的@BIOS Writer，支持技嘉主板在线自动查找新版 BIOS 并自动下载和刷新 BIOS，免除了用户人工查找新版 BIOS 的麻烦，也避免了用户误刷不同型号主板 BIOS 的危险，而且技嘉@BIOS

还支持许多非技嘉主板在 Windows 下备份和刷新 BIOS。此外,Intel 原装主板的 Express BIOS Update 技术也支持在 Windows 下刷新 BIOS,而且此技术是 BIOS 文件与刷新程序合一的可执行程序,非常适合初学者使用。

8.6.2 主板的 CMOS

1. CMOS 的概念

CMOS(Complementary Metal- Oxide Semiconductor)原意是指互补金属氧化物半导体。

众所周知,在计算机应用中,从 286 以上的计算机开始,一般都在主板上配置有一块可读写的 RAM(也称为 CMOS RAM)芯片,简称 CMOS。它存储了计算机系统的时钟信息和硬件配置信息等,这些信息即 CMOS 信息。当系统加电引导机器时,会读取 CMOS 信息,用来初始化机器各个部件的状态。由于 CMOS 可由系统电源和主板上的纽扣后备电池来供电,即使系统掉电或关机以后,仍能继续保存日期、时间、内存设置、软硬盘类型及其他许多有用的设置信息。

注意:BIOS 与 CMOS 是既相关而又有完全不同含义的两个概念。由于 CMOS 与 BIOS 都跟计算机系统设置密切相关,所以常有 CMOS 设置和 BIOS 设置的说法,这使两者之间在概念上很容易被混淆。实际上,CMOS RAM 既是系统参数存放的地方,也是 BIOS 设定系统参数的结果;而 BIOS 中系统设置程序则只是用来完成 CMOS 参数设置的手段。因此,准确地说,应是通过 BIOS 的设置程序来对 CMOS 参数进行设置。而平常所说的 CMOS 设置和 BIOS 设置是其简化说法而已,不应将两个概念混为一谈。

对 CMOS 中各项参数的设定和更新可通过开机时特定的按键(一般是按 Del 键)实现。进入 BIOS 设置程序可对 CMOS 进行设置。一般 CMOS 设置习惯上也被叫做 BIOS 设置。

2. CMOS 的设置内容与界面

CMOS 的设置内容主要包括如下几方面内容。

(1) Standard CMOS Setup。标准参数设置,包括日期、时间和软、硬盘参数等。

(2) BIOS Features Setup。设置一些系统选项。

(3) Chipset Features Setup。主板芯片参数设置。

(4) Power Management Setup。电源管理设置。

对于不同的计算机主板,可能有不同的 CMOS 设置界面。主流的 BIOS 有 Award BIOS、AMI BIOS 和 Phoenix BIOS 共 3 种。界面形式虽然不同,但其功能基本一样,所要设置的选项也差不多。只要弄清了其中一种,其他的都可以触类旁通。图 8-19 是 Award BIOS 的 CMOS 设置基本选项。

(1) STANDARD CMOS SETUP(标准 CMOS 设置)。用于修改系统日期、时间、第 1 个主 IDE 设备(硬盘)和从 IDE 设备(硬盘或 CD-ROM)、第 2 个主 IDE 设备和从 IDE 设备、软驱 A 与 B、显示系统类型、何种出错状态要导致系统启动暂停等。

(2) BIOS FEATURES SETUP(BIOS 特性设置)。用来设置系统配置选项清单,其中

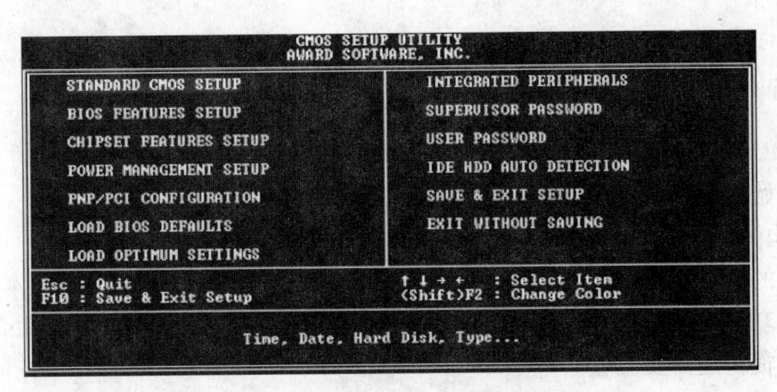

图 8-19　Award BIOS 的 CMOS 设置基本选项

有些选项由主板本身设计确定，有些选项可以进行修改设置，以改善系统的性能，主要设置选项如病毒警告以及开机磁盘优先程序等。

(3) CHIPSET FEATURES SETUP（芯片组功能设定）。用来设置系统板上芯片的特性。

(4) POWER MANAGEMENT SETUP（电源管理设置）。用来控制主板上的“绿色”功能，该功能定时关闭视频显示和硬盘驱动器以实现节能的效果。

(5) PNP/PCI CONFIGURATION（即插即用设备与 PCI 状态设置）。用来设置即插即用设备和 PCI 设备的有关属性。

(6) LOAD BIOS DEFAULTS（载入 BIOS 默认值）。用来载入 BIOS 初始设置值，使计算机处于最保守的工作状态。

(7) LOAD OPTIMUM SETTINGS（载入主板 BIOS 出厂设置）。用于调用系统默认的最佳参数，使计算机处于最佳工作状态。

(8) INTEGRATED PERIPHERALS（内建整合设备周边设置）。用于对主板上集成的外围设备的工作模式进行设置。可使用它定义各个 IDE 设备的工作模式和打印机、串行口所使用的资源等内容。

(9) SUPERVISOR PASSWORD（管理者密码设置）。改变、设置、屏蔽进入 BIOS 设置画面时的密码。

(10) USER PASSWORD（用户密码设置）。改变、设置、屏蔽进入计算机时的密码。

(11) IDE HDD AUTO DETECTION（自动检测 IDE 硬盘类型）。用来自动对硬盘型号进行检测，帮助用户设置好硬盘参数。

(12) SAVE & EXIT SETUP（保存并退出设置）。保存当前设置并退出。

(13) EXIT WITHOUT SAVING（沿用原有设置并退出设置）。不保存已经修改的设置，并退出。

若选择其中任一项进入，还会弹出有多个选项设置的子菜单，其具体内容和含义这里就不再赘述。

值得注意的是，由于 CMOS 的数据是否正确关系到系统是否能正常启动，所以对 CMOS 数据进行定期备份是非常重要的。备份的最简单方法是在 SETUP 程序中，用笔把各个参数记下来或用屏幕硬复制（按 Print Screen 键）的方法把各个设置界面打印出来。

3. 进行CMOS设置的几种情况

进行BIOS或CMOS设置是由操作人员根据微机实际情况而人工完成的一项十分重要的系统初始化工作。在以下情况下，需进行CMOS设置。

1）新购微机

新购买的微机需进行CMOS参数设置，以便告诉计算机整个系统的基本配置情况。即使带PnP功能的系统也只能识别一部分计算机外围设备，而对软硬盘参数、当前日期、时钟等基本资料还需要设置。

2）新增设备

很多新添的或更新的设备，计算机不一定能识别，需通过CMOS设置通知它。另外，新增设备与原有设备之间的IRQ以及DMA冲突常需要通过BIOS设置来排除。

3）CMOS数据意外丢失

在系统后备电池失效、病毒破坏了CMOS数据程序、意外清除了CMOS参数等情况下，常会造成CMOS数据意外丢失。此时需重新进入BIOS设置程序完成新的CMOS参数设置。

4）系统优化

CMOS中的设置对系统而言不一定是最优的，如内存读写等待时间、硬盘数据传输模式，内/外Cache的使用、节能保护、电源管理、开机启动顺序等参数，要经过多次试验才能找到系统优化的最佳组合。

习题8

8-1 比较常见的主板结构有哪些？
8-2 主板上有哪些主要部件？
8-3 主板的核心部件是什么？试简述它们的主要功能如何？
8-4 什么是BIOS？
8-5 什么是CMOS芯片？它存储了一些什么信息？这些信息有何作用？
8-6 BIOS与CMOS两块芯片之间有何区别？

第9章 输入输出控制技术

【学习目标】

输入输出(I/O)设备是计算机的主要组成部分。I/O接口是CPU同输入输出设备之间进行信息交换的重要枢纽。

本章首先介绍输入输出接口基本概念、CPU与外设数据传送的方式。然后,重点讨论中断与计数/定时控制技术。

【学习要求】

- 着重理解接口基本结构的特点。
- 掌握CPU与外设之间数据的传送方式与控制方式。
- 正确理解中断源、向量中断、中断优先权等基本概念。
- 重点掌握8086/8088中断系统及其用户定义的内部中断处理方法。能正确理解和灵活运用中断向量表。
- 掌握8259A内部8个部件的功能及其关系。
- 重点掌握8259A初始化编程。
- 掌握可编程计数器/定时器8253-5的内部结构和进行计数/定时控制的原理。
- 掌握8253-5的方式控制字格式的设置,能够理解各计数器有6种可供选择的工作方式,并完成定时、计数或脉冲发生器等多种功能。

9.1 输入输出接口概述

1. CPU与外设间的连接

计算机在应用中,必然同各种各样的外设打交道。当它被用于管理以及生产过程的检测与控制以及科学计算时,都要求把控制程序和原始数据(或从现场采集到的信息)通过相应的输入设备送入计算机。CPU在程序的控制下,对这些信息进行加工处理,然后把结果以用户所需要的方式通过输出设备输出。如显示、打印或发出控制信号去驱动有关的执行机构等。外设种类越多,即硬件资源越多,其功能也越强。

外设与CPU的连接不能像存储器那样直接挂到总线(DB、AB、CB)上,而必须通过各自的专用接口电路(接口芯片)与主机连接。其连接示意图如图9-1所示。

CPU对外设的输入输出操作类似于存储器的读写操作,但外设与存储器有许多不同点。其比较如表9-1所示。

接口电路(即可编程接口芯片)种类很多,它的显著特点是可编程性,即可以通过编程来规定其功能及操作参数。

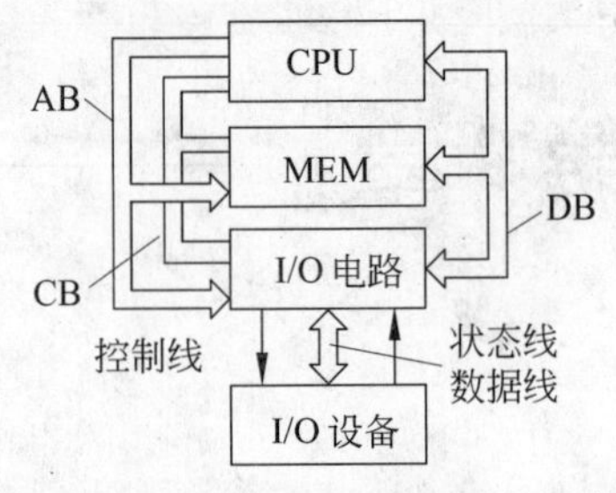

图9-1　CPU与I/O设备的连接示意图

表9-1　存储器与外设的比较

	MEM	I/O设备
不同点	品种有限	品种繁多
	功能单一	功能多样
	传送一个字节	传送规律不同
	与CPU速度匹配	与CPU速度不匹配
	易于控制	难以控制
结　论	可与CPU直接连接	需经过I/O电路与CPU连接

2. 接口电路的基本结构

接口电路的基本结构同它传送的信息种类有关。信息可分为3类：数据信息;状态信息;控制信息。

1）数据信息

数据信息是最基本的一种信息。它包括以下3方面。

(1) 数字量。通常为8位或16位的二进制数或ASCII代码。

(2) 模拟量。是一些连续变化的电压、电流或非电量。其中,非电量如检测、数据采集与控制现场的温度、压力、流量、位移、速度、话音等模拟量,需经传感器把它们转换成连续变化的电量,再经放大得到模拟电流或电压,这些模拟量计算机不能直接接收和处理,还必须经过模/数(A/D)转换变成数字量,才能输入计算机;而计算机输出的数字量也必须经数/模(D/A)转换后变成模拟量才能送到现场去控制执行机构。

(3) 开关量。是一些具有两个状态的量,用一位0或1二进制数表示,如开关的闭合与断开以及电机的启动与停止等。

数据信息是通过数据通道传送的。

2）状态信息

状态信息是反映外设当前所处工作状态的信息,以作为CPU与外设间可靠交换数据的条件。当输入时,它告知CPU：有关输入设备的数据是否准备好(Ready=1?);输出时,它告知CPU：输出设备是否空闲(Busy=0?)。CPU是通过接口电路掌握输入输出设备的状态,以决定可否输入或输出数据。

3）控制信息

它用于控制外设的启动或停止。接口电路基本结构及其连接如图 9-2 所示。接口电路根据传送不同信息的需要,其基本结构安排有一些特点。

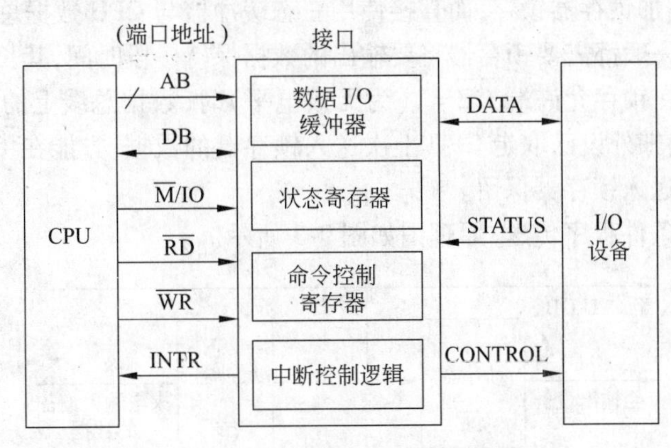

图 9-2　接口电路基本结构及其连接

(1) 3 种信息(数据、状态、控制)的性质不同,应通过不同的端口分别传送。如数据输入输出寄存器(缓冲器)、状态寄存器与命令控制寄存器各占一个端口,每个端口都有自己的端口地址,故能用不同的端口地址来区分不同性质的信息。

(2) 在用输入输出指令来寻址外设(实际寻址端口)的 CPU(如 8086/8088)中,外设的状态作为一种输入数据,而 CPU 的控制命令,是作为一种输出数据,从而可通过数据总线来分别传送。

(3) 端口地址由 CPU 地址总线的低 8 位或低 16 位(如在 8086 用 DX 间接寻址外设端口时)地址信息来确定,CPU 根据 I/O 指令提供的端口地址来寻址端口,然后同外设交换信息。

9.2　CPU 与外设之间数据传送的方式

本节将以 8086/8088 为例,说明 CPU 与外设之间数据传送的方式。为了实现 CPU 与外设之间的数据传送,通常采用以下 3 种 I/O 传送方式。

9.2.1　程序传送

程序传送是指 CPU 与外设间的数据交换是在程序控制(即 IN 或 OUT 指令控制)下进行的。

1. 无条件传送(又称同步传送)

无条件传送方式只对固定的外设(如开关、继电器、7 段显示器、机械式传感器等简单外设)在规定的时间用 IN 或 OUT 指令来进行信息的输入或输出,其实质是用程序来定时同步传送数据。对少量数据传送来说,它是最省时间的一种传送方法,适用于各类巡回检测和过程控制。一般,这些外设随时做好了数据传送的准备,而无须检测其状态。

这里先要弄清有关输入缓冲与输出锁存的基本概念。

输入数据时,因简单外设输入数据的保持时间相对于 CPU 的接收速度来说较长,故输入数据通常不用加锁存器锁存,而直接使用三态缓冲器与 CPU 数据总线相连即可。

输出数据时,一般都需要锁存器将要输出的数据保持一段时间,其长短和外设的动作相适应。锁存时,在锁存允许端 $\overline{CE}=1$(为无效电平)时,数据总线上的新数据不能进入锁存器。只有当确知外设已取走 CPU 上次送入锁存器的数据,方能在 $\overline{CE}=0$(为有效电平)时将新数据再送入锁存器保留。

输入输出(无条件程序传送)原理图如图 9-3 所示。

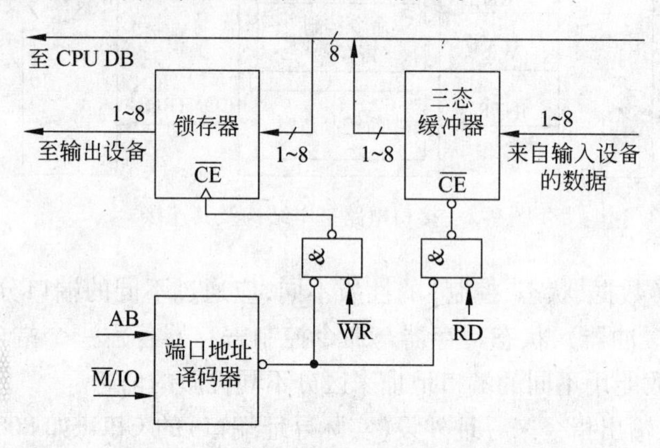

图 9-3 无条件程序传送的输入输出方式

当输入时,假定来自外设的数据已输入至三态缓冲器,于是当 CPU 执行 IN 指令时,所指定的端口地址经地址总线的低 16 位或低 8 位送至地址译码器,CPU 进入了输入周期,选中的地址信号和 $\overline{M}$/IO(以及$\overline{RD}$)相"与"后,去选通输入三态缓冲器,把外设的数据与数据总线连通并读入 CPU。显然,这样做必须是当 CPU 执行 IN 指令时,外设的数据是已准备好的,否则就会读错。

当输出时,假定 CPU 的输出信息经数据总线已送到输出锁存器的输入端;当 CPU 执行 OUT 指令时,端口的地址由地址总线的低 8 位地址送至地址译码器,CPU 进入了输出周期,所选中的地址信号和 $\overline{M}$/IO(以及$\overline{WR}$信号)相"与"后,去选通锁存器,把输出信息送至锁存器保留,由它再把信息通过外设输出。显然,在 CPU 执行 OUT 指令时,必须确信所选外设的锁存器是空的。

【例 9-1】 一个采用同步传送的数据采集系统如图 9-4 所示。

这是一个 16 位精度的数据采集系统。被采集的数据是 8 个模拟量,由继电器绕组 $P_0,P_1,\cdots,P_7$ 分别控制触点 $K_0,K_1,\cdots,K_7$ 逐个接通。每次采样用一个 4 位(每位为一个十进制数)数字电压表测量,把被采样的模拟量转换成 16 位 BCD 代码(即对应 4 位十进制数的 4 个 BCD 码),高 8 位和低 8 位通过两个不同的端口(其地址分别为 10H 和 11H)输入。CPU 通过端口 20H 输出控制信号,以控制某个继电器的吸合,实现采集不同通道的模拟量。采集过程要求如下所示。

(1) 先断开所有的继电器线圈及触头,不采集数据。

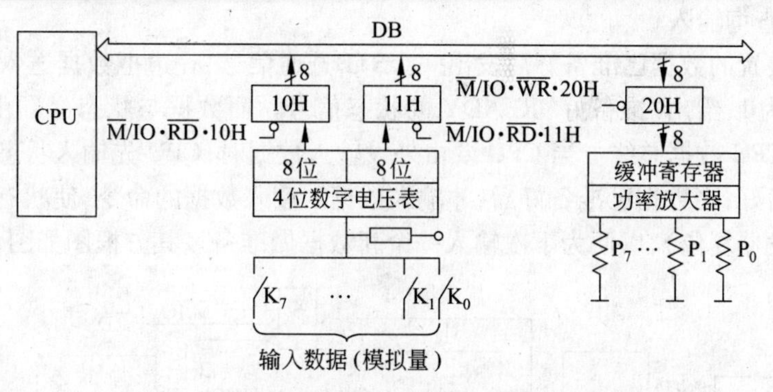

图 9-4　无条件输入的数据采集系统接口框图

(2) 延迟一段时间后,使 K_0 闭合,采集第 1 个通道的模拟量,并保持一段时间,以使数字电压表能将模拟电压转换为 16 位 BCD 码。

(3) 分别将高 8 位与低 8 位 BCD 码存入内存,完成第 1 个模拟量的输入与转存。

(4) 利用移位与循环实现 8 个模拟量的依次采集、输入与转存。

数据采集程序如下所示。

```
START:  MOV   DX, 0100H           ;01H→DH,置吸合第 1 个继电器代码
                                  ;00H→DL,置断开所有继电器代码
        LEA   BX, DSTOR           ;置输入数据缓冲器的地址指针
        XOR   AL, AL              ;清 AL 及进位位 CF
AGAIN:  MOV   AL,DL
        OUT   20H, AL             ;断开所有继电器线圈
        CALL  NEAR DELAY1         ;模拟继电器触点的释放时间
        MOV   AL, DH
        OUT   20H, AL             ;先使 P0 吸合
        CALL  NEAR DELAY2         ;模拟触点闭合及数字电压表的转换时间
        IN    AX, 10H             ;输入
        MOV   [BX], AX            ;存入内存
        INC   BX
        INC   BX
        RCL   DH, 1               ;DH 左移(大循环)1 位,为下一个触点吸合做准备
        JNC   AGAIN               ;8 位都输入完了吗?没有,则循环
DONE:                             ;输入已完,则执行别的程序段
```

注意: 此程序执行 I/O 指令时,没有其他约束条件,而只是按程序安排,让 CPU 与外设实现同步操作。这就是 CPU 定时输入输出操作,而非条件操作。

2. 程序查询传送(条件传送——异步传送)

它也是一种程序传送,但与前述无条件的同步传送不同,是有条件的异步传送。此条件是: 在执行输入(IN 指令)或输出(OUT 指令)前,要先查询接口中状态寄存器的状态。输入时,由该状态信息指示要输入的数据是否已"准备就绪";而输出时,又由它指示输出设备是否"空闲",由此条件来决定执行输入或输出。

1）程序查询输入

当输入装置的数据已准备好后发出一个$\overline{STB}$选通信号，一边把数据送入锁存器，一边使D触发器为1，给出“准备好”READY的状态信号。而数据与状态必须由不同的端口分别输入至CPU数据总线。当CPU要由外设输入数据时，CPU先输入状态信息，检查数据是否已准备好；当数据已准备好后，才输入数据。读入数据的命令，使状态信息清0（通过先使D触发器复位），以便为下次输入一个新数据做准备。其方框图如图9-5所示。

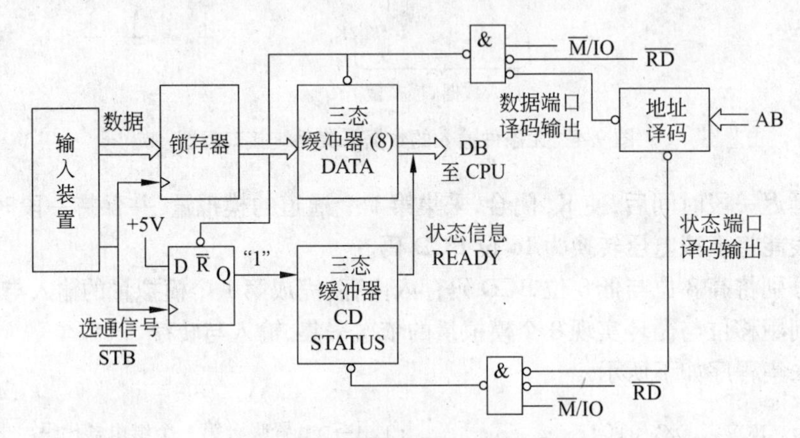

图9-5 查询式输入的接口电路

读入的数据是8位，而读入的状态信息往往是一位，如图9-6所示。所以，不同的外设其状态信息可以使用同一个端口，但只要使用不同的位就行。

这种查询输入方式的程序流程图如图9-7所示。

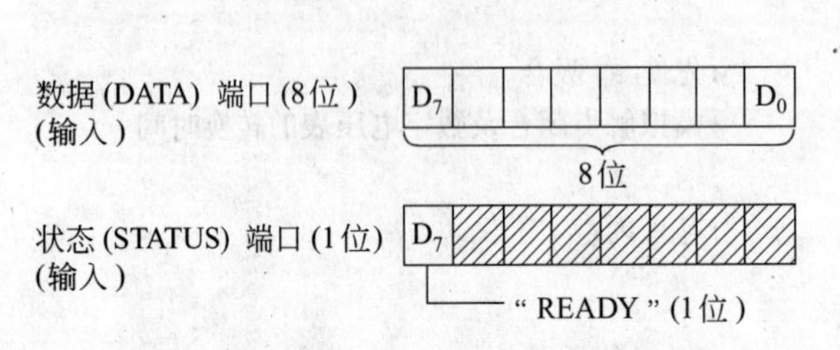

图9-6 查询式输入时的数据和状态信息

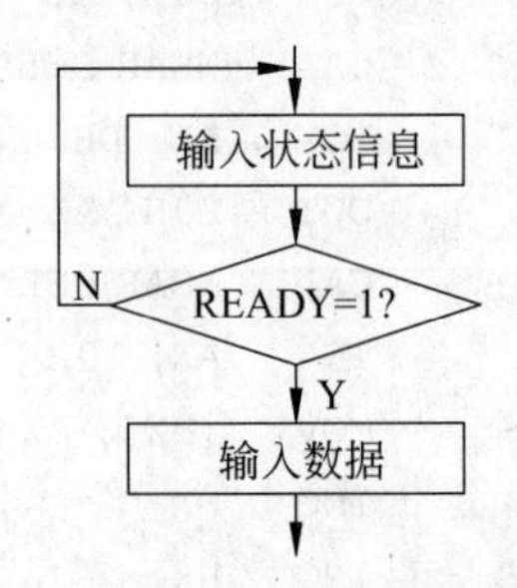

图9-7 查询式输入程序流程图

查询输入部分的程序：

```
POLL:  IN    AL, STATUS_PORT      ;读状态端口的信息
       TEST  AL, 80H              ;设"准备就绪"(READY)信息在D7位
       JE    POLL                 ;未"准备就绪"，则循环再查
       IN    AL, DATA_PORT        ;已"准备就绪"(READY=1)，则读入数据
```

这种CPU与外设的状态信息的交换方式，称为应答式，状态信息称为“联络”（Hand Shake）。

2）程序查询输出

同样地，在输出时CPU也必须了解外设的状态，看外设是否有“空闲”（即外设的数

据锁存器已空,或未正处于输出状态),若有“空闲”,则 CPU 执行输出指令;否则就等待再查。因此,接口电路中也必须要有状态信息的端口,其方框图如图 9-8 所示。

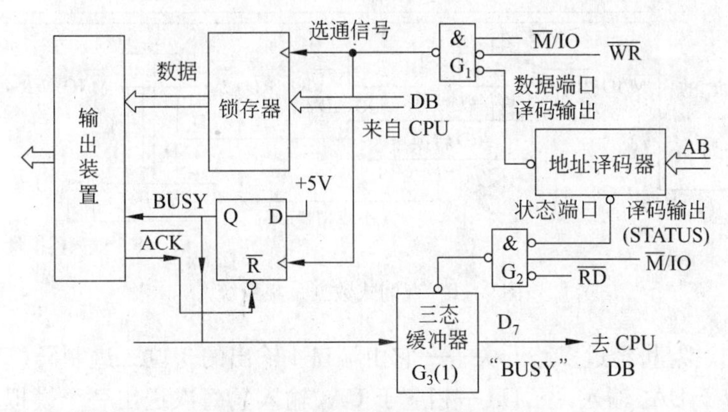

图 9-8 查询式输出接口电路

输出过程:当输出装置把 CPU 输出的数据输出以后,发出一个 $\overline{ACK}$(Acknowledge)信号,使 D 触发器置 0,即使“BUSY”线为 0(empty = $\overline{BUSY}$),当 CPU 输入这个状态信息后(经 $G_3 \rightarrow D_7$),知道外设为“空”,于是就执行输出指令。待输出指令执行后,由地址信号和 $\overline{M}$/IO 及$\overline{WR}$相“与”,经 G_1 发出选通信号,把在数据总线上的输出数据送至锁存器;同时,触发 D 触发器为 1 状态,它一方面通知外设:输出数据已准备好,可以执行输出操作,另一方面在数据由输出装置输出以前,一直为 1,告知 CPU(CPU 通过读状态端口知道)外设 BUSY,阻止 CPU 输出新的数据。

查询式输出的端口信息与程序流程图分别如图 9-9 和图 9-10 所示。

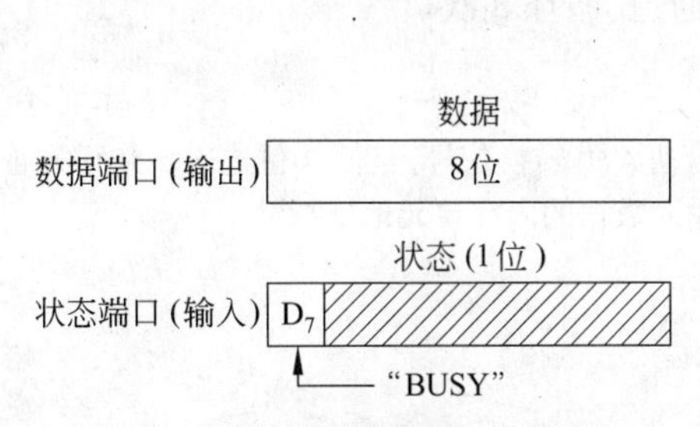

图 9-9 查询式输出端口信息图

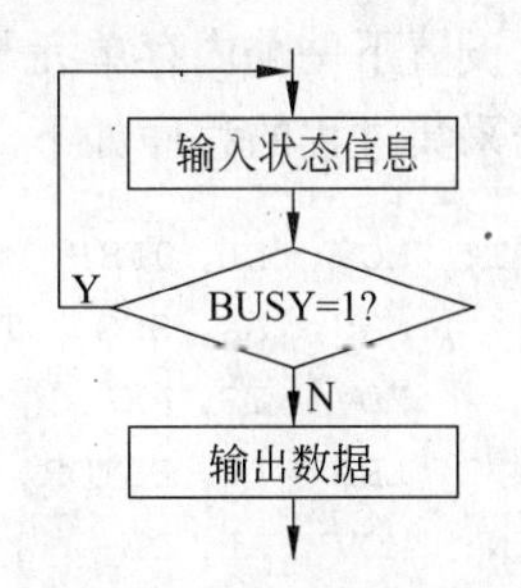

图 9-10 查询式输出程序流程图

查询输出部分的程序如下所示。

```
POLL:  IN    AL, STATUS_PORT          ;查状态端口中的状态信息 D7
       TEST  AL, 80H
       JNE   POLL                     ;D7 =1 即忙线 =1,则循环再查
       MOV   AL, STORE                ;否则,外设空闲,则由内存读取数据
       OUT   DATA_PORT,AL             ;输出到 DATA 地址端口单元
```

其中,STATUS 和 DATA 分别为状态端口和数据端口的符号地址;STORE 为待输出数据的内存单元的符号地址。

3) 一个采用查询方式的数据采集系统

一个有 8 个模拟量输入的数据采集系统,用查询方式与 CPU 传送信息,电路如

图 9-11 所示。

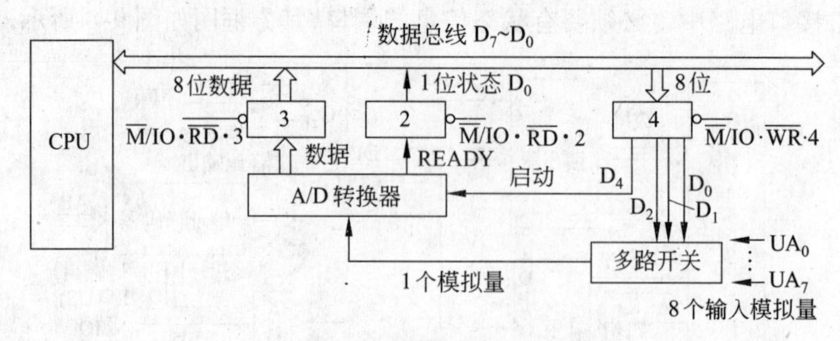

图 9-11　查询式数据采集系统

8 个输入模拟量，经过多路开关——它由端口 4 输出的 3 位二进制码（D_2、D_1、D_0）控制（000—相应于 UA_0 输入，…，111—相应于 UA_7 输入），每次送出一个模拟量至 A/D 转换器；同时，A/D 转换器由端口 4 输出的 D_4 位控制启动与停止。A/D 转换器的 READY 信号由端口 2 的 D_0 输至 CPU 数据总线；经 A/D 转换后的数据由端口 3 输入至数据总线。所以，这样的一个数据采集系统，需要用到 3 个端口，它们有各自的地址。

采集过程要求如下。

(1) 初始化。

(2) 先停止 A/D 转换。

(3) 启动 A/D 转换，查输入状态信息 READY。

(4) 当输入数据已转换完（READY =1，即准备就绪），则经由端口 3 输入至 CPU 的累加器 AL 中，并转送内存。

(5) 设置下一个内存单元与下一个输入通道，循环 8 次。

数据采集过程的程序如下。

```
START:  MOV   DL, 0F8H          ;设置启动 A/D 转换信号，且低 3 位选通多路开关通道
        MOV   AX, SEG DSTOR     ;设置输入数据的内存单元地址指针
        MOV   ES, AX
        LEA   DI, DSTOR
AGAIN:  MOV   AL, DL
        AND   AL, 0EFH          ;使 D4=0
        OUT   04, AL            ;停止 A/D 转换
        CALL  DELAY             ; 等待停止 A/D 转换操作的完成
        MOV   AL, DL
        OUT   04, AL            ;选输入通道并启动 A/D 转换
POLL:   IN    AL, 02            ;输入状态信息
        SHR   AL, 1             ;查 AL 的 D0
        JNC   POLL              ;判 READY =1？若 D0 =0，未准备好，则循环再查
        IN    AL, 03            ;若已准备就绪，则经端口 3 将采样数据输入至 AL
        STOSB                   ;输入数据转送内存单元
        INC   DL                ;输入模拟量通道增 1
        JNE   AGAIN             ;8 个模拟量未输入完则循环
        ↙                       ;输入完毕，则执行别的程序
```

总结上述程序查询输入输出传送方式的执行过程，其步骤如下。

（1）CPU 从 I/O 接口的状态端口中读入所寻址的外设的状态信息 READY 或 BUSY。

（2）根据读入的状态信息进行判断。程序查询输入时，若状态信息 READY =0，则外设数据未准备好，CPU 继续等待查询，直至 READY =1，外设已准备好数据，执行下一步操作；程序查询输出时，若状态信息 BUSY =1，则外设正在“忙”，CPU 继续等待查询，直至外设“空闲”，BUSY =0 时，执行下一步操作。

（3）执行输入输出指令，进行 I/O 传送。完成数据的输入输出，同时将外设的状态信息复位，一个 8 位的数据传送结束。

当计算机工作任务较轻或 CPU 不太忙时，可以应用程序查询输入输出传送方式，它能较好地协调外设与 CPU 之间定时的差别；程序和接口电路比较简单。其主要缺点是：CPU 必须作程序等待循环，不断测试外设的状态，直至外设为交换数据准备就绪时为止。这种循环等待方式很耗费时间，降低了 CPU 的运行效率。

9.2.2　中断传送

上述程序查询传送方式不仅要降低 CPU 的运行效率，而且，在一般实时控制系统中，往往有数十乃至数百个外设，由于它们的工作速度不同，要求 CPU 为它们服务是随机的，有些要求很急迫，若用查询方式除浪费大量等待查询时间外，还很难使每一个外设都能工作在最佳工作状态。

为了提高 CPU 执行有效程序的工作效率和提高系统中多台外设的工作效率，可以让外设处于能主动申请中断的工作方式，这在有多个外设及速度不匹配时，尤为重要。

所谓中断是外设或其他中断源中止 CPU 当前正在执行的程序，而转向为该外设服务（如完成它与 CPU 之间传送一个数据）的程序，一旦服务结束，又返回原程序继续工作。这样，外设处理数据期间，CPU 就不必浪费大量时间查询它们的状态，只待外设处理完毕主动向 CPU 提出请求（向 CPU 发中断请求信号），而 CPU 在每一条指令执行的结尾阶段，均查询是否有中断请求信号（这种查询是由硬件完成的，不占用 CPU 的工作时间），若有，则暂停执行现行的程序，转去为申请中断的某个外设服务，以完成数据传送。

中断传送方式的好处是：提高了 CPU 的工作效率。

关于中断的详细工作情况将在 9.5 节和 9.6 节专门进行讨论。

9.2.3　直接存储器存取传送

利用程序中断传送方式，虽然可以提高 CPU 的工作效率，但它仍需由 CPU 通过程序来传送数据，并在处理中断时，还要“保护现场”和“恢复现场”，而这两部分操作的程序段又与数据传送没有直接关系，却要占用一定时间，使每传送一个字节大约需要几十微秒到几百微秒。这对于高速外设以及成组交换数据的场合，就显得太慢了。

直接存储器存取（Direct Memory Access，DMA）方式或称为数据通道方式，是一种由专门的硬件电路执行 I/O 交换的传送方式，它让外设接口可直接与内存进行高速的数据传送，而不必经过 CPU，这样就不必进行保护现场之类的额外操作，可实现对存储器的直接存取。这种专门的硬件电路就是DMA控制器(DMAC)。该集成电路产品有Zilog公司的Z 80－DMA，Intel公司的8257、8237A和Motorola的MC 6844等。图9-12给出了8086用DMA方式传送单个数据(输出数据)的示意图。

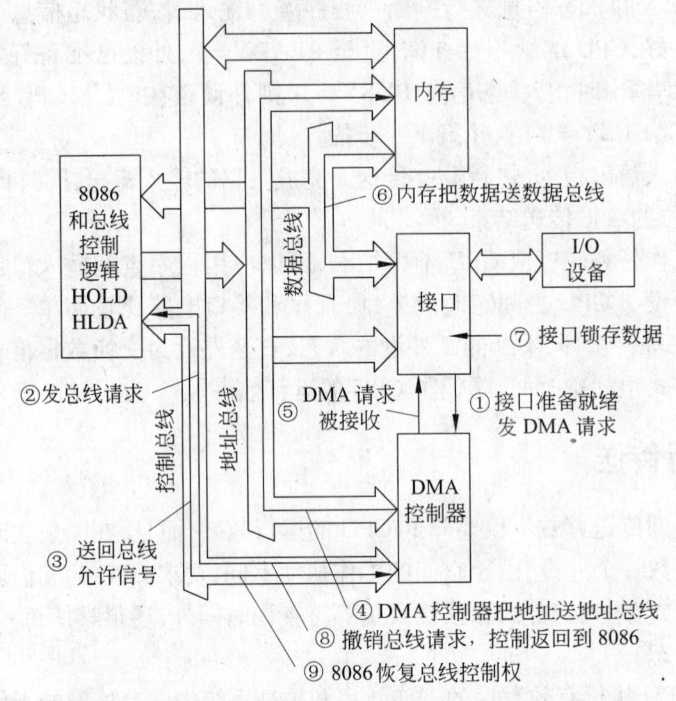

图9-12　8086用DMA方式传输单个数据(输出数据)

当接口准备就绪，便向DMA控制器发DMA请求①；接着，CPU通过HOLD引脚接收DMA控制器发出的总线请求②。通常，CPU在完成当前总线操作以后，就会在HLDA引脚上向DMA控制器发出允许信号③而响应总线请求，DMA控制器接收到此信号后就接管了对总线的控制权。它先把地址送地址总线④，DMA请求得到确认⑤，内存直接把数据送数据总线⑥，并经由数据总线由接口锁存该输出数据⑦。此后，当DMA传送结束，DMA控制器就将HOLD信号变为低电平，并撤销总线请求⑧，放弃对总线的控制。8086检测到HOLD信号变为低电平后，也将HLDA信号变为低电平，于是，CPU又恢复对系统总线的控制权⑨。至于DMA控制器什么时候交还对总线的控制权，取决于是进行单个数据传输，还是进行数据块传输，它总是在传输完单个数据或数据块后才交出总线控制权。

9.3　中断技术

中断是一种十分重要而复杂的软硬件相结合的技术，它的出现给计算机结构与应用带来了新的突破。本节将介绍中断的基本概念、中断的响应与处理过程、优先权的安排等有关问题。

9.3.1　中断概述

1. 中断与中断源

如前所述,使 CPU 暂停运行原来的程序而应更为急迫事件的需要转向去执行为中断源服务的程序(称为中断服务程序),待该程序处理完后,再返回运行原程序,此即中断(或中断技术)。所谓中断源,即引起中断的事件或原因,或发出中断申请的来源。通常中断源有以下几种。

(1) 外部设备。一般中慢速外设如键盘、行式打印机、A/D 转换器等,在完成自身的操作后,向 CPU 发出中断请求,要求 CPU 为它服务。对于高速的外设如磁盘或磁带,它可以向 CPU 提出总线请求,进行 DMA 传送。

(2) 实时时钟。在自动控制中,常遇到定时检测与控制,这时可采用外部时钟电路,并可编程控制其定时间隔。当需要定时的时刻,CPU 发出命令,启动时钟电路开始计时,待定时已到,时钟电路就发中断申请,由 CPU 转向去执行服务程序。

(3) 故障源。计算机内设有故障自动检测装置,如发生运算出错(溢出)、存储器读出出错、外部设备故障、电源掉电以及越限报警等意外事件时,这些装置都能使 CPU 中断,进行相应的中断处理。

以上 3 种属于随机中断源。由随机引起的中断,称为强迫中断。

(4) 为调试程序设置的中断源。这是 CPU 执行了特殊指令(自陷指令)或由硬件电路引起的中断,主要是供用户调试程序时而采取的检查手段。如断点设置、单步调试等。这些都要由中断系统实现。一般称这种中断为自愿中断。

2. 中断系统及其功能

中断系统是指为实现中断而设置的各种硬件与软件,包括中断控制逻辑及相应管理中断的指令。

中断系统应具有下列功能。

1) 能响应中断、处理中断与返回

当某个中断源发出中断请求时,CPU 能根据条件决定是否响应该中断请求。若允许响应,则 CPU 必须在执行现行指令后,保护断点和现场(即把断点处的断点地址和各寄存器的内容与标志位的状态推入堆栈),然后再转到需要处理的中断服务程序的入口,同时,清除中断请求触发器。当处理完中断服务程序后,再恢复现场和断点地址,使 CPU 返回断点,继续执行主程序。中断的简单过程示意图如图 9-13 所示。

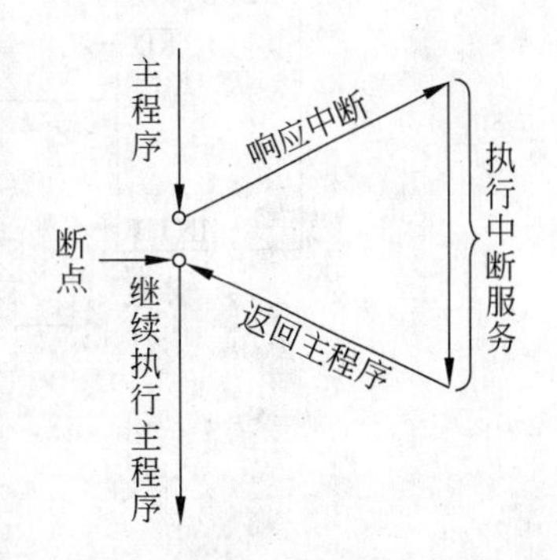

图 9-13　中断的简单过程示意图

2) 能实现优先权排队

通常,在系统中有多个中断源时,有可能出现两个或两个以上中断源同时提出中断请求的情况。这时,要求 CPU 能根据中断源被事先确定的优先权由高到低依次处理。

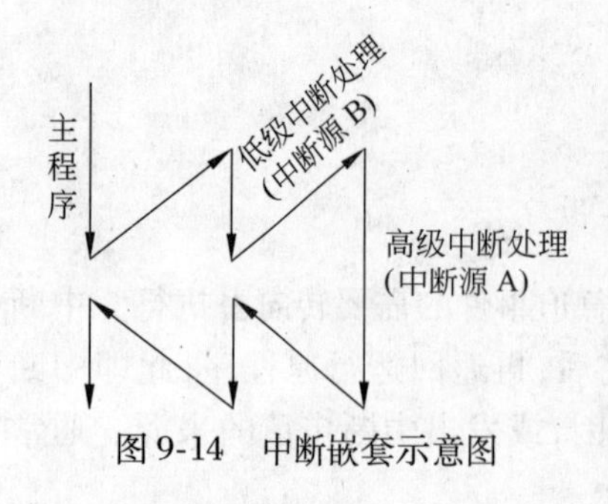

图 9-14 中断嵌套示意图

3）高级中断源能中断低级的中断处理

中断嵌套示意图如图 9-14 所示。假定有两个中断源 A 和 B，CPU 正在对中断源 B 进行中断处理。若 A 的优先高于 B，当 A 发出中断请求时，则 CPU 应能中断对 B 的中断服务，即允许 A 能中断（或嵌套）B 的中断处理；在高级中断处理完以后，再继续处理被中断的服务程序，它处理完毕，最后返回主程序。反之，若 A 的优先权同于或低于 B 时，则 A 不能嵌套于 B。这是两重中断（或两级嵌套），还可以进行多重中断（或多级嵌套）。

3. 中断的应用

中断除了能解决快速 CPU 与中慢速外设速度不匹配的矛盾以提高主机的工作效率之外，在实现分时操作、实时处理、故障处理、多机连接以及人机联系等方面均有广泛的应用。

9.3.2 单个中断源的中断

先研究只有一个中断源的简单中断情况。简单的中断过程应包括中断请求、中断响应、中断处理和中断返回等环节。

1. 中断源向 CPU 发中断请求信号的条件

中断源是通过其接口电路向 CPU 发中断请求信号的，该信号能否发给 CPU，应满足下列两个条件。

1）设置中断请求触发器

每一个中断源，要能向 CPU 发中断请求信号，首先应能由它的接口电路提出中断请求，且该请求能保持直至 CPU 接受并响应该中断请求后，才能清除它。为此，要求在每个中断源的接口电路中设置一个中断请求触发器 A，由它产生中断请求，即 $Q_A=1$，如图 9-15 所示。

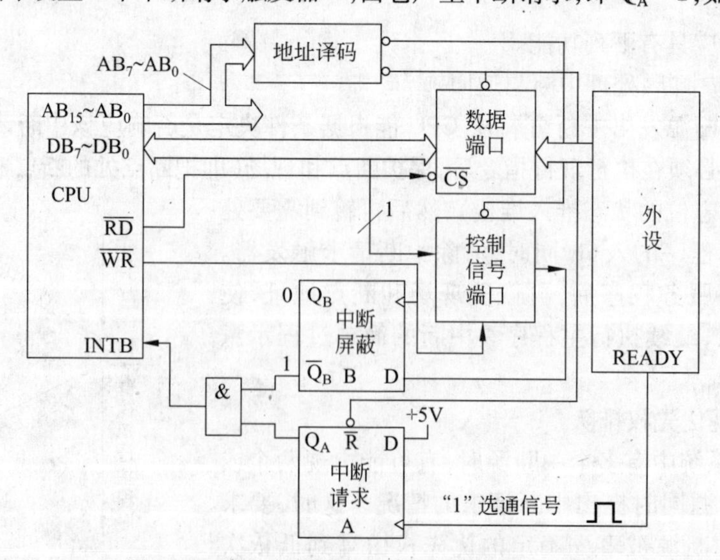

图 9-15 具有中断请求与中断屏蔽的接口电路

2）设置中断屏蔽触发器

中断源的中断请求能否允许以中断请求信号（如 INTR）发向 CPU，应能受 CPU 的控制，以增加处理中断的灵活性，为此，在接口电路中，还要增设一个中断屏蔽触发器 B。当允许中断时，由 CPU 控制使其 Q_B 端为 0（不屏蔽），$\overline{Q}_B$ 端为 1，于是，与门开启，中断请求（Q_A）被允许并经过与门以中断请求信号 INTR 发向 CPU；反之，当禁止中断时，由 CPU 控制其 Q_B 端置 1（屏蔽），$\overline{Q}_B$ 端为 0，与门关闭，即使有中断请求产生，但并不能以 INTR 发向 CPU。

若有多个中断源，如 8 个外设，则可将 8 个外设的中断屏蔽触发器组成一个端口，用输出指令（即利用 $\overline{WR}$ 有效信号）来控制它们的状态。

2. CPU 响应中断的条件

当中断源向 CPU 发出 INTR 信号后，CPU 若要响应它，还应满足下列条件。

1）CPU 开放中断

CPU 采样到 INTR 信号后是否响应它，由 CPU 内设置的中断允许触发器（如 IFF）的状态决定，如图 9-16 所示。当 IFF=1（即开放中断，简称开中）时，CPU 才能响应中断；若 IFF=0（即关闭中断，简称关中）时，即使有 INTR 信号，因与门 1 被 IFF 的 Q 端关闭，CPU 也不响应它。而 IFF 的状态可以由专门设置的开中与关中指令来改变，即执行开中指令时，使 IFF=1，即 CPU 开中，于是，与门 1 的输出端置 1（即允许中断）；而执行关中指令时，经或门 2 使 IFF=0，即 CPU 关中，于是，禁止中断。此外，当 CPU 复位或响应中断后，也能使 CPU 关中。

2）CPU 在现行指令结束后响应中断

在 CPU 开中时，若有中断请求信号发至 CPU，它也并不立即响应。而只有当现行指令运行到最后一个机器周期的最后一个 T 状态时，CPU 才采样 INTR 信号；若有此信号，则把与门 1 的允许中断输出端置 1，于是，CPU 进入中断响应周期。其时序流程如图 9-17 所示。

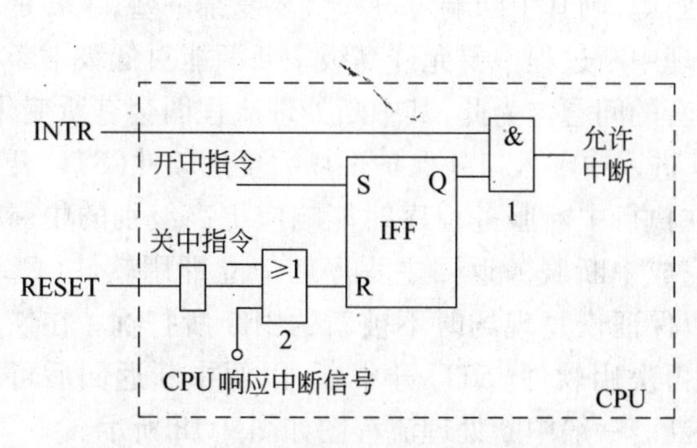

图 9-16 CPU 内设置中断允许触发器 IFF

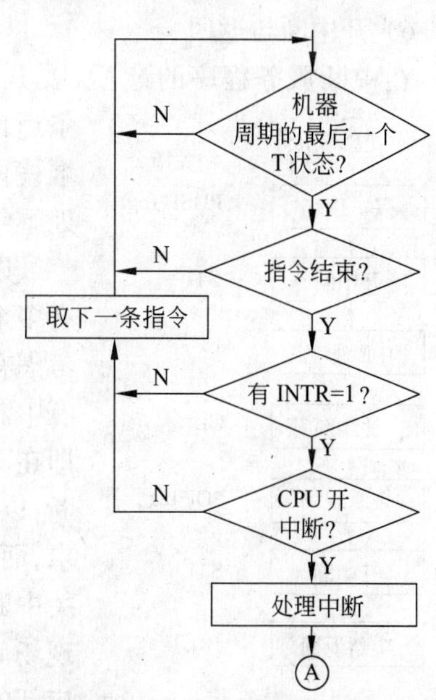

图 9-17 中断时序流程图

3. CPU 响应中断及处理过程

当满足上述条件后,CPU 就响应中断,转入中断周期,完成下列几步操作。

1) 关中断

CPU 响应中断后,在发出中断响应信号(在 8086/8088 中为 $\overline{INTA}$)的同时,内部自动地(由硬件)实现关中断,以免在响应中断后处理当前中断时又被新的中断源中断,以至破坏当前中断服务的现场。

2) 保留断点

CPU 响应中断后,立即封锁断点地址,且把断点地址值压栈保护,以备在中断处理完毕后,CPU 能返回断点处继续运行主程序。对 8086 来说,就是封锁 IP +1,并将 IP 和 CS 值压栈保护。

3) 保护现场

在 CPU 处理中断服务程序时,有可能用到各寄存器,从而改变它们原在运行主程序时所暂存的中间结果,这就破坏了原主程序中的现场信息。为使中断服务程序不影响主程序的正常运行,故要把主程序运行到断点处时的有关寄存器的内容和标志位的状态压栈(在 8086 系统中用 PUSH 指令)保护起来。

4) 给出中断入口(地址),转入相应的中断服务程序

8086/8088 是由中断源提供中断类型号,并根据中断类型号在中断向量表中取得中断服务程序的起始地址。

在中断服务程序完成后,还要执行下述的 5)和 6)两步操作。

5) 恢复现场

把被保留在堆栈中的各有关寄存器的内容和标志位的状态从堆栈中弹出,送回 CPU 中它们原来的位置。这个操作是在中断服务程序中用 POP 指令完成的。

6) 开中断与返回

在中断服务程序的最后,要开中断(以便 CPU 能响应新的中断请求)和安排一条返回指令,将堆栈内保存的断点值(对 8086 来说,从堆栈内弹出的是 IP 和 CS 值)弹出,CPU 就恢复到断点处继续运行。

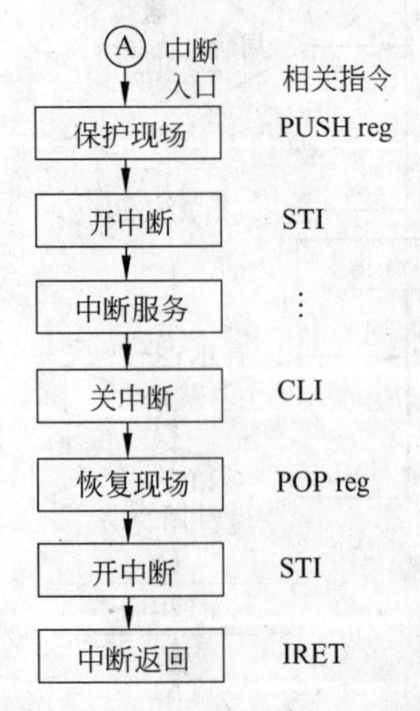

图 9-18 一般中断处理流程图

以上描述的是单个中断源响应中断的简单过程。如果有多个中断源,则其中断响应过程就要复杂一些,主要是应考虑在处理中断过程中要允许高级中断源能对低级中断源有中断嵌套的问题。为此,其中断处理流程图会有所变化,即在 CPU 进入中断入口并保护现场后要用软件(STI)开中断,以便在执行中断服务程序时能响应更高级别的中断请求,而在完成中断服务返回主程序前应立即用软件(CLI)关中断,以保证恢复现场时不被新的中断所打扰。在恢复现场后应再次用软件(STI)开中断,以便中断返回后可响应新的中断。一般中断处理流程图如图 9-18 所示。

9.3.3 向量中断

所谓向量中断(Vectored Interrupt),是指通过中断向量进入中断服务程序的一种方法;而中断向量则是用来提供中断入口地址的一个地址指针(即 CS: IP)。例如,8086/8088 CPU的中断系统就是采用这种向量中断。其详细过程,将在9.4节中讨论,参见图9-22及其说明。

9.3.4 中断优先权

以上讨论了只有一个中断源最简单的情况。实际的系统中,具有多个中断源,而CPU的可屏蔽中断请求线往往只有一条。如何解决多个中断源同时请求中断而只有一根中断请求线的矛盾呢?这就要求CPU按多个中断源的优先权由高至低依次响应中断申请。同时,当CPU正在处理中断时,还要能响应更高级的中断申请,而屏蔽掉同级或低级的中断申请。CPU可以通过软件查询技术或硬件排队电路两种方法来实现按中断优先权对多个中断源的管理,也有专门用于协助CPU按中断优先权处理多个中断源的中断控制芯片,如8259A芯片。

9.4 8086/8088 的中断系统和中断处理

本节将主要阐述8086/8088的中断系统及其中断处理的全过程。

9.4.1 8086/8088 的中断系统

8086/8088有一个简要、灵活而多用的中断系统,采用中断向量结构,使每个不同的中断都可以通过给定一个特定的中断类型号(或中断类型码)供CPU识别,来处理多达256种类型的中断。这些中断可以来自外部,即由硬件产生,也可以来自内部,即由软件(中断指令)产生,或满足某些特定条件(陷阱)后引发CPU中断。

8086/8088的中断系统结构如图9-19所示,图中给出了各主要的中断源。

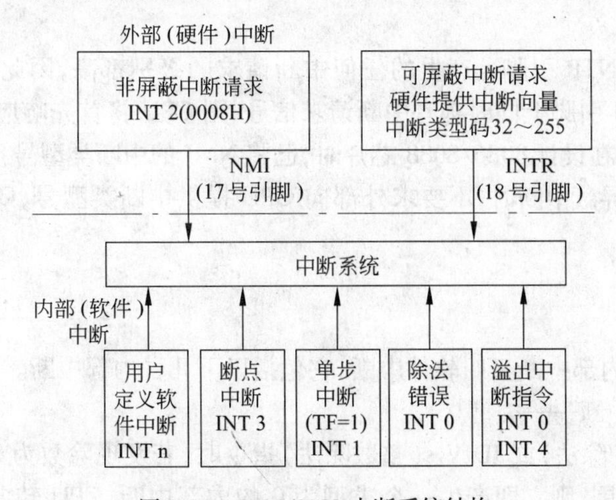

图9-19 8086/8088 中断系统结构

1. 外部中断

8086/8088 CPU 有两条引脚供外部中断源请求中断：一条是高电平有效的可屏蔽中断 INTR；另一条是正跳变有效的非屏蔽中断 NMI。

1）可屏蔽中断

可屏蔽中断是由用户定义的外部硬件中断。当 8086/8088 CPU 的 INTR 引脚上出现一高电平有效请求信号时，它必须保持到当前指令的结束。这是因为 CPU 只在每条指令的最后一个时钟周期才对 INTR 引脚的状态进行采样，如果 CPU 采样到有可屏蔽中断请求信号 INTR 产生，它是否响应此中断请求信号还要取决于标志寄存器的中断允许标志位 IF 的状态。若 IF =0，此时 CPU 是处于关中断状态，则不响应 INTR；若 IF =1，则 CPU 是处于开中断状态，将响应 INTR，并通过$\overline{\text{INTA}}$引脚向产生 INTR 的设备接口（中断源）发回响应信号，启动中断过程。

8086/8088 CPU 在发回第 2 个中断响应信号$\overline{\text{INTA}}$时，将使发出中断请求信号的接口把 1 字节的中断类型号通过数据总线传送给 CPU。由该中断类型号指定了中断服务程序入口地址在中断向量表中的位置。

中断允许标志 IF 位的状态可用指令 STI 使其置位，即开中断；也可用 CLI 指令使其复位，即关中断。由于 8086/8088 CPU 在系统复位以后或任一种中断被响应以后，IF =0，所以根据实际需要，在执行程序的过程中要用 STI 指令开中断，以便 CPU 有可能响应新的可屏蔽中断请求。

2）非屏蔽中断

当 8086/8088 CPU 的 NMI 引脚上出现一上升沿的边沿触发有效请求信号时，它将由 CPU 内部的锁存器将其锁存起来。8086/8088 要求 NMI 上的请求脉冲的有效宽度（高电平的持续时间）大于 2 个时钟周期。一旦此中断请求信号产生，不管标志位 IF 的状态如何，即使在关中断（IF =0）的情况下，CPU 也能响应它。

在 IBM PC 机中的非屏蔽中断源有 3 种：系统板上 RAM 的奇偶校验错、扩展槽中的 I/O 通道错以及浮点运算协处理器 8087 的中断请求。3 个中断源均可独立申请中断，能否形成 NMI 信号，还必须将口地址为 0AH 的寄存器的 D_7 位置 1 后，方能允许产生 NMI 信号。

由于 NMI 比 INTR 引脚上产生的任何中断请求的级别都高，因此，若在指令执行过程中，INTR 和 NMI 引脚上同时都有中断请求信号，则 CPU 将首先响应 NMI 引脚上的中断请求。Intel 公司在设计 8086/8088 芯片时，已将 NMI 的中断类型号预先定义为类型 2，所以，CPU 响应非屏蔽中断时，不要求外部向 CPU 提供中断类型号，CPU 在总线上也不发$\overline{\text{INTA}}$信号。

2. 内部中断

8086/8088 的内部中断又叫软件中断，它包括以下几种内部中断。

1）除法出错中断——类型 0

当执行 DIV s（除法）或 IDIV s（整数除法）指令时，若发现除数为 0 或商数超过了寄存器所能表达的范围，则立即产生一个类型为 0 的内部中断，CPU 转向除法出错的中断服务程序。它是优先级最高的一种内部中断。

2）溢出中断——类型4

若上一条指令执行的结果使溢出标志位置1(OF=1)，则在执行溢出中断(INTO)指令时，将引起类型4的内部中断，CPU就可以转入对溢出错误进行处理的中断服务程序。若OF=0时，则本指令执行空操作，即此指令不起作用，程序执行下一条指令。

INTO指令常常紧跟在算术运算指令之后，以便在该指令执行产生溢出时由INTO指令进行特殊的处理。与除法出错中断不同，出现溢出状态时不会由上一条指令自动产生中断，必须由INTO指令明确地规定溢出中断。应当说明的是，在溢出中断服务程序中，无需保存状态标志寄存器的内容(PSW)，因为CPU在中断响应时序中能自动完成这一操作。

3）单步中断——类型1

8086/8088 CPU的状态标志寄存器中有一个跟踪(陷阱)标志位TF。当TF被置位(TF=1)时，8086/8088处于单步工作方式，即CPU每执行完一条指令后就自动地产生一个类型1的内部中断，程序控制将转入单步中断服务程序。CPU响应单步中断后将自动把状态标志压入堆栈，然后清除TF和IF标志位，使CPU在单步中断服务程序引入以后退出单步工作方式，在正常运行方式下执行单步中断服务程序。单步中断服务程序结束时，再通过执行一条IRET中断返回指令，将CS与IP的内容退栈并恢复状态标志寄存器的内容，使程序返回到断点处。由于在中断时TF位被保护起来了，中断返回时TF位又被重新恢复(TF=1)，所以CPU在中断返回以后仍然处于单步工作方式。

在8086/8088指令集中，没有直接用来设置或清除TF状态位的指令。但可以借助于压栈指令PUSHF和出栈指令POPF通过改变堆栈中的值设置或清除TF位。例如，先用PUSHF指令将标志寄存器的内容(PSW)压入堆栈，再将堆栈栈顶的值和0100H相“或”(OR)，或和FEFFH相“与”(AND)，然后用POPF指令将上述操作的结果从堆栈中弹出，达到设置或清除TF位的目的。

单步中断方式是一种很有用的调试手段，通过它可以逐条观察指令执行的结果，做到精确跟踪指令流程，并确定程序出错的位置。

4）断点中断——类型3

8086/8088指令系统中有一条设置程序断点的单字节中断指令(INT 3)，执行该指令以后就会产生一个中断类型为3的内部中断，CPU将转向执行一个断点中断服务程序，以便进行一些特殊的处理。

断点中断指令主要用于软件调试中，程序员可用它在程序中设置一个程序断点。一般，断点可以设置在程序的任何位置，但在实际调试程序时，只需在一些关键性的地方设置断点。例如，可以用这种方法显示寄存器或存储器的内容，检查程序运行的结果是否正确。由于断点指令INT是一个单字节指令，所以借助该指令可以很容易地在程序的任何地方设置断点。

5）用户定义的软件中断——类型n

在8086/8088的内部中断中，有一个可由用户定义的双字节的中断指令INT n，其第1个字节为INT的操作码，第2个字节n是它的中断类型号。中断类型号n由程序员编程时给定，用它指出相应的中断向量及其中断服务程序的入口地址。

3. 内部中断的特点

(1) 内部中断由一条 INT n 指令直接产生。

(2) 除单步中断以外,所有内部中断都不能被屏蔽。

(3) 由于内部中断不必通过查询外部来获得中断类型号,所以没有中断响应$\overline{\text{INTA}}$机器总线周期。

(4) 硬、软中断的优先级排队如表 9-2 所示。除了单步中断以外,所有内部中断的优先权都比外部中断的优先权高。

表 9-2　8086/8088 的中断

优先级	中断名	中断类型	说明
高	除法错	类型 0	商大于被除数(软件中断)
↑	INT n	类型 n	内部检查用中断(软件中断)
	INTO	类型 4	溢出用(软件中断)
	NMI	类型 2	非屏蔽中断(硬件中断)
	INTR	由外设送入	可屏蔽中断(硬件中断)
低	单步	类型 1	调试用(软件中断)

(5) 当使用断点中断(INT 3)逐段地调试程序时,可用中断服务程序在屏幕上显示有关的各种信息。如果所有断点处要求打印的信息都相同,就可以一律使用单字节的断点中断 INT 3 指令;但若要打印的信息不同,则指令中就需使用其他中断类型号。图 9-20 说明了在用双字节的 INT n 指令调试程序时,通过分别设置了 5、6、7 这 3 个中断类型号,使之转向不同的中断服务入口地址,分别打印出不同的信息。

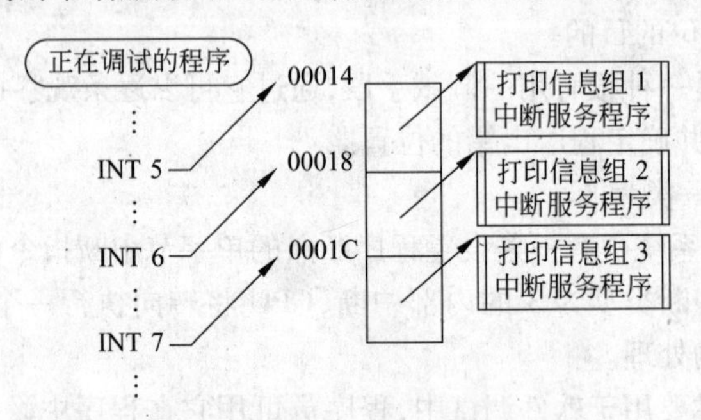

图 9-20　用 INT n 指令调试程序

(6) 为避免由外设硬件产生 INTR 中断请求信号和提供中断类型号的麻烦,可以用软件中断指令 INT nn 来模拟外设提供的硬件中断,方法是使 nn 类型号与该外设的类型号相同,从而可控制程序转入该外设的中断服务程序。

4. 中断向量表

8086/8088 的中断系统为了管理中断的方便将 256 个中断向量制成了一张中断向量

表,中断向量表如图 9-21 所示。图 9-21 给出了与中断类型对应的 256 个中断向量,每个向量应包含 4 字节,2 个低地址字节是 IP 偏移量,2 个高地址字节是 CS 段地址,因此,用来存放 256 个向量的中断向量表需要占用 1KB 的存储空间,且设置在存储器的最低端,即 000H ~ 3FFH。这样,每个中断都可转到 1MB 空间的任何地方。

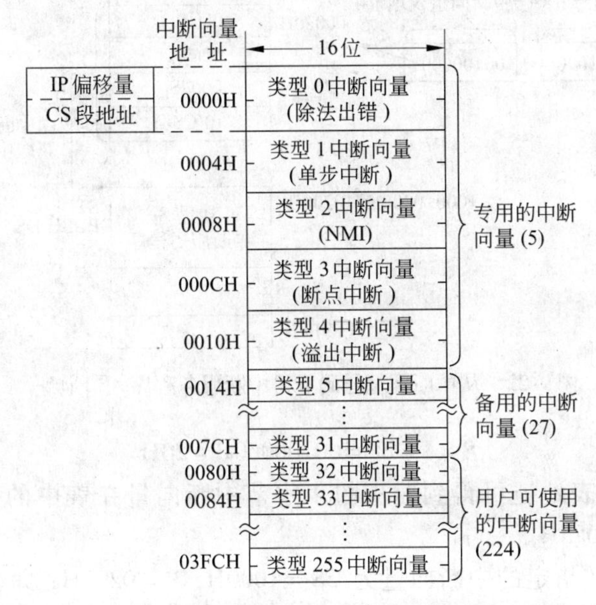

图 9-21　8086/8088 的中断向量表

当 CPU 响应中断访问中断向量表时,外设应通过接口将一个 8 位的中断类型编码 n 放在数据总线上,CPU 对编号 n 乘以 4 得到 4n 指向该中断向量的首字节;4n 和 4n +1 单元中存放的是中断向量的偏移地址值,其低字节在 4n 地址中,高字节在 4n +1 地址中;4n +2 和 4n +3 单元中存放的是中断向量的段地址值,也是低字节在前,高字节在后。实现中断转移时,CPU 将把有关的标志位和断点地址的 CS 和 IP 值入栈,然后通过中断向量间接转入中断服务程序。中断处理结束,用返回指令弹出断点地址的 IP 与 CS 值以及标志位,然后返回被中断的程序。

应当注意,图 9-21 的中断向量表可分为 3 部分。第 1 部分是类型 0 到类型 4 共 5 种类型已定义为专用中断,它们占表中的 000H ~ 013H,共 20 个字节,这 5 种中断的入口已由系统定义,不允许用户修改。第 2 部分是类型 5 到类型 31 为系统备用中断,占用表中 014H ~ 07FH 共 108 个字节。这是 Intel 公司为软、硬件开发保留的中断类型,一般不允许用户作其他用途,其中许多中断已被系统开发使用,例如类型 21 已用作系统功能调用的软中断。第 3 部分是类型 32 到类型 255,占用表中的 080H ~ 3FFH 共 896 个字节,可供用户使用。这些中断可由用户定义为软中断,由 INT n 指令引入,也可以是通过 INTR 端直接引入的或者通过中断控制器 8259A 引入的可屏蔽中断(即硬件中断),使用时用户要自行置入相应的中断向量。

为了进一步说明 8086/8088 中断系统的中断机制,弄清从中断类型号取得中断程序入口地址的过程,请看如图 9-22 所示的例子。

在图 9-22 中,设中断类型号为 8,则由此类型号可计算出对应的中断向量表地址为

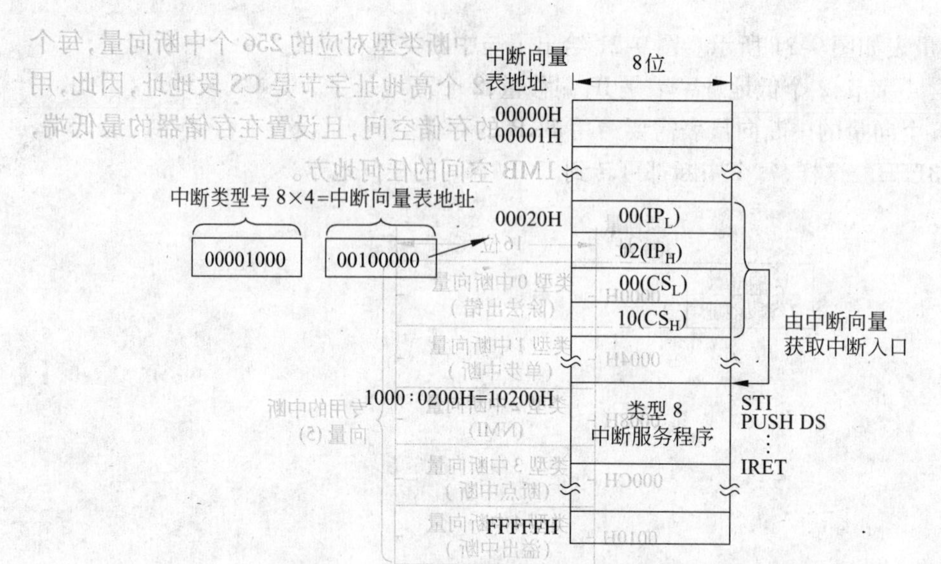

图 9-22　从中断类型号码取得中断服务程序入口地址

$$8 \times 4 = 32 = 00100000B = 20H$$

根据中断向量表地址可得到对应的 4 字节中断向量在表中的位置为：00020H，00021H，00022H，00023H。

假定中断类型 8 指定的中断向量为 CS＝1000H，IP＝0200H；即(00020H)＝IP_L＝00H，(00021H)＝IP_H＝02H，(00022H)＝CS_L＝00H，(00023H)＝CS_H＝10H。则由该中断向量形成的服务程序的入口地址将为 CS×16＋IP＝1000H×16＋0200H＝10200H。CPU 一旦响应中断类型 8，则将转向执行从地址 10200H 开始的类型号为 8 的中断服务程序。

9.4.2　8086/8088 CPU 的中断处理过程

8086/8088 CPU 中断处理的基本过程如图 9-23 所示。对该流程图的结构特点与功能说明如下。

(1) 所有中断处理都包括中断请求、中断响应、中断处理和中断返回 4 个基本过程。

(2) 对各中断源中断请求的响应顺序均按预先设计的中断优先权来响应。优先权由高到低依次为：内部中断；NMI 中断；INTR 中断；单步中断。

(3) CPU 开始响应中断的时刻，在一般情况下，都要待当前指令执行完后方可响应中断申请。但有少数情况是在下一条指令完成之后才响应中断请求。例如，REP(重复前缀)，LOCK(封锁前缀)和段超越前缀等指令都应当将前缀看作指令的一部分，在执行前缀和指令间不允许中断。段寄存器的传送指令 MOV 和段寄存器的弹出指令 POP 也是一样，在执行下条指令之前都不能响应中断。

(4) 在 WAIT 指令和重复数据串操作指令执行的过程中间可以响应中断请求，但必须要等一个基本操作或一个等待检测周期完成后才能响应中断。

(5) 由于 NMI 引脚上的中断请求是需要立即处理的，所以在进入执行任何中断(包括内部中断)服务程序之前，都要安排测试 NMI 引脚上是否有中断请求，以保证它实际上有最高的优先权。这时要为转入执行 NMI 中断服务程序而再次保护现场和断点,并在执行完 NMI 中断服务程序后返回到所中断的服务程序,如内部中断或 INTR 中断的中断服务程序。

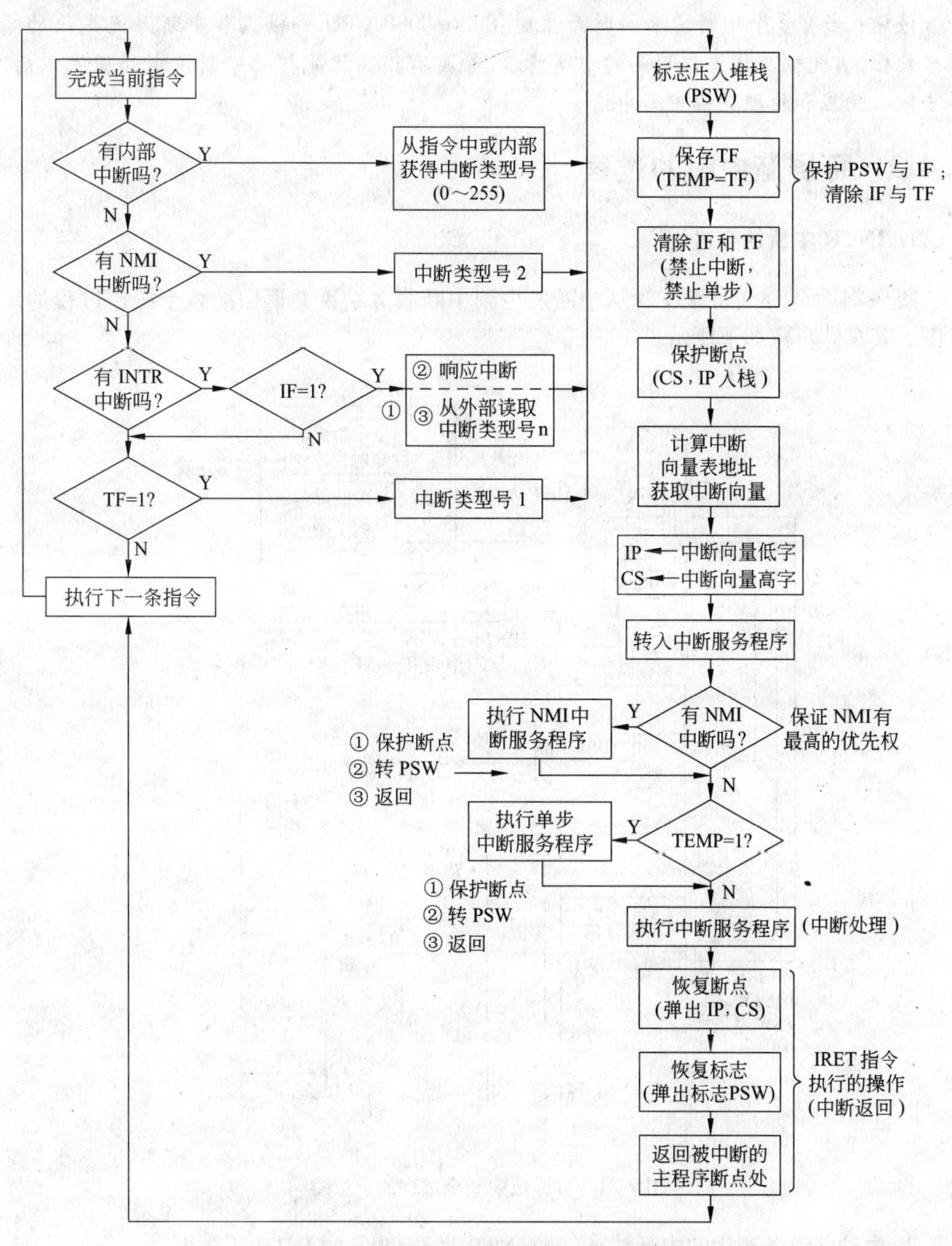

图 9-23　8086/8088 CPU 中断处理流程

(6) 若在执行某个中断服务时无 NMI 中断发生,则接着去查看暂存寄存器 TEMP 的状态。若 TEMP =1,则在中断前 CPU 已处于单步工作方式,就和 NMI 一样重新保护现场和断点,转入单步中断服务程序。若 TEMP =0,也就是在中断前 CPU 处于非单步工作方式，则这时 CPU 将转去执行最先引起中断的中断服务程序。

（7）待中断处理程序结束时，由中断返回指令将堆栈中存放的 IP、CS 以及 PSW 值还原给指令指针 IP、代码段寄存器 CS 以及程序状态字 PSW。

注意：当有多个中断请求同时产生时，8086/8088 CPU 将根据各中断源优先权的高低来处理，首先响应优先权较高的中断请求，等具有较高优先权的中断请求处理完以后，再去依次响应和处理其他中断申请。

9.4.3 可屏蔽中断的过程

1. INTR 中断的全过程

图 9-24 所示是可屏蔽中断从中断发生到中断服务结束并返回的整个操作过程的示意图。其具体步骤如下所示。

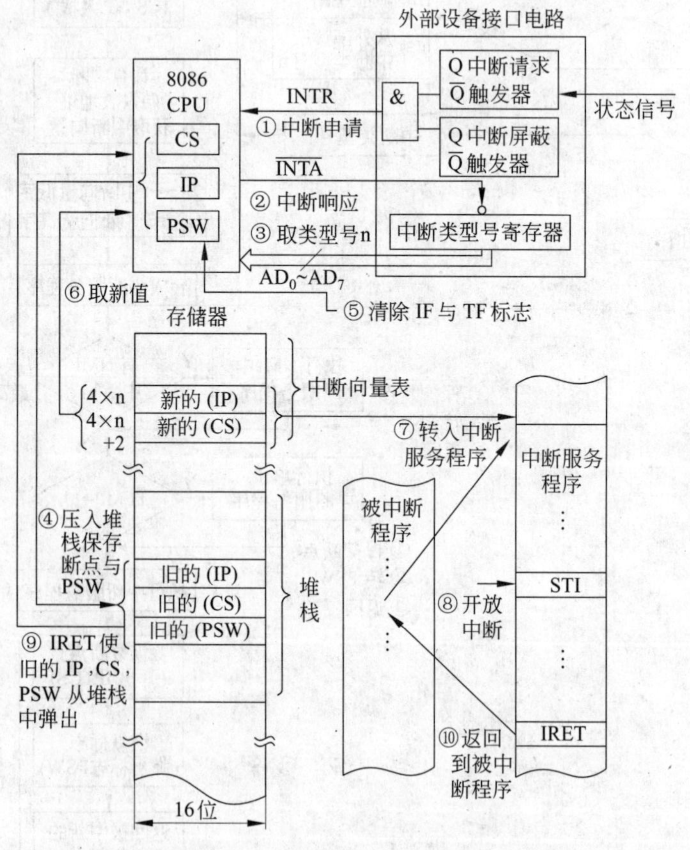

图 9-24　可屏蔽中断全过程的示意图

① 由外部设备产生的中断请求信号 INTR 送至 8086 的 INTR 引脚上。

② 若 CPU 内部的中断允许标志 IF＝1，当 CPU 检测到 INTR 请求信号时，则它在完成当前执行的指令后，便开始响应中断，CPU 将通过其 $\overline{\text{INTA}}$ 引脚向中断接口电路发响应信号，并启动中断过程。

③ CPU 执行两个中断响应总线周期，中断接口电路在第 2 个中断响应总线周期内送

出一个单字节数据作为中断类型号 n 送给 CPU,这个数据字节左移两位(即乘以 4)后,得到中断向量在中断向量表中的起始地址 4 × n。

④ CPU 按先后顺序把 PSW,CS 和 IP 的当前内容压入堆栈。

⑤ 清除 CPU 内部标志寄存器中的 IF 和 TF 标志。

⑥ 从中断向量表中把 4 × n + 2 的字存储单元中的内容读入 CS,把 4 × n 的字存储单元中的内容读入 IP。

⑦ CPU 从新的 CS:IP 值转入中断服务程序。

⑧ 若允许中断嵌套,则一般在中断服务程序保存各寄存器内容之后安排一条 STI 开放中断指令,这是因为 CPU 响应中断后便自动清除了 IF 与 TF 位,当执行了 STI 指令后,IF = 1,开放中断,以便优先权较高的中断源能获得中断响应。

⑨ 在中断服务程序结尾安排一条 IRET 中断返回指令,使旧的 IP,CS,PSW 从堆栈中弹出。

⑩ 最后,根据被弹出的断点地址和处理器状态字控制 CPU 返回到发生中断的断点处并恢复现场。

至于 CPU 响应 NMI 或内部中断请求时的操作顺序基本上与上述过程相同,只是不需要前 3 步操作和读取中断类型码,因为它们的中断类型码是直接从指令中获得或由 CPU 内部自动产生。一旦 CPU 接到 NMI 引脚上的中断请求或内部中断请求时,CPU 就会自动地转向它们各自的中断服务程序。

2. 中断类型号的获得

(1) 除法错误,单步中断,非屏蔽中断,断点中断和溢出中断分别由 CPU 芯片内的硬件自动提供类型号 0 ~ 4。

(2) 软件中断则是从指令流中,即在 INT n 的第 2 个字节中读得中断类型号。

(3) 外部可屏蔽中断 INTR 可以用不同的方法获得中断类型号。例如,在 PC 系列微机中,可以由 Intel 8259A 芯片或集成了 8259A 的超大规模集成外围芯片提供中断类型号。

9.4.4　中断响应时序

下面以 8086 CPU 的最小方式以及用户定义的硬件中断为例讨论中断响应的时序,如图 9-25 所示。

8086 的中断响应时序由两个连续的 $\overline{\text{INTA}}$ 中断响应总线周期组成,中间由两个空闲时钟周期 T_I 隔开。在两个总线周期中,$\overline{\text{INTA}}$ 输出为低电平,以响应这个中断。

第 1 个 $\overline{\text{INTA}}$ 总线周期表示有一个中断响应正在进行,这样可以使申请中断的设备有时间去准备在第 2 个 $\overline{\text{INTA}}$ 总线周期内发出中断类型号。在第 2 个 $\overline{\text{INTA}}$ 总线周期中,中断类型号必须在 16 位数据总线的低半部分(AD_0 ~ AD_7)上传送给 8086。因此,提供中断类型号的中断接口电路(如 8259A)的 8 位数据线是接在 16 位数据总线的低半部上。在中断响应总线周期期间,经 $DT/\overline{R}$ 和 $\overline{\text{DEN}}$ 的配合作用,使得 8086 可以从申请中断的接口电路中取得一个单字节的中断类型号。

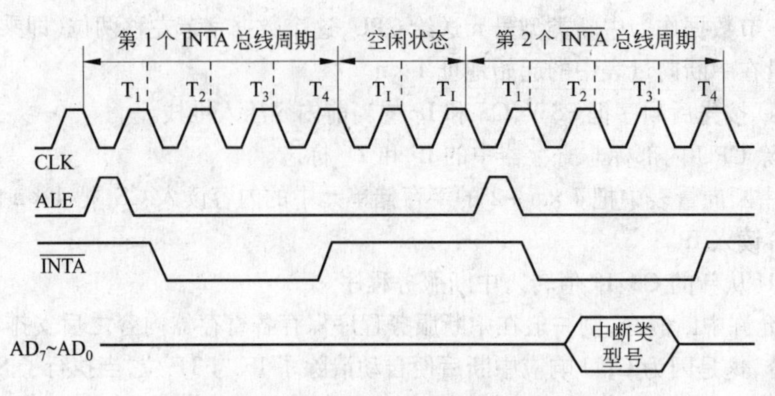

图 9-25　最小方式的中断响应时序

从图 9-25 可以看到,在 2 个中断响应周期之间插入了 2 个空闲状态 T_I,这是 8086 执行中断响应过程的情况,也有插入 3 个空闲状态的情况。但是,在 8088 CPU 的 2 个中断响应周期之间并没有插入空闲状态。

对于由软件产生的中断,除了没有执行中断响应总线周期外,其余的则执行同样序列的总线周期。

9.5　可编程中断控制器 8259A

中断控制器是专门用来处理中断的控制芯片。Intel 8259A 就是一个可编程中断控制器(PIC),它既可以用单片管理 8 级中断;也可以采用级联工作方式,用 9 片 8259A 构成 64 级主从式中断系统。

9.5.1　8259A 的引脚与功能结构

8259A 是一个 28 引脚封装的双列直插式芯片。图 9-26 所示是其引脚图和功能结构示意图。

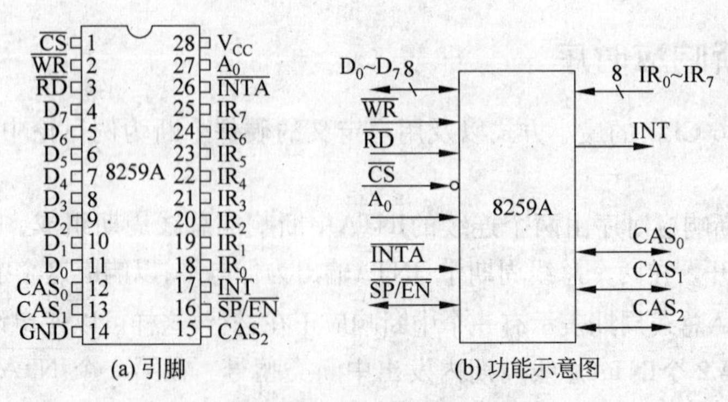

图 9-26　8259A 引脚和功能示意图

芯片引脚定义如下所示。

- D_7 ~ D_0: 8 根双向数据线。用来与 CPU 之间传送命令和数据。

- $\overline{WR}$：写控制信号，低电平有效。它与控制总线上的$\overline{IOW}$信号线相连。
- $\overline{RD}$：读控制信号，低电平有效。它与控制总线上的$\overline{IOR}$信号线相连。
- $\overline{CS}$：片选信号线，低电平有效。它一般来自地址译码电路的输出，用于选通 8259A。
- A_0：地址选择信号线。用来对 8259A 内部的两个可编程寄存器进行选择，即选择当前 8259A 的两个 I/O 端口中被访问的是奇地址（较高 8 位地址）还是偶地址（较低 8 位地址）。
- $IR_0 \sim IR_7$：8 级中断请求输入线。它用于接收来自 I/O 设备的外部中断请求。在主从级联方式的中断系统中，主片的 $IR_0 \sim IR_7$ 端分别与各从片的 INT 端相连，用来接收来自从片的中断请求。
- INT：中断请求信号线（输出）。它连至 CPU 的 INTR 端，用来向 CPU 发中断请求信号。
- $\overline{INTA}$：中断响应信号线（输入）。它连至 CPU 的$\overline{INTA}$端，用于接收来自 CPU 的中断响应信号。
- $\overline{SP}/\overline{EN}$：此引脚是一个双功能的双向信号线，分别表示两种工作方式：当 8259A 片采用缓冲方式时，则它作为输出信号线$\overline{EN}$；当 8259A 片采用主从工作方式（即非缓冲方式）时，则它作为输入信号线$\overline{SP}$。在缓冲工作方式中，当$\overline{EN}$有效时，允许数据总线缓冲器选通，使数据由 8259A 读出至 CPU；当$\overline{EN}$无效时，表示 CPU 将使数据写入 8259A。在主从工作方式中，作为输入信号$\overline{SP}$，由该输入引脚的电平来区分“主”或“从”8259A，若$\overline{SP}=1$，则本片为“主”8259A；若$\overline{SP}=0$，则为“从”8259A。
- $CAS_0 \sim CAS_2$：3 根级联控制信号线。它们用来构成 8259A 的主从式级联控制结构。在主从结构中，系统最多可以把 8 级中断请求扩展为 64 级主从式中断请求，对于“主”8259A，$CAS_0 \sim CAS_2$ 为输出信号；对于“从”8259A，$CAS_0 \sim CAS_2$ 为输入信号。主片的 $CAS_0 \sim CAS_2$ 与从片的 $CAS_0 \sim CAS_2$ 对应相连。在主从级联方式系统中，将根据“主”8259A 的这 3 根引线上的信号编码具体指明是哪一个 8259A“从”片。

9.5.2 8259A 内部结构框图和中断工作过程

8259A 中断控制器包括 8 个主要功能部件，其内部结构框图如图 9-27 所示。

1. 数据总线缓冲器

这是一个双向的 8 位三态缓冲器，用作 CPU 与 8259A 之间的数据接口，由 CPU 写入 8259A 的控制命令字或由 8259A 读到 CPU 的数据都要经过它进行交换。

2. 读写逻辑

这是读写控制电路，用于接收来自 CPU 的读写控制信号（$\overline{RD}/\overline{WR}$）和片选控制信号（$\overline{CS}$），还要接收一位地址信号（$A_0$）。当 CPU 执行 IN 指令时，$\overline{RD}$信号与 A_0 配合，将

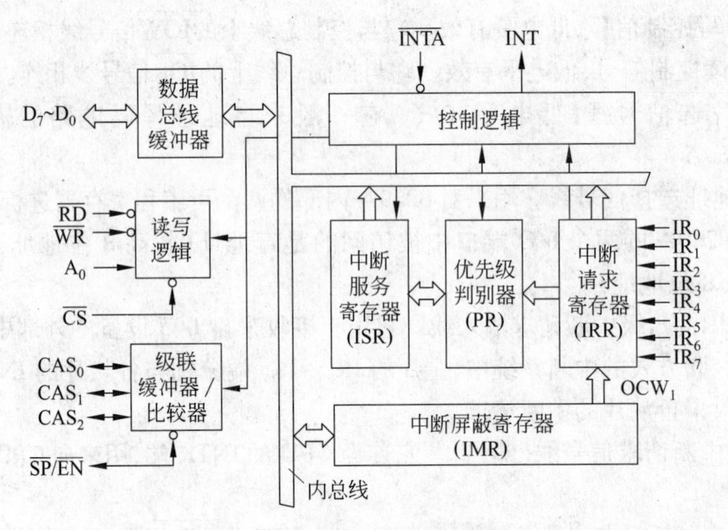

图 9-27 8259A 内部结构框图

8259A 中内部寄存器的内容通过数据总线缓冲器读入到 CPU 中；当 CPU 执行 OUT 指令时，$\overline{WR}$信号与 A_0 配合，将 CPU 中的控制命令字通过数据缓冲器写入 8259A 中某个指定的内部寄存器。由于一片 8259A 只有两个端口，所以，只需要将 CPU 地址总线的最低位 A_0 接到 8259A 的 A_0 端即可选定某个端口，而端口的其他高位地址将作为片选信号$\overline{CS}$输入 8259A。

3. 级联缓冲器/比较器

它为 8259A 提供级联控制信号 CAS_0 ~ CAS_2 与双向功能信号$\overline{SP}/\overline{EN}$，以满足 8259A 在缓冲工作与主从工作方式（即非缓冲工作）两种方式下的功能需要。关于这些信号的功能如前面介绍 8259A 的引脚功能时所述。

4. 控制逻辑

它是 8259A 的内部控制电路，用于向 CPU 发中断请求信号 INT 或接收来自 CPU 的中断应答信号$\overline{INTA}$，并保持同 8259A 内部各功能部件之间的联系，以便协调它们完成全部中断处理功能。

5. 中断请求寄存器

中断请求寄存器（Interrupt Request Register，IRR）是一个用于接收外部中断请求的 8 位寄存器，其 8 根引脚 IR_0 ~ IR_7 分别与接口的 8 个中断请求线相连接。当某一个 IR_i 端接收到高电平的中断请求信号时，则 IRR 的相应位将被置 1（即锁存该中断请求）；显然，若最多有 8 个中断请求信号同时进入 IR_0 ~ IR_7 端，则 IRR 将被置为全 1。至于被置 1 的请求能否进入 IRR 的下一级判优电路（即优先级判别器（Priority Resolver，PR），还取决于控制 IRR 的中断屏蔽寄存器（Interrupt Mask Register，IMR）中相应位是否清 0（即不屏蔽该位请求）。

6. 中断服务寄存器

中断服务寄存器(Interrupt Service Register,ISR)是一个 8 位寄存器,用来存放或记录正在服务中的所有中断请求(如在多重嵌套时)。当某一级中断请求被响应,CPU 正在执行其中断服务程序时,则 ISR 中的相应位被置 1,并将一直保持到该级中断处理过程结束为止。在多重中断时,ISR 中可能有多位同时被置 1。至于 ISR 某位被置 1 的过程是这样:若有一个或多个中断源同时请求中断,它们将先由优先级判别器选出当前在 IRR 中置 1 的各种中断优先级别中最高者,并用$\overline{\text{INTA}}$负脉冲选通送入 ISR 寄存器的对应位。显然,当有多重中断处于服务过程中时,ISR 中可同时记录多个中断请求。

7. 中断屏蔽寄存器

中断屏蔽寄存器(IMR)是一个 8 位寄存器,可用来屏蔽已被锁存在 IRR 中的任何一个中断请求级。对所有要屏蔽的中断请求线,将相应位置 1 即可。IMR 中置 1 的那些位表示与之对应的 IRR 中相应的请求不能进入系统的下一级即优先级判别器 PR 去判优。

8. 优先级判别器

优先级判别器(PR)用来判别已进入 IRR 中的各中断请求的优先级别。当有多个中断请求同时产生并经 IMR 允许进入系统后,先由 PR 判定当前哪一个中断请求具有最高优先级,然后由系统首先响应这一级中断,并转去执行相应的中断服务程序。当出现多重中断时,则由 PR 判定是否允许所出现的新的请求去打断当前正在处理的中断服务而被优先处理。这时,PR 将同时接受并比较来自 ISR 中正在处理的与 IRR 中新请求服务的两个中断请求优先级的高低,以决定是否向 CPU 发出新的中断请求。若 PR 判定出新进入的中断请求比当前锁存在 ISR 中的中断请求优先级为高时,则通过相应的逻辑电路使 8259A 的输出端 INT 为“1”,从而向 CPU 发出一个新的中断请求。

8259A 具体的中断过程执行步骤如下所示。

(1) 当外部中断源使 8259A 的一条或几条中断请求线(IR_0 ~ IR_7)变成高电平时,则先使 IRR 的相应位置 1。

(2) 系统是否允许某个已锁定在 IRR 中的中断请求进入 ISR 寄存器的对应位,可用 IMR 对 IRR 设置屏蔽或不屏蔽来控制。如果已有几个未屏蔽的中断请求锁定在 ISR 的对应位,还需要通过优先级判别器即 PR 进行裁决,才能把当前未屏蔽的最高优先级的中断请求从 INT 输出,送至 CPU 的 INTR 端。

(3) 若 CPU 是处于开中断状态,则它在执行完当前指令后,就用 $\overline{\text{INTA}}$ 作为响应信号送至 8259A 的 $\overline{\text{INTA}}$。8259A 在收到 CPU 的第 1 个中断应答 $\overline{\text{INTA}}$ 信号后,先将 ISR 中的中断优先级最高的那一位置 1,再将 IRR 中刚才置 1 的相应位复位成 0。

(4) 8259A 在收到第 2 个$\overline{\text{INTA}}$信号后,将把与此中断相对应的一个字节的中断类型号 n 从一个名为中断类型寄存器的内部部件中送到数据线,CPU 读入该中断类型号 n,并随即可转入执行相应的中断服务子程序。

（5）当 CPU 对某个中断请求做出的中断响应结束后，8259A 将根据一个名为方式控制器的结束方式位的不同设置，在不同时刻将 ISR 中置 1 的中断请求位复 0。具体地说，在自动结束中断（AEOI）方式下，8259A 会将 ISR 中原来在第 1 个 $\overline{INTA}$ 负脉冲到来时设置的 1（即响应此中断请求位）在第 2 个 $\overline{INTA}$ 脉冲结束时，自行复位成 0。若是非自动结束中断方式（EOI），则 ISR 中该位的 1 状态将一直保持到中断过程结束，由 CPU 发 EOI 命令才能复位成 0。

8 级中断请求信号所对应的中断向量字节（即中断类型号）内容的前 5 位是可选择的，后 3 位是固定的，如表 9-3 所示。

表 9-3　中断向量字节内容

中断请求优先级（由高到低）	中断向量字节							
	D_7	D_6	D_5	D_4	D_3	D_2	D_1	D_0
IR_0	T_7	T_6	T_5	T_4	T_3	0	0	0
IR_1	T_7	T_6	T_5	T_4	T_3	0	0	1
IR_2	T_7	T_6	T_5	T_4	T_3	0	1	0
IR_3	T_7	T_6	T_5	T_4	T_3	0	1	1
IR_4	T_7	T_6	T_5	T_4	T_3	1	0	0
IR_5	T_7	T_6	T_5	T_4	T_3	1	0	1
IR_6	T_7	T_6	T_5	T_4	T_3	1	1	0
IR_7	T_7	T_6	T_5	T_4	T_3	1	1	1

9.5.3　8259A 的控制字格式

8259A 的中断处理功能和各种工作方式，都是通过编程设置的，具体地说，是对 8259A 内部有关寄存器写入控制命令字实现控制的。按照控制字功能及设置的要求不同，可分为以下两种类型的命令字。

（1）初始化命令字（Initialization Command Word，ICW）。ICW_1 ~ ICW_4，它们必须在初始化时分别写入 4 个相应的寄存器。并且，一旦写入，一般在系统运行过程中就不再改变。

（2）工作方式命令字或操作命令字（Operation Command Word，OCW）。OCW_1 ~ OCW_3，它们必须在设置初始化命令后方能分别写入 3 个相应的寄存器。它们用来对中断处理过程进行动态的操作与控制。在一个系统运行过程中，操作命令字可以被多次设置。

上述控制命令字应按如图 9-28 所示的流程次序写入。

1. 初始化命令字

1）ICW_1

ICW_1 叫芯片控制初始化命令字。该字写入 8 位的芯片控制寄存器。写 ICW_1 的标记为：$A_0=0$，$D_4=1$。其控制字格式如图 9-29 所示。

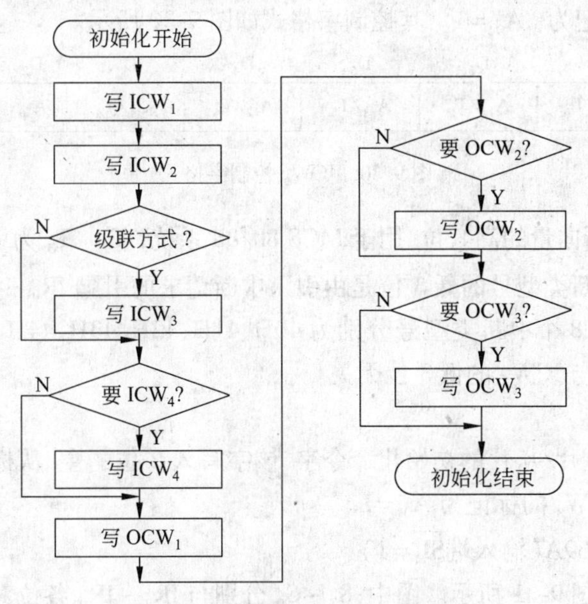

图 9-28　控制命令字写入流程图

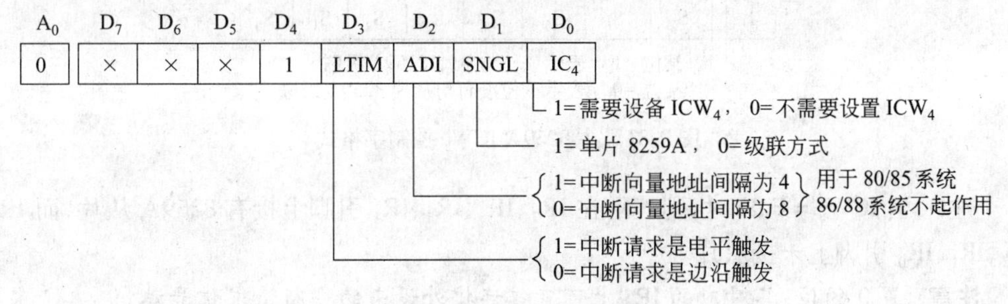

图 9-29　ICW_1 控制字格式

ICW_1 控制字各位的具体含义如下所示。

- $D_7 \sim D_5$：这 3 位在 8086/8088 系统中不用，只用于 8080/8085 系统中。
- D_4：此位始终设置为 1，它是指示 ICW_1 的标志位，表示现在设置的是 ICW_1，而不是别的命令字。
- D_3(LTIM)：LTIM 位设定中断请求信号触发的方式。如 LTIM 为 1，则表示中断请求为电平触发方式；如 LTIM 为 0，则表示中断请求为边沿触发方式，且为上升沿触发，并保持高电平。
- D_2(ADI)：ADI 位在 8086/8088 系统中不起作用。
- D_1(SNGL)：SNGL 位用来指定系统中是用单片 8259A 方式($D_1=1$)，还是用多片 8259A 级联方式($D_1=0$)。
- D_0(IC_4)：IC_4 位用来指出后面是否将设置 ICW_4。若初始化程序中使用 ICW_4，则 IC_4 必须为 1，否则为 0。

2）ICW_2

ICW_2 是设置中断类型号的初始化命令字。该字写入 8 位的中断类型寄存器。

写 ICW_2 的标记为：$A_0=1$。其控制字格式如图 9-30 所示。

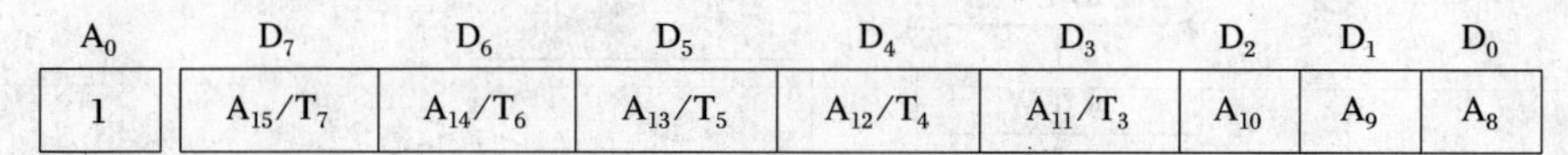

A_0	D_7	D_6	D_5	D_4	D_3	D_2	D_1	D_0
1	A_{15}/T_7	A_{14}/T_6	A_{13}/T_5	A_{12}/T_4	A_{11}/T_3	A_{10}	A_9	A_8

图 9-30 ICW_2 控制字格式

$A_{15}\sim A_8$ 为中断向量的高 8 位，用于 MCS 80/85 系统；$T_7\sim T_3$ 为中断向量类型号，用于 88/86 系统。中断类型号的低 3 位是由引入中断请求的引脚 $IR_0\sim IR_7$ 决定的。例如，设 ICW_2 为 40H，则 8 个中断类型号分别为 40H、41H、42H、43H、44H、45H、46H 和 47H。中断类型号的数值与 ICW_2 的低 3 位无关。

3）ICW_3

ICW_3 是标志主片/从片的初始化命令字，该字写入 8 位的主/从标志寄存器，它只用于级联方式。写 ICW_3 的标记为 $A_0=1$。

（1）对于主 8259A（输入端 $\overline{SP}=1$）

控制字格式如图 9-31 所示。图中，$S_7\sim S_0$ 分别与 $IR_7\sim IR_0$ 各位对应。

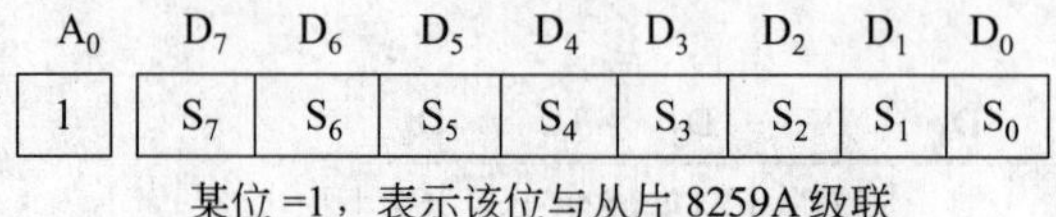

A_0	D_7	D_6	D_5	D_4	D_3	D_2	D_1	D_0
1	S_7	S_6	S_5	S_4	S_3	S_2	S_1	S_0

图 9-31 主 8259A ICW_3 控制字格式

例如，当 $ICW_3=F0H$ 时，则表示在 IR_7、IR_6、IR_5、IR_4 引脚上接有 8259A 从片，而 IR_3、IR_2、IR_1、IR_0 引脚上未接从片。

注意：置 0 的位，其对应的 IR_i 上可直接连接外设来的中断请求信号端。

（2）对于从 8259A（输入端 $\overline{SP}=0$）

控制字格式如图 9-32 所示。

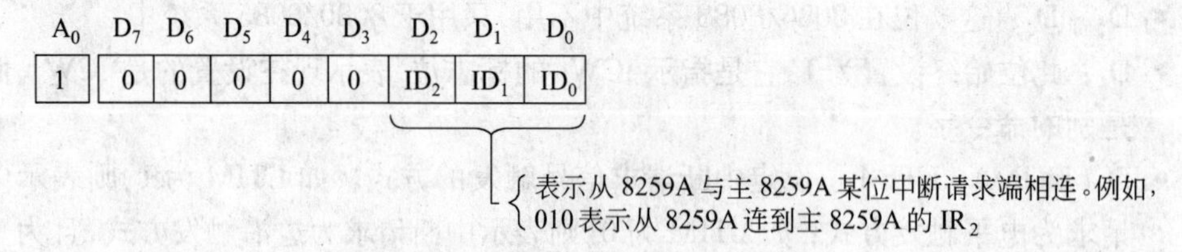

A_0	D_7	D_6	D_5	D_4	D_3	D_2	D_1	D_0
1	0	0	0	0	0	ID_2	ID_1	ID_0

图 9-32 从 8259A ICW_3 控制字格式

主/从 8259A 级联方式如图 9-33 所示。

在 IBM PC/XT 机中，仅用 1 片 8259A，能提供 8 级中断请求。在 IBM PC/AT 机中用两片 8259A 组成级联方式，最多可以提供 15 级中断请求。

4）ICW_4

ICW_4 叫中断结束方式初始化命令字。该字写入 8 位的方式控制寄存器。写 ICW_4 控制字标记为：$A_0=1$。其控制字格式如图 9-34 所示。

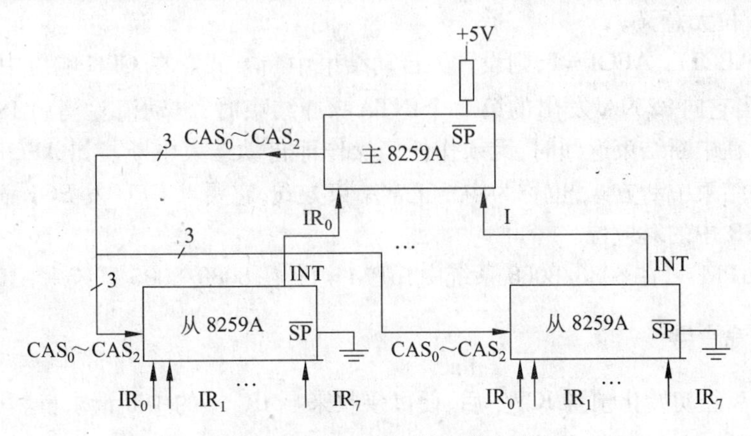

图 9-33　8259A 主/从级联方式

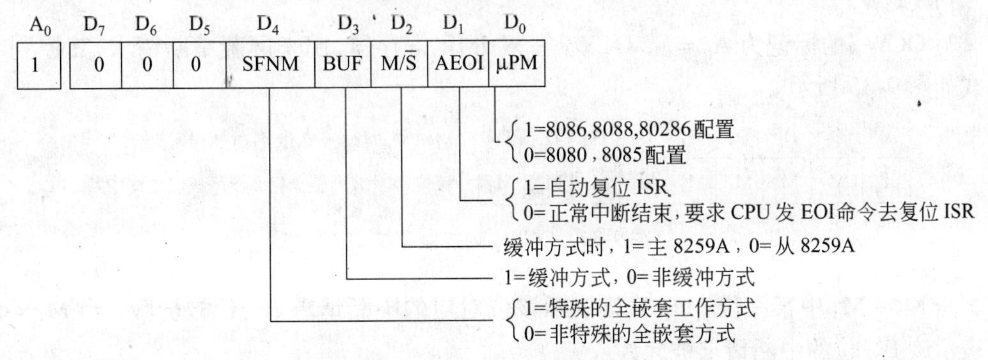

图 9-34　ICW_4 控制字格式

ICW_4 控制字各位的具体含义如下所示。

- $D_7 \sim D_5$：$D_7D_6D_5 = 000$ 是 ICW_4 的识别码。
- D_4(SFNM)：SFNM = 1，为特殊的全嵌套工作方式；SFNM = 0，为一般(或非特殊)全嵌套方式。特殊的全嵌套方式是相对于一般全嵌套方式而言的，两者基本相同，只不过在全嵌套方式中，中断请求按优先级 0 ~ 7 进行处理，0 级中断的优先级最高，7 级的优先级最低，在处理中断的过程中，只有当更高级的中断请求到来时，才能进行嵌套，当同级中断请求到来时，则不会予以响应；而特殊的嵌套方式则不然，它在处理某一级中断时，允许响应或嵌套同级的中断请求。故此，它才称为特殊的嵌套方式。通常，特殊的全嵌套方式用于多个 8259A 级联的系统。全嵌套方式是最常用的工作方式，如果对 8259A 进行初始化以后没有设置其他优先级方式，则 8259A 就按全嵌套方式工作。
- D_3(BUF)：BUF = 1，为缓冲方式。在缓冲方式下，将 8259A 的 $\overline{SP}/\overline{EN}$ 端和总线驱动器(即数据总线缓冲器)的允许端相连，利用从 $\overline{SP}/\overline{EN}$ 端输出的低电平，可以作为总线驱动器的启动信号。BUF = 0，则为非缓冲方式，8259A 将直接连接 CPU 的数据总线。
- D_2(M/$\overline{S}$)：M/$\overline{S}$ 位在缓冲方式下用于区别本片是主片还是从片。当 BUF = 1 时，若 M/$\overline{S}$ = 1，表示本片为主片，若 M/$\overline{S}$ = 0，表示本片为从片。当 BUF = 0 时，

$M/\overline{S}$ 位无意义。

- D_1(AEOI):AEOI=1,则设置为自动结束中断方式。在 CPU 响应中断请求过程中,当它向 8259A 发出的第 2 个$\overline{INTA}$脉冲结束时,自动清除当前 ISR 中的对应位。在中断结束返回时,无须作任何操作即自动结束中断。如 AEOI=0,则为非自动结束中断方式,也称为中断正常结束方式,它要求 CPU 发 EOI 命令后才能消除 ISR 中的对应位。
- D_0(μPM):在 8086/8088 系统中,μPM=1;在 8080/8085 系统中,μPM=0。

2. 操作命令字

当 8259A 经初始化预置 ICW_1 后,便可接收来自 IR_I 端的中断请求。然后,8259A 自动进入操作命令状态,准备接收由 CPU 写入的操作命令字 OCW_1。

1) OCW_1

写 OCW_1 的标记为 $A_0=1$。OCW_1 写入 IMR 寄存器,用来屏蔽中断请求,其控制字格式如图 9-35 所示。

A_0	D_7	D_6	D_5	D_4	D_3	D_2	D_1	D_0
1	M_7	M_6	M_5	M_4	M_3	M_2	M_1	M_0

M_7~M_0对应于 IMR 各位,M_i=1 表示该位中断被屏蔽,M_i=0 表示该位允许中断

图 9-35 OCW_1 的控制字格式

当 $M_7 \sim M_0$ 中某一位 $M_i=1$,则表示该位对应的中断请求 IR_i 位被屏蔽;当 $M_i=0$,则表示该 IR_i 位的中断请求被允许。

例如,OCW_1=15H,则 IR_4、IR_2 和 IR_0 引脚上的中断请求被屏蔽,而 IR_7、IR_6、IR_5、IR_3 和 IR_1 引脚上的中断请求被允许进入 8259A 的下一级(即优先级判别器 PR)。

2) OCW_2

OCW_2 是优先级循环方式和中断结束方式操作命令字。

写 OCW_2 的标记为 $A_0=0$,$D_3=D_4=0$。OCW_2 的控制字格式如图 9-36 所示。其中,R 位为优先级循环方式控制位。R=1,为优先级自动循环方式;R=0,为非自动循环方式。优先级自动循环方式用于多个中断源其优先级相等的场合,此时,按 $IR_0 \sim IR_7$ 为高低顺序自动排列。例如,IR_0 未请求,则 IR_1 为最高优先权。又如,只有 IR_3 请求到来,则 IR_3 为最高。当对 IR_3 请求处理完后,则 IR_4 即为最高优先级,依次为 IR_5,IR_6,IR_7、IR_0、IR_1、IR_2 等,依此类推,构成了自动循环方式。

SL 位为特殊循环控制位。它决定 L_2、L_1、L_0 是否有效。当 SL=1,则 L_2、L_1、L_0,有效,其编码对应的某位 IR_i 为最低优先权。当 SL=0,则 L_2、L_1、L_0 无效。

当 L_2、L_1、L_0 有效时它有两个功能:在特殊优先级循环方式命令时,L_2、L_1、L_0 指出循环开始时哪个中断优先级最低;在特殊中断结束命令时,L_2、L_1、L_0 指出具体要清除 ISR 中哪一位。

如上所述,OCW_2 具有两方面的功能:一是可以设置 8259A 采用优先级的循环方式;二是可以组成中断结束命令(包括一般的中断结束命令与特殊的中断结束命令)。EOI 为中断结束命令位。当 EOI 为 1 时,使当前 ISR 中的对应位 ISR_i 复位。如前所述,若

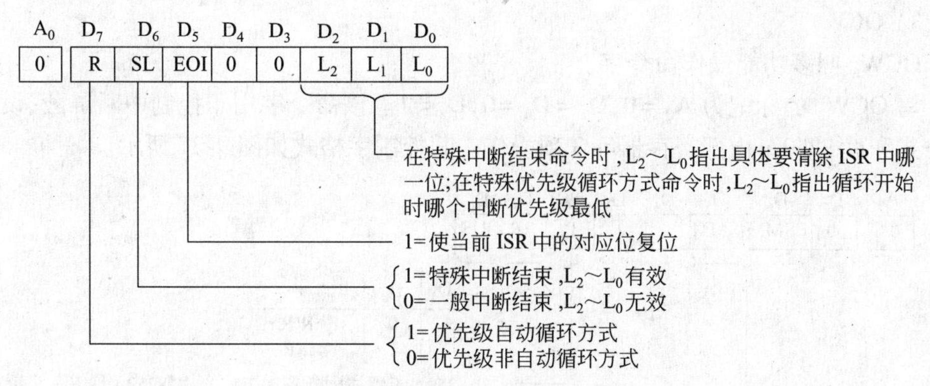

图 9-36　OCW_2 的控制字格式

ICW_4 中的 AEOI 位为 1，则在第 2 个中断响应脉冲$\overline{INTA}$结束后，8259A 会自动清除当前 ISR 中的对应位 ISR_i，即采用自动结束中断方式。但如果 AEOI 为 0，则 ISR_i 位要用 EOI 命令位来清除。EOI 命令就是通过 OCW_2 中的 EOI 位设置的。

下面，对 R，SL 和 EOI 这 3 位不同编码的功能列表加以说明，如表 9-4 所示。

表 9-4　OCW_2 的编码及功能说明

R　SL　EOI	功　能　说　明
0　0　1	定义普通 EOI 方式。一旦中断服务结束，将给 8259A 送出 EOI 结束命令，8259A 将使当前中断服务程序对应的 ISR_i 位清 0，并使系统仍工作在非循环的优先级方式下。此种编码一般用于系统预先被设置为全嵌套(包括特殊全嵌套)的工作情况
0　1　1	定义特殊 EOI 方式。当 L_2、L_1、L_0 这 3 位设置一定的值，便可以组成一个特殊的中断结束命令。例如设 OCW_2 =64H，则 IR_4 在当前 ISR 中的对应位 ISR_4 被清除
1　0　1	定义普通 EOI 循环方式。一旦某中断服务结束，8259A 一方面将 ISR 中当前中断处理程序对应的 ISR_i 位清 0，另一方面将刚结束的中断请求 IR_i 降为最低优先级，而将最高优先级赋给中断请求 IR_{i+1}，其他中断请求的优先级则仍按循环方式顺序改变
1　1　1	定义特殊 EOI 循环方式。一旦某中断服务结束，8259A 将使 ISR 中由 L_2、L_1、L_0 字段给定最低级别的相应位 ISR_i 清 0，而最高优先级将赋给 ISR_{i+1}，其他级按循环方式顺序改变
1　0　0	定义自动 EOI 循环方式(置位)。它会使 8259A 工作在中断优先级自动循环方式，CPU 将在中断响应总线周期中第 2 个中断响应信号$\overline{INTA}$结束时，将 ISR 中的相应位 ISR_i 清 0，并将最低优先级赋给这一级，而最高优先级赋 ISR_{i+1}，其他中断请求的优先级则按循环方式依次安排
0　0　0	定义取消自动 EOI 循环方式(复位)。在自动 EOI 循环方式下，一般通过 ICW_4 中的 AEOI 位置 1 使中断服务程序自动结束，所以，此方式无论是启动还是终止，都无须使 EOI 位为 1
1　1　0	置位优先级循环命令。它将使最低优先级赋给 L_2、L_1、L_0 字段所给定的中断请求 IR_i，而最高优先级赋 IR_{i+1}，其他各级则依此类推，系统将按优先级特殊循环方式工作
0　1　0	OCW_2 无意义

3）OCW_3

OCW_3 叫多功能操作命令字。

写 OCW_3 的标记为 $A_0=0, D_7=D_4=0, D_2=1$。该命令字用于控制中断屏蔽、设置查询方式和读 8259A 内部寄存器等 3 项操作。其控制字格式如图 9-37 所示。

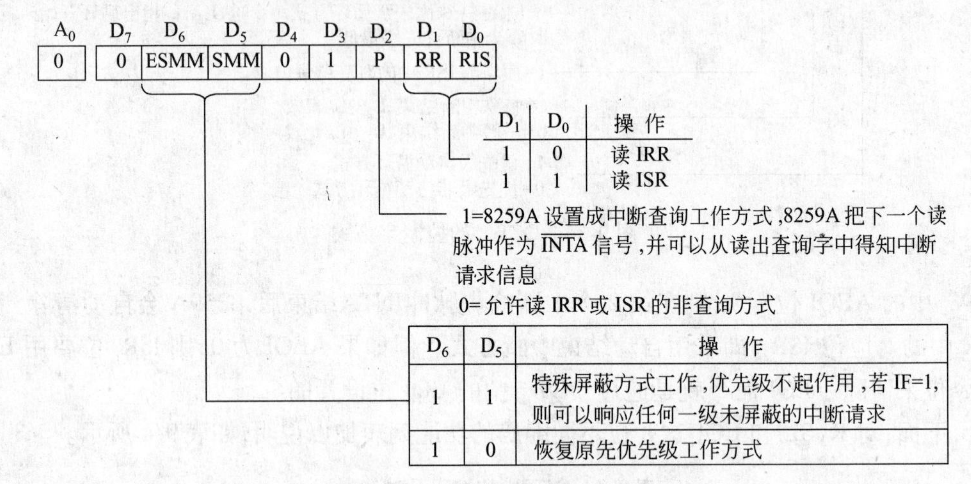

图 9-37 OCW_3 的控制字格式

如图 9-37 所示，ESMM 位称为特殊的屏蔽模式允许位，SMM 为特殊的屏蔽模式位。若 $D_6D_5=11$，则可以使 8259A 脱离当前的优先级方式，而进入特殊屏蔽方式工作。这时，只要 CPU 内标志寄存器的 IF =1，则 8259A 可以响应任何一级未被屏蔽的中断请求。若使 ESMM =1，而 SMM =0，则系统将恢复原来的优先级工作方式。

P 位是查询方式位。P =1，将 8259A 设置成中断查询方式，8259A 可用软件查询方式即执行一条输入指令，把下一个读脉冲（即 $\overline{RD}$ 信号）作为中断响应 $\overline{INTA}$ 信号送 8259A，并可以从读出的查询字中得知中断请求信息。读出的中断状态查询字的低 3 位就是最高优先级的中断请求 IR 识别码。

RR 位是读寄存器位。RR =1，表示允许读 8259A 的状态（指 ISR 和 IRR 的内容）。

RIS 位是读 ISR 或 IRR 的选择位，它必须与 RR 位配合使用。在 RR =1 时，若 RIS =0，表示读 IRR；若 RIS =1，表示读 ISR。

9.5.4 8259A 应用举例

在 IBM PC/XT 机中，只用 1 片 8259A 中断控制器，用来提供 8 级中断请求，其中 IR_0 优先级最高，IR_7 优先级最低。它们分别用于日历时钟中断、键盘中断、保留、网络通信、异步通信中断、硬盘中断、软盘中断及打印机中断。8259A 片选地址为 20H，21H。8259A 使用步骤如下所示。

1. 初始化

```
MOV  AL, 13H                     ;写 ICW1，单片，边沿触发，要 ICW4
OUT  20H, AL
```

```
MOV  AL,  8                     ;写 ICW2,中断类型号从 8 开始
OUT  21H, AL
MOV  AL,  0DH                   ;写 ICW4,缓冲工作方式,8088/8086 配置
OUT  21H, AL
MOV  AL,  0                     ;写 OCW1,允许 IR0 ~ IR7 全部 8 级中断请求
OUT  21H, AL
```

2. 送中断向量入口地址

例如,异步通信中断 IR_4,其中断向量类型号为 8 + 4 = 12(0CH),则中断入口地址的偏移量(IP 值)与段地址(CS)在入口地址表中的存放地址为 12 × 4 = 48(30H),49(31H),50(32H),51(33H)。其中,30H、31H 存放指令指针 IP; 32H、33H 存放指令段码 CS。

3. 中断子程序结束

由于 8259A 采用中断工作方式,且 ICW_4 中的 D_1 位(即 AEOI)为 0,这意味着采用正常结束中断,因此,在中断子程序结束前必须发 EOI 命令和 IRET 命令。

```
MOV  AL,  20H                  ;写 OCW2 命令,使 ISR 相应位复位(即发 EOI 命令)
OUT  20H, AL
IRET                           ;开放中断允许,并从中断返回
```

4. 中断嵌套

为了使中断嵌套,即在中断响应过程中,允许比本中断优先级高的中断进入,只要在进入中断处理程序后,执行开中断指令 STI 即可达到此目的。

9.6　计数/定时控制技术

计数/定时在控制系统中应用十分广泛。在微机应用中,一般常用可编程计数器/定时器 8253-5 进行计数/定时控制。

9.6.1　8253-5 的引脚与功能结构

8253-5 是一种 24 脚封装的双列直插式芯片,其引脚和功能结构示意图如图 9-38 所示。

8253-5 各引脚的定义如下所示。

- $D_0 \sim D_7$: 数据线。
- A_0, A_1: 地址线,用于选择 3 个计数器中的一个及选择控制字寄存器。
- $\overline{RD}$: 读控制信号,低电平有效。
- $\overline{WR}$: 写控制信号,低电平有效。
- $\overline{CS}$: 片选端,低电平有效。

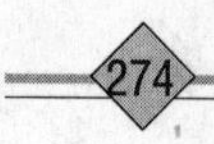

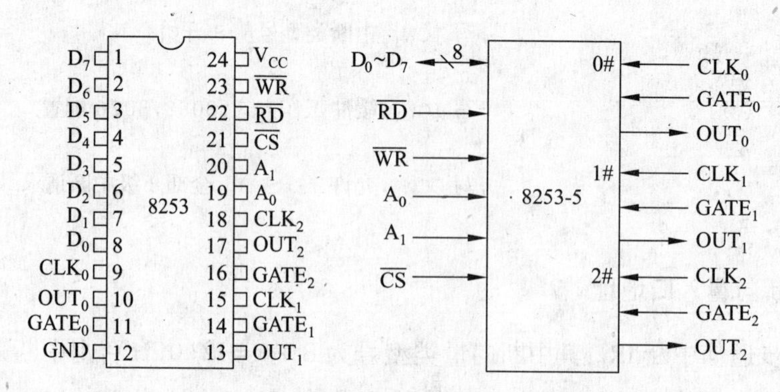

图 9-38　8253 引脚和功能结构示意图

- $CLK_{0\sim2}$：计数器 0#，1#，2#的时钟输入端。
- $GATE_{0\sim2}$：计数器 0#，1#，2#的门控制脉冲输入端，由外部设备送入门控脉冲。
- $OUT_{0\sim2}$：计数器 0#，1#，2#的输出端，由它接至外部设备以控制其启停。

8253-5 的功能体现在两个方面，即计数与定时。两者的工作原理在实质上是一样的，都是利用计数器作减 1 计数，减至 0 发信号；两者的差别只是用途不同。

9.6.2　8253-5 的内部结构和寻址方式

1. 内部结构

8253-5 的内部结构如图 9-39 所示。它有 3 个独立结构完全相同的 16 位计数器和 1 个 8 位控制字寄存器。

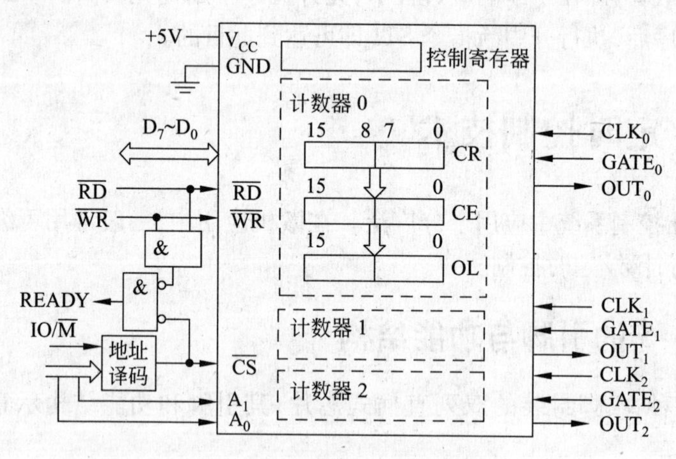

图 9-39　8253-5 的内部结构

在每个计数器内部，又可分为计数初值寄存器 CR、计数执行部件 CE 和输出锁存器 OL 3 个部件，它们都是 16 位寄存器，也可以作 8 位寄存器来用。在计数器工作时，通过程序给初值寄存器 CR 送入初始值，该值再送入执行部件 CE 作减 1 计数；而输出锁存器 OL 则用来锁存 CE 的内容，该内容可以由 CPU 进行读出操作。

注意：8253-5 中的控制寄存器内容是只能写入而不能读出的。

2. 寻址方式

如上所述,8253-5 内部有3个计数器和1个控制寄存器,可通过地址线 A_0、A_1,读写控制线$\overline{RD}$、$\overline{WR}$与选片$\overline{CS}$进行寻址,并实现相应的操作。CPU 对 8253-5 的寻址与相应操作如表9-5所示。

表9-5 8253-5 的寻址与相应操作

A_1	A_0	$\overline{RD}$	$\overline{WR}$	$\overline{CS}$	操 作
0	0	0	1	0	读计数器0
0	1	0	1	0	读计数器1
1	0	0	1	0	读计数器2
0	0	1	0	0	写入计数器0
0	1	1	0	0	写入计数器1
1	0	1	0	0	写入计数器2
1	1	1	0	0	写方式控制字
×	×	×	×	1	禁止(高阻抗)
1	1	0	1	0	无操作(高阻抗)
×	×	1	1	0	无操作(高阻抗)

9.6.3 8253-5 的6种工作方式及时序关系

8253-5 的方式控制字格式如图9-40所示,各计数器有6种可供选择的工作方式,以完成定时、计数或脉冲发生器等多种功能。

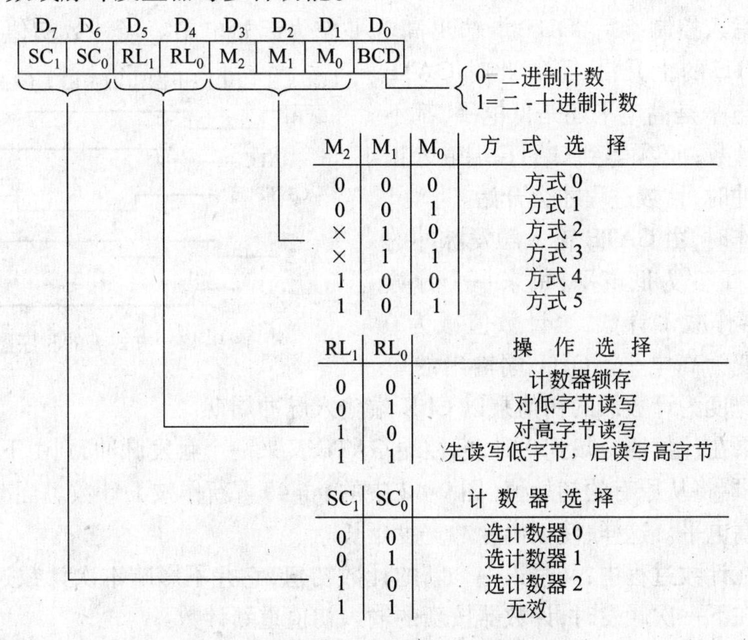

图9-40 8253-5 工作方式控制字格式

1. 方式0　计数结束产生中断

8253-5 在方式 0(如图 9-41 所示)工作时,有以下特点。

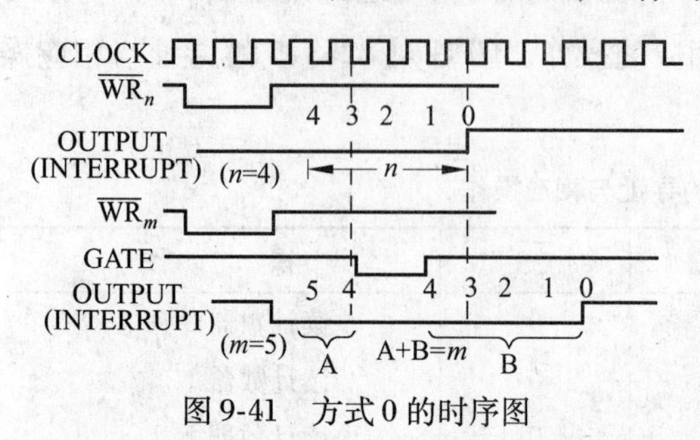

图 9-41　方式 0 的时序图

(1) 当写入控制字后,OUT 端输出低电平作为起始电平,在有两个负脉冲宽度的$\overline{WR}$信号的上升沿将初值写入初值寄存器 CR,待计数初值装入计数器后,输出仍保持低电平。若 GATE 端的门控信号(图中有两组门控信号,但未画出上面的第 1 组高电平的 GATE 信号)为高电平,当 CLK 端每来一个计数脉冲,计数器就作减 1 计数,当计数值减为 0 时,OUT 端输出变为高电平;若要使用中断,则可利用此上跳的高电平信号向CPU 发中断请求。

(2) GATE 为计数控制门。方式 0 的计数过程是由门控信号 GATE 来控制暂停,即当 GATE = 1 时,允许计数;而 GATE = 0 时,停止计数。如图 9-41 中第 2 组的 GATE 信号变为低电平期间,计数值 n 保持 4 而不作减 1 计数,只有当 GATE 信号再次变为高电平时,计数器才又恢复作减 1 计数。GATE 信号的变化并不影响输出 OUT 端的状态。

(3) 计数过程中可重新装入计数初值。如果在计数过程中,重新写入某一计数初值,则在写完新的计数值后,计数器将从该值重新开始作减 1 计数。

2. 方式1　可编程单稳触发器

8253-5 按方式 1(如图 9-42 所示)工作时,有以下特点。

(1) 当写入控制字后,OUT 端输出高电平作为起始电平。当计数初值送到计数器后,若无 GATE 的上升沿,不管此时 GATE 输入的触发电平是高电平还是低电平,都不会开始减1 计数;必须等到 GATE 端输入正跳变触发脉冲时,计数过程才会开始。

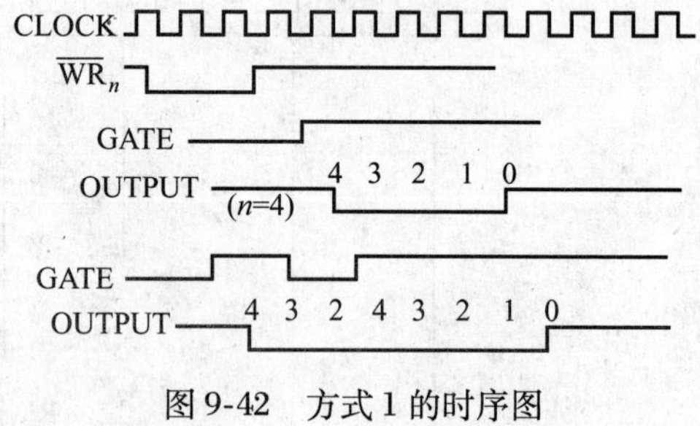

图 9-42　方式 1 的时序图

(2) 工作时,由 GATE 输入触发脉冲的上升沿使 OUT 变为低电平,每来一个计数脉冲,计数器作减 1 计数,当计数值减为 0 时,OUT 再变为高电平。OUT 端输出的单稳负脉冲的宽度为计数器的初值乘以 CLK 端输入脉冲周期。

(3) 如果在计数器未减到 0 时,门控端 GATE 又来一个触发脉冲,则由下一个时钟脉冲开始,计数器将从原有的初始值(图 9-42 中的 n = 4)重新作减 1 计数。当减至 0 时,输出端又变为高电平。这样,使输出脉冲宽度延长。

(4) 若在计数过程中,又写入一个新的计数初值,它并不影响本次计数过程,输出也不变。只是在下一次触发时,计数器按新的输入初值重新计数。

3. 方式 2　分频器(又叫分频脉冲产生器)

方式 2 是 n 分频计数器,n 是写入计数器的初值。图 9-43 所示是方式 2 的时序图。当计数器的控制寄存器写入控制字后,OUT 端输出高电平作为起始电平。当计数初值(图 9-43 中给出了两个初值即 $n=4$ 或 $n=3$)在 $\overline{WR}$ 信号的上升沿写入计数器后,从下一个时钟脉冲起,计数器开始作减 1 计数。当减到 1(而不是减到 0)时,OUT 端输出将变为低电平。当计数端 CLK 输入 n 个计数脉冲后,在输出端 OUT 输出一个 n 分频脉冲,其正脉冲宽度为 $(n-1)$ 个输入脉冲时钟周期,而负脉冲宽度只是一个输入脉冲时钟周期。GATE 用来控制计数,GATE = 1,允许计数; GATE = 0,停止计数。因此,可以用 GATE 来使计数器同步。要注意的是,在方式 2 下,不但高电平的门控信号有效,上升跳变的门控信号也是有效的。

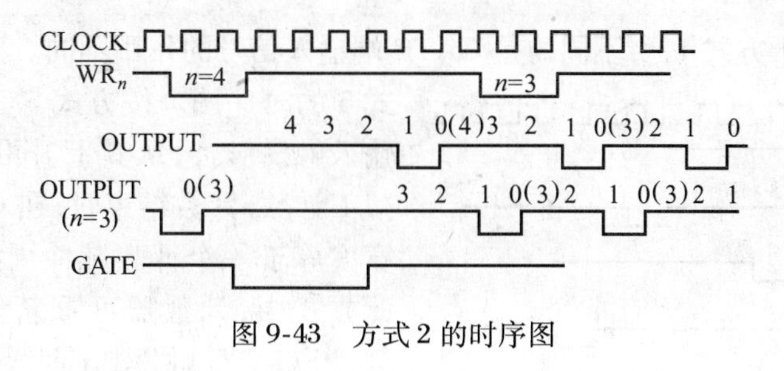

图 9-43　方式 2 的时序图

4. 方式 3 方波频率发生器

方式 3 类似于方式 2,但输出为方波或者为近似对称的矩形波。图 9-44 所示是方式 3 的时序图。当计数器的控制寄存器写入控制字后,OUT 端输出低电平作为起始电平。当计数器装入计数值 n(图 9-44 中给出了两个初值即 $n=4$ 或 $n=5$)后,OUT 端输出变为高电平。如果当前门控信号 GATE 为高电平(图 9-44 中未画出高电平的 GATE 信号),则立即开始作减 1 计数。当计数值 n 为偶数(如 $n=4$)时,每当计数值减到 $n/2$($=2$)时,则 OUT 端由高电平变为低电平,并一直保持计数到 0,故输出的 n 分频波为方波(即上面的一条 OUT 输出线为方波); 当 n 为奇数(如 $n=5$)时,输出分频波的高电平宽度为 $(n+1)/2$($=3$)计数脉冲周期,低电平宽度为 $(n-1)/2$($=2$)计数脉冲周期(即下面的一条 OUT 输出线为近似对称的矩形波)。

5. 方式 4 软件触发选通脉冲

图 9-45 所示是方式 4 的时序图。按方式 4 工作时,计数器写入控制字后,输出的 OUT 信号变为高电平。当由软件触发写入初始值 n(此例中 $n=4$)经过 1 个时钟周期后,若 GATE =1(如图 9-45 中上面第 1 组未画出的 GATE 信号即为高电平),允许计数,则计数器在一个时钟脉冲之后开始作减 1 计数,当计数器减到 0 时,在 OUT 端输出一个宽度等于一个计数脉冲周期的负脉冲。若 GATE =0,则停止计数,n 保持为 4; 只有在 GATE 恢复高电平之后才重新计数,即由 $n=4$ 开始减 1 计数,直至减至 0 才发出一个选通负脉冲。在图 9-45 中,下面第 2 组的 GATE 输入线与 OUT 输出线波形所示。

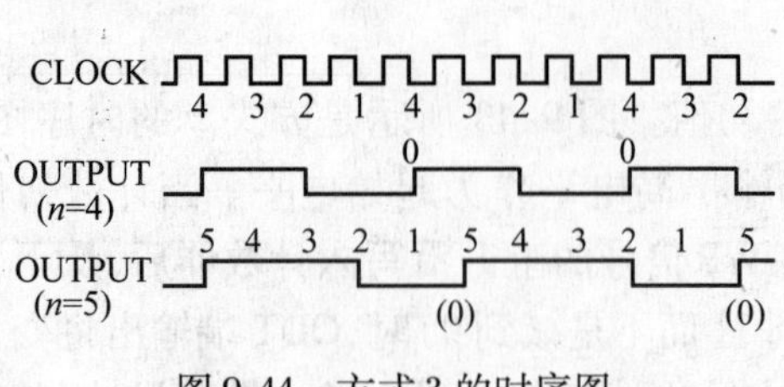

图 9-44　方式 3 的时序图

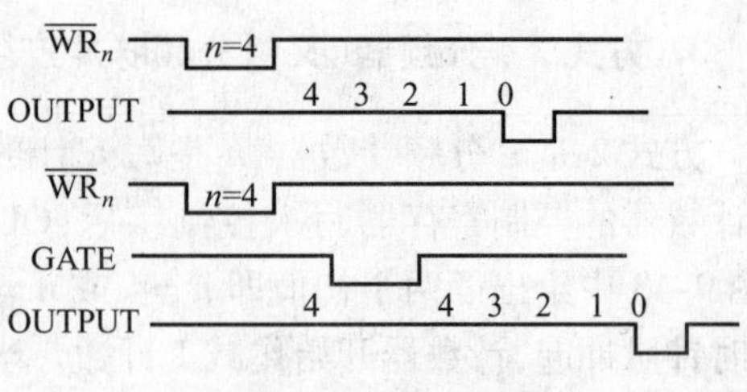

图 9-45　方式 4 的时序图

注意：方式 4 是通过软件写入新的计数值来使计数器重新工作的，故称为软件触发选通脉冲方式。

6. 方式 5 硬件触发选通脉冲

方式 5 类似于方式 4，所不同的是 GATE 端输入信号的作用不同。图 9-46 所示是方式 5 的时序图。按方式 5 工作时，由 GATE 输入触发脉冲，从其上升沿开始，计数器作减 1 计数，计数结束时，在 OUT 端输出一个宽度等于一个计数脉冲周期的负脉冲。在此方式中，计数器可重新触发。在任何时刻，当 GATE 触发脉冲上升沿到来时，将把计数初值重新送入计数器，然后开始计数过程。

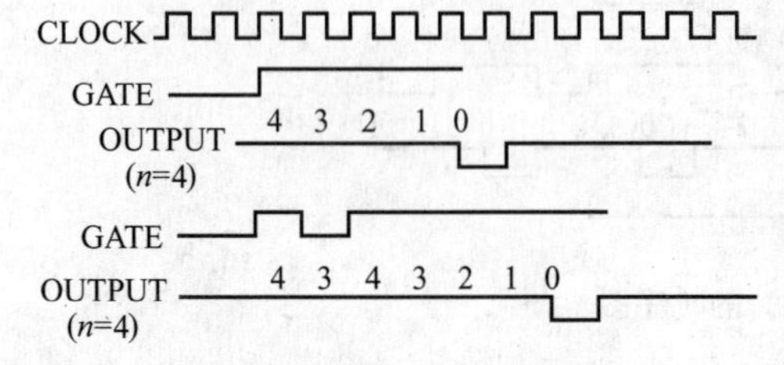

图 9-46　方式 5 的时序图

注意：方式 5 的选通负脉冲是通过硬件电路产生的门控信号 GATE 上升沿触发后得到的，故称为硬件触发选通脉冲方式。

9.6.4　8253 应用举例

在 IBM PC/XT 机中，8253-5 是 CPU 外围支持电路之一，提供系统日历时钟中断，动态存储器刷新定时及喇叭发声音调控制等功能。下面从硬件结构和软件编程两方面予以简要分析。

1. 硬件结构

图 9-47 所示是 8253-5 在 IBM PC/XT 机中的连线图。从该图可知，8253-5 芯片的 3 个计数器使用相同的时钟脉冲。CLK_0 ~ CLK_2 的频率是 PCLK（2.38MHz）的 1/2，即 1.19MHz，这由 U_{22} 分频实现。8253-5 的 3 个计数器端口地址为 40H，41H，42H。控制寄存器端口地址为 43H。

3 个计数器的用途如下。

1）计数器 0

该计数器向系统日历时钟提供定时中断，它选用方式 3 工作，设置的控制字为 36H。计数器值预置为 0（即 65536），$GATE_0$ 接 +5V，允许计数。因此，OUT_0 输出时钟频率为 1.19MHz/65536 = 18.21Hz。它直接接到中断控制器 8259A 的中断请求端 IR_0，即 0 级中

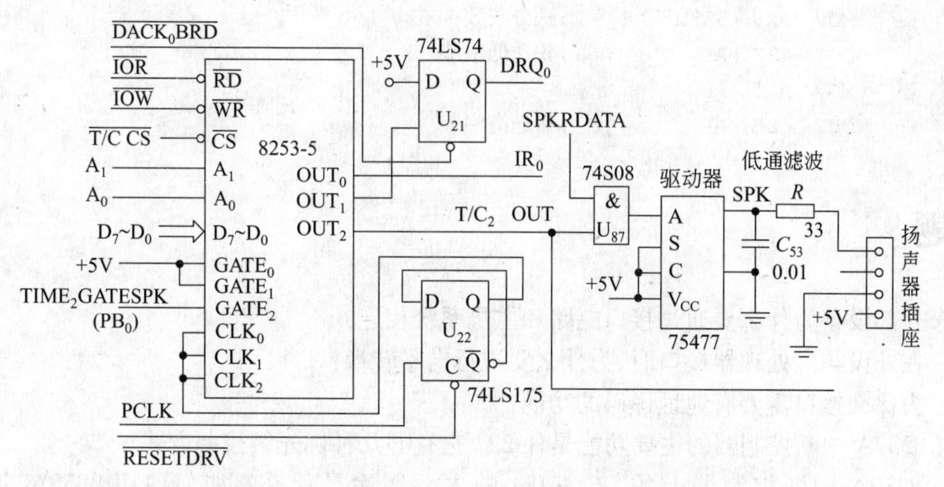

图 9-47　8253-5 在 IBM PC/XT 中的连接图

断,每秒出现 18.2 次。因此,每间隔 55ms 产生一次 0 级中断请求。并且,每一个输出脉冲均以其正跳变产生一次中断。

2）计数器 1

该计数器向 DMA 控制器定时发动态存储器刷新请求,它选用方式 2 工作,设置的控制字为 54H。计数器初始值为 18,$GATE_1$ 接 +5V,允许计数。因此,OUT_1 输出分频脉冲频率为 1.19MHz/18 =66.1kHz,相当于周期为 15.1μs。这样,计数器 1 每隔 15.1μs 经由 U_{21} 产生一个动态 RAM 刷新的请求信号 DRQ_0。

3）计数器 2

该计数器控制喇叭发声音调,用方式 3 工作,设置的控制字为 B6H,计数器的初值置 533H(即 1331),OUT_2 输出方波频率为 1.19MHz/1331 =894Hz。该计数器的工作由主机板 8255A 的 PB_0 端控制。当 PB_0 输出的 $TIME_2GATESPK$ 为高电平时,计数器方能工作。OUT_2 的输出与 8255A PB_1 端产生的喇叭音响信号 SPKRDATA 在 U_{87} 相与后送到功放驱动芯片 75477 的输入端 A,其输出推动喇叭发音响。

2. 计数器的预置程序

按上述功能,8253-5 的 3 个计数器的预置程序如下。

```
PR0:  MOV  AL,  36H          ;选择计数器 0,写双字节计数值,方式 3,二进制计数
      OUT  43H, AL           ;写控制字
      MOV  AL,  0            ;预置计数值 65536
      OUT  40H, AL           ;先送低字节计数值
      OUT  40H, AL           ;后送高字节计数值
PR1:  MOV  AL,  54H          ;选择计数器 1,读写低字节计数值,方式 2,二进制计数
      OUT  43H, AL
      MOV  AL,  12H          ;预置计数器初值 18
      OUT  41H, AL
PR2:  MOV  AL,  0B6H         ;选择计数器 2,读写双字节计数值,方式 3,二进制计数
      OUT  43H, AL
```

```
MOV  AX,  533H          ;送分频数1331、
OUT  42H, AL            ;先送低字节
MOV  AL,  AH
OUT  42H, AL            ;后送高字节
```

习题 9

9-1　外部设备为什么要通过接口电路和主机系统相连?

9-2　在外设与微处理器接口时,为什么要进行电平转换?

9-3　为什么接口需要有地址译码的功能?

9-4　8259A 中断控制器的主要功能是什么？它有哪几种优先级控制方式?

9-5　8259A 中断控制器上的 $IR_0 \sim IR_7$ 的主要用途是什么？如何使用 8259A 上的 $CAS_0 \sim CAS_2$ 引脚?

9-6　8259A 中断控制器的初始化命令字(ICW)和操作命令字(OCW)有什么差别?

9-7　中断向量的类型码存放在 8259A 中断控制器的什么地方？如何实现类型码的存放?

9-8　试说明 8259A 中断控制器的全嵌套方式与特殊的全嵌套方式有何区别？它们在应用上有什么不同?

9-9　8259A 中断控制器的中断屏蔽寄存器 IMR 和 8086/8088 CPU 的中断允许标志 I 有什么差别？在中断响应过程中它们如何配合工作?

9-10　当用 8259A 中断控制器时,其中断服务程序为什么要用 EOI 命令来结束中断服务?

9-11　简述 8259A 中断控制器的中断请求寄存器 IRR 和中断服务寄存器 ISR 的功能。

9-12　试编写 8259A 的初始化程序：系统中仅有一片 8259A,允许 8 个中断源边沿触发,不需要缓冲,一般全嵌套工作方式,中断向量为 40H。

9-13　试按照如下要求对 8259A 中断控制器设置命令字,系统中有一片 8259A,中断请求信号用电平触发方式,下面要用 ICW_4,中断类型码为 80H ~ 87H,用特殊全嵌套方式,不用缓冲方式,采用中断自动结束方式,8259A 中的端口地址为 77H、78H。

9-14　怎样用 8259A 的屏蔽命令字来禁止 IR_2 和 IR_4 引脚上的中断请求？又怎样撤销这一禁止命令？设 8259A 的端口地址为 53H、54H。

9-15　单片 8259A 能够管理多少级可屏蔽中断？若用 3 片级联,问能管理多少级可屏蔽中断?

9-16　当中断控制器 8259A 的 A_0 接向地址总线 A_1 时,若其中一个端口地址为 62H,问另一个端口地址为多少？若某外设的中断类型码是 56H,则该中断源应加到 8259A 中的中断请求寄存器 IRR 的哪个输入端?

9-17　计数与定时技术在微机系统中有什么作用？试举例说明。

9-18　可编程计数器/定时器 8253 有哪几种工作方式？各有何特点？其用途如何?

9-19　可编程计数器/定时器 8253 选用二进制与十进制计数的区别是什么？每种计数方式的最大计数值分别为多少?

9-20　可编程计数器/定时器 8253 的方式 4 与方式 5 有什么区别?

9-21　若已有一个频率发生器,其频率为 1MHz,若要求通过 8253 芯片产生每秒一次的信号,试问 8253 芯片应如何连接? 并编写初始化程序。

9-22　试述 8253 工作在方式 3 时是如何产生输出波形的?

9-23　假定有一片 8253 接在系统中,其端口地址分配如下所示。

0#计数器: 220H。

1#计数器: 221H。

2#计数器: 222H。

控制端口: 223H。

(1) 利用 0#计数器高 8 位计数,计数值为 256,二进制方式,选用方式 3 工作,试编程初始化。

(2) 利用 1#计数器高、低 8 位计数,计数值为 1000,BCD 计数,选用方式 2 工作,试编程初始化。

9-24　设计数器/定时器 8253 在微机系统中的端口地址分配如下所示。

0#计数器: 340H

1#计数器: 341H

2#计数器: 342H

控制端口: 343H

若已有信号源频率为 1MHz,现要求用一片 8253 定时 1 秒钟,设计硬件连接如图 9-48 所示,并编程初始化。

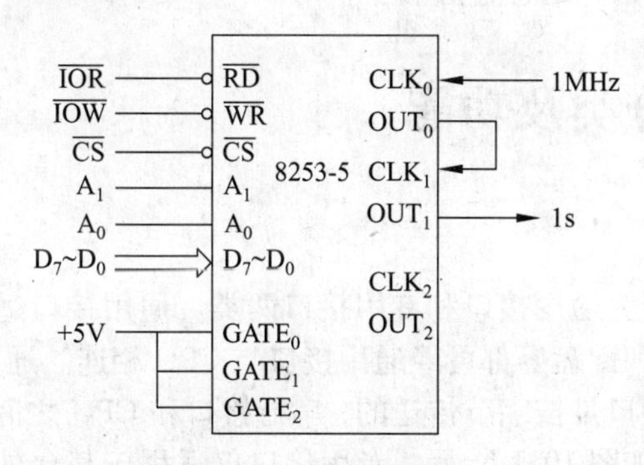

图 9-48　硬件连接图

第10章 接口技术

【学习目标】

微机与外设交换信息,都必须通过接口电路实现。现已生产了各种各样的可编程接口芯片,不同系列的微处理器都有其标准化、系列化的接口芯片可供选用。

本章首先介绍接口的分类及功能;然后,重点介绍并行接口与串行接口及其典型可编程接口芯片。

【学习要求】

- 理解 Intel 系列的并口芯片 8255A、串口 8250 芯片的工作原理。
- 重点掌握 8255A 的编程技术。
- 掌握 8250 的初始化编程方法。

10.1 接口的分类及功能

1. 接口的分类

按接口的功能可分为通用接口和专用接口两类。通用接口适用于大部分外设,如行式打印机、电传打字机和键盘等都可经通用接口与 CPU 相连。通用接口又可分为并行接口和串行接口。并行接口是按字节传送的;串行接口和 CPU 之间按并行传送,而和外设之间是按串行传送的,如图 10-1 所示。专用接口仅适用于某台外设或某种微处理器,用于增强 CPU 的功能。此外,在微机控制系统中专为某个被控制的对象而设计的接口,也是专用接口。

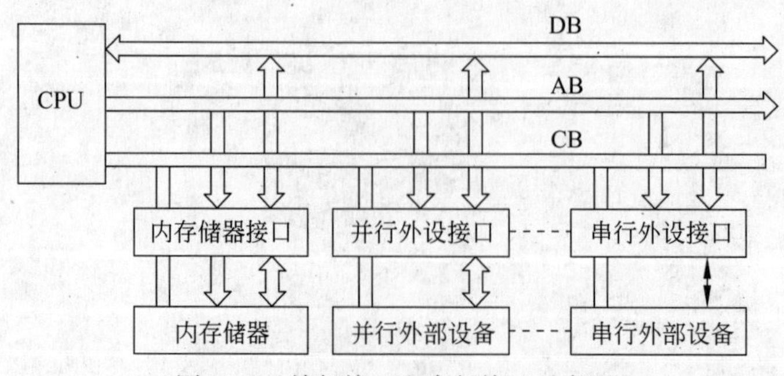

图 10-1 并行接口和串行接口示意图

按接口芯片功能选择的灵活性来分,还可分为硬布线逻辑接口芯片和可编程接口芯片。前者的功能选择是由引线的有效电平决定的,其适用范围有限;而后者的功能可由指令控制,即用编程的方法使接口选择不同的功能。

2. 接口的功能

接口的功能很丰富,视具体的接口芯片而定,其主要的功能有以下5方面。

1)缓冲锁存数据

通常CPU与外设工作速度不可能完全匹配,在数据传送过程中难免有等待的时候。为此,需要把传输数据暂存在接口的缓冲寄存器或锁存器中,以便缓冲或等待;而且,要为CPU提供有关外设的状态信息,如外设"准备好"、"忙",或缓冲器"满"、"空"等。

2)地址译码

在微机系统中,每个外设都被赋予一个相应的地址编码,外设接口电路能进行地址译码以选择设备。

3)传送命令

外设与CPU之间有一些联络信号,如外设的中断请求,CPU的响应回答等信号都需要接口来传送。

4)码制转换

在一些通信设备中,其信号是以串行方式传输的,而计算机的代码是以并行方式输入输出的,这就需要进行并行码与串行码的互相转换;在转换中,根据通信规程还要加进一些同步信号等,这些工作也是接口电路要完成的任务之一。

5)电平转换

一般CPU输入输出的信号都是TTL电平,而外设的信号就不一定是TTL电平。为此,在外设与CPU连接时,要进行电平转换,使CPU与外设的电压(或电流)相匹配。

除上述功能之外,一般接口电路都是可以编程控制的,能根据CPU的命令进行功能变换。以上是就一般接口功能而言的,实际上接口的功能不只是这些,如定时、中断和中断管理、时序控制等。

10.2 并行接口

并行接口是CPU同I/O之间以并行方式进行数据传送的基本接口之一。Intel 8255A是并行通信中应用十分广泛的可编程并行通信接口芯片。

10.2.1 8255A芯片引脚定义与功能

8255A是40脚封装双列直插式芯片,图10-2所示是其引脚和功能示意图。

- $D_0 \sim D_7$:数据线,三态双向8位缓冲器。
- $A_0 \sim A_1$:地址线,用于选择端口。
- $\overline{RD}$:读控制线,低电平有效。
- $\overline{WR}$:写控制线,低电平有效。

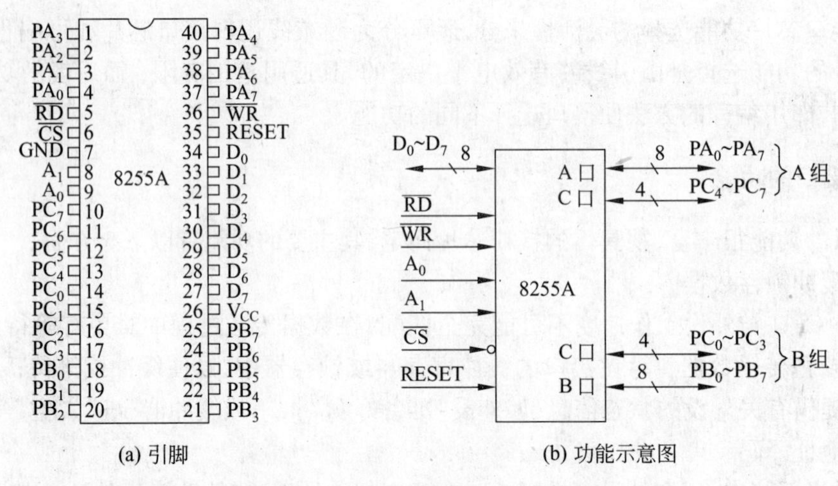

图 10-2 8255A 引脚和功能示意图

- $\overline{CS}$：片选端，低电平有效。
- RESET：复位信号，高电平有效。8255A 复位后，所有 I/O 均处于输入状态。
- A 口：8 位数据输入锁存器和 8 位数据输出锁存器/缓冲器。
- B 口：8 位数据输入缓冲器和 8 位数据输出锁存器/缓冲器。
- C 口：8 位数据输入缓冲器和 8 位数据输出锁存器/缓冲器。

实际使用时，可以把 A 口、B 口、C 口分成两个控制组：A 组和 B 组。A 组控制电路由端口 A 和端口 C 的高 4 位（$PC_4 \sim PC_7$）组成，B 组控制电路由端口 B 和端口 C 低 4 位（$PC_0 \sim PC_3$）组成。

8255A 的内部结构框图如图 10-3 所示。其中，各个部件的具体组成与功能如下。

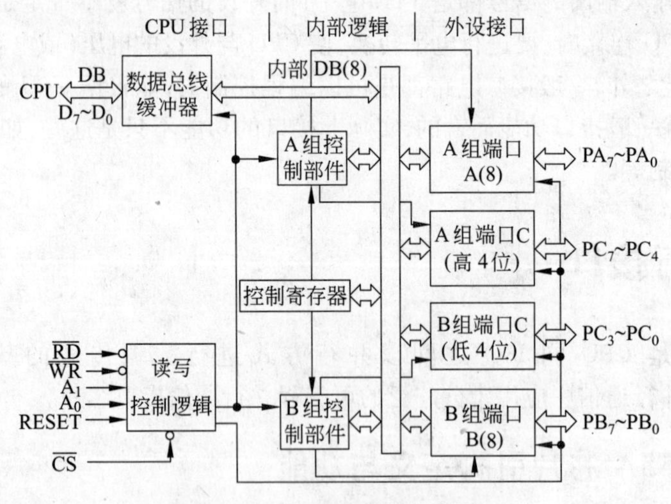

图 10-3 8255A 的内部结构框图

1. 数据端口 A，B，C

8255A 的 3 个 8 位数据端口 A，B，C 各有不同特点，可以由设计者用软件使它们分别作为输入端口或输出端口。

在实际使用中,A 口与 B 口常常作为独立的输入端口或输出端口,C 口则配合 A 口和B 口工作。具体地说,C 口常常通过控制命令分成两个 4 位端口,每个 4 位端口包含1个4位的输入缓冲器和1个4位的输出锁存器/缓冲器,它们分别用来为 A 口和 B 口输出控制信号和输入状态信号。

2. A 组控制和 B 组控制部件

这两组控制部件有两个功能:一是接收来自芯片内部数据总线上的控制字;二是接收来自读写控制逻辑电路的读写命令,以此决定两组端口的工作方式和读写操作。

3. 读写控制逻辑电路

读写控制逻辑电路的功能是负责管理 8255A 的数据传输过程。它接收$\overline{CS}$及来自地址总线的信号 A_1、A_0(在 8086 总线中为 A_2、A_1)和控制总线的信号 RESET、$\overline{WR}$、$\overline{RD}$,将它们组合后,得到对 A 组控制部件和 B 组控制部件的控制命令,并将命令送给这两个部件,再由它们完成对数据、状态信息和控制信息的传输。

4. 数据总线缓冲器

它是一个双向三态的 8 位数据缓冲器,8255A 正是通过它与系统数据总线相连。输入数据、输出数据、CPU 发给 8255A 的控制字都是通过该部件传递的。

10.2.2 8255A 寻址方式

8255A 内部有 3 个 I/O 端口和一个控制字端口,通过地址线 A_0 和 A_1,读写控制线$\overline{RD}$和$\overline{WR}$与片选端$\overline{CS}$进行寻址,并实现相应的操作。表 10-1 所示是 8255A 的寻址与相应操作。

表 10-1 8255A 寻址方式与相应操作

A_1	A_0	$\overline{RD}$	$\overline{WR}$	$\overline{CS}$	操 作
0	0	0	1	0	读端口 A
0	1	0	1	0	读端口 B
1	0	0	1	0	读端口 C
0	0	1	0	0	写端口 A
0	1	1	0	0	写端口 B
1	0	1	0	0	写端口 C
1	1	1	0	0	写控制寄存器:若 D_1 =1,则写入的是工作方式控制字;若 D_7 =0,则写入的是对 C 口某位的置位/复位控制字
×	×	×	×	1	无操作(D_7 ~ D_0 处于高阻抗)
×	×	1	1	0	无操作(D_7 ~ D_0 处于高阻抗)
1	1	0	1	0	非法操作

10.2.3 8255A 的控制字

8255A 在初始化编程时,是利用 OUT 指令由 CPU 输出一个控制字到控制寄存器来控制其工作的。根据控制要求的不同,可使用两种类型的控制字:一类是用于选择 3 个 I/O 端口工作方式的控制字,叫做方式选择控制字;另一类是对端口 C 中任一位进行置位或复位操作的控制字,叫做端口 C 置位/复位控制字。

1. 方式选择控制字

方式选择控制字的格式如图 10-4 所示。

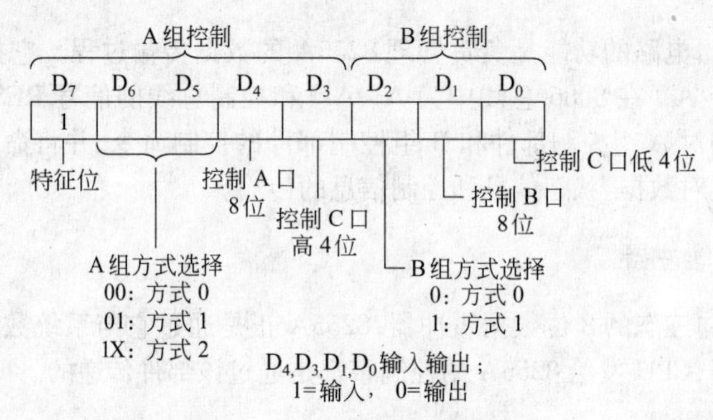

图 10-4 方式选择控制字的格式

2. 端口 C 置位/复位控制字

端口 C 的主要特点之一是可以通过对控制寄存器写入端口 C 置位/复位控制字,实现对其按位控制。端口 C 置位/复位控制字的格式如图 10-5 所示。

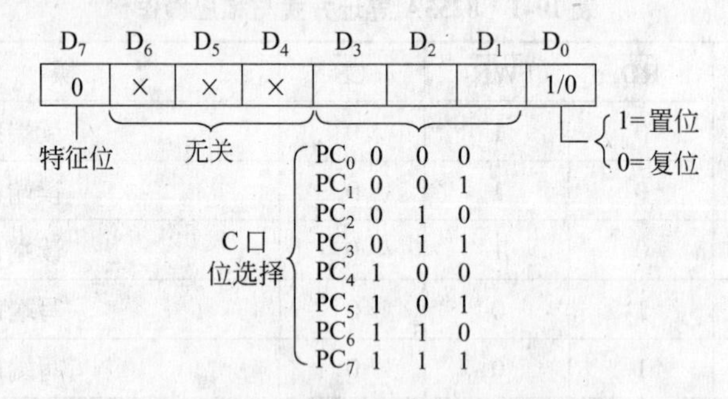

图 10-5 端口 C 置位/复位控制字

【例 10-1】 若要将 8255A 设定为:A 口为方式 0 输入,B 口为方式 1 输出,PC_7 ~ PC_4 为输出,PC_3 ~ PC_0 为输入。设 8255A 的 4 个端口地址范围为 0060H ~ 0063H(PC 系统中),则初始化编程时的程序段如下。

```
MOV  DX,  0063H                  ;8255A 控制口地址
MOV  AL,  10010101B              ;设定初始化方式选择控制字
OUT  DX,  AL                     ;送控制字到控制口
```

【例10-2】 若要使8255A的PC_5初始状态置为1,设8255A端口地址范围为300H~303H(实验平台),则设置端口C置位/复位控制字的程序段如下。

```
MOV  DX, 0303H                    ;8255A控制口地址
MOV  AL, 00001011B                ;由C口置位/复位控制字设定PC5=1
OUT  DX, AL                       ;送控制字到控制口
```

【例10-3】 若要使8255A的PC_7产生一个负脉冲,用作打印机接口的选通信号,设8255A控制端口地址为0FFFEH(TP86A),则设置端口C置位/复位控制字的程序段如下。

```
MOV  DX, 0FFFEH                   ; 8255A控制口地址
MOV  AL, 00001110B                ;由C口置位/复位控制字设定PC7=0
OUT  DX, AL                       ;送控制字到控制口
NOP                               ;延长负脉冲宽度
NOP
MOV  AL, 00001111B                ;由C口置位/复位控制字设定PC7=1
OUT  DX, AL
```

10.2.4 8255A的3种工作方式

1. 方式0

方式0是基本的输入输出工作方式,其控制字格式如图10-6所示。

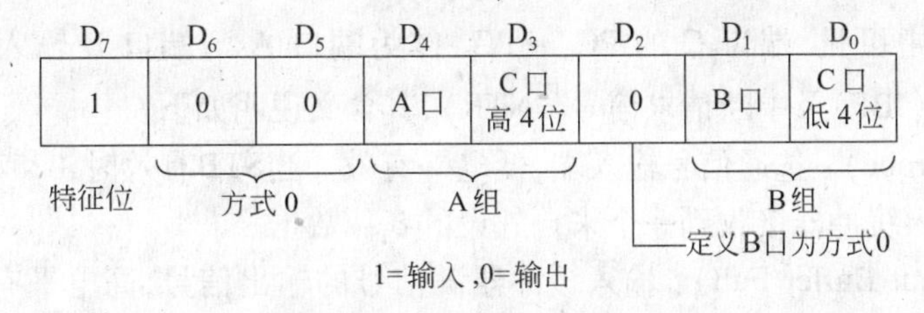

图10-6 方式0控制字格式

方式0有以下特点。

(1) 方式0是一种基本输入输出工作方式,通常不用联络信号,只能用无条件传送或按查询方式传送,所以,任何一个数据端口都可用方式0作简单的数据输入或输出。在输出时,3个数据口都有锁存功能;在输入时,只有A口有锁存功能,而B口和C口只有三态缓冲能力。

(2) 由A口、B口、C口高4位与C口低4位4组可组合成16种不同的输入输出组态。注意,在方式0下,这4个独立的并口只能按8位(对A口、B口)或4位(对C口高4位、C口低4位)作为一组同时输入或输出,而不能再把其中的一部分位作为输入,另一部分位作为输出。同时,它们也是一种单向的输入输出传送,一次初始化只能使所指定的某个端口或作为输入或作为输出,而不能指定它既作为输入又作为输出。

(3) 8255A在方式0下不设置专用联络信号线,若需要联络时,可由用户任意指定C口中的某一位完成联络功能,但这种联络功能与后面将要讨论的在方式1、方式2下设

置固定的专用联络信号线是不同的。

方式0的使用场合有两种：同步传送；查询式传送。同步传送时，对接口的要求很简单，只要能传送数据即可。但查询传送时，需要有应答信号。通常，将A口与B口作为数据端口，而将C口的4位规定为控制信号输出口，另外4位规定为状态输入口，这样用C口配合A口与B口工作。

2. 方式1

方式1和方式0不同，它要利用端口C所提供的选通信号和应答信号，控制输入输出操作。所以，方式1又称为选通输入输出方式。按方式1工作时，端口A、端口B及端口C的两位（PC_4、PC_5 或 PC_6、PC_7）作为数据口用，端口C的其余6位作为控制口用，方式1可以分为以下3种情况。

（1）端口A和端口B均为输入方式，其控制字格式和连接图如图10-7所示。

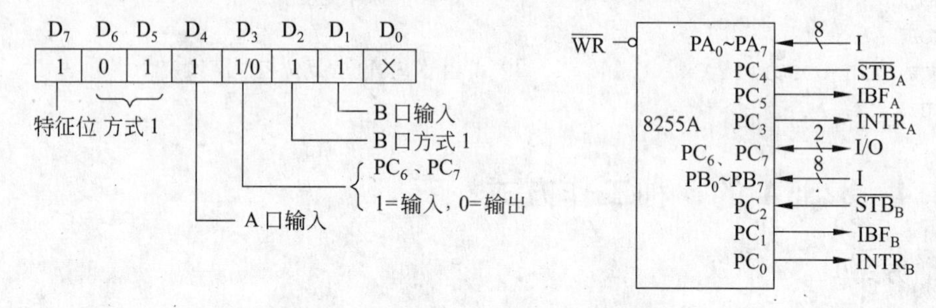

图10-7　方式1 A口、B口均为输入

从图10-7中可见，端口C的 PC_0 ~ PC_5 作为端口A与端口B输入工作时的选通（$\overline{STB}$）、缓冲器（IBF）及中断请求信号（INTR），其含义说明如下。

- $\overline{STB}$（Strobe）：选通信号输入端，低电平有效。当 $\overline{STB}$ 有效时，8255A的端口A或B的输入缓冲器接收到一个来自外设的8位数据。
- IBF（Input Buffer Full）：输入缓冲器满信号的输出信号，高电平有效。当IBF有效时，表示当前已有一个新的数据进入端口A或端口B缓冲器。此信号是对 $\overline{STB}$ 的响应信号，它可以由CPU通过查询C口的 PC_5 或 PC_1 位获得。当CPU查得 PC_5（或 PC_1）=1时，便可以从A口（或B口）读入输入数据，一旦完成读入操作后，IBF复位（变为低电平）。
- INTR（Interrupt Request）：中断请求信号，高电平有效。当 $\overline{STB}$ 结束（回到高电平时）和IBF为高电平且有相应的中断允许信号时，INTR变为有效，向CPU发中断请求。它表示数据端口已输入一个新的数据。若CPU响应此中断请求，则读入数据端口的数据，并由 $\overline{RD}$ 信号的下降沿使INTR复位（变为低电平）。
- INTE（Interrupt Enable）：中断允许信号。它是在8255A内部的控制发中断请求信号允许或禁止的控制信号，没有向片外输入输出的功能。这是由软件通过对C口的置位或复位实现对中断请求的允许或禁止的。端口A的中断请求 $INTR_A$ 可以通过对 PC_4 的置位或复位加以控制，PC_4 置1，允许 $INTR_A$ 工作；PC_4 置0，则屏蔽 $INTR_A$。端口B的中断请求 $INTR_B$ 可通过对 PC_2 的置位或复位加以控制。端口 C 的数位常常作为控制位使用，故应使得 C 口中的各位可以用置 1/复 0 控制字单独设置。

当 8255A 接收到写入控制口的控制字时，就会对 D_7 位标志位进行测试。如 $D_7=1$，则为方式选择字；若 $D_7=0$，则为 C 口的置 1/复 0 控制字。图 10-8 是对 C 口直接置位或复位的控制命令字格式。

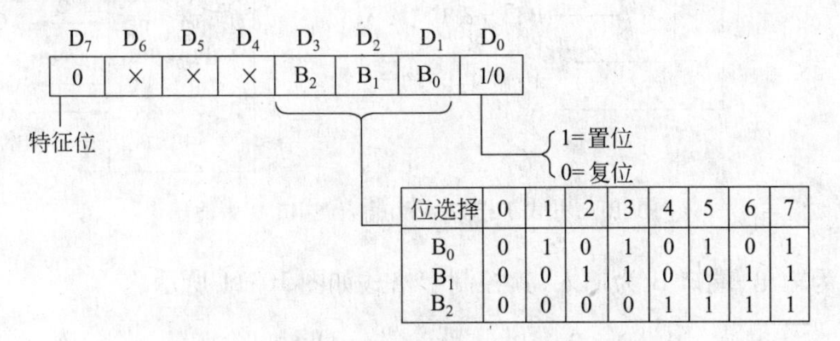

图 10-8 C 口直接置位或复位控制命令字格式

(2) 端口 A 与 B 均为输出方式。其控制字格式和连线图如图 10-9 所示。

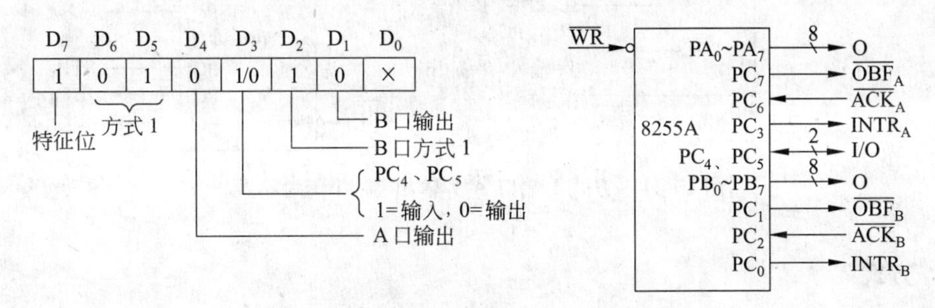

图 10-9 方式 1 A 口、B 口均为输出

从图 10-9 可见端口 C 的 $PC_0\sim PC_3$，PC_6 和 PC_7 作为端口 A 与 B 输出时的缓冲器满($\overline{OBF}$)，应答($\overline{ACK}$)信号和中断请求信号(INTR)。其含义如下。

- $\overline{OBF}$(Output Buffer Full)：输出缓冲器满信号，输出信号，低电平有效。当 CPU 把数据写入端口 A 或 B 的输出缓冲器时，写信号$\overline{WR}$的上升沿把$\overline{OBF}$信号置成低电平，通知外设到端口 A 或 B 取走数据；当外设取走数据时向 8255A 发应答信号$\overline{ACK}$，$\overline{ACK}$使 $\overline{OBF}$复位为高电平。
- $\overline{ACK}$(Acknowledge)：外设应答信号，低电平有效。当$\overline{ACK}$有效时，表示 CPU 输出到 8255A 的数据已被外设取走。
- INTR(Interrupt Request)：中断请求信号，高电平有效。当外设向 8255A 发回的应答信号$\overline{ACK}$结束(回到高电平)，8255A 便向 CPU 发中断请求信号 INTR，表示 CPU 可以对 8255A 写入一个新的数据。若 CPU 响应此中断请求，向数据口写入一新的数据，则由写信号$\overline{WR}$上升沿(后沿)使 INTR 复位，变为低电平。
- INTE(Interrupt Enable)：中断允许信号，与方式 1 输入类似，端口 A 的输出中断请求 $INTR_A$ 可以通过对 PC_6 的置位或复位来加以允许或禁止。端口 B 的输出中断请求 $INTR_B$ 可以通过对 PC_2 的置位或复位来加以允许或禁止。

(3) 混合输入与输出。

端口 A 为输入,端口 B 为输出,其控制字格式和连线图如图 10-10 所示。

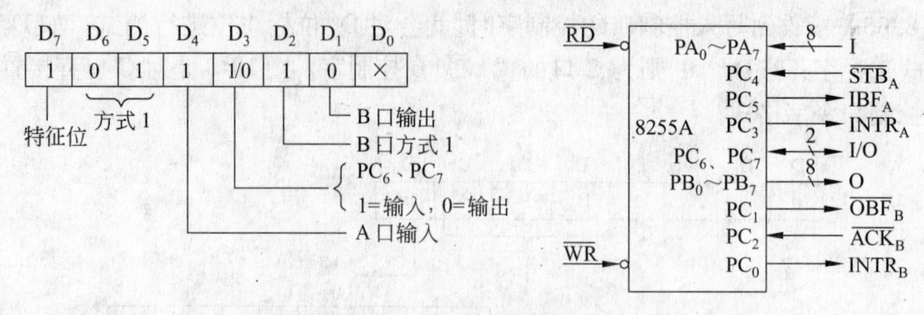

图 10-10 方式 1 端口 A 为输入、端口 B 为输出

端口 A 为输出,端口 B 为输入,其控制字格式如图 10-11 所示。

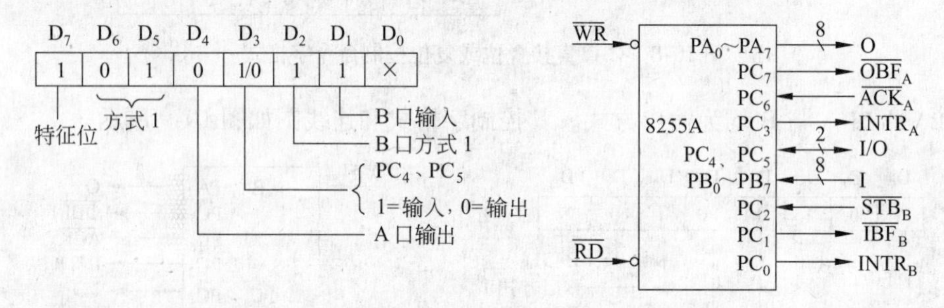

图 10-11 方式 1 端口 A 为输出、端口 B 为输入

3. 方式 2

此方式称为选通双向传输,仅适用于端口 A。图 10-12 是方式 2 的控制字格式和连线图。

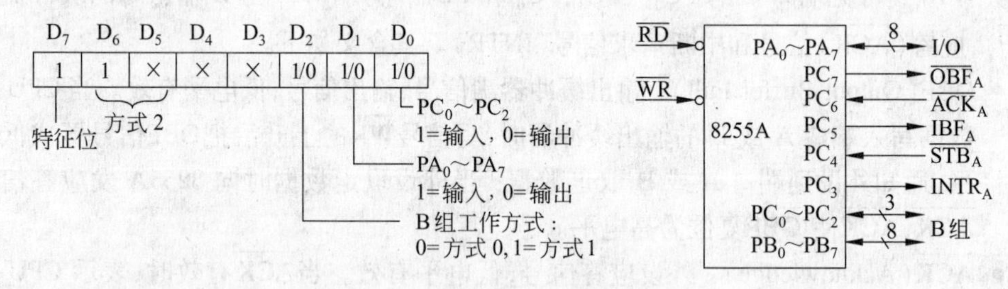

图 10-12 方式 2 控制字格式

其控制信号含义如下。

- $INTR_A$:中断请求信号,高电平有效。端口 A 完成一次输入或输出数据操作后,可通过 $INTR_A$ 向 CPU 发中断请求。
- $\overline{STB_A}$:输入选通信号,低电平有效。当$\overline{STB_A}$ 有效时,把外设输入的数据信号锁存入端口 A。
- IBF_A:输入缓冲器满,高电平有效。当 IBF_A 有效时,表示已有一个数据送入端口 A,等待 CPU 读走。此信号可供 CPU 作输入查询用。

- $\overline{OBF_A}$：输出缓冲器满，低电平有效。当$\overline{OBF_A}$有效时，表示CPU已将一个数据写入端口A，通知外设，可以将其取走。
- $\overline{ACK_A}$：外设应答信号，低电平有效。当$\overline{ACK_A}$有效时，表示端口A输出的数据已送到外设。
- $INTE_1$：A口输出中断允许信号（在片内）。可以由软件通过对PC_6的置位或复位来加以允许或禁止。
- $INTE_2$：A口输入中断允许信号（在片内）。可以由软件对PC_4的置位或复位来加以允许或禁止。

10.2.5 时序关系

按方式0工作时，因为外设与8255A之间的数据交换没有时序控制，所以只能作为简单的输入输出和用于低速并行数据通信。而按方式1工作时，外设与CPU可以进行实时数据通信。

按方式1工作时序如图10-13和图10-14所示。

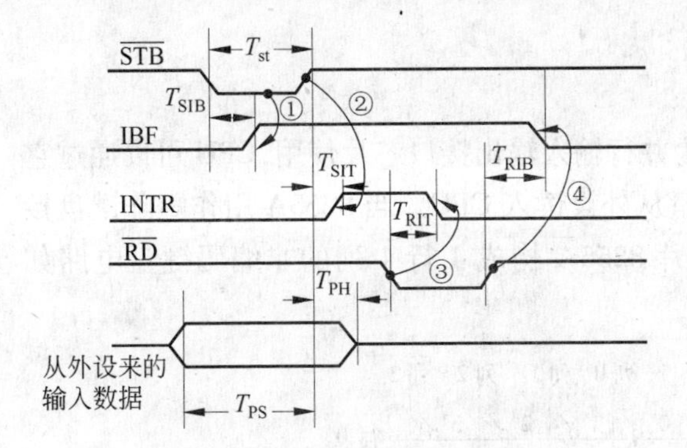

图10-13 方式1的输入时序

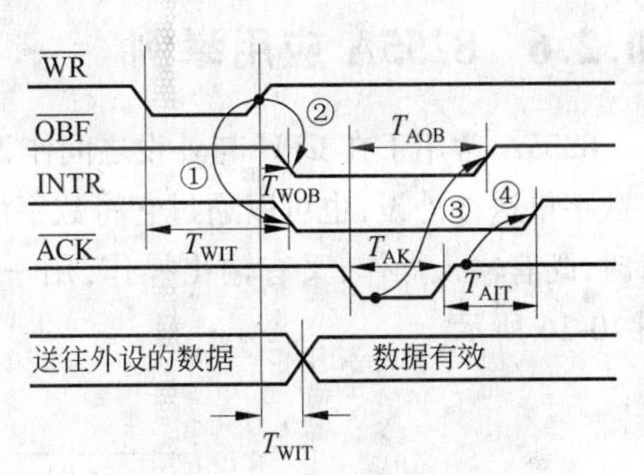

图10-14 方式1的输出时序

方式2的工作时序如图10-15所示。

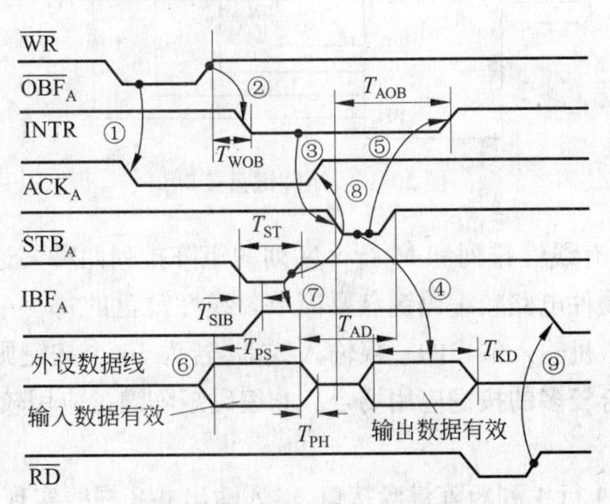

图10-15 方式2的工作时序

从时序图上，可以把它们的工作过程归纳如下。

（1）如果数据端口作为输入工作，在$\overline{STB}$有效时，外设输入数据存入端口，并发出 IBF 有效信号，该信号可供外设作通信联络信号，也可以由 CPU 查询 C 口相应位获得。当 CPU 对该数据口进行读入操作后，由$\overline{RD}$上升沿使 IBF 复位，为下一次输入数据做好准备。如果该数据端口中断允许 INTE 置位，则在$\overline{STB}$信号回复到高电平时，8255A 通过 INTR 向 CPU 发中断请求。若 CPU 响应该中断请求，读取该数据端口的输入数据，则由$\overline{RD}$下降沿使 INTR 复位，为下一次数据输入请求中断做好准备。

（2）当数据端口作为输出口时，在 CPU 把数据写入端口后，由$\overline{WR}$的上升沿使$\overline{OBF}$有效并使 INTR 复位。$\overline{OBF}$输出通知外设可以取走端口的输出数据。当外设取走一个数据时，应向 8255A 发回应答信号$\overline{ACK}$。$\overline{ACK}$的有效低电平可以使$\overline{OBF}$复位，为下一次输出做好准备。如果该端口输出中断允许 INTE 位置位，则当$\overline{ACK}$回到高电平时，8255A 可以通过 INTR 发输出中断请求。若 CPU 响应该中断请求，又可以把下一次输出数据写入数据端口。

（3）当数据端口既作为输入又作为输出选通双向传送时，其时序图上所表示的工作过程将是以上输入时序与输出时序的综合，故不再详述。

10.2.6 8255A 应用举例

8255A 常用于在 CPU 与外设之间作为并行输入输出接口芯片使用，CPU 可以通过它将数字量送往外设，也可以通过它将数字量从外设读入 CPU。当 8255A 用作矩阵键盘接口时，既有输入操作，又有输出操作，用一片 8255A 构成 4 行 4 列的非编码键盘电路如图 10-16 所示。

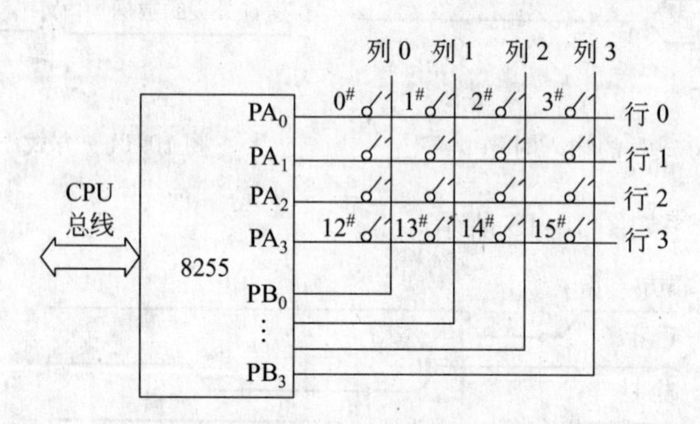

图 10-16　矩阵键盘接口

非编码键盘通常有线性排列和 M 行 × N 列的矩阵排列两种。通过程序查询来判断是哪一个键有效，其硬件电路较编码键盘要简单。线性键盘的每一个按键均有一根输入线，每根输入线接到微机输入端口的一根输入线上，若为 16 个按键则需要 16 根输入线，因此，线性键盘不适合较多的按键应用场合。非编码矩阵键盘应用较广，输入输出引线数量等于行数加列数。

图 10-16 所示为 4 行 4 列矩阵键盘接口，输入输出共 8 根线实现 16 个按键。按键越多，矩阵键盘优点越明显。

该矩阵键盘接口由 8255A 的 $PA_3 \sim PA_0$ 作输出线，$PB_3 \sim PB_0$ 作输入线，且 $PB_3 \sim PB_0$

均通过电阻接到+5V(本图略)。其工作过程如下。

计算机对其实现两次扫描,第1次扫描,将$PA_3 \sim PA_0$输出均为低电平,由$PB_3 \sim PB_0$读入,判断是否有一个低电平,若没有任一低电平,则继续实现第1次扫描;若有低电平,则应用软件消除抖动,延时10~20ms后,再去判别是否有低电平,若低电平消失,则可能是干扰,或按键的抖动,必须重新实现第1次扫描,否则,经10~20ms后,仍然判别出有低电平,则确认有键按下。接着,实现第2次扫描,即逐行扫描法,例如,先扫描0行,计算机从A口输出,使$PA_3=1, PA_2=1, PA_1=1, PA_0=0$,然后从B口读入,判别是否有低电平,如果有,则可识别出0行哪一列上有键按下,如果没有,则计算机从PA口重新输出,使$PA_3=1, PA_2=1, PA_1=0, PA_0=1$,从B口输入。依上述方法判别,直至扫描完所有4行,总可以找到某一个按下的按键,并识别出其处于矩阵中的位置,因而可根据键号去执行对该键所设计的子程序。

设图10-16中8255A的A口作输出,端口地址为80H,B口作输入,端口地址为81H,控制口地址为83H,其键盘扫描程序如下。

```
        ;判别是否有键按下
        MOV   AL,  82H             ;初始化8255A,A口输出,B口输入,均工作在方式0
        OUT   83H, AL
        MOV   AL,  00H
        OUT   80H, AL              ;使PA3 = PA2 = PA1 = PA0 = 0
LOOA:   IN    AL,  81H             ;读B口
        AND   AL,  0FH             ;屏蔽高4位
        CMP   AL,  0FH
        JZ    LOOA                 ;结果为0,无键按下,转LOOA
        CALL  D20ms                ;B口输入有低电平,调用延时子程序D20ms(略)
        IN    AL,  81H             ;第2次读B口
        AND   AL,  0FH
        CMP   AL,  0FH
        JZ    LOOA                 ;如果为0,由于干扰或抖动,转LOOA,否则确有键按
                                   ;下,执行下面程序
        ;判断哪一个键按下
START:  MOV   BL,  4               ;行数送BL
        MOV   BH,  4               ;列数送BH
        MOV   AL,  0FEH            ;D0 =0,准备先扫描0行
        MOV   CL,  0FH             ;键盘屏蔽码送CL
        MOV   CH,  0FFH            ;CH中存放起始键号
LOP1:   OUT   80H, AL              ;A口输出,扫描一行
        ROL   AL                   ;修改扫描码,准备扫描下一行
        MOV   AH,  AL              ;暂时保存
        IN    AL,  81H             ;B口输入,读列值
        AND   AL,  CL              ;屏蔽高4位
        CMP   AL,  CL              ;比较
        JNZ   LOP2                 ;有列线为0,转LOP2,找列线
        ADD   CH,  BH              ;无键按下,修改键号,使适合下一行找键号
```

```
        MOV    AL,  AH             ;恢复扫描码
        DEC    BL                  ;行数减 1
        JNZ    LOP1                ;未扫描完转 LOP1
        JMP    START               ;重新扫描
LOP2:   INC    CH                  ;键号增 1
        ROR    AL                  ;右移一位
        JC     LOP2                ;无键按下,查下一列线
        MOV    AL,  CH             ;已找到,键号送 AL
        CMP    AL,  0
        JZ     KEY0                ;是 0 号键按下,转 KEY0
        CMP    AL,  1              ;否则,判是否为 1 号键
        JZ     KEY1                ;是 1 号键按下,转 KEY1
        ⋮                          ⋮
        CMP    AL,  0EH            ;判是否为 14 号键
        JZ     KEY14               ;是转 KEY14
        JMP    KEY15               ;不是 0~14 号键,一定是 15 号键
```

该 4 行 4 列矩阵键盘接口易于扩展,无论是增加行还是增加列均可扩充键的数量,只需对以上程序稍作更改即可。

编码键盘采用硬件线路实现键盘编码。不同的编码键盘在硬件线路上有较大的区别。现在已生产出许多可编程键盘接口芯片可供使用,如 Intel 8279 就是一块可编程键盘/显示接口芯片,它可提供 64 键或扩展为 128 键的扫描接口,键盘的扫描方式、移位、控制等均可通过编程加以改变。关于其具体编程应用,这里将不再详述。

10.3 串行接口

串行通信及其接口在微机系统中得到越来越广泛的应用,其中,应用很多的是 NINS 8250 可编程的串行异步通信接口芯片,如 IBM PC 中的串行接口即用此芯片,它是串行通信电路的核心。

10.3.1 串行通信基础

1. 串行通信方式

串行通信是指在同一条通信线上的数据按一位接一位的顺序进行传输,它是计算机网络与通信的重要基础。串行通信工作的方式如图 10-17 所示。

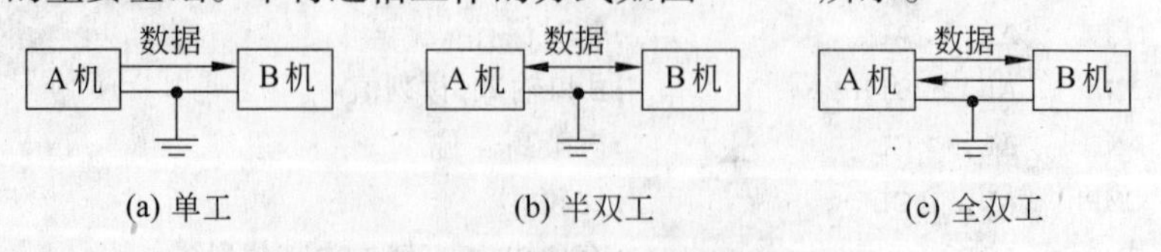

图 10-17 串行通信工作的方式

串行通信的通信线可以是一条,也可以是两条。在只有一条通信线的双机(如 A,B 两机)通信系统中,若只允许数据以一个固定的方向传送,即一方发送,另一方接收,且数据传送方向不可更改,则此串行通信系统称为单工方式。若对任何一方而言,均具有发送或接收能力,只是发送信息和接收信息不能同时进行,而只能采用分时占用通路的办法,例如,由 A 机发送,则只能 B 机接收;或者由 B 机发送,则只能 A 机接收。这种串行通信方式称为半双工。

在有两条通信线的双机(如 A,B 两机)通信系统中,当 A 机向 B 机发送信息,而 B 机接收信息时,B 机也可以同时向 A 机发送信息,而 A 机接收信息。当然,这是同时在两条通信线上进行的。这种串行通信方式称为全双工。

在串行通信中,除了有一条或两条通信线外,还要有一条公共地线,作为电位基准。

串行通信的质量与通信媒体有直接的关系,目前常用的通信媒体有双绞线、同轴电缆、光导纤维等。

在远程通信时,计算机发送和接收的信息都是数字信号,占有的频带很宽,约为几 MHz 甚至更高;但目前通常采用的传统电话线路的频带却很窄,只有几千赫兹。如果在电话线路上直接传输数字信号,由于数字信号的衰减将会产生严重的畸变与失真,所以,为了保证信号传输的质量,一般都要通过转换设备对传输信号进行转换与处理:在传送前要把信号转换成适合于传送的形式,而传送到目的地后又要再恢复成原始信号。调制解调器(Modem)就是计算机远程通信中常用的这种转换设备。

例如,在 A,B 两机远程通信时,如果利用电话线来传输信息,则在 A,B 两机上都要安装 Modem。在发送方(如 A 机),经串行接口把 1 和 0 的数字信号送入 Modem,由它将 1 和 0 数字信号调制在载波信号上,承载了数字信息的载波信号将在普通电话网络系统中传送;在载波信号传输到接收方(B 机)时,再由 Modem 将载波信号解调为原来的 1 和 0 数字信号由 B 机接收,如图 10-18 所示。

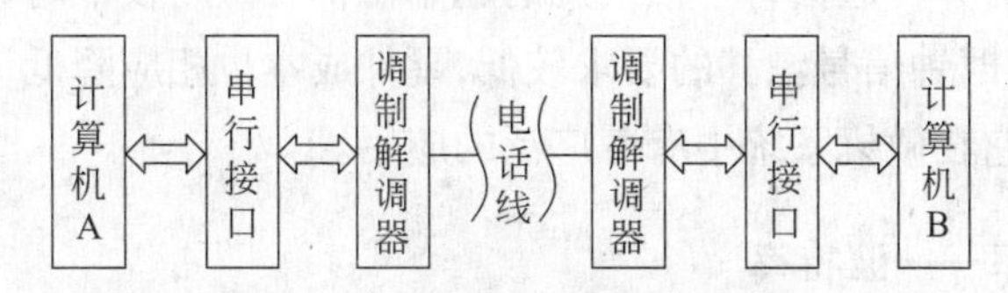

图 10-18 计算机远程通信示意图

串行通信有两类:同步通信和异步通信。PC 系统中的串行通信采用异步通信。

异步通信是指一帧(即一个数据传送单元——字符)信息以起始位和停止位来完成收发同步。也就是说,通信中两个字符之间的时间间隔是不固定的,而在一个字符内各位的时间间隔则是固定的。异步通信协议(或规程)规定,一个字符由起始位、字符编码、奇偶校验位和停止位等部分组成。这样,使每个字符数据清晰可辨,不致混淆。如图 10-19 所示,起始位总是以下降沿开始;接着是数据位(低位在前,高位在后),数据位由字符编码确定,如 ASCII 码为 7 位;然后是奇偶校验位和停止位;最后的空闲位是任意的,可多可少,也可以没有。

当异步传输开始时，接收设备会不断检测传输线，当检测到由 1 变为 0 的负跳变时，便启动内部计数器开始计数，当计数到一个数据位宽度的一半时，又一次采样传输线，若其仍为低电平，则确认为一个起始位，即一帧信息的开始。然后，以位时间（1/波特率）为间隔，移位接收所规定的数据位和奇偶校验位，组装成一个字节信息。接着，应接收到规定位长的停止位 1，若未收到，则设置"帧错误"标志；若校验有错，则设置"校验错"标志。只有既无帧错又无校验错的接收数据才是正确的。当一帧信息接收完毕，接收设备又继续检测传输线，直至检测到 0 信息的到来。

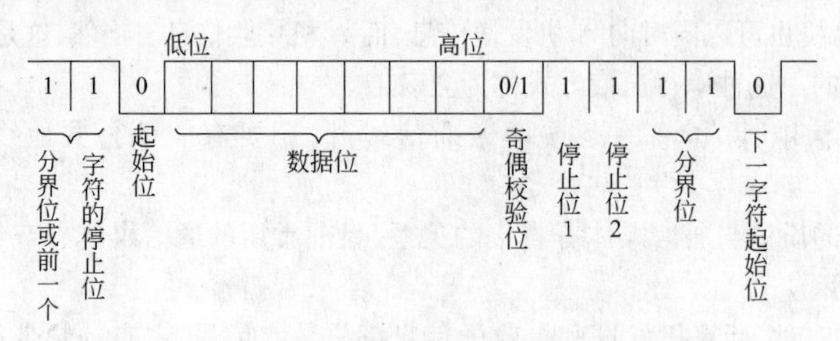

图 10-19　串行异步通信数据传输格式

在异步通信的数据流中，每个字符出现在数据流中的时间是不确定的，接受方并不知道发送方何时发送，也就是说，字符和字符之间是异步的。但接受到字符的起始位后，该字符的各位数据位的时间是确定的，即字符内部的各位数据位基本是同步传送的。

异步通信一帧信息只传送 5～8 个数据位，接收设备在收到起始位信号之后，只要在 5～8 个数据位的传输时间内能和发送设备保持同步就能正确接收。

在异步通信中，发送方和接收方的时钟信号可能会出现一些偏差（即漂移），但由于数据位之间的停止位和空闲位可以为这种偏差提供一种缓冲，所以，不会因累积效应而导致传输错位，接收端对异步通信每一帧信息的起始位都会重新校准时钟。

由于异步通信对时钟信号漂移的要求较低，硬件成本也相应降低，且通信方式简单可靠，容易实现，所以，它在微机系统中有着广泛的应用。

2. 串行通信速率——波特率

在串行通信时，无论发送或是接收，都必须在时钟信号的时序配合下对传送数据进行定位。一般，在发送时钟的下降沿将数据串行移出，而在接收时钟的上升沿对接收数据采样，进行数据位检测。

二进制数据序列串行传送的速率称为波特率（Baud Rate），单位是波特（Baud）：

1 波特 = 1 位/秒（或 1b/s）

波特率的倒数称为位时间，即传送一位数据所需的时间。单位是 s/b。

3. 串行通信的数据校验

在远程通信中，由于设备质量、线路干扰或信号畸变等原因，可能会产生传输出错。

数据传送后产生错误的位数和传送总位数之比,称为误码率。为了减少误码率,采用了自动检验与校正技术。目前,常用的校验方法有奇偶校验和循环冗余码校验等。其中,奇偶校验是最简单的一种方法。

在采用奇偶校验(Parity Check)时,对发送方和接收方都要同时规定好校验的性质,是奇校验还是偶校验。当发送信息时,要在每个字符编码的最高位后边增加一个奇偶校验位,该位可以是1,也可以是0,它的作用是使整个编码(字符编码加上奇偶校验位)中1的个数为奇数或偶数。若编码中1的个数为奇数,则为奇检验,否则为偶校验。

在接收方接收信息时,要同时检查所接收到的字符的整个编码,判其1的个数是否符合校验前对发送方奇偶性的约定,若符合,则无错,否则,则置奇偶性出错标志。此时,接收设备或向CPU发中断请求,或给状态寄存器的相应位置位,供CPU查询,以便CPU进行出错处理。

在异步通信中,通常采用奇偶校验法。几乎所有的UART(通用异步接收器/发送器)电路中都集成有奇偶校验电路,可通过编程来选择奇校验或偶校验,然后由部件内部的硬件自动完成奇偶校验位的产生和校验。

根据国际电报电话咨询委员会(CCITT)的建议,在异步通信中采用偶校验,在同步通信中采用奇校验。

4. 串行通信接口标准

串行通信接口经过使用和发展,已有几种标准: RS-232C,RS-423,RS-422A,RS-485等。但都是在RS-232C基础上经过改进而形成的。

RS-232C的全称是EIA RS-232C标准,它是由美国电子工业联合会(Electronic Industrial Associate,EIC)等公司于1969年公布的串行通信协议或接口标准。这个标准规定了接口的机械、电气、功能等方面的参数。RS-232C与其他几种串行通信接口标准的主要参数比较如表10-2所示。

表10-2 RS-232C与其他串行通信接口标准的主要参数比较

特性参数	RS-232C	RS-423	RS-422A	RS-485
工作模式	单端发单端收	单端发双端收	双端发双端收	双端发双端收
有效传输距离	30m	1.5km	1.5km	1.5km
最大传输速度(Kbps)	20	100	10	10
同一线上连接的驱动器和接收器数目	1个驱动器 1个接收器	1个驱动器 10个接收器	1个驱动器 10个接收器	1个驱动器 32个接收器
驱动器输出信号电平	±5V(带负载) ±15V(未带负数)	±3.6V(带负载) ±15V(未带负数)	±2V(带负载) ±6V(未带负数)	±1.5V(带负载) ±5V(未带负数)

通常,在数据通信中,两台计算机通过电话网远程数据通信的结构如图10-20所示。其中,DTE是数据的源点或终点;DCE是完成数据由源点到终点的传输器。RS-232C接

口就控制着 DCE 和 DTE 之间的数据通信，而与连接两个 DCE 之间的电话网没有直接关系。

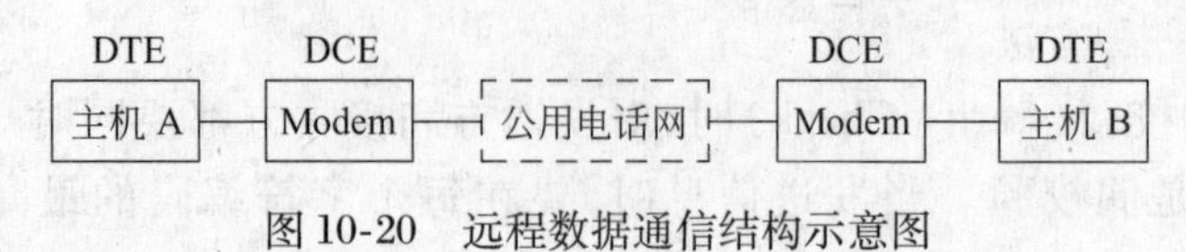

图 10-20　远程数据通信结构示意图

表 10-3 所示为 RS-232C 标准接口信号一览表。由表中可知，在 RS-232C 接口标准中，有主、辅两条信道，辅信道用来传送一些辅助控制信息，传输速率较低，在串行通信中很少使用。辅助信道通常只用一些基本信号线，如保护地线、信号地、发送数据、接收数据、请求发送、允许发送、数据装置就绪等。而主信道的 9 根带 * 号的信号线，它们才是远程串行通信接口标准中的基本信号线。

表 10-3　RS-232C 标准接口信号一览表

引脚号	名　称	信 号 方 向
1	保护地线 PG	无方向设备地
2	* 发送数据 TxD	DTE→DCE 终端发送串行数据
3	* 接收数据 RxD	DCE→DTE 终端接收串行数据
4	* 请求发送 $\overline{RTS}$	DTE→DCE 终端请求通信设备切换到发送方向
5	* 清除发送（允许）$\overline{CTS}$	DCE→DTE 通信设备已切换到发送方向
6	* 数据装置就绪 $\overline{DSR}$	DCE→DTE 通信设备就绪，设备可用
7	* 信号地线 SG	无方向信号地，所有信号公共地
8	* 载波信号检测 $\overline{CD}$	DCE→DTE 通信设备正在接收通信链路的信号
9,10	（保留供 DCE 测试）	
11	未定义	
12	次级信道接收信号检测	DCE→DTE
13	次级信道允许发送	DCE→DTE
14	次级信道发送数据	DTE→DCE
15	DCE（源）发送信号定时	DCE→DTE
16	次级信道接收数据	DCE→DTE
17	接收信号定时	DCE→DTE
18	未定义	
19	次级信道请求发送	DTE→DCE
20	* 数据终端就绪 $\overline{DTR}$	DTE→DCE 终端设备就绪，设备可用
21	信号质量检测	DCE→DTE
22	* 振铃指示	DCE→DTE 通信设备通知终端，通信链路有振铃
23	数据速率选择（源 DTE/DCE）	→DCE/DTE
24	源 DTE 发送信号定时	DTE→DCE
25	未定义	

10.3.2　8250 芯片引脚定义与功能

8250 是一个 40 脚封装的双列直插式芯片，图 10-21 所示是其引脚功能示意图。除电源线（V_{CC}）和地线（GND）外，其引脚线可分为两大类：与 CPU 接口的信号线，与通信设备接口的信号线。

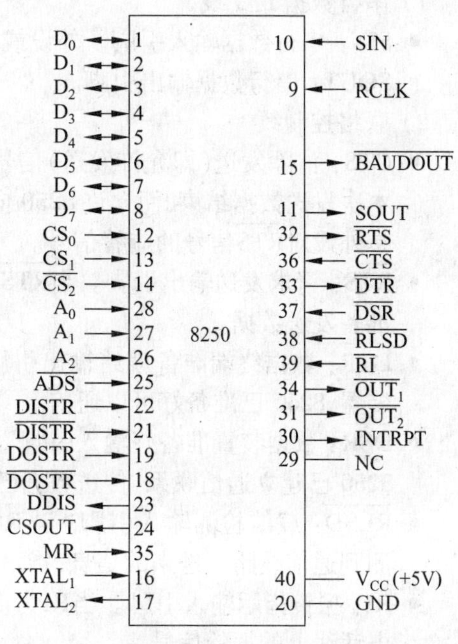

图 10-21　8250 引脚功能示意图

1. 与 CPU 接口的信号线

与 CPU 接口的信号线共分为 5 组：数据线、读写控制信号线、总线驱动器控制线、中断信号线和复位信号输入线。

1）数据线

$D_7 \sim D_0$，CPU 和 8250 通过此 8 位双向数据线传送数据或命令。

2）读写控制信号线

- CS_0，CS_1，$\overline{CS_2}$：片选输入引脚。当 CS_0，CS_1 为高电平，$\overline{CS_2}$ 为低电平时，则选中 8250。
- DISTR，$\overline{\text{DISTR}}$：数据输入选通引脚。当 DISTR 为高电平或 $\overline{\text{DISTR}}$ 为低电平时，CPU 就能从选中的 8250 寄存器中读出状态字或数据信息。$\overline{\text{DISTR}}$ 接系统总线上的 $\overline{\text{IOR}}$。
- DOSTR，$\overline{\text{DOSTR}}$：数据输出选通的输入引脚。当 DOSTR 为高电平或 $\overline{\text{DOSTR}}$ 为低电平时，CPU 就能将数据或命令写入 8250。$\overline{\text{DOSTR}}$ 接系统总线上的 $\overline{\text{IOW}}$。
- A_2，A_1，A_0：地址选择线，用来选择 8250 内部寄存器。它们通常接地址线 A_2，A_1，A_0。
- $\overline{\text{ADS}}$：地址锁存输入引脚，当 $\overline{\text{ADS}}=0$ 时，选通地址 A_2，A_1，A_0 和片选信号；当 $\overline{\text{ADS}}=1$ 时，便锁存 A_2，A_1，A_0 和片选信号。实用中，$\overline{\text{ADS}}$ 接地便可。

3）总线驱动器控制线

- CSOUT：片选中输出信号。当 CSOUT 为高电平时，表示 CS_0，CS_1，$\overline{CS_2}$ 信号均有效，即 8250 被选中。
- DDIS：禁止驱动器输出引脚。当 CPU 读 8250 时 DDIS 输出低电平，非读时输出高电平。该信号用来控制 8250 与系统总线之间的“总线驱动器”方向选择。在 PC/XT 异步适配器上，DDIS 悬空不用。

4）中断信号线

INTRPT，中断请求输出引脚，高电平有效。当 8250 允许中断时，接收出错、接收数据寄存器满、发送数据寄存器空以及 Modem 的状态均能够产生有效的 INTRPT 信号。

5）复位信号输入线

MR，高电平有效。复位后，8250 回到初始状态。一般它接系统复位信号线 RESET。

2. 与通信设备接口的信号线

与通信设备接口的信号线分为 4 组：串行数据 I/O 线、联络控制线、用户编程端口和时钟信号线。

1）串行数据 I/O 线

- SIN：串行数据输入引脚。外设或其他系统送来的串行数据由此端进入 8250。
- SOUT：串行数据输出引脚。

2）联络控制线

- $\overline{CTS}$：清除发送（即允许发送）信号线的输入引脚。当$\overline{CTS}$为低电平时，表示 8250 本次发送数据结束，而允许 8250 向外设（Modem 或数据装置）发送新的数据。它是外设对$\overline{RTS}$信号的应答信号。
- $\overline{RTS}$：请求发送输出引脚。当$\overline{RTS}$为低电平时，通知 Modem 或数据装置，8250 已准备发送数据。
- $\overline{DTR}$：数据终端准备就绪输出引脚。当$\overline{DTR}$为低电平时，就通知 Modem 或数据装置，8250 已准备好可以通信。
- $\overline{DSR}$：数据装置准备好输入引脚。当$\overline{DSR}$为低电平时，表示 Modem 或数据装置与 8250 已建立通信联系，传送数据已准备就绪。
- $\overline{RLSD}$：载波检测输入引脚。当$\overline{RLSD}$为低电平时，表示 Modem 或数据装置已检测到通信线路上送来的信息，指示应开始接收。
- $\overline{RI}$：振铃指示输入引脚。当$\overline{RI}$为低电平时，表示 Modem 或数据装置已接收到了电话线上的振铃信号。

3）用户编程端口

- $\overline{OUT_1}$：用户指定的输出引脚。可以通过对 8250 的编程使$\overline{OUT_1}$为低电平或高电平。若用户在 Modem 控制寄存器第 2 位（OUT_1）写入 1，则输出端$\overline{OUT_1}$变为低电平。
- $\overline{OUT_2}$：用户指定的另一输出引脚。也可以通过对 8250 的编程使$\overline{OUT_2}$为低电平或高电平。若用户在 Modem 控制寄存器第 3 位（OUT_2）写入 1，则输出端$\overline{OUT_2}$变为低电平。

4）时钟信号线

- $\overline{BAUDOUT}$：波特率信号输出引脚。由 8250 内部时钟发生器分频后输出，频率是发送数据波特率的 16 倍。若此信号接到 RCLK 上，可以同时作为接收时钟使用。
- RCLK：接收时钟输入引脚。通常直接连到$\overline{BAUDOUT}$输出引脚，保证接收与发送的波特率相同。
- $XTAL_1$，$XTAL_2$：时钟信号输入和输出引脚。如果外部时钟从 $XTAL_1$ 输入，则 $XTAL_2$ 可悬空不用；也可在 $XTAL_1$ 和 $XTAL_2$ 之间接晶体振荡器。

10.3.3 8250 芯片的内部结构和寻址方式

图 10-22 所示是8250 芯片内部结构框图。由图 10-22 可以看出，它由 10 个内部寄存器、数据缓冲器和寄存器选择与 I/O 控制逻辑组成。通过微处理器的输入输出指令可以对 10 个内部寄存器进行操作，以实现各种异步通信的要求。表 10-4 列出了各种寄存器的名称及相应的接口地址。

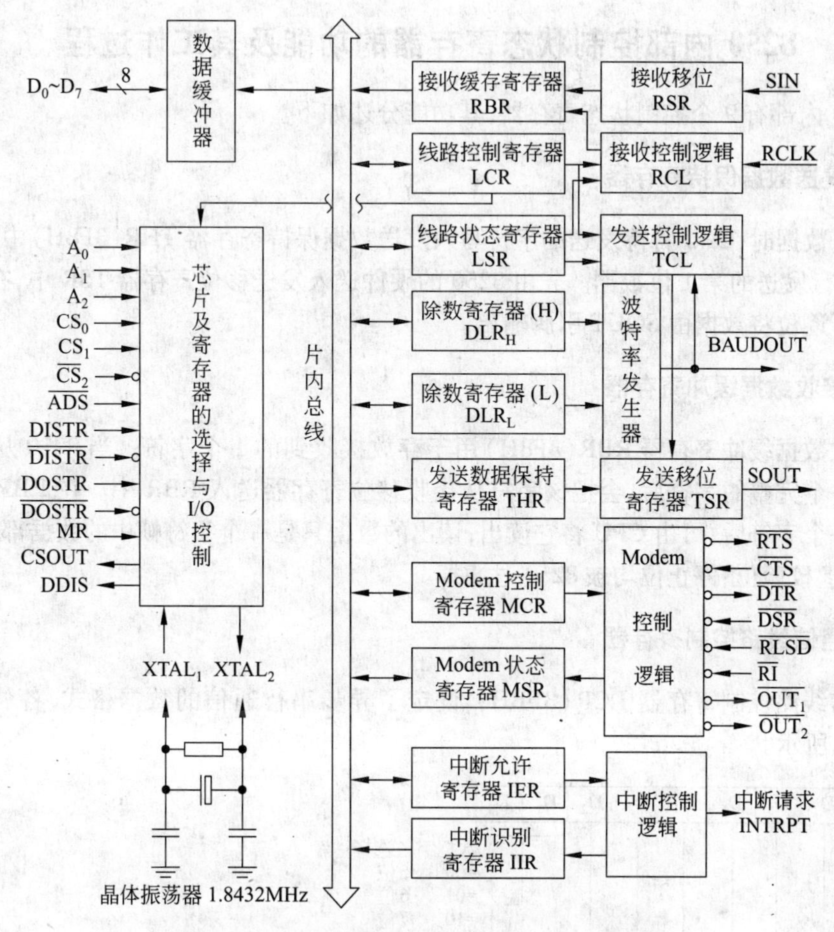

图 10-22 8250 异步通信接口芯片内部结构框图

需要说明的是表10-4中I/O口地址(3F8H~3FEH)是由IBM PC/XT机的地址译码器提供的(串行口1)。当8250用于其他场合时,表中I/O的口地址应由8250所在电路的地址译码器决定。

表 10-4 8250 寄存器的口地址

I/O 口	IN/OUT	寄 存 器 名 称
3F8H	OUT	发送器保持寄存器(THR)
3F8H	IN	接收器数据寄存器(RBR)
3F8H	OUT	低字节波特率因子(设置工作方式时控制字 $D_7=1$)(DLR_L)
3F9H	OUT	高字节波特率因子(设置工作方式时控制字 $D_7=1$)(DLR_H)
3F9H	OUT	中断允许寄存器(IER)
3FAH	IN	中断识别寄存器(IIR)
3FBH	OUT	线路控制寄存器(LCR)
3FCH	OUT	Modem 控制寄存器(MCR)
3FDH	IN	线路状态寄存器(LSR)
3FEH	IN	Modem 状态寄存器(MSR)

10.3.4 8250 内部控制状态寄存器的功能及其工作过程

8250 内部有 9 个控制状态寄存器,其功能分述如下。

1. 发送数据保持寄存器

发送数据时,CPU 将待发送的字符写入发送数据保持寄存器 THR(3F8H)中,其中第 0 位是串行发送的第 1 位数据。先由 8250 的硬件送入发送移位寄存器 TSR 中,在发送时钟驱动下逐位将数据由 SOUT 引脚输出。

2. 接收数据缓冲寄存器

接收数据缓冲寄存器 RBR(3F8H)用于存放接收到的 1 个字符。当 8250 从 SIN 端接收到一个完整的字符后,会把该字符从接收移位寄存器送入 RBR 中。在 RBR 存放接收到的一个字符后,可由 CPU 将它读出,读出的数据只是一个字符帧中的数据部分,而起始位、奇偶校验位、停止位均被 8250 过滤掉。

3. 通信线路控制寄存器

通信线路控制寄存器 LCR(3FBH) 设定了异步串行通信的数据格式,各位含义如图 10-23 所示。

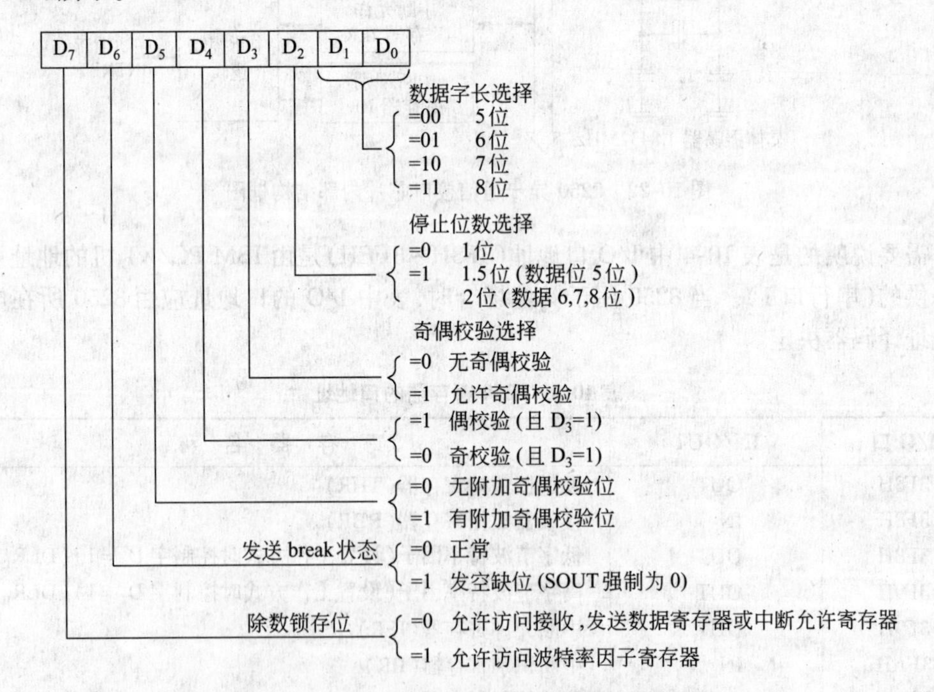

图 10-23 通信线路控制寄存器数据位的含义

4. 波特率因子寄存器

波特率因子寄存器 DLR(3F8H、3F9H)用于写入波特率因子。8250 芯片规定当线路控制寄存器 LCR 写入 $D_7=1$ 时，接着，对口地址 3F8H、3F9H 可分别写入波特率因子的低字节和高字节，即写入除数寄存器（L）和除数寄存器（H）中。而波特率为 1.8432MHz（波特率因子 ×16）。

波特率和除数对照值如表 10-5 所示。例如，要求发送波特率为 1200 波特，则波特率因子为：

$$波特率因子 = 1.8432MHz/(1200 \times 16) = 1843200Hz/(1200 \times 16) = 96$$

因此，3F8H 口地址应写入 96（60H），3F9H 口地址应写入 0。

表 10-5　波特率和除数对照表

十　进　制	十六进制	波　特　率	十　进　制	十六进制	波　特　率
1047	417	110	96	60	1200
768	300	150	48	30	2400
384	180	300	24	18	4800
192	C0	600	12	0C	9600

5. 中断允许寄存器

中断允许寄存器 IER（3F9H）的低 4 位允许 8250 设置 4 种类型的中断（将相应位置 1 即可），并通过 IRQ_4 向 CPU 发中断请求，各位含义如图 10-24 所示。

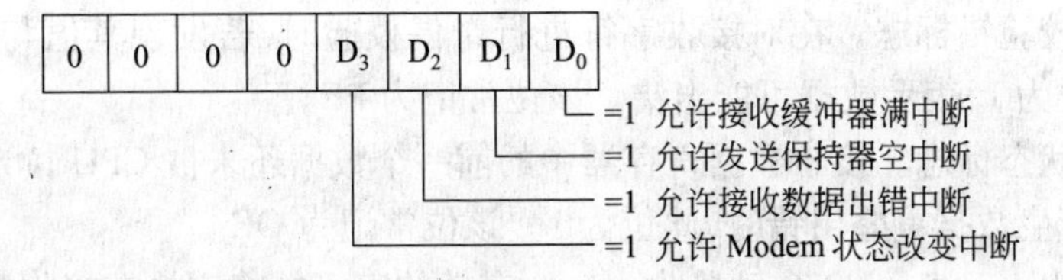

图 10-24　中断允许寄存器低 4 位的含义

6. 中断标识寄存器

中断标识寄存器 IIR（3FAH）可以用来判断有无中断并判断是哪一类中断请求。IIR 的高 5 位恒位 0，只使用低 3 位作为 8250 的中断标识位，各位的含义如图 10-25 所示。

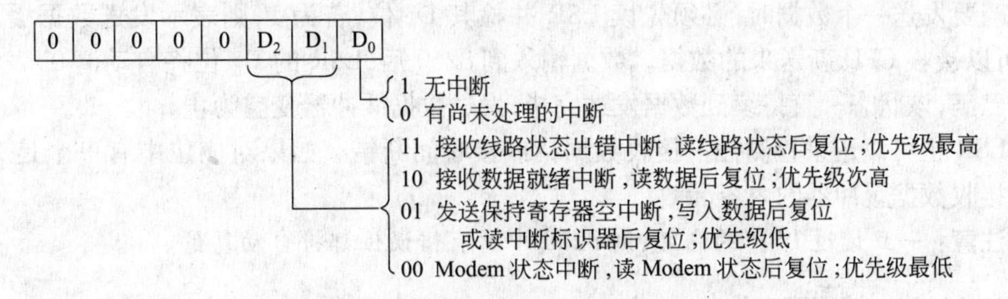

图 10-25　中断标识寄存器低 3 位的含义

7. 通信线路状态寄存器

通信线路寄存器 LSR（3FDH）用于向 CPU 提供有关 8250 数据传输的状态信息，各位含义如图 10-26 所示。

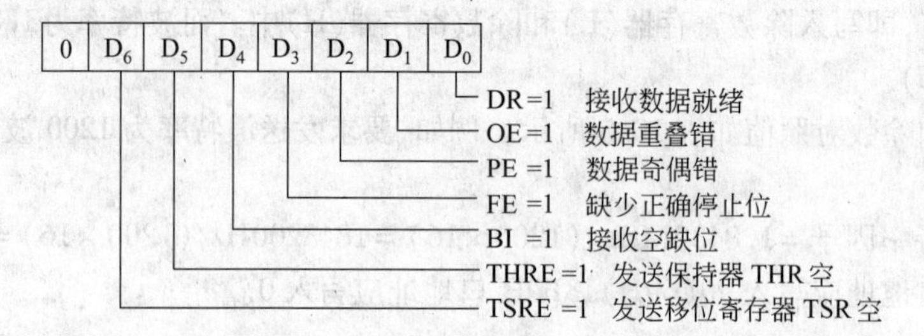

图 10-26 通信线路寄存器各位的含义

D_7：未用，其值为 0。

D_6：为 1 时，表示发送移位寄存器 TSR 为空。当 THR 的数据移入 TSR 后，此位清 0。该位常记为 TSRE 或 TEMT。

D_5：为 1 时，表示发送保持寄存器 THR 为空。当 CPU 将数据写入 THR 后，此位清 0。该位常记为 THRE。

D_4：为线路 break（间断）标志。在接收数据过程中，若出现结构错、奇偶校验错、越限或者在一个完整的字符传送时间周期里收到的均为空闲状态，则此位置 1，表示线路信号间断，这时接收的数据可能不正常。该位常记为 BI。

D_3：结构错标志。当接收到的数据停止位个数不正确时，此位置 1。该位常记为 FE。

D_2：奇偶校验错标志。在对接收字符进行奇偶校验时，若发现其值与规定的奇偶校验不同，则此位为 1，表示数据可能出错。该位常记为 PE。

D_1：越限状态标志。接收数据寄存器中的前一个数据还未被 CPU 读走，而下一个数据已经到来，产生数据重叠出错时，此位为 1。该位常记为 OE。

D_0：此位为 1 时表示 8250 已接收到一个有效的字符并将它放在接收数据缓冲器中，CPU 可以从 8250 的接收数据寄存器中读取。一旦读取后，此位自动清 0。如果 $D_0=1$ 时 8250 接收到一个新数据，就会冲掉前一个未取走的数据，8250 将产生一个重叠错误。该位常记为 DR。

读入时，各数据位等于 1 有效，读入操作后各位均复位。除 D_6 位外，其他各位还可被 CPU 写入，同样可以产生中断请求。

当要发送一个数据时，必须先读 LSR 并检其 D_0 位，若为 1，则表示发送数据缓冲器空，可以接收 CPU 新送来的数据。数据输入到 8250 后，LSR 的 D_5 位将自动清 0，表示缓冲器已满，该状态一直持续到数据发送完毕，发送数据缓冲器变空为止。

LSR 也可以用来检测任一接收数据错或接收间断错。如果对应位中有一个是 1，就表示接收数据缓冲器的内容无效。

注意：一旦读过 LSR 的内容，则 8250 中所有错误位都将自动复位。

8. Modem 控制寄存器

Modem 控制寄存器 MCR（3FCH）用于设置联络线，以控制与调制解调器或数传机的接口信号。其中高 3 位恒为 0，低 5 位含义如图 10-27 所示。

D_4：用于"本地环"检测控制。D_4 通常置为 0，当 $D_4=0$ 时，8250 正常工作。当 $D_4=$

1时，则8250串行输出被回送。此时SOUT为高电平状态，SIN将与外设分离，TSR的数据由8250内部直接回送到RSR的输入端，形成“本地环”；同时，CTS，DSR，RI和RLSD与外设相应线断开，而在8250内部分别与$\overline{RTS}$、$\overline{DTR}$、$\overline{OUT_1}$和$\overline{OUT_2}$连接，实现数据在8250芯片内部的自发自收，实现8250自检。利用这个特点，可以编程测试8250工作是否正常。从环回测试转到正常工作状态，必须对8250重新初始化。

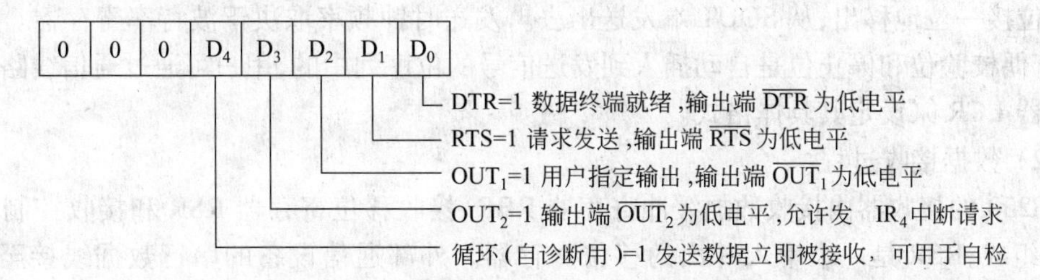

图10-27　Modem控制寄存器各位的含义

D_3，D_2：是用户指定的输入与输出。当它们为1时，对应的OUT端输出为0；而当它们为0时，对应的OUT端输出为1。D_2（$\overline{OUT_1}$）是用户指定的输出，不用；D_3（$\overline{OUT_2}$）是用户指定的输入，为了把8250产生的中断信号经系统总线送到中断控制器的IR_4上，此位须置1。

D_1：当D_1=1时，8250的$\overline{RTS}$输出为低电平，表示8250准备发送数据。

D_0：当D_0=1时，使8250的$\overline{DTR}$输出为低电平，表示8250准备接收数据。

9. Modem状态寄存器

Modem状态寄存器MSR（3FEH）主要用于在有Modem的系统中了解Modem控制线的当前状态，它提供了低4位来记录输入信号变化的状态信息。当CPU读取MSR时把这些位清0。若CPU读取MSR后输入信号发生了变化，则将对应的位置1，各数据等于1为有效；高4位以相反的形式记录对应的输入引脚的电平。各位含义如图10-28所示。

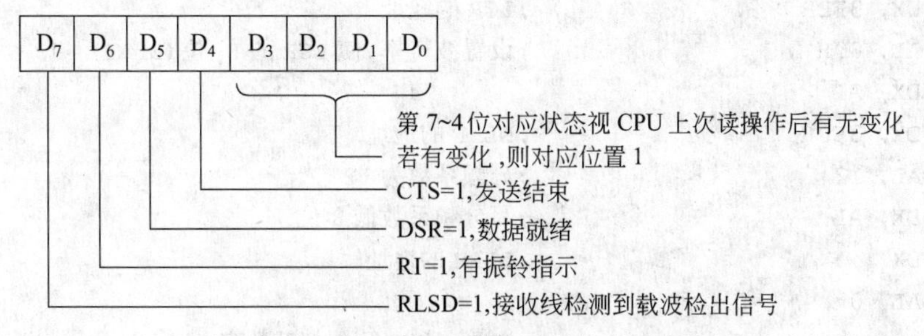

图10-28　Modem状态寄存器各位的含义

8250在发送和接收数据时，各个功能寄存器相互配合工作。其数据发送与接收工作过程分述如下。

1）发送数据过程

8250的发送器由发送数据保持寄存器THR、发送移位寄存器TSR和发送控制逻辑

TCL 组成,TSR 是一个并入串出的移位寄存器,THR 空和 TSR 空由通信线路状态寄存器 LSR 中 THRE、TSRE(或 TEMT)两个位来标识。在发送数据保持器 THR 空出时,THRE=1,CPU 把要发送的数据写入 THR,清除 TSRE(或 TEMT)标志。当 TSR 中的数据发送完毕,TSRE(或 TEMT)=1,这时 TCL 会把 THR 中的数据自转移到 TSR 中,并清除 TSRE(或 TEMT)标志,同时使标志 THRE=1。之后,发送时钟驱动 TSR,将数据按顺序一位接一位地移出,从 SOUT 端发送出去。发送时钟频率取决于波特率寄存器。起始位、奇偶校验位和停止位是自动插入到发送信号的位序列中的,用户可通过通信线路控制寄存器 LCR 来设定其具体格式。

2)数据接收过程

8250 的接收器由接收数据缓冲寄存器 RBR、接收移位寄存器 RSR 和接收控制逻辑 RCL 组成,RSR 是一个串入并出的移位寄存器。外部通信设备的串行数据线接至 SIN 端,线路空闲时为高电平,当起始位检测电路监测到线路上外设发送来的起始位时,计数器复位确认同步,在接收时钟 RSLK 驱动下,线路串行数据逐位进入 RSR。当确定接收到一个完整的数据后,RSR 会自动将数据送到 RBR,在 LSR 中建立 DR 接收数据就绪标志,这时若中断允许寄存器 IER 的 $D_0=1$,允许 RBR 满中断,则 DR(IER 的 D_0)=1 时将触发中断。

10.3.5 8250 通信编程

对 8250 编制通信软件时,首先应对芯片初始化,然后按程序查询或中断方式实现通信。

1. 8250 初始化

8250 的初始化需完成以下工作。

1)设置波特率

例如,设波特率为 9600,则波特率因子 N=12。

```
MOV  DX, 3FBH          ;LCR 的地址
MOV  AL, 80H           ;设置波特率,使 LCR 的 D7 位(DLAB)=1
OUT  DX, AL
MOV  DX, 3F8H          ;DLRL 的地址
MOV  AL, 12            ;分频系数为 12
OUT  DX, AL            ;写分频系数低 8 位
INC  DX                ;DLRH 的地址
MOV  AL, 0
OUT  DX, AL            ;3F9H 送 0,写分频系数高 8 位
```

2)设置串行通信数据格式

例如,数据格式为 8 位,1 位停止位,奇校验。

```
MOV  AL, 0BH           ;送通信数据格式:8 位数据位,1 位停止位,奇校验
MOV  DX, 3FBH          ;LCR 的地址
OUT  DX, AL
```

3）设置工作方式

无中断：

```
MOV  AL, 3                  ;OUT1,OUT2均为1,Modem控制器准备好正常收发
MOV  DX, 3FCH               ;MCR的地址
OUT  DX, AL
```

有中断：

```
MOV  AL, 0BH                ;OUT2=0,允许 INTRT 去申请中断
MOV  DX, 3FCH
OUT  DX, AL
```

循环测试：

```
MOV  AL, 13H
MOV  DX, 3FCH
OUT  DX, AL
```

2. 程序查询方式通信编程

采用程序查询方式工作时，CPU 可以通过读线路状态寄存器（3FDH）查相应状态位（D_0 与 D_5 位），来检查接收数据寄存器是否就绪（$D_0=1$）与发送保持器是否空（$D_5=1$）。

发送程序

```
TR:  MOV    DX,  3FDH
     IN     AL,  DX
     TEST   AL,  20H
     JZ     TR
     MOV    AL,  [SI]               ;从[SI]中取出发送数据
     MOV    DX,  3F8H
     OUT    DX,  AL
```

接收程序

```
RE:  MOV    DX,  3FDH
     IN     AL,  DX
     TEST   AL,  1
     JZ     RE
     MOV    DX,  3F8H
     IN     AL,  DX
     MOV    [DI],AL                 ; 读入数据存入[DI]中
```

3. 用中断方式编程

在 IBM PC 中使用 8250 中断方式进行通信编程要完成以下几个步骤。

（1）对 8259A 中断控制器进行初始化，允许中断优先级 4。

```
MOV  AL,  13H                       ;单片使用,需要 ICW4
```

```
MOV  DX,  20H
OUT  DX,  AL                    ;ICW1
MOV  AL,  8                     ;中断类型号为08H~0FH
INC  DX
OUT  DX,  AL                    ;ICW2
INC  AL                         ;缓冲方式,8088/8086
OUT  DX,  AL                    ;ICW4
MOV  AL,  8CH                   ;允许0,1,4,5,6级中断
OUT  DX,  AL                    ;送中断屏蔽字OCW1
```

(2) 设置中断向量 IR_4。

对 IR_4,中断类型号为0CH,0CH×4=30H。因此,应在30H,31H存放IP值,在32H,33H存放CS值。

设中断服务程序入口地址为2000:100。

```
XOR  AX,  AX
MOV  DS,  AX
MOV  AX,  100H
MOV  WORD PTR[0030H], AX        ;送100H到00030H和00031H内存单元中
MOV  AX,  2000H
MOV  WORD PTR[0032H], AX        ;送2000H到00032H和00033H内存单元中
```

(3) 对8250送中断允许寄存器(3F9H)设置允许/屏蔽位。例如,允许发送与接收中断请求。

```
MOV  AL,  3
MOV  DX,  3F9H
OUT  DX,  AL
```

(4) 在中断结束返回时,需要对8259A发EOI命令,保证8250可以重新响应中断请求。

```
MOV  AL,  20H
MOV  DX,  20H
OUT  DX,  AL                    ;发EOI命令,OCW2
IRET                            ;开中断允许,并从中断返回
```

习题 10

10-1 试说明并行输入输出接口芯片8255A工作于方式1,CPU如何以中断方式将输入设备的数据读入?

10-2 试说明8255A的A口、B口和C口一般在使用上有什么区别?

10-3 试说明8255A在工作方式2时如何进行数据输入和输出操作?

10-4 设8255A在微机系统中,A口、B口、C口以及控制口的地址分别为200H,201H,202H和203H,实现:

(1) A组与B组均设为方式0,A口、B口均为输入,C口为输出,编程初始化。

(2) 在上述情况下,设查询信号从B口输入,如何实现查询式输入(输入信号由A口输入)与查询式输出(输出信号由C口输出)。

10-5 8255A在复位(Reset)有效后,各端口均处于什么状态?为什么这样设计?

10-6 如果需要8255A的PC_3输出连续方波,如何用C口的置位与复位控制命令字编程实现它?

10-7 设8250串行接口芯片外部的时钟频率为1.8432MHz,要求:

(1) 8250工作的波特率为19200,计算波特因子的高低8位分别是多少。

(2) 设线路控制寄存器高、低8位波特因子寄存器的端口地址分别为3FBH,3F9H和3F8H,试编写初始化波特因子的程序段。

10-8 设线路控制寄存器、Modem控制寄存器的端口地址分别为3FBH和3FCH,数据格式是8位数据位,1位半停止位,偶校验,编写出设置串行通信数据格式以及循环自测试的初始化程序段。

10-9 如何用程序查询方式实现串行通信?在查询式串行通信方式中,8250引脚OUT_1和OUT_2如何处置?

10-10 串行异步通信规定传送数据的格式为:1位起始位、8位数据位、无校验位、2位停止位。试画出传送数据25H的波形。

第11章 数/模与模/数转换

【学习目标】

数字电子计算机只能识别与加工处理数字量,而在生产现场上,除了数字量以外,还必然涉及模拟量。这些模拟量在输入时必须首先将它们变成电信号,然后经过模数转换器变成数字量才能被计算机识别和处理;而在计算机输出时,又必须把数字量转换成模拟量,才能实现计算机对外部模拟设备的控制。因此,在微机应用系统中,可能既需要数/模(Digit to Analog,D/A)转换,又需要模/数(Analog to Digit,A/D)转换。实现 D/A 或 A/D 转换的部件叫 D/A 或 A/D 转换器。

D/A 转换器与 A/D 转换器有多种产品,如常用的 D/A 转换器(即 DAC)有 8 位的 DAC 0832 与 12 位的 DAC 1210 等芯片;常用的 A/D 转换器(即 ADC)有 8 位的 ADC 0809、ADC 0804、AD 570,还有 12 位高精度、高速的 AD 574、AD 578、AD 1210 以及 16 位的 AD 1140 等芯片。

本章将以常用的 DAC 0832 以及 ADC 0809 为例,简要介绍模拟量的转换接口技术。

【学习要求】

- 理解 A/D 和 D/A 转换器在微机应用中的作用。
- 掌握 ADC 0809 与 DAC 0832 和微机的接口方式以及连接方法。

11.1 DAC 0832 数/模转换器

数/模转换器是一种把二进制数字信号转换成模拟信号的电路。实现数/模转换的电路种类很多,典型数/模转换器芯片通常都是由模拟开关、电阻网络、运算放大器和数据缓冲电路等部件组成的,但主要是由不同的电阻网络结构决定了 DAC 的类别。其中,以 T 形和倒 T 形电阻解码网络的 DAC 应用较多。

DAC 0832 就是一个典型的 8 位电流输出型 D/A 转换器,内部包含有 T 形电阻网络,输出为差动电流信号。当需要输出模拟电压时,应外接运算放大器。

1. DAC 0832 的引脚功能与内部结构

DAC 0832 的外部引脚如图 11-1 所示。共有 20 根引脚，引脚功能如下所示。

引脚	编号	编号	引脚
$\overline{CS}$	1	20	V_{CC}
$\overline{WR_1}$	2	19	ILE
AGND	3	18	$\overline{WR_2}$
D_3	4	17	$\overline{XFER}$
D_2	5	16	D_4
D_1	6	15	D_5
D_0	7	14	D_6
V_{REF}	8	13	D_7
R_{fb}	9	12	I_{OUT2}
DGND	10	11	I_{OUT1}

图 11-1　DAC 0832 的外部引脚

- $D_7 \sim D_0$：8 位输入数据线。
- $\overline{CS}$：片选信号，低电平有效。
- $\overline{WR_1}$：输入寄存器的写入控制，低电平有效。
- $\overline{WR_2}$：数据变换(DAC)寄存器写入控制，低电平有效。
- ILE：输入锁存允许(输入锁存器选通命令)，它与$\overline{CS}$，$\overline{WR}$信号一起用于把要转换的数据写入到输入锁存器。
- $\overline{XFER}$：传送控制信号，低电平有效。它与$\overline{WR_2}$一起允许把输入锁存器的数据传送到 DAC 寄存器。
- I_{OUT1}：模拟电流输出端，当 DAC 寄存器中内容为 FFH 时，I_{OUT1} 电流最大；当 DAC 寄存器中内容为 00H 时，I_{OUT1} 电流最小。
- I_{OUT2}：模拟电流输出端。DAC 0832 为差动电流输出，接运放的输入，一般情况下 $I_{OUT1} + I_{OUT2}$ = 常数。
- V_{REF}：参考电压，$-10 \sim +10V$，一般为 $+5V$ 或 $+10V$。
- R_{fb}：内部反馈电阻引脚，接运算放大器的输出。
- AGND，DGND：模拟地和数字地。

DAC 0832 的内部结构如图 11-2 所示。0832 内部有两级锁存器，第一级锁存器是一个 8 位输入寄存器，由锁存控制信号 ILE 控制(高电平有效)。当 ILE = 1，$\overline{CS} = \overline{WR_1} = 0$(由 OUT 指令产生)时，$\overline{LE_1} = 1$，输入寄存器的输出随输入而变化。接着，$\overline{WR_1}$ 由低电平变为高电平时，$\overline{LE_1} = 0$，则数据被锁存到输入寄存器，其输出端不再随外部数据而变；第二级锁存器是一个 8 位 DAC 寄存器，它的锁存控制信号为$\overline{XFER}$，当$\overline{XFER} = \overline{WR_2} = 0$(由 OUT 指令产生)时，$\overline{LE_2} = 1$，这时 8 位 DAC 输出随输入而变，接着，$\overline{WR_2}$ 由低电平变高电

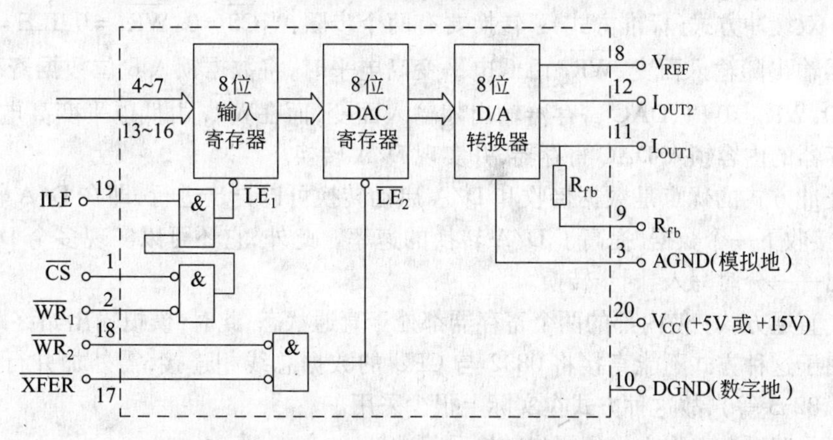

图 11-2　DAC 0832 内部结构示意图

平,$\overline{LE_2}=0$,于是输入寄存器的信息被锁存到 DAC 寄存器中。同时,转换器开始工作,I_{OUT1} 和 I_{OUT2} 端输出电流。

2. DAC 0832 的工作时序

0832 的工作时序如图 11-3 所示。由图可知,D/A 转换可分为两个阶段:当 $\overline{CS}=0$,$\overline{WR_1}=0$,ILE $=1$ 时,使输入数据先传送到输入寄存器;当 $\overline{WR_2}=0$,$\overline{XFER}=0$ 时,数据传送到 DAC 寄存器,并开始转换。待转换结束,0832 将输出一模拟信号。

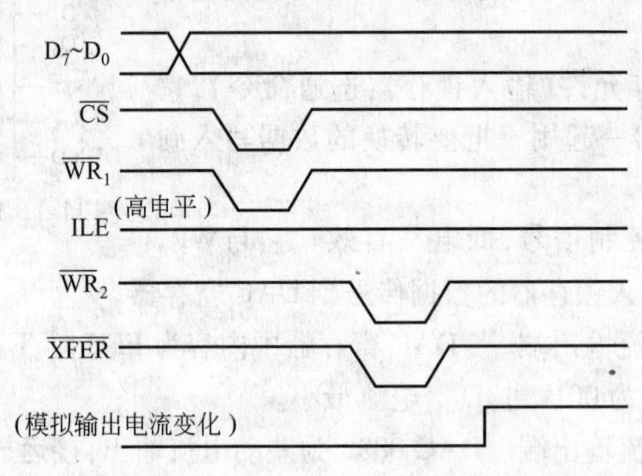

图 11-3　DAC 0832 的工作时序

3. DAC 0832 的工作方式

DAC 0832 的内部有两级锁存器:第 1 级是 0832 的 8 位数据输入寄存器,第 2 级是 8 位的DAC 寄存器。根据这两个寄存器使用的方法不同,可将 0832 分为 3 种工作方式。

(1) 单缓冲方式:使输入寄存器或 DAC 寄存器两者之一处于直通,这时,CPU 只需一次写入 DAC 0832 即开始转换。其控制比较简单。

采用单缓冲方式时,通常是将 $\overline{WR_2}$ 和 $\overline{XFER}$ 接地,使 DAC 寄存器处于直通方式,另外把 ILE 接 +5V,$\overline{CS}$ 接端口地址译码信号,$\overline{WR_1}$ 接系统总线的 $\overline{IOW}$ 信号,这样,当 CPU 执行一条 OUT 指令时,选中该端口,使 $\overline{CS}$ 和 $\overline{WR_1}$ 有效便可以启动 D/A 转换。

(2) 双缓冲方式(标准方式):转换要有两个步骤,当 $\overline{CS}=0$,$\overline{WR_1}=0$,ILE $=1$ 时,输入寄存器输出随输入而变,$\overline{WR_1}$ 由低电平变高电平时,将数据锁入 8 位数据寄存器;当 $\overline{XFER}=0$,$\overline{WR_2}=0$ 时,DAC 寄存器输出随输入而变,而在 $\overline{WR_2}$ 由低电平变高电平时,将输入寄存器的内容锁入 DAC 寄存器,并实现 D/A 转换。

双缓冲方式的优点是数据接收和 D/A 启动转换可以异步进行,即在 D/A 转换的同时,可以接收下一个数据,提高了 D/A 转换的速率。此外,它还可以实现多个 DAC 同步转换输出——分时写入、同步转换。

(3) 直通方式:使内部的两个寄存器都处于直通状态,此时,模拟输出始终跟随输入变化。由于这种方式不能直接将 0832 与 CPU 的数据总线相连接,需外加并行接口(如 74LS373,8255 等),故这种方式在实际上很少采用。

下面是双缓冲工作方式的同步转换示例。

假设如图 11-4 所示的系统中有两个 DAC 0832 按双缓冲方式工作,其 3 个端口地址的用途是：$PORT_1$ 选择 0832-1 的输入寄存器；$PORT_2$ 选择 0832-2 的输入寄存器；$PORT_3$ 选择 0832-1 和 0832-2 的 DAC 寄存器。

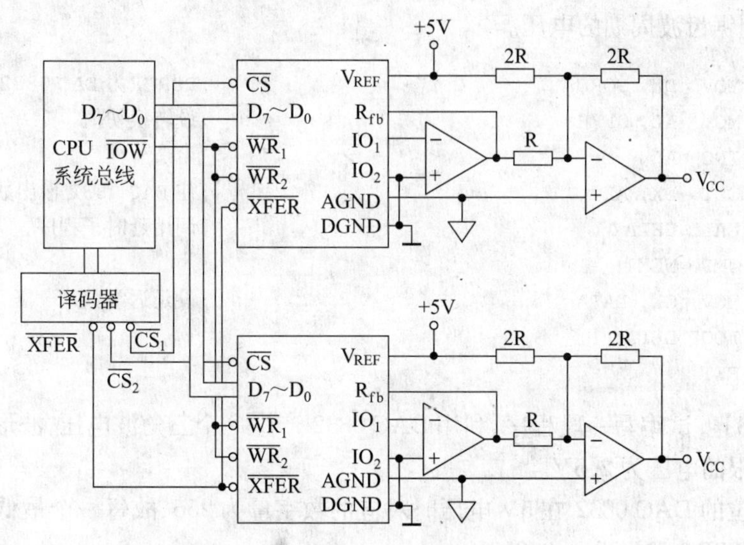

图 11-4 DAC 0832 双缓冲方式示例

此例双缓冲方式的程序段如下所示。

```
MOV  AL, DATA1              ;要转换的数据送 AL
MOV  DX, PORT1              ;0832-1 的输入寄存器地址送 DX
OUT  DX, AL                 ;数据送 0832-1 的输入寄存器
MOV  AL, DATA2
MOV  DX, PORT2              ;0832-2 输入寄存器地址送 DX
OUT  DX, AL                 ;数据送 0832-2 的输入寄存器
MOV  DX, PORT3              ;DAC 寄存器端口地址送 DX
OUT  DX, AL                 ;DATA1 与 DATA2 数据分别送两个 DAC 寄存器,并同时启动
                            ;实现同步转换
HLT
```

4. D/A 转换器的应用

由于 D/A 转换器能够将一定规律的数字量转换为相应成比例的模拟量，因此，常将它用于作为函数发生器——只要往 D/A 转换器写入按规律变化的数据，即可在输出端获得三角波、锯齿波、方波、阶梯波、梯形波、正弦波等函数波形。现以 DAC 0832 为例说明如下。

【例 11-1】 试编写利用 DAC 0832 产生一个正向锯齿波电压的程序，周期任意，DAC 0832 工作在单缓冲方式，端口地址为 $PORT_A$。

```
       MOV  DX, PORTA          ;DAC 0832 端口地址号送 DX
       MOV  AL, 0FFH           ;设转换初值
NEXT:  INC  AL
       OUT  DX, AL             ;往 DAC 0832 输出数据
```

```
        JMP  NEXT
```

【例 11-2】 试编写一段程序,要求利用 DAC 0832 产生一个可以通过延时子程序 DELAY 控制锯齿波周期的电压。

```
        MOV  DX, PORT_A                 ;PORT_A 为 DAC 0832 端口地址号
        MOV  AL, 0FFH                   ;设转换初值
NEXT:   INC  AL
        OUT  DX, AL                     ;往 DAC 0832 输出数据
        CALL DELAY                      ;调用延时子程序
        JMP  NEXT
        MOV  CX, DATA                   ;设延迟常数
DELAY:  LOOP DELAY
        RET
```

【例 11-3】 试编写一段程序,利用 DAC 0832 产生一个三角波电压,波形下限的电压为 0.5V,上限的电压为 2.5V。

由于 8 位的 DAC 0832 在 5V 电压时对应的数字量为 256,故每一个最低有效位对应的电压为: 1LSB = 5V/256 = 0.019V。

下限电压对应的数据为:

$$0.5\text{V}/0.019\text{V} = 26 = 1\text{AH}$$

上限电压对应的数据为:

$$2.5\text{V}/0.019\text{V} = 131 = 83\text{H}$$

程序段如下。

```
BEGIN:  MOV  AL,  1AH                   ;下限值
UP:     OUT  PORT, AL                   ;D/A 转换
        INC  AL                         ;数值增 1
        CMP  AL,  84H                   ;超过上限否?
        JNZ  UP                         ;未超过,继续转换
        DEC  AL                         ;已超过,则数值减量
DOWN:   OUT  PORT, AL                   ;D/A 转换
        DEC  AL                         ;数值减 1
        CMP  AL,  19H                   ;低于下限否?
        JNZ  DOWN                       ;没有,继续转换
        JMP  BEGIN                      ;低于,转下一个周期
```

参照以上示例,可以利用 D/A 转换器产生各种波形。例如,产生方波时,只需要向 DAC 0832 交替输出两个不同大小的数字量,控制每个数字量保持的时间,即可得到所需占空比的方波波形。又如,产生正弦波时,只需根据正弦函数在程序中给出一个周期的正弦波对应的数字量表(如 32 个或 37 个数据均可),然后顺序将表中各值送至 DAC 0832,即可产生正弦波的波形。

在调速系统和位置伺服控制系统中,常用 D/A 转换器输出来控制直流电动机的转速。此外,D/A 转换器在电子测量中也得到了广泛的应用,它可用来作为程控电源、可控增益放大器以及峰值保持器等。高速 D/A 转换器还用于高分辨率彩色图形接口中。

11.2　ADC 0809 模/数转换器

模/数转换器是一种把模拟信号转换成二进制数字信号的电路。实现模/数转换的电路种类也很多,典型模/数转换器芯片通常都包含 4 种基本信号引脚：模拟信号输入端(单/双极性)、数字量输出端(并行或串行)、转换启动信号输入端和转换结束信号输出端。它们在完成模/数转换的过程中,一般都要经历 4 个步骤：采样、保持、量化和编码。前两步在采样保持电路(S/H)中完成,后两步在 ADC 电路中完成。

ADC 0809 就是一个基于逐位逼近型原理的 8 位单片 A/D 转换器。其片内含有 8 路模拟输入通道,转换时间为 100μs,并内置有三态输出缓冲器,可直接与系统总线相连。

1. ADC 0809 的引脚功能与内部结构

ADC 0809 的外部引脚如图 11-5 所示。共有 28 根引脚,引脚功能如下所示。

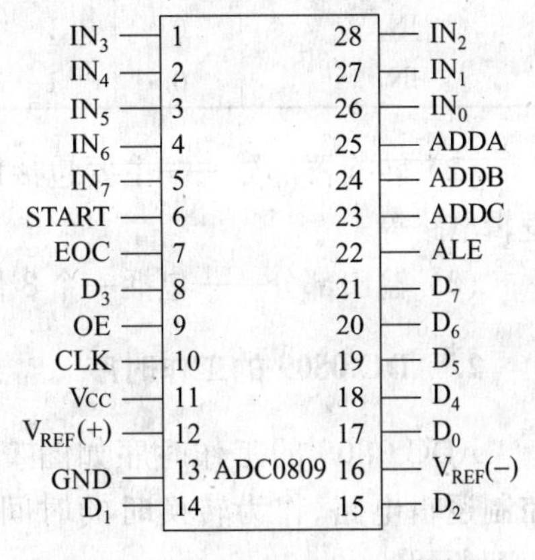

图 11-5　ADC 0809 外部引脚图

- $D_7 \sim D_0$：输出数据线(三态)。
- $IN_0 \sim IN_7$：8 通道模拟电压输入端,可连接 8 路模拟量输入。
- ADDA、ADDB、ADDC：通道地址选择,用于选择 8 路中的一路输入。ADDA 为最低位(LSB),ADDC 为最高位,这 3 个引脚上所加电平的编码为 000 ~ 111,分别对应于选通通道 $IN_0 \sim IN_7$。
- ALE：通道地址锁存信号,用于锁存 ADDA ~ ADDC 端的地址输入,上升沿有效。
- START：启动转换信号输入端,下降沿有效。在启动信号的下降沿,启动变换。
- EOC：转换结束状态信号。平时它为高电平,当其正在转换时为低电平,转换结束时,它又变为高电平。此信号可用于查询或作为中断申请。
- OE：输出(读)允许(打开输出三态门)信号,高电平有效。在其有效期间,即打开输出缓冲器三态门,CPU 将转换后的数字量读入。
- CLK：时钟输入(外接时钟频率为 10kHz ~ 1.2MHz)。ADC 0809 典型的时钟频率为 640kHz,转换时间是 100μs。
- $V_{REF}(+)$、$V_{REF}(-)$：基准参考电压输入端。通常将 $V_{REF}(-)$接模拟地,参考电压从 $V_{REF}(+)$接入。

ADC 0809 的内部结构如图 11-6 所示,它由 3 部分组成。

(1) 模拟输入选择部分——包括一个 8 路模拟开关和地址锁存与译码电路。输入的 3 位通道地址信号由锁存器锁存,经译码电路译码后控制模拟开关选择相应的模拟输入。地址译码与输入通道的关系如表 11-1 所示。

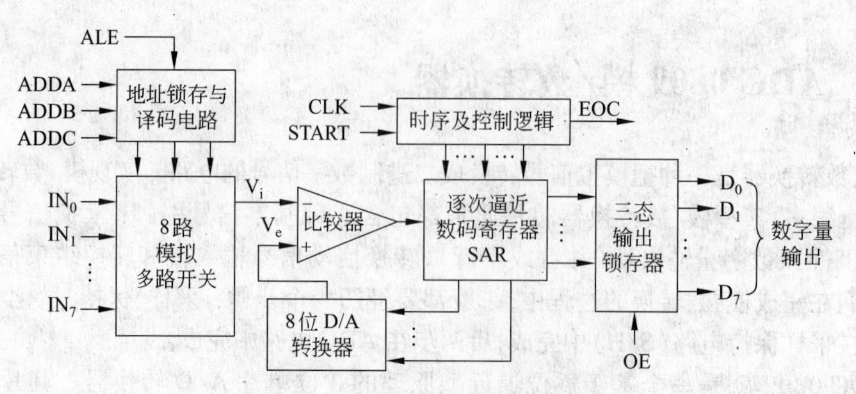

图 11-6　ADC 0809 的内部结构框图

表 11-1　通道地址与对应模拟输入通道

对应模拟输入通道	ADDC	ADDB	ADDA	对应模拟输入通道	ADDC	ADDB	ADDA
IN_0	0	0	0	IN_4	1	0	0
IN_1	0	0	1	IN_5	1	0	1
IN_2	0	1	0	IN_6	1	1	0
IN_3	0	1	1	IN_7	1	1	1

(2) 转换器部分——主要包括比较器,8 位 D/A 转换器,逐位逼近寄存器以及控制逻辑电路等。

(3) 输出部分——包括一个 8 位三态输出锁存器。

2. ADC 0809 的工作时序

ADC 0809 的工作时序如图 11-7 所示。外部时钟信号通过 CLK 端进入其内部控制逻辑电路,作为转换时的时间基准。由时序图可以看出 ADC 0809 的工作过程如下所示。

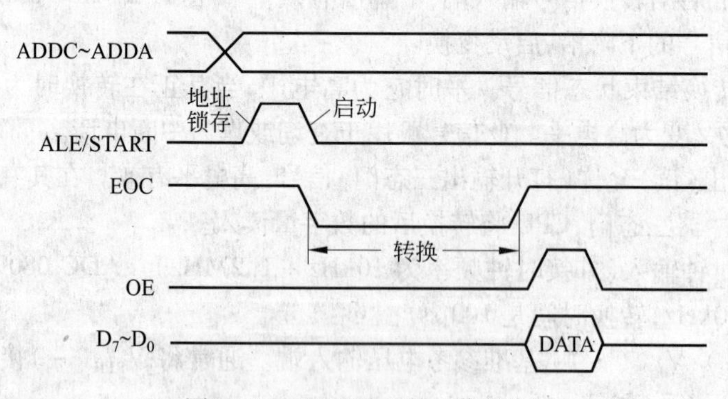

图 11-7　ADC 0809 的工作时序

(1) 由 CPU 首先把 3 位通道地址信号送到 ADDC,ADDB,ADDA 上,选择模拟输入。

(2) 在通道地址信号有效期间,由 ALE 引脚上的一个脉冲上升沿信号,将输入的 3 位通道地址锁存到内部地址锁存器。

（3）START 引脚上的上升沿脉冲清除 ADC 寄存器的内容，被选通的输入信号在 START 的下降沿到来时就开始 A/D 转换。

（4）转换开始后，EOC 引脚呈现低电平，一旦 A/D 转换结束，EOC 又重新变为高电平表示转换结束。

（5）当 CPU 检测到 EOC 变为高电平后，则执行指令输出一个正脉冲到 OE 端，由它打开三态门，将转换的数据读取到 CPU。

3. ADC 0809 与系统的连接方法

1）模拟信号输入端 IN_i

模拟信号分别连接到 $IN_7 \sim IN_0$。当前若要转换哪一路，则通过 ADDC ~ ADDA 的不同编码来选择。

在单路输入时，模拟信号可固定连接到任何一个输入端，相应地，地址线 ADDA ~ ADDC 将根据输入线编号固定连接（高电平或低电平）。如输入端为 IN_4，则 ADDC 接高电平，ADDB 与 ADDA 均接低电平。

在多路输入时，模拟信号按顺序分别连接到输入端，要转换哪一路输入，就将其编号送到地址线上（动态选择）。

2）地址线 ADDA ~ ADDC 的连接

多路输入时，地址线不能固定连接，而是要通过一个接口芯片与数据总线连接。接口芯片可以选用锁存器 74LS273、74LS373 等（要占用一个 I/O 地址），或选用可编程并行接口 8255（要占用 4 个 I/O 地址）。ADC 0809 内部有地址锁存器，CPU 可通过接口芯片用一条 OUT 指令把通道地址编码送给 0809。地址线 ADDA ~ ADDC 的连接方法如图 11-8 所示。

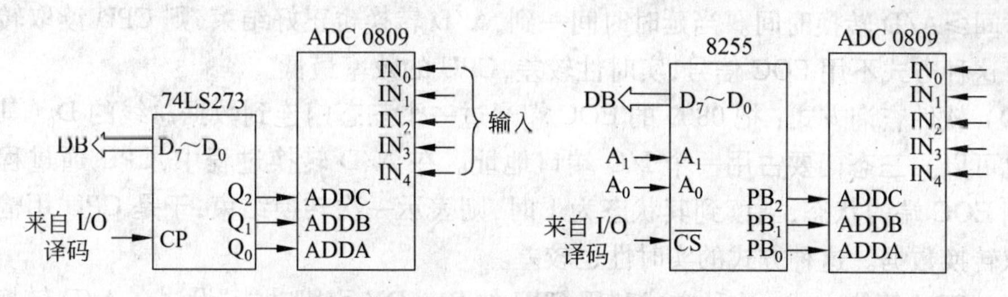

图 11-8 ADC 0809 地址线的连接

3）数据输出线 $D_7 \sim D_0$ 的连接

ADC 0809 内部已有三态门，故可直接连到 DB 上；另外，也可通过一个输入接口与 DB 相连。这两种方法均需占用一个 I/O 地址。ADC 0809 数据输出线的连接如图 11-9 所示。

4）地址锁存 ALE 和启动转换 START 信号的连接

地址锁存 ALE 和启动转换 START 信号线有以下两种连接方法。独立连接：用两个信号分别进行控制，这时需占用两个 I/O 端口或两个 I/O 线（用 8255 时）。统一连接：由于 ALE 是上升沿有效，而 START 是下降沿有效，所以 ADC 0809 通常可采用脉冲启动方式，将 START 和 ALE 连接在一起作为一个端口看待，先用一个脉冲信号的上升沿进行地

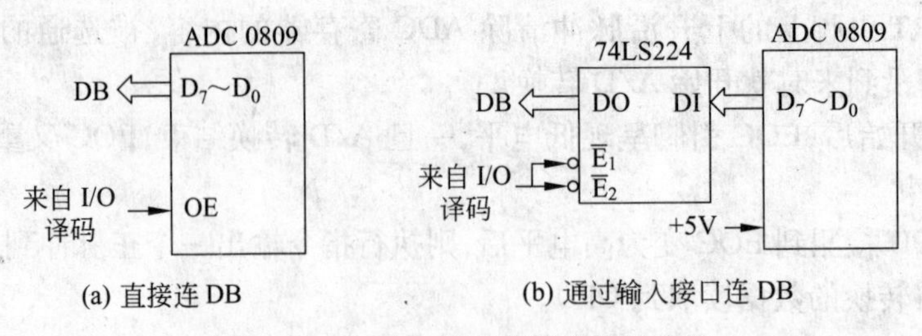

(a) 直接连 DB　　(b) 通过输入接口连 DB

图 11-9　ADC 0809 数据输出线的连接

址锁存,再用下降沿实现启动转换,这时只需占用一个 I/O 端口或一条 I/O 线(用 8255 时)。其连接方法如图 11-10 所示。

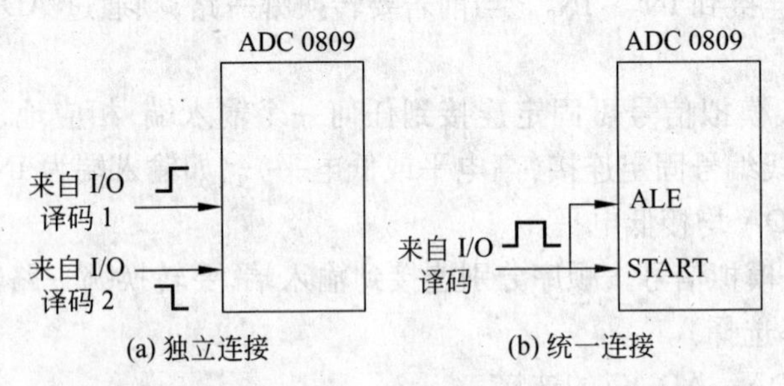

(a) 独立连接　　(b) 统一连接

图 11-10　地址锁存 ALE 和 START 信号的连接方法

5）转换结束 EOC 端的连接

判断一次 A/D 转换是否结束有以下几种方法。

(1) 延时方法：采用软件延时等待(如延时 1ms)时,要预先精确地知道完成一次 A/D 转换所需要的时间,这样,在 CPU 发出启动命令之后,执行一个固定的延迟程序,使延时时间≥A/D 转换时间。当延时时间一到,A/D 转换也正好结束,则 CPU 读取转换的数据。这种方式不用 EOC 信号,实时性较差,CPU 的效率最低。

(2) 软件查询方式：把 0809 的 EOC 端通过一个三态门连到数据总线的 D_0(其他数据线也可以),三态门要占用一个 I/O 端口地址。在 A/D 转换过程中,CPU 通过程序不断查询 EOC 端的状态,当读到其状态为 1 时,则表示一次转换结束,于是 CPU 用输入指令读取转换数据。这种方式的实时性也较差。

(3) CPU 等待方式：这种方式利用 CPU 的 READY 引脚功能,设法在 A/D 转换期间使 READY 处于低电平,以使 CPU 停止工作,而在转换结束时,则使 READY 成为高电平,CPU 读取转换数据。

(4) 中断方式：用中断方式时,把转换结束信号(ADC 0809 的 EOC 端)作为中断请求信号接到中断控制器 8259A 的中断请求输入端 IR_i,当 EOC 端由低电平变为高电平时(转换结束),即产生中断请求。CPU 在收到该中断请求信号后,读取转换结果。这种方式由于避免了占用 CPU 运行软件延时等待或查询时间,故 CPU 效率最高。

4. ADC 0809 的一个连接实例

图 11-11 给出了 ADC 0809 与系统的一个连接实例。

在图 11-11 中,检测 ADC 0809 转换结束的程序举例如下。

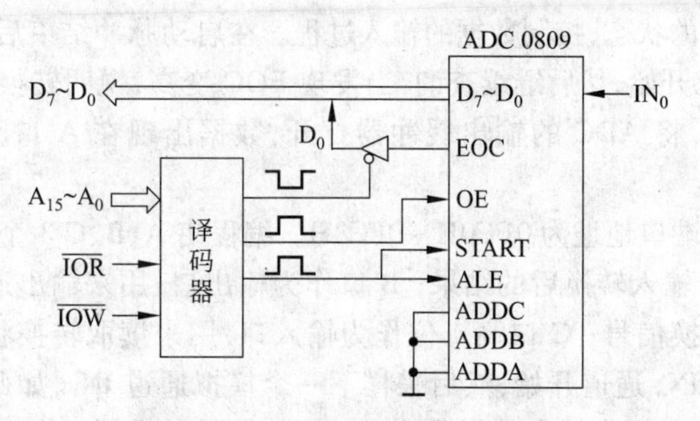

图 11-11 ADC 0809 的一个连接实例

1）延时等待的方法

```
⋮
MOV   DX,  START_PORT
OUT   DX,  AL                                    ;启动转换
CALL  DELAY_1MS                                  ;延时 1ms
MOV   DX,  OUT_PORT
IN    AL,  DX                                    ;读入结果
⋮
```

2）查询 EOC 状态的方法

【例 11-4】 图 11-12 所示是一个用 8255A 控制 ADC 0809 完成数据采集的系统方案设计图，它能方便地将 ADC 接口到 8086 的系统总线，并采用查询法检测转换结束标志。

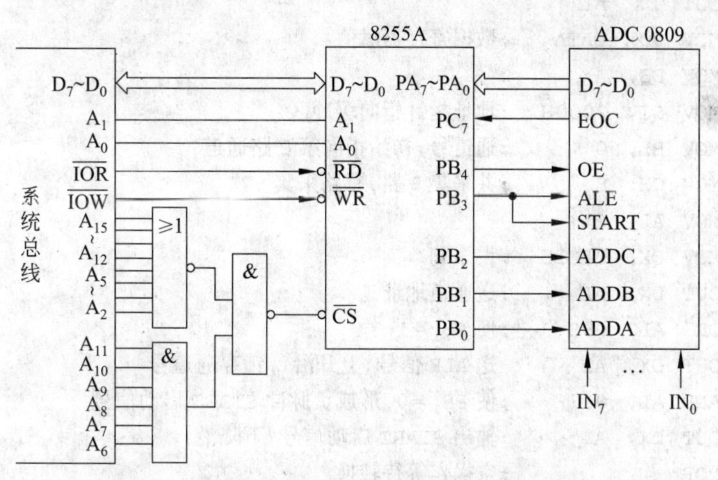

图 11-12 用 8255A 控制 ADC 0809 数据采集系统方案设计图

图 11-12 中，将 ADC 0809 的数据线 $D_7 \sim D_0$ 接到 8255A 的 PA 口，而将 ADC 的 EOC 端接 8255A 的 PC_7，用来检测 ADC 0809 是否转换结束。ADC 的 OE 端接 PB_4，保证当 $PB_4 = 1$ 时将转换后的数字信号送上数据线 $D_7 \sim D_0$ 并读入 CPU。START 和 ALE 与 PB_3 相连，由 CPU 控制 PC_3 发通道号锁存信号 ALE 和启动信号 START，$PB_2 \sim PB_0$ 输出 3 位通道号地址信号 ADDC，ADDB，ADDA。EOC 输出信号和 PC_7 相连，

CPU 通过查询 PC_7 的状态,控制数据的输入过程。在启动脉冲结束后,先要查到 EOC 为低电平,表示转换已开始,然后继续查询,当发现 EOC 变高,说明转换已结束。当转换结束时使 OE 也变高,将 ADC 的输出缓冲器打开,数据出现在 A 口上,可由 IN 指令读入 CPU。

假设 8255A 的端口地址为 0FC0H ~ 0FC3H。编程使 A、B、C 3 个端口均工作在方式 0,A 口作为输入口,输入转换后的结果; B 口作为输出口,用来输出通道地址、发出地址锁存信号和启动转换信号; C 口高 4 位作为输入口,用来读取转换状态,低 4 位没有使用。转换模拟量从 IN_0 通道开始,然后采样下一个模拟通道 IN_1,如此循环,直至采样完 IN_7 通道。采样后的数据存放在数据段中以 2000H 开始的数据区中。

8 路模拟量的循环数据采集程序如下。

```
DATA    SEGMENT
        ORG  2000H
AREA    DB 10 DUP(?)
DATA    ENDS
STACK   SEGMENT
        DB 20 DUP(?)
STACK   ENDS
CODE    SEGMENT
        ASSUME DS: DATA,SS: STACK,CS: CODE
START:  MOV  AL, 98H      ;设 8255A 的 A,B,C 口均为方式 0,A 口入,B 口出,C 口高 4 位入
        MOV  DX, 0FC3H
        OUT  DX, AL
        MOV  AX, DATA     ;数据寄存器赋值
        MOV  DS, AX
        MOV  SI, 2000H    ;地址指针指向缓冲区
        MOV  BL, 0        ;通道号,初始指向第 0 路通道
        MOV  CX, 8        ;共采集 8 路,每路采集一次
AGAIN:  MOV  AL, BL
        MOV  DX, 0FC1H    ;设 B 口
        OUT  DX, AL       ;送通道地址
        OR   AL, 08H      ;使 PB3 =1
        OUT  DX, AL       ;送 ALE 信号(上升沿),锁存通道号
        AND  AL, 0F7H     ;使 PB3 =0,形成负脉冲 START 启动信号
        OUT  DX, AL       ;输出 START 启动信号(下降沿)
        NOP               ;空操作等待转换
        MOV  DX, 0FC2H    ;选 C 端口
WAIT:   IN   AL, DX       ;读 C 口的 PC7 (即 EOC)状态
        AND  AL, 80H      ;保留 EOC 的状态值
        JZ   WAIT         ;若 EOC =0,则等待
        MOV  DX, 0FC1H    ;若 EOC =1,则转换结束,选 B 口
        MOV  AL, BL       ;选通道
        OR   AL, 10H      ;使 PB4 =1
        OUT  DX, AL       ;当检测 EOC =1 时则输出读允许信号 OE(=1)
```

```
MOV DX, 0FC0H   ;选 A 口
IN  AL, DX      ;由 A 口读入转换数据
MOV [SI], AL    ;将转换后的数字量送内存数据区
INC SI          ;修改数据区指针
INC BL          ;修改通道号
LOOP AGAIN      ;若未采集完则再采集下一路模拟量输入
MOV DX, 0FC1H   ;若 8 路数据已采集完毕,再选 B 口
MOV AL, 0       ;重新设通道 0
OUT DX, AL      ;送通道号后则返回初始化状态
HLT
```

习题 11

11-1　A/D 和 D/A 转换器在微机应用中起作用?

11-2　ADC 中的转换结束信号(EOC)起什么作用?

11-3　如果 0809 与微机接口采用中断方式,试问 EOC 应如何与微处理器连接?程序又应做什么改进?

11-4　DAC 0832 有哪几种工作方式?每种工作方式适用于什么场合?每种方式是用什么方法产生的?

11-5　当 DAC 与 CPU 连接时,如果 CPU 的数据总线的位数小于 DAC 的位数,是否需要采用多级缓冲结构?为什么?

11-6　ADC 0809 与 CPU 连接时,其模拟输入通道的地址选择线由 CPU 提供。为了确保它对输入信号的可靠转换,是否需要在它们之间加上地址锁存器?

11-7　设待转换的数据为 DATA,DAC 0832 端口地址为 PORT,工作于单缓冲方式下,试写出完成 D/A 转换的程序段。

11-8　设 DAC 0832 工作于单缓冲方式,其口地址为 PORT,参考电压 $V_{ref}=10V$,用下列程序产生一规则波形:

```
      XOR  AL,   AL
LOP:  OUT  PORT, AL
      INT  AL
      CMP  AL,   30H
      JNE  LOP
      XOR  AL,   AL
      JMP  LOP
```

指出此规则波形是什么形式的波性?并计算出该波形的幅值是多少(取 3 位有效数字)?

第12章 多媒体外部设备及接口卡

【学习目标】

多媒体硬件系统主要由多媒体计算机的主机、多媒体外部设备以及接口卡三部分组成。本章将主要介绍常见的多媒体输入输出设备和接口卡。

【学习要求】

- 了解键盘、鼠标、触摸屏、数码相机/数码摄像机、扫描仪等输入设备。
- 熟悉显示器、打印机等输出设备。
- 了解显卡的内部结构组成及主要性能参数。

12.1 输入设备

输入设备是用户和计算机系统之间进行信息交换的主要装置之一,可将数据、程序、文字符号、图片、音频、视频等多媒体信息及各种指令输入计算机内。常见的输入设备有键盘、鼠标、触摸屏、数码相机/数码摄像机、摄像头、扫描仪、语音输入装置等。

12.1.1 字符输入设备——键盘

键盘是最常用也是最主要的输入设备。自 IBM PC 推出以来,键盘经历了 84 键和 101 键两种。Windows 95/98 面世后,在 101 键盘的基础上改进成了 104 键盘和 107 键盘。

1. 键盘的接口

键盘主要是通过 PS/2 接口或 USB 接口与计算机相连。PS/2 接口是键盘和鼠标的专用 6 针圆形接口,如图 12-1 所示。主板上提供两个 PS/2 接口。一般情况下,符合 PC99 规范的主板,其键盘的接口为紫色,鼠标的接口为绿色。

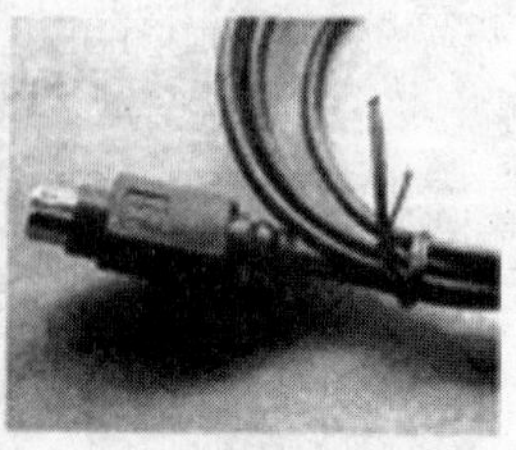

图 12-1　PS/2 接口插座与插头的样式

USB 键盘接口具有即插即用、支持热插拔的优点。各种键盘接口中间也可通过特定的转接头或转接线实现转换,如 USB 转 PS/2 转接头等。

2. 特色键盘

键盘设计较多样化，有传统标准型键盘、防水键盘、无线键盘和人体工程学键盘等。

1）手写键盘

手写键盘是键盘加手写板的结合产品。一般是把键盘右边的小键盘省略了，以手写板来替代，也有的是直接在小键盘的下方加上手写板。这种键盘一般适合打字速度不快或者从事美术创作的人使用。

2）人体工程学键盘

若长时间从事键盘操作，往往产生手腕、手臂、肩背的疲劳，人体工程学键盘就是为了解决这个问题而研发的。它在设计和制造方面参照了人体的生理解剖功能，将键盘呈一定角度展开，以适应人手的角度，可以有效地减少腕部疲劳。

3）多媒体键盘

多媒体键盘大多是在 107 键键盘的基础上添加了一些具有特殊功能的快捷键，如 CD 播放、视频播放、音量调节、键盘软开关计算机、休眠启动、启动 IE、资源管理器等，从而扩展了键盘功能。

多媒体键盘给人带来了一些新意，对于注重个性化设计的用户，可以考虑这类键盘。

4）无线键盘

无线键盘是通过一个 USB 无线接收器与计算机连接，从而实现对计算机的操作和控制目的。有红外线型和无线电型两种。

红外线型是通过红外线来传播信号。这类键盘的方向性要求比较严格，尤其对水平位置比较敏感；无线电型相对红外线型使用更灵活。不过，无线电的抗干扰能力较差。一般的无线键盘带有多频率的转换装置，若出现干扰，可以方便地更换频率。

5）集成鼠标的键盘

这类键盘和笔记本计算机的键盘很类似，一般在键盘上集成的鼠标多以轨迹球和压力感应板的形式出现。

3. 键盘的选购

1）操作手感

键盘按键的手感和舒适度对于使用者比较重要。好的键盘应该弹性适中，按键无晃动，弹起速度快，灵敏度高，按下与弹起时接近无声。

2）类型

对于长期敲打键盘的人，从舒适度方面，可选择符合人体工程学的键盘设计；对于注重方便、快捷、个性化的用户，可考虑增加了许多功能按键的多媒体键盘等。

3）做工

键盘的做工直接影响到它的使用寿命与对手指所造成的伤害。做工好的键盘应该是用料讲究、研磨好、无毛刺、无异常凸起，以及键帽上的字母印刷清晰、耐磨程度好。此外，还需要对键盘的每个键位进行敲击和观测，检查其按下和弹起是否正常，有无弹起后歪斜的现象。有些较好的键盘还采用了导水槽设计减少进水造成的可能损害。

需要指出的是选用品牌键盘较重要。因品牌键盘重视键盘的触感、外观人体工程学设计以及售后服务等关键问题。

12.1.2 图形输入设备

常见的图形输入设备有鼠标、触摸屏、游戏控制器和光笔等。

1. 鼠标

在输入设备中,除了键盘之外,另一个常用的输入设备就是鼠标。鼠标是通过移动光标实现选择操作的,在图形化界面的操作系统中,具有简单易用、操作灵活的特点。通过鼠标可以轻松地进行大部分操作。

1) 接口类型

鼠标接口有两种：PS/2 接口和 USB 接口。通常主板上提供的 2 个 PS/2 接口中,鼠标接口为绿色。

USB 接口的优点是数据传输率高,能满足各种鼠标在刷新率和分辨率方面的要求,使中高档鼠标能发挥其性能,并支持热插拔。

2) 种类介绍

按照工作原理和构造的不同,可将鼠标分为机械鼠标、光电鼠标、无线鼠标和 3D 鼠标等。

(1) 机械鼠标。

机械鼠标主要由滚球、辊柱和光栅信号传感器组成。当拖动鼠标时,带动滚球转动,滚球又带动辊柱转动,装在辊柱端部的光栅信号传感器产生的光电脉冲信号反映鼠标器在垂直和水平方向的位移变化,再通过程序的处理和转换控制屏幕上光标箭头的移动。

(2) 光电鼠标。

光电鼠标是通过检测鼠标的位移,将位移信号转换为电脉冲信号,再通过程序的处理和转换控制屏幕上的鼠标箭头的移动。光电鼠标因其具有定位精度高、可靠性好、使用免维护等优点,已成为主流的鼠标类型。

(3) 无线鼠标和 3D 鼠标。

无线鼠标和 3D 振动鼠标都是比较新的鼠标。无线鼠标是为了适应大屏幕显示器而生产的。所谓“无线”,即没有电线连接,而是采用 2 节七号电池无线遥控,鼠标器有自动休眠功能,接收范围在 1.8 米以内。

3D 振动鼠标是一种新型的鼠标,它不仅可以当作普通的鼠标使用,而且具有以下几个特点:

① 具有全方位立体控制能力。有前、后、左、右、上、下 6 个移动方向,而且可以组合出前右、左下等的移动方向。

② 外形和普通鼠标不同。一般由一个扇形的底座和一个能够活动的控制器构成。

③ 具有振动功能。即触觉回馈功能(玩某些游戏时,当被敌人击中,会感觉到鼠标也会振动)。

另外,鼠标还可按外形分为两键鼠标、三键鼠标、滚轴鼠标和感应鼠标。两键鼠标和三键鼠标的左右按键功能完全一致,三键鼠标的中间按键在使用某些特殊软件时(如 AutoCAD 等)会起一些作用;滚轴鼠标和感应鼠标在笔记本计算机上用得很普遍。

3）性能指标

鼠标的主要性能指标有采样频率和分辨率两个方面。对于普通用户，这些性能参数的差异在实际使用过程中不会产生太明显的影响；而对于图形设计者或游戏玩家而言，采样频率和分辨率高的鼠标可以提供更精确的定位。

（1）采样频率。

鼠标采样频率是指每秒钟能采集和处理的图像数量，单位是“帧/秒”，如高端鼠标的采样频率达到了4000帧/秒。采样频率越高，鼠标指针的定位能力就越强。对于游戏玩家，一款高采样频率的鼠标，能保证在游戏中不丢帧。

（2）分辨率。

分辨率（Dots Per Inch，DPI）是指鼠标内的解码装置所能辨认每英寸长度内的点数，它是衡量鼠标移动精确度的标准。分辨率高表示光标在显示器屏幕上的移动定位较准且移动速度较快。机械式鼠标的DPI一般有100、200、300几种；光电鼠标则超过了400DPI，目前主流的已经达到800DPI。

4）鼠标的选购

鼠标的分辨率是选购的一个重点，高分辨率的鼠标其定位准确，移动速度也较快；手感（如鼠标的大小、形状、材质以及按键的弹性、键程等）的舒适度也是选购鼠标的一个因素。一般衡量一款鼠标手感的好坏，试用是最好的办法。手握时感觉轻松、舒适且与手掌面贴合，按键轻松而有弹性，移动流畅。另外，名牌大厂的鼠标产品，其质保期长，售后服务质量好。

2. 触摸屏

触摸屏技术进入我国虽只有10多年的时间，但已逐渐成为继键盘、鼠标、手写板、语音输入后的一大新的输入方式。通过该技术，使用者只需要用手指触碰计算机显示屏上的图标或文字就能实现与计算机之间的人机交流，极大地方便了用户。它不仅输入简单、直观、方便，且具有坚固耐用、反应速度快、节省空间、易于交流等许多优点。配合识别软件，触摸屏还可以实现手写输入，如图12-2所示。

图12-2　触摸屏

1）工作原理

触摸屏由触摸检测部件和触摸屏控制器组成。触摸检测部件安装在显示器屏幕前面，用于检测用户触摸位置，接受后送触摸屏控制器；触摸屏控制器的主要作用是从触摸点检测装置上接收触摸信息，并将它转换成触点坐标，再送给CPU，它同时能接收CPU发来的命令并加以执行。

2）主要类型

根据传感器的类型不同，触摸屏可分为红外线触摸屏、电阻式触摸屏、表面声波触摸屏、电容式触摸屏、近场成像触摸屏5种类型。

3）发展趋势

目前，触摸屏应用范围已变得越来越广泛，从工业用途的工厂设备的控制/操作系统、公共信息查询的电子查询设施（如商场、宾馆、娱乐场所、邮电局、税务局、电力局等）、商业用途的银行自动柜员机、应用于军事中的指挥系统、多媒体教学、房地产预售等,迅速扩展到手机、PDA、GPS(全球定位系统)、MP3,数码相机/摄像机,甚至平板计算机等大众消费电子领域。展望未来,触控操作简单、便捷,人性化的触摸屏有望成为人机互动的最佳界面而迅速普及。

3. 游戏控制器

游戏控制器从通用性上可分为普通控制器和专业控制器,包括飞行游戏的飞行摇杆、赛车游戏的方向盘、射击游戏的特制鼠标、3D 游戏中的 3D/VR 游戏杆等。

普通游戏控制器的标准造型为左手方向右手按钮。这类手柄比较适合足球、篮球和格斗游戏。

飞行游戏摇杆的绝大多数设计了回力机构以突出游戏的真实性。它的用途很广,几乎适合所有的游戏。选用时,可试握摇杆,看大小是否适合,移动起来是否灵活,握感是否舒适等。

赛车方向盘是所有摇杆中发展最晚的,一般来说,其外形如同汽车的驾驶系统,有方向盘、喇叭、挂挡等,只适合赛车游戏。

跳舞毯其实是一种放大了的游戏手柄。它的功能和普通手柄几乎一样,只不过形状特殊。

4. 光笔

光笔由透镜、光导纤维、光电元件、放大整形电路和接触开关组成,是较早用于绘图系统的交互输入设备。光笔和图形软件相配合,可以在屏幕上完成绘图、修改图形和变换图形等复杂功能。

12.1.3 图像输入设备

1. 扫描仪

扫描仪是一种捕获图像并将之转换为计算机可以显示、编辑、存储和输出的数字化输入设备。照片、文本页面、图纸、美术图画、照相底片、菲林软片,甚至纺织品、标牌面板、印制板样品等都可作为扫描对象。

扫描仪属于计算机辅助设计(CAD)中的输入系统,通过安装了相应专业软件的计算机和输出设备(激光打印机、激光绘图机),可组成印前计算机处理系统,适用于办公自动化(OA),广泛应用在标牌面板、印制板、印刷行业等。

1) 扫描仪的分类

根据扫描仪扫描介质和用途不同,扫描仪可分为多个种类,目前市面上的扫描仪大体分为平板式扫描仪和手持式扫描仪。

(1) 平板式扫描仪。

平板式扫描仪就是指日常使用的扫描仪,通过 USB 接口或并口与计算机连接,具有扫描速度快,扫描精度高的特点,广泛应用于平面设计、广告制作、办公应用等多个领域。

(2) 手持式扫描仪。

手持式扫描仪是利用光电原理将条码信息转化为计算机可接受信息的输入设备。常用于图书馆、医院、书店以及超市等，作为快速登记或结算的一种输入手段，对商品外包装上或印刷品上的条码信息直接阅读，并输入到联机系统中。

它通常带有一个发光装置，将光线照射到条码上，用光敏元件接收反射光。由于深浅不同的线条反射的光强度不同，得到高低不同的电平信号，经译码装置转换为一组数字信号，具有体积小、重量轻、携带方便等特点。

(3) 其他扫描仪。

有些扫描仪专用于识别特殊的记号等，如 MICR 和 OMR 等。

① MICR 识别器在银行中用于自动读出支票底部的特别数字。这种识别器能读出一些特性墨迹（内有磁化粒子）。

② OMR 光标阅读机能快速大批量录入机读卡、答题卡中的信息。

2) 扫描仪的技术指标

(1) 分辨率（扫描精度）。

扫描分辨率是扫描仪最主要的技术指标之一，单位为 DPI。扫描仪的分辨率越高，扫描精度也越高。

(2) 扫描速度。

扫描速度指扫描仪将原件扫描入计算机并由计算机完成处理这个过程的完成速度。在保证扫描质量的前提下，扫描速度越快越好。

(3) 扫描幅面。

扫描幅面即最大扫描面积，常见的有 A4、A3、A0 幅面等。

(4) 色彩位数/灰度级。

色彩位数指扫描仪能够扫描出的颜色种类数。目前，常见的彩色扫描仪可以支持 36 位色的真彩色。扫描仪的灰度级直接反映扫描仪在扫描时提供的明暗层次的范围，范围越大，捕捉到的图像的层次就越丰富，图像也就越精细。

3) 扫描仪的主要用途

扫描仪的应用很广泛，常见的如：①可在文档中集成视觉信息（如美术元素和图片等），使媒体信息的表达更有效；②将已印刷的文本（如报纸或书籍中的内容）扫描输入到文字处理软件中，免去重新录入字符；③对印制版、面板标牌样品扫描到计算机中，可实现汉字面板和复杂图标的自动录入，对该板进行布线图的设计、编辑和复制，提高抄板效率；④在多媒体产品中添加图像等。

2. 数码相机

1) 工作原理

数码相机把进入镜头照射于电荷耦合器件上的光影信号转换为电信号，再经模/数转换器处理成数字信息，通过数字信号处理器（DSP），将数字电信号按特定的技术格式处理成数字影像文件，存储到相机内的磁介质中，如图 12-3 所示。

图 12-3　数码照相机

2）主要性能指标

（1）像素值。

像素指数码相机的分辨率，是由相机里光电传感器上的光敏元件数目所决定的，像素值越高，意味着光敏元件越多，即拍摄出来的相片越细腻。市场上主流数码相机的像素值从200万~500万、600万不等，专业数码相机甚至能够达到2200万。对于普通消费者，日常拍摄所用的数码相机，像素在200万~500万之间就足够了。

（2）变焦。

变焦分为光学变焦和数码变焦两种。几乎所有数码相机的变焦方式都是以光学变焦为先导，待光学变焦达到其最大值时，才以数码变焦为辅助变焦的方式，继续增加变焦的倍率。

（3）传感器尺寸。

传感器尺寸即感光芯片尺寸。传感器尺寸与其有效像素值，共同决定了数码相机的成像质量。在有效像素值相同的情况下，感光芯片尺寸越大，照相机在感光灵敏度、动态范围、色彩还原、景深控制等方面便具备更好的效果。目前，出于控制相机成本和缩小体积等因素的考虑，多数数码照相机感光芯片的尺寸较小。

（4）分辨率。

分辨率是数码相机的一项重要性能指标。数码相机分辨率的高低主要由感光芯片上有效像素值决定。数码相机分辨率越高，相机档次越高，但高分辨率的相机生成的数据文件很大，对加工、处理、存储等过程都有较高要求。因此，用户不必过分追求高分辨率。

（5）存储方式和容量。

数码相机移动式存储器的类型主要分为磁性材料类、光学介质类和闪存芯片类。其中，闪存芯片类较普遍。闪存芯片类存储卡中的CF卡，有较好的兼容性和可靠性，存储容量大，广泛用于数码单反相机；SD/MMC卡，外形小，存储容量大，读写速度快，除了用于超薄型的数码相机外，还广泛用于数码摄像机、手机、PDA等；记忆棒是SONY公司独家开发的存储卡，主要用于索尼数码相机；此外，XD卡、MS卡、MD卡等也被数码相机采用。

3. 数码摄像机

摄像机技术的发展，经历了真空管、晶体管、集成电路和微电子固体摄像器件等几个阶段，并逐渐呈现出数字化、小型化、智能化的发展趋势，如图12-4所示。

图12-4 数码摄像机

1）分类

根据性能和用途，摄像机大体可分为广播级、专业级和家用级3个质量等级。

广播级摄像机应用于广播电视领域，图像质量最好，性能全面稳定，属于高质量电视摄像机。适合在电视台演播室和现场节目制作的场合下使用。此类摄像机一般体积大、机身重、价格昂贵。

专业级电视摄像机的图像质量较好，在技术指标上与广播级摄像机没有太大差别，主要是元器件的质量等级不同。适用于广播电视制作、新闻采集等机动灵活的摄像工作,同时也被广泛地用于电化教育、闭路电视、工业、交通、医疗等领域。此类摄像机一般体积较小、重量较轻、价格相对低廉。

家用级摄像机属价格便宜、轻便小巧、操作简单、拍摄照度要求低、自动化程度高、功能齐全的摄录一体机,是一种家庭文化娱乐用的摄像机。其中采用先进的内置硬盘为记录媒介的数码摄像机已经开始普及。

2）特点

(1）图像分辨率高。DV 摄像机一般为 500 线以上,高端机型达到 700 线以上。

(2）数码摄像机色彩纯正、影像清晰。色彩及亮度频宽显著提高,信号输出质量接近或达到了专业级标准。

(3）数码摄像机因采用了数字记录视频信号方式,使节目复制、传输和后期制作过程重的信号损失降低。

(4）具有 IEEE 1394 数码输出端子,可方便地将视频图像数据传输到计算机,利用先进的计算机视频处理技术实现非线性后期编辑制作。

(5）多功能化。DV 摄像机也有像数码相机的静态图像拍摄功能,可抓拍静态图像,实现数码摄像机和数码相机的双重功能。另外,在一些 DV 摄像机中还增加了如 MP3、录音笔等实用功能。

(6）外形小巧、便于携带,自动化程度高。DV 摄像机自动平衡调整、自动聚焦、自动增益、电子防抖等先进技术的运用,使 DV 操作更加智能化。

3）数码摄像机的选择

(1）像素。

CCD 像素数是衡量摄像机性能的重要指标,CCD 像素决定着图像的清晰度,因此该指标常成为机型选择首先考虑的指标。一般 CCD 像素在百万左右已经够用。

(2）镜头。

镜头的好坏对于衡量一款数码摄像机的成像质量是非常重要的。首先,高品质的大口径镜头可以得到更大的通光量,从而保证影像的还原效果。其次,选择时也要考虑镜头的光学变焦倍数,光学变焦倍数越大,拍摄的场景大小可取舍的范围就越大,拍摄构图、场景调度也就越方便。可根据日常的拍摄需要,选择够用的就好。

(3）CCD 图像传感器。

CCD 图像传感器是摄像机的核心部件。从理论上讲,CCD 的尺寸越大,意味着数码摄像机的成像质量越好,进而可以得到更加真实的画面。对于使用者来说,选择大尺寸 CCD 或 3CCD 设计的数码摄像机往往可以得到较好的画质。

(4）数码静像拍摄功能。

目前主流数码摄像机都具有拍照功能,要注意的是,由于数码摄像机本身的技术特性和设计要求与数码相机不同,图片质量不能与数码相机相比。所以这种拍照功能,只能当作一种附加功能,而不应成为选购的主要因素。

(5）存储方式。

摄像机的存储媒介有磁带、内置闪存、硬盘等,从 DV 摄像机的发展方向看,内置闪存和硬盘存储技术是今后视频记录发展方向。

(6) 售后服务

数码摄像机是技术含量较高的科技产品,是否能够提供完善、便捷的售后服务是消费者在选择数码摄像机时需考虑的一个重要因素。

4. 数码摄像头

摄像头作为一种视频输入设备,被广泛地运用于视频会议,远程医疗及实时监控等方面。近年来,随着互联网技术的发展,网络速度的不断提高,人们可以彼此通过摄像头在网上进行有影像、有声音的交谈和沟通。另外,人们还可以将其用于当前各种流行的数码影像、影音处理。

1) 分类

摄像头分为数字摄像头和模拟摄像头两大类。数字摄像头可以直接捕捉影像,然后通过 USB 接口传到计算机里。根据摄像头的形态,主要分为桌面底座式、高杆式及液晶挂式 3 种类型。其中因高杆式及液晶挂式的摄像头看起来让图像更美,而成为市场主流。

根据摄像头是否需安装驱动,又可分为有驱型和无驱型摄像头,现无驱型已经成为主流。

2) 工作原理

首先景物通过镜头生成的光学图像投射到图像传感器表面上,转为电信号,经过模数转换转换后变为数字图像信号,送到数字信号处理芯片中加工处理;再通过 USB 接口传输到计算机中处理,通过显示器就可以看到图像了。

3) 选购

选购摄像头时可依据的主要性能指标有图像分辨率、视频捕捉速度(最大帧数)、色彩位数和视场(摄像头能观察到的最大范围)等。

色彩还原性、画面稳定性和画面的层次感,对衡量一款摄像头的品质很重要。消费者可以现场试用样品,看其成像质量是否颜色真实、色彩鲜艳、还原性好,画面是否稳定,能否还原出非常丰富的色彩层次和被摄范围的距离感。

另外,还需关注产品的安全性能,即在使用摄像头的同时确保一定的私密性。建议采用主流厂家的产品。

12.1.4 智能输入装置

1. 绘图板

绘图板(或绘画板、手绘板等)同键盘、鼠标、手写板一样都是计算机输入设备,通常由一块板和一支压感笔组成,如图 12-5 所示。绘画板主要应用于计算机绘画,便于创作者在创作时找到真实绘画的感觉,还可以在 Painter、Photoshop、Maya 等绘图软件的支持下模拟各种各样的绘画工具,如铅笔、毛笔、排笔等,创作出各种风格的作品如油画、水彩画、素描等。

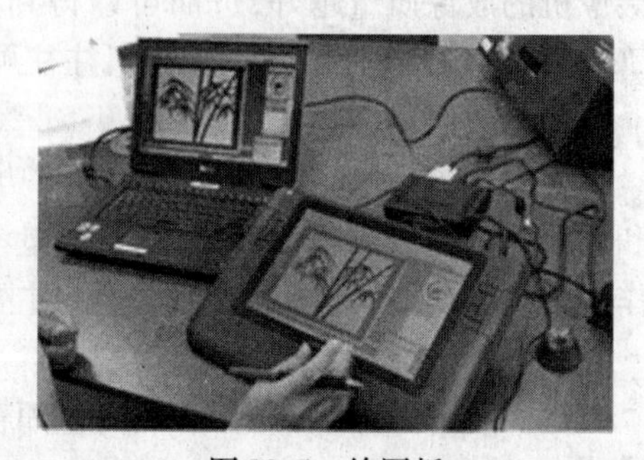

图 12-5 绘图板

国内较知名的绘画板生产厂商是汉王科技，其自主研发的"无线无源"和"微压精密传感"等专利技术，均已达到了国际同行业水平，填补了国内在该项技术上的空白。

1）主要参数

绘图板的主要参数有压力感应、坐标精度、读取速率、分辨率等。其中压力感应级数是关键参数。假设一块绘图板压力感应为1024级，也就是说从起笔压力7～500克力之间，在细微的电磁变化中区分1024个级数，从使用者微妙的力度变化中表现出粗细浓淡的笔触效果，在软件辅助下能够模拟逼真的绘画体验；读取速率高能有效避免断线和折线。

2）绘画板与鼠标的区别

计算机绘画创作中，绘画板拥有无可比拟的优势，而鼠标始终无法达到用笔创作的自由舒适感受。

（1）定位方式。

鼠标是相对定位，绘画板是绝对定位，笔在板上的位置对应了在屏幕上相应的位置，定位更准确。

（2）输入方式。

绘画板是记录轨迹的输入工具，而鼠标很难表现出平滑流畅的线条效果。

（3）压力感应。

鼠标没有压力感应，而绘画板可以让使用者轻松表现笔触粗细浓淡的变化。

3）应用特色

随着科技的进步，绘图板已经大量运用在商业动画、动漫的制作中。例如，《变形金刚》、《星球大战前传》等大片，其中很多恢弘壮大的场面和叹为观止的电影特技，不少镜头是通过绘图板精雕细琢的。可以说，绘图板的出现让绘画作者的成果迅速与计算机相结合，大大缩短了动画、特效电影、广告等产业的制作周期，让更多精品能够更快地呈现出来。

2. 语音识别系统

语音识别技术是让机器通过识别和理解过程，把语音信号转变为相应的文本或命令的高技术。语音识别是一门交叉学科。语音识别系统包括麦克风、声卡和特殊的软件等。根据识别的对象不同，语音识别任务大体可分为3类，即孤立词识别、关键词识别和连续语音识别。

微软公司在Office和Vista中都应用了自己开发的语音识别引擎，微软语音识别引擎的使用是完全免费的，所以产生了许多基于微软语音识别引擎开发的语音识别应用软件。

近20年来，语音识别技术取得显著进步，其应用领域非常广泛。常见的应用系统有语音输入系统，相对于键盘输入方法，它更符合人的日常习惯，也更自然、更高效。语音控制系统，即用语音控制设备的运行，相对于手动控制来说更加快捷、方便，可以用在诸如工业控制、语音拨号系统、智能家电、声控智能玩具等许多领域。智能对话查询系统，根据客户的语音进行操作，为用户提供自然、友好的数据库检索服务，如家庭服务、宾馆服务、旅行社服务系统、订票系统、医疗服务、银行服务、股票查询服务等。

预计未来10年内，语音识别技术将进入工业、家电、通信、汽车电子、医疗、家庭服务、消费电子产品等各个领域。

12.2 图形/图像输出设备

输出设备的任务是把计算机的处理结果或中间结果以数字、字符、图像、声音等多种媒体的形式表示，常见的有显示器、打印机等。

12.2.1 显示器

显示器是计算机最主要的输出设备，是用户与计算机之间的交流窗口，计算机中的所有数据和程序都是通过显示器呈现的。

1. 显示器的分类

显示器按成像原理不同可分为CRT显示器和LCD显示器。CRT显示器的体积较大，价格比较低廉；LCD显示器面板较薄，辐射较小，价格贵些。

1）CRT显示器

CRT显示器是目前使用较广泛的显示器。根据采用显像管的不同，可分为球面显示器和纯平显示器。球面显示器已淘汰，市面上的多为纯平显示器。纯平显示器又可分为物理纯平和视觉纯平两种。

2）LCD液晶显示器

LCD显示器是一种采用了液晶控制透光度技术来实现色彩的显示器，具有无辐射、无闪烁、体积小、能耗低、失真小等优点。一台15英寸LCD显示器的耗电量仅相当于17英寸纯平CRT显示器的三分之一。随着人们对显示要求的不断提高以及LCD价格的不断下降，已逐渐成为主流显示设备。

图12-6和图12-7所示分别为CRT显示器和LCD液晶显示器的样式。

图12-6 CRT显示器的样式

图12-7 LCD液晶显示器的样式

3）其他类

手写屏（也叫书写屏、数码讲台）是将液晶显示器与先进的触摸屏技术合二为一的产品，利用先进的技术手段，将传统的显示终端提升为功能强大的人机交互设备。它的左右两边平面各有5个按键，可以代替键盘和鼠标所有键的功能和组合键。根据技术应用的不同采用专门电磁笔（电磁技术）、普通书写笔或手指（压感或电阻技术），配备专业的书写软件系统，就可以在液晶屏幕上随意书写、批注，不仅可以完成计算机的操作，还可以随时在显示界面上对显示的内容进行实时同步（即可书写亦可操作计算机系统软件）标注，所有的实时注解连同界面上的内容都可以被存储以备打印或分发。在使用和维护上非常方便，只有一根USB线就可将其连接到计算机主机上，无须调校。采用传统的笔式输入，真正地实现了所写即所得的效果，如图12-8所示。

图12-8　手写屏

例如，在远程网络会议中，与视像会议系统结合，会议各方可以在书写屏上任意书写、批注，并通过网络进行数据的实时双向传输。同时，还可将交互式数字书写屏上的图像传输到与会者的计算机，每个与会者都能够各自保存图像，并且将文档以及手写批注等要点加以保存。当然这种借助交互式书写屏系统，共享数据和实时板书的应用也可以在远程教育中充分发挥功能。

可广泛应用于各类会议、教学、远程教育、电视直播、设计分析、商业展示、实时指挥等许多领域，实现了高效、直观、无障碍沟通，从而大大节省了时间，提高了工作效率，降低了交流成本。

2. 液晶显示器的性能参数

LCD显示器的性能参数主要有最佳分辨率、亮度和对比度、响应时间、可视角度和坏点数量等。

1）最佳分辨率

与CRT显示器不同，LCD显示器的分辨率是固定的，称为LCD最佳分辨率，只有在最佳分辨率下，液晶显示器才能显现最佳影像。例如，15英寸LCD的最佳分辨率为1024×768像素，17～19英寸的最佳分辨率通常为1280×1024。

2）亮度和对比度

亮度是LCD显示器的重要指标之一，单位是cd/m^2。由于LCD成像原理与CRT显示器不同，因而亮度一般较CRT显示器低。目前普通LCD显示器的亮度为250～300cd/m^2之间，部分高端产品可达到350 cd/m^2和500cd/m^2。

对比度是指最大亮度值（全白）与最小亮度值（全黑）的比值。高的对比度意味着相对较高的亮度和呈现颜色的艳丽程度。目前LCD显示器的对比度多为200∶1～500∶1，高的可达800∶1。

3）响应时间

响应时间是LCD显示器最重要的性能指标之一，单位是毫秒（ms）。它是指液晶显示器对输入信号反应的速度，即像素由暗转亮或由亮转暗所需要的时间。若响应时间太长，就会出现拖尾现象。通常响应时间达到16ms就不会有明显的拖尾现象。主流显示器的响应时间为8～16 ms，而一些高端液晶产品的响应时间达到了4ms。

4）可视角度

可视角度是指用户可以从不同的方向清晰地观察屏幕上所有内容的角度。可视角度越大，观看的角度越好，LCD显示器的适应性也就越高。以尽可能选择可视角度大的产品为宜。

5）坏点数量

LCD 显示器的坏点是指不论显示器所显示何种图像时,LCD 显示屏上永远显示同一种颜色的一点和几点。坏点分为亮点与暗点。由于坏点是制造 LCD 过程中无法避免的,一般合格产品中坏点数量不大于 3 个。检测坏点时,只要将 LCD 显示器的亮度及对比调到最大调成最小就可轻易找出无法显示颜色的坏点。

12.2.2 打印机

打印机是计算机系统常用的输出设备之一,利用打印机可以打印出各种资料、文档、图形及图像等。目前主流的打印机已是一套完整精密的机电一体化的智能系统。

1. 打印机的分类

市面上的打印机可以分为喷墨打印机、激光打印机、针式打印机以及用于印刷行业的热转印式打印机等。

1）喷墨打印机

喷墨打印机是目前最为常见的打印机,根据产品的主要用途可分为普通型喷墨打印机、数码照片型喷墨打印机和便携式喷墨打印机。随着数码相机的广泛使用,购买打印精度高的照片打印机逐渐增多。

喷墨打印机的优点是噪声低,能打印出逼真的彩色效果,速度快;不足的是打印成本高。

2）激光打印机

激光打印机可分为黑白激光打印机和彩色激光打印机两大类。精美的打印质量、低廉的打印成本、优异的工作效率和极高的打印负荷是黑白激光打印机最突出的优点。

彩色激光打印机具有打印色彩逼真、安全稳定、打印速度快、寿命长、成本较低等优点。

3）其他打印机

打印机还有热转印式、热升华式、染料扩散式等。这些打印机输出质量都非常好,但成本高,速度慢,主要用于出版、制作精美画册、广告和美工等有高档彩色输出的场合。

2. 打印机的选购

喷墨打印机和激光打印机均有各自的特点。喷墨打印机因价格低廉,家庭选用较多;激光打印机具有稳定型、打印速度快、安静等特点,但价格要比喷墨打印机贵很多,办公选用较多。

1）喷墨打印机的选购

(1) 品牌与售后服务。

这是购买喷墨打印机时应该首先考虑的因素,因为好的品牌,其产品质量和信誉度都

会很高,售后服务也就得到了很好的保障。目前,仍是 Epson(爱普生)、Canon(佳能)和 HP(惠普)3 家公司主导着整个打印机市场。

(2) 分辨率和打印质量。

在喷墨打印机中,其打印分辨率的高低直接影响打印的质量。若打印一般文本文件,360DPI 左右的分辨率已能比较清晰的打印;而如果打印图片文件,至少需要 600DPI 以上的分辨率;打印照片的分辨率会要求更高。

(3) 打印幅面与速度。

一般而言,家用型喷墨打印机的幅面几乎都是 A4 的。喷墨打印机的速度相对与激光打印机来说要慢很多。这时由于喷墨打印机的原理造成的。

(4) 打印成本。

表面上喷墨打印机价格远低于激光打印机,不过其墨水的消耗相当大。通常,一个墨盒最多打印几百页,而激光打印机使用的是碳粉墨盒,一般能打印 2800 页以上。

(5) 色彩数。

喷墨打印机是依靠色彩数来决定其最终的彩色打印效果。常见的有 4 色或者 6 色,高端产品还具有 8 色和 10 色的色彩数。

2) 激光打印机的选购

选购激光打印机时,打印质量和打印速度是两条重要的性能指标,其次,还要可靠性、可扩展性和易用性等。此外,整机和耗材的价格也是影响购买的重要因素。

(1) 打印质量。

打印质量是衡量打印机质量的一个重要指标。打印机的打印质量其实是指打印分辨率大小。目前绝大多数产品都已采用 600DPI,还有的产品达到了 1200DPI,或甚至更高。可以把具有 600DPI 及以上分辨率,作为选择的基本条件之一。

(2) 打印速度。

对于激光打印机,其打印速度是以 ppm 为单位。一般个人或小型办公室用的激光打印机在 8 ~12ppm;而如果一台打印机共享的人数在 25 人左右时,应该选用 24ppm 以上的打印机。

(3) 耗材。

激光打印机的耗材是选择打印机需要考虑的一个很重要的问题。激光打印机最常更换的就是感光鼓和碳粉了。弄清配件的价格是非常必要的,对于感光鼓和碳粉来说要看它最多能打印多少张纸,把每张纸的打印成本计算一下。不同产品其中的差别还是很大的。

(4) 售后服务。

注意售后服务这点很重要。可选用知名产家的产品,它们的售后服务质量可信赖。

选购激光打印机还应考虑打印需求情况。若主要是打印一些文稿类的文件,可选购一台黑白激光打印机;而一些彩色打印可另外添置一台彩色喷墨打印机,让它们分工协作,以发挥最大的产业功效。

12.3 输入输出复合设备

12.3.1 传真机

传真机是用来实现传真通信的终端设备，是完成传真通信的工具，如图12-9所示。传真机不仅能传送信息的内容，也能传送信息的形式。如既可以传递文字、数据、图标，还可以传递签名、手迹、印章等。因此，具有特殊的应用价值。

传真机为信息的传递提供了方便、快捷的通信方式，既节约时间、节省费用，又可提高办事效率。

图12-9 传真机

1. 分类

从传真机使用以来，传真机的功能日益齐全，种类日益增多，其分类方法也多种多样。按传递的色调分类有黑白传真机、相片传真机和彩色传真机等；按记录方式分类有热敏纸传真机和普通纸传真机。其中普通纸记录方式主要有3种：热转印记录方式、激光记录方式和喷墨方式。这3种方式中，热转印记录方式价格便宜，但要采用特殊的色带，运行成本较高；激光记录方式不但记录质量高，且具有放大、缩小、复印和指定复印页数的功能，但机器价格较高，主要用于高档机中；喷墨方式也具有较高的记录质量，价格低于激光记录方式的传真机。

2. 传真机的选购

选择传真机通常可根据用户的业务量、使用场合与要求、维修难易程度、可接受的价格等因素综合考虑，是选购便携机、台式机还是激光传真机、喷墨传真机等。

1）业务量不大的小单位及家庭

选用便携式传真机较经济实惠。首先，主要功能均具备，包括发送、接收、复印、打印通信管理报告、一定数量的缩位拨号键和键盘拨打电话等功能；有些还具备发送标记、自动切纸以及录音电话等辅助功能。其次，外形小巧，价格较低。

需要指出的是，有些新型便携机的集成化程度越来越高，所有的功能集成在一块电路板上，维修较难，若出现故障（局部损坏），常需要更换整个电路板，维修费用相对提高。

2）业务量大的大中型企事业单位

可选用中、高档台式传真机。首先，可减少更换记录纸的次数。一般便携式使用的记录纸纸卷较小，而台式机除A4尺寸记录纸外，还有B4尺寸的，且纸卷都较大。其次，性能更好、功能更丰富。如清晰度的调整可达到超精细，传递速度大幅提高，具有几十个缩位拨号键，大容量的存储器用于存储和无纸接收等，这些功能给用户提供许多便利条件。再次，台式机的各种功能一般都分布在不同的电路板上，如图像板、调制解调板、主控板等，维修较方便。

3）要求较高的专业技术部门

可选高档激光传真机。它除了具备台式机的所有功能外，还有其他一些特殊功能，如超强图像处理功能以及更大容量存储能力等。

12.3.2 多功能一体机

常见的多功能一体机有两种，一种涵盖了3种功能，即打印、扫描和复印；另一种涵盖了4种功能，即打印、扫描、复印和传真，如图12-10所示。

多功能一体机虽然有多种的功能，但是打印技术是多功能一体机基础功能，因为无论是复印功能还是接收传真功能的实现都需要打印功能支持才能够完成。因此多功能一体机可以根据打印方式分为“激光型产品”和“喷墨型产品”两大类。并且同普通打印机一样，喷墨型多功能一体机的价格较为便宜，同时能够以较低的价格实现彩色打印，但是使用时的单位成本较高；而激光型多功能一体机的价格较贵，而它的优势在于使用时的单位成本比喷墨型低许多。

除标准配置之外，可以增强产品功能、提升产品性能的部件，需另外进行购买的。可选配件的种类很多，不同的产品支持的可选配件不同。比较常见的可选配件有扩展内存、大容量进纸盒、双面打印装置等。

图12-10 多功能一体机

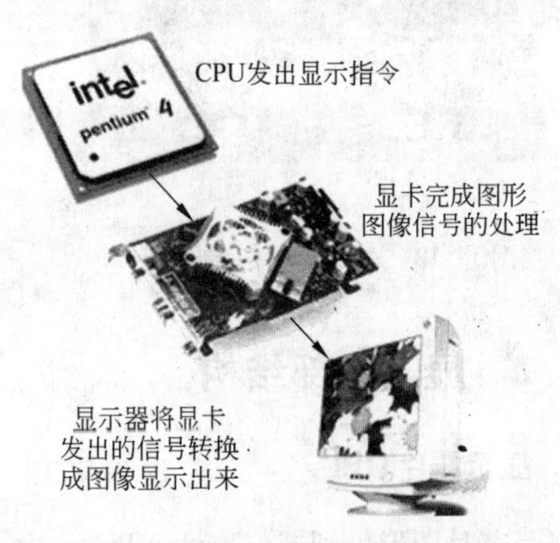

图12-11 显示系统的基本工作过程

12.4 显卡

显卡是CPU与显示器之间的接口设备，专业名称叫“显示适配器”。开机后，将CPU送来的数据转化为图形图像信号，再转交给显示器显示出各种图像。显示系统的基本工作过程如图12-11所示。

12.4.1 显卡的分类

显卡发展至今主要出现过ISA、PCI、AGP、PCI Express等几种接口，所能提供的数据带宽依次增加。目前市场上显卡一般是AGP和PCI-E两种显卡接口，其中2004年推出的 PCI Express 接口已经成为主流。

1. AGP 显卡

AGP(Accelerated Graphics Port)加速图形接口是一种显示卡专用的总线接口,由 Intel 公司在 1996 年提出,是从 PCI 标准上建立起来的。2000 年 8 月,Intel 公司推出 AGP 3.0 规范。主板上的 AGP 8.0 插槽具有向下兼容的特性,即在 AGP 8.0 插槽中可以插接 AGP 2.0、AGP 4.0 规范的显卡。图 12-12 给出了 AGP 8X 接口显卡的式样。

2. PCI-E 显卡

PCI Express 是新一代的总线接口,采用点对点串行连接,此类接口的显卡已于 2004 年正式面世。图 12-13 给出了 PCI-E 接口显卡的式样。PCI Express 接口根据总线位宽不同而有 X1、X2、X4、X8 以及 X16 几种模式,其中 PCI Express X16 可提供单向 4GB/s、双向 8GB/s 的高速传输带宽。

图 12-12　AGP 8X 接口的显卡

图 12-13　PCI-E 16X 接口的显卡

12.4.2　显卡内部结构

1. 显示芯片 GPU

显示芯片图形处理器(Graphic Processing Unit,GPU)是 nVIDIA 公司在分布 GeForce 256 图形处理芯片时首次提出的概念。如同整个 PC 架构中 CPU 是最重要的部分一样,在显卡的架构中,GPU 也是最重要的处理部件。通常其上因覆盖着散热片或散热风扇而无法直接看到。它的主要任务是负责处理系统输入的视频信息并进行构建、渲染等工作,其性能直接决定显卡性能的高低。主流设计、制造显示芯片的厂商有 NVIDIA 和 ATI 等公司。

1) 显示芯片的制造工艺

显示芯片 GPU 的制造工艺实际上就是芯片的制程,它指的是晶体管的线条宽度,目前以纳米(nm)为单位。在核心尺寸不变的情况下,晶体管的线条宽度越小,可以容纳的晶体管数量越多,从而提高性能;在晶体管数量不变情况下,晶体管的线条宽度越小,核心尺寸越小,成本和功耗越低。可见,芯片制造工艺对提高性能、控制成本和功耗都具有极其重要的意义。

在过去的 10 年中,PC 显卡图形核心的制造工艺从 500nm、350nm、250nm、220nm、

180nm、150nm、130nm、110nm、90nm一直到80nm。与核心尺寸相当的90nm GPU相比，80nm GPU的集成度更高，整合的晶体管数量越多，意味着渲染管线、像素处理器、顶点单元、光栅单元的数量越多，性能越强大。2006年10月，NVIDIA和ATI两家公司几乎同时发布了采用80nm制造工艺的GPU，这随之成为整个显卡制造业的最新标准。

2）渲染管线和核心频率

渲染管线是决定显示芯片性能和档次的最重要的参数之一。渲染管线是显示核心内部处理图形信号相互独立的并行处理单元。在相同的显卡核心频率下，更多的渲染管线也就意味着更大的像素填充率和纹理填充率，从显卡的渲染管线数量上可以大致判断出显卡的档次高低。

核心频率指显示核心的工作频率，在一定程度上可反映出显示核心的性能，在同样级别的芯片中，核心频率高的则性能要强一些，提高核心频率就是显卡超频的方法之一。

2. 显存

显卡上的显存所发挥的作用与计算机中的内存差不多，是暂时存放显示芯片所处理的数据——像素。显示器屏幕上所显现出的每一个像素，都由4～32位数据控制它的颜色和亮度，显示芯片和CPU要对这些数据进行控制。对于板载显卡而言，其所有的元件都在主板上，为了降低成本，板载显卡一般都自带显存，通过"动态共享内存"的方式将内存作为显存使用。从性能和成本上来说，显存对整个显卡的重要性仅次于显示芯片。

3. 显卡的外部输出接口

显卡外部输出接口如图12-14所示。

1）模拟信号接口D-SUB接口

从外观上看，D-SUB接口"上宽下窄"，这种接口外形使显示器的插头不易插反，便于安装。D-SUB接口中共有3排15针的信号线，能把显卡处理的数字信号转换成模拟信号传输给CRT（阴极射线管）显示器。

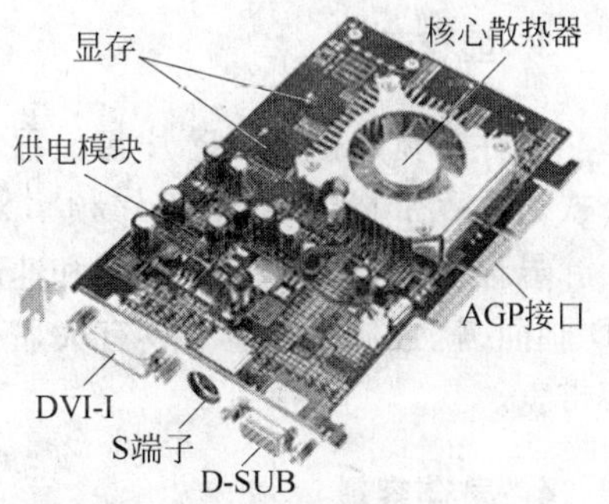

图12-14 显卡的外部输出接口

2）数字信号接口DVI接口

当液晶显示器出现之后，如果仍然通过D-SUB接口输送模拟信号给液晶数字显示器，图像信号的质量就会受到影响。显卡的DVI接口能将显卡处理好的数字信号直接通过DVI接口输送到液晶显示器中，这样可以避免信号的丢失与失真。

3）视频输入输出端口

为了能够让计算机的视频信号被电视机、录像机等设备识别，一些具备视频输出功能的AGP显卡还会在提供D-SUB、DVI接口之外，再提供一个视频输出S-Video端口，它也叫"S端子"。

一些带VIVO功能的显卡所提供的S端子除了可以将计算机的视频信号输出给其他设备外，也能将电视机、VCD机、录像机等设备的视频信号输入到计算机中。再通过相配套的视频处理软件，实时捕捉其视频设备的信号。

4）显卡的电源输出接口

绝大部分 AGP 显卡都是通过 AGP 接口获取显卡工作时所需要的电源，但是随着显示芯片能耗的增加，对于一些高端显卡而言，仅仅靠 AGP 接口所提供的电源已经满足不了显卡的需要，于是人们又在显卡的 PCB 板上安装一个标准的四芯电源插座或小四芯电源插座，然后通过主机电源的插头来提供额外的电源。

12.4.3 显卡的性能参数

显示芯片决定着显卡的档次和性能，另外对显卡性能有较大影响的还有显存，显存是显卡上的关键核心部件之一，其主要功能是暂时储存显示芯片要处理的数据和处理完毕的数据。图形核心 GPU 的性能越强，需要的显存就越多，它的优劣和容量大小会直接影响到显卡的性能。显存的性能参数可以概括为显存频率、显存位宽、显存带宽和显存容量 4 个方面。

1. 显存频率

显卡的频率包括核心频率和显存频率。显存频率是指显存在显卡上工作时的频率，单位为 MHz。显存频率是非常重要的一个性能指标，显存频率越高，速度就越快，单位时间内交换的数据量也就越大。显存频率随着显存的类型和性能的不同而不同。在高端产品中，显存频率有 1200MHz、1600MHz，甚至更高。

2. 显存位宽

显存位宽是指显存在一个时钟周期内所能传送数据的位数。位宽越大，可以提供的计算能力和数据吞吐能力也越快，是决定显示芯片级别的重要参数之一。世界上第一颗具有 512 位宽的显示芯片是由 Matrox（幻日）公司推出的 Parhelia-512 显卡。

3. 显存带宽

显存带宽是指显示芯片与显存之间的数据传输速率，单位为 b/秒。显存带宽的计算公式为显存带宽（b/s）= 工作频率 × 显存位宽/8。

显存带宽是决定显卡性能和速度最重要的因素之一。要得到精细、色彩逼真、流畅的 3D 画面，就必须要求显卡具有大显存带宽。如高端的显卡产品可提供超过 30GB/s 的显存带宽。

4. 显存容量

显存是显卡上的关键核心部件之一，其作用是存储显卡芯片处理过或者即将提取的渲染数据。显存容量随着显卡的发展而逐步增大。

12.5 声卡

声卡，又称音频卡，是多媒体技术中最基本的组成部分。它能采集和处理声音数据，进行声波/数字信号或数字信号/声波的转换（即 A/D 和 D/A 音频信号的转换功能）。在声卡上连接的音频输入输出设备包括话筒、音频播放设备、MIDI合成器、耳机、扬声器等。

1. 工作原理

声卡的工作原理较简单，就是实现数字信号与模拟波形信号的转换。从结构上，声卡可分为模数转换电路和数模转换电路两部分。模数转换电路负责将麦克风等声音输入设备采集到的模拟波形信号转换为计算机能处理的数字信号；而数模转换电路负责将声音数字信号转换为模拟波形信号，发送给音箱等放音设备。

2. 声卡的类型

声卡主要分为独立声卡、集成声卡和外置声卡三种。

1）独立声卡

目前主流的独立声卡都采用PCI接口与计算机连接，具有独立的音效芯片，可提供更高的音质音效，而且结合相应的音频编辑软件，可对音频信息进行编辑处理。它有更好的性能及兼容性，支持即插即用，安装使用都很方便。

2）集成声卡

集成声卡是指在计算机主板上集成了一块音效处理芯片。随着主板整合程度的提高以及CPU性能的日益强大，集成声卡的技术也在不断提高。它具有不占用PCI接口、成本较低、兼容性好等特点。

3）外置声卡

外置声卡通过USB接口与PC连接，具有使用方便、便于携带等特点。如连接笔记本实现更好的音质等。

3. 声卡的基本结构

1）音频处理芯片

音频处理芯片通常是声卡上最大的集成块，上面标有商标、型号、编号、生产厂商等重要信息。音频处理芯片基本决定了声卡的性能和档次，其基本功能包括对声波采样和回放的控制、处理MIDI指令等。

2）声卡的输入输出接口

输入输出接口主要用于连接与放音和录音功能相关的设备。如图12-15所示。

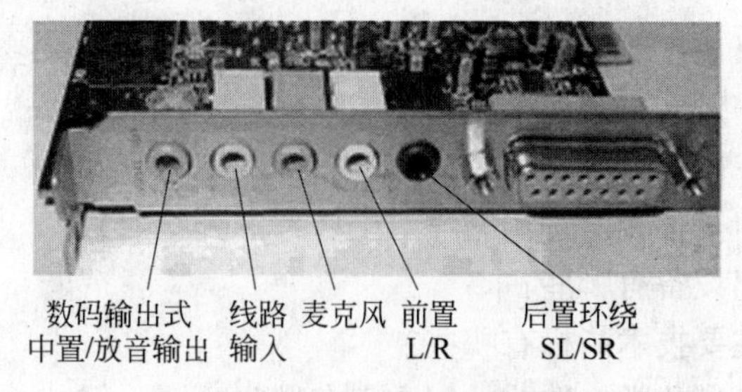

图12-15　声卡的输入输出接口

(1) 线性输入插口。

标记为Line In。可用于外接音频设备(如影碟机、录像机等)，将声音、音乐信息输入到计算机中。

(2) 话筒输入插口。

标记为 Mic In。用于连接麦克风(话筒),将声音或歌声录制下来。

(3) 线性输出插口。

标记为 Line Out。用于连接外部音频设备的输出端口。

(4) 扬声器输出插口。

标记为 Speaker 或 SPK。用于插接音箱的音频线插头。

(5) MIDI 及游戏摇杆接口。

标记为 MIDI。用于连接游戏摇杆或具有 MIDI 接口的电子乐器(如电子琴、电吉他等),实现 MIDI 音乐信号的直接传输。

另外,在集成了声卡的主板上同样也有一些插口。符合 PC99 规范的设计是:①青绿色 - 耳机或音箱音源输出插孔;②浅蓝色 - 音源输入插孔;③粉红色 - 麦克风输入插口;④黄色 - MIDI/游戏手柄连接口。

4. 声卡的功能

声卡的功能主要有 3 个方面:音乐合成发音功能、模拟声音信号的输入与输出功能、数字声音效果处理器与混音器功能。

1) 音乐合成发音功能

它是将若干种简单声音合成为各种音乐的功能。目前的声卡一般都采用波形表合成法,该方法记录真实乐器声音的波形数据,通过调制、合成、滤波等手段生成立体声。

2) 模拟声音信号的输入与输出功能

它实际上就是模/数与数/模转换功能。将作为模拟信号的自然声音或保存在介质中的声音输入后,转换为数字化声音并以文件形式保存在计算机中,可以利用声音处理软件对其编辑和处理;声音输出时,先由声卡把数字信号转换成模拟波形信号,通过声卡的输出端送到耳机、音箱等设备中播放。

3) 数字声音效果处理器和混音器功能

数字声音效果处理器是指对数字化的声音信号进行处理以获得所需要的音效,如混响、延时、合唱等。混音器功能是指将来自音源设备(如麦克风、MIDI 键盘等)的声音组合后再输出的功能。

习题 12

12-1 常见的键盘接口是什么?选用键盘时主要考虑哪些因素?

12-2 常见的输入输出设备有哪些?

12-3 液晶显示器的主要技术指标有哪些?

12-4 常见的打印机有哪几类?选购的侧重点有哪些?

12-5 选购家用数码摄像机时主要考虑哪些基本因素?

12-6 常见的显卡接口是什么?显卡结构如何?

附录A 8086/8088的指令格式

8086/8088 指令编码的几种基本格式如下所示。

1. 无操作数指令

无操作数指令一般属于控制类指令,指令中只包含 1 个字节的操作码 OP,故又称为单字节指令。例如,暂停指令 HLT 的编码格式为:

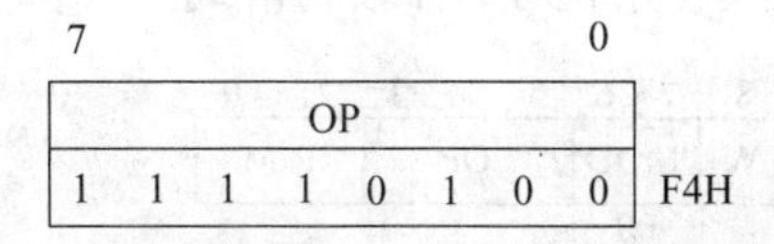

7							0	
OP								
1	1	1	1	0	1	0	0	F4H

2. 单操作数指令

单操作数指令只有 1 个操作数(字节或字),也只给出 1 个操作数地址。该操作数可以在寄存器或在存储器中,也可以是指令中直接给出的立即数。其具体格式各不相同。

1) 单操作数在寄存器中

一类是单字节指令,有两种基本格式如下所示。

	7　　　　3	2　　　0
格式①	OP	REG

	7　　　5	4　　3	2　　　0
格式②	OP	SEG	OP

格式①指令位 7 ~ 位 3 为操作码,位 2 ~ 位 0 的 REG 字段(寄存器编码)有 8 种编码,对应 8 个 16 位通用寄存器: 000—AX,001—CX,010—DX,011—BX,100—SP,101—BP,110—SI,111—DI。例如,DEC BX 指令编码为:

0 1 0 0 1	0 1 1	4BH

格式②指令的 SEG 字段(段寄存器编码)有 4 种编码,对应 4 个段寄存器: 00—ES,01—CS,10—SS,11—DS。例如,PUSH CS 指令编码为:

0 0 0	0 1	1 1 0	0EH

另一类是双字节指令，有两种编码格式如下所示。

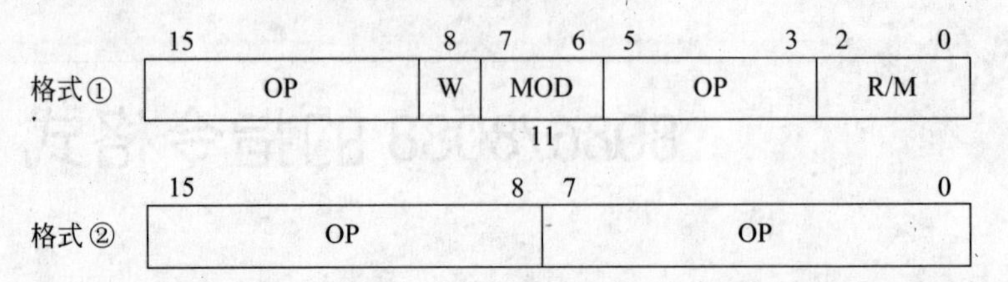

格式①的指令中，W 字段(1 位，字或字节编码)用来表示操作数是字节还是字，W=1 表示是字，W=0 表示是字节；MOD 字段(寻址方式编码)在此必须为 11，表示操作数在寄存器中；R/M 字段(寄存器/存储器选择编码)在此对应 8 位或 16 位的寄存器：000—AL/AX，001—CL/CX，010—DL/DX，011—BL/BX，100—AH/SP，101—CH/BP，110—DH/SI，111—BH/DI。

格式②的指令中，两个字节均为操作码，而单操作数被约定总是固定存放在 AX 或 AL 中，它是一种隐含寻址的单操作数指令。

2）单操作数在存储器中

这是一类 2～4 字节的指令，有下列 3 种编码格式。

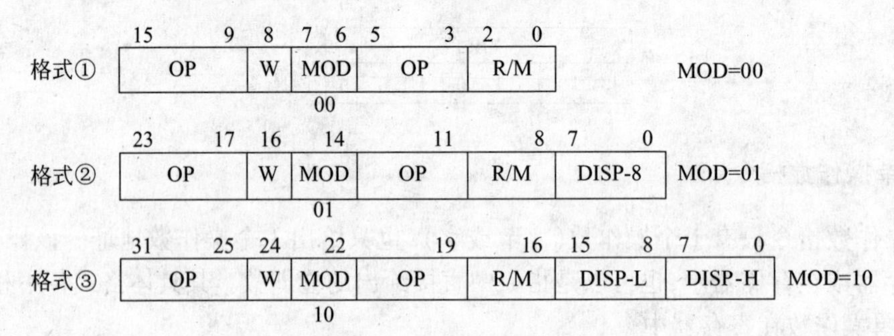

3 种格式中，MOD≠11，表示单操作数是在存储器中，由 R/M 字段和 MOD 字段的不同取值可确定单操作数在存储器中的有效地址。关于 R/M 和 MOD 字段编码的定义详见下列双操作数指令。DISP 为 8 位或 16 位的地址位移量。

3. 双操作数指令

双操作数指令常常是有一个操作数在寄存器中，由指令中的 REG 字段和 W 字段给定所在的寄存器；而另一个操作数可以在寄存器中，也可以在存储器中，或者是指令中给出的立即数，但不允许两个操作数均在存储器中。

(1) 两个操作数均在寄存器中，其指令格式如下所示。

15 — 9	8	7 6	5 3	2 0
OP D	W	MOD	REG	R/M
		11		

这种格式中增设了 1 位的 D 字段(寄存器操作数传送方向编码)，它用来指定目标或

源操作数。若 D =1,表示由 REG 字段指定的寄存器为目标操作数,而由 MOD(=11)与 R/M 字段指定的寄存器为源操作数; 若 D =0,则两个寄存器的源/目标方向相反。该格式中的 MOD 字段必须为 11,表示由 R/M 字段指定的是寄存器而不是存储单元。

(2) 两个操作数中有一个在寄存器中,另一个在存储器中。由 REG 和 W 字段给定一个操作数所在的寄存器; 由 MOD 和 R/M 字段给定另一操作数在存储器中的有效地址,但 MOD≠11。

(3) 两个操作数中有一个在寄存器中,另一个是指令中给出的立即数,有以下两种基本格式。

	23	19	18　16	15　8	7　0
格式①	OP	W	REG	DATA-L	DATA-H

	31	24	23　22	21　19	18　16	15　8	7　0
格式②	OP	W	MOD	OP	R/M	DATA-L	DATA-H
			11				

在格式①中,一个操作数所在的寄存器由 REG 和 W 字段确定; 在格式②中,寄存器则由 W,MOD(=11)和 R/M 字段确定。在两种格式中的立即数可为 8 位或 16 位。

(4) 两个操作数中,一个在存储器中,其有效地址由 MOD(≠11)和 R/M 字段给定,另一个操作数是指令中给出的立即数。有以下两种基本格式。

	31　25	24	23　22	21　19	18　16	15　8	7　0
格式①	OP	W	MOD	OP	R/M	DATA-L	DATA-H

	47　41	40	39　38	37　35	34　32	31　24	23　16	15　8	7　0
格式②	OP	W	MOD	OP	R/M	DISP-L	DISP-H	DATA-L	DATA-H

格式①中,一个操作数在存储器中,其有效地址由 BX、BP、SI、DI 等寄存器的内容确定,指令中不带地址位移量; 另一个操作数是立即数,可以是 16 位或 8 位。

格式②是 6 字节指令。其第 1、2 字节同格式①,第 3 ~ 6 字节分别为 16 位地址位移量 DISP 和 16 位立即数 DATA。本格式中,MOD 只能为 01 或 10。

综上所述,双操作数指令中各字段的定义如图 A-1 所示。

图中,B_1,B_2 为基本字节,由 B_1 给出操作码,B_2 给出寻址方式; B_3 ~ B_6 将根据不同指令对地址位移量和/或立即数的设置作相应的安排。

B_1 字节: 各字段定义如下所示。

- OP——指令操作码。
- D——表示来自/到寄存器的方向。D =1,表示由指令 REG 字段所确定的某寄存器为目标; D =0,则表示该寄存器为源。
- W——表示操作数为字或字节处理方式。W =1,表示为字; W =0,则为字节。

B_2 字节: 各字段定义如下。

- MOD——给定指令的寻址方式,即规定是存储器或寄存器的寻址类型,并确定在存储器寻址类型时是否有位移量。

  当 MOD≠11 时,为存储器寻址方式,即有一个操作数位于存储器中; 并且,根据 MOD 的不同取值,还可以决定位移量的具体设置: MOD =00,表示没有位移量;

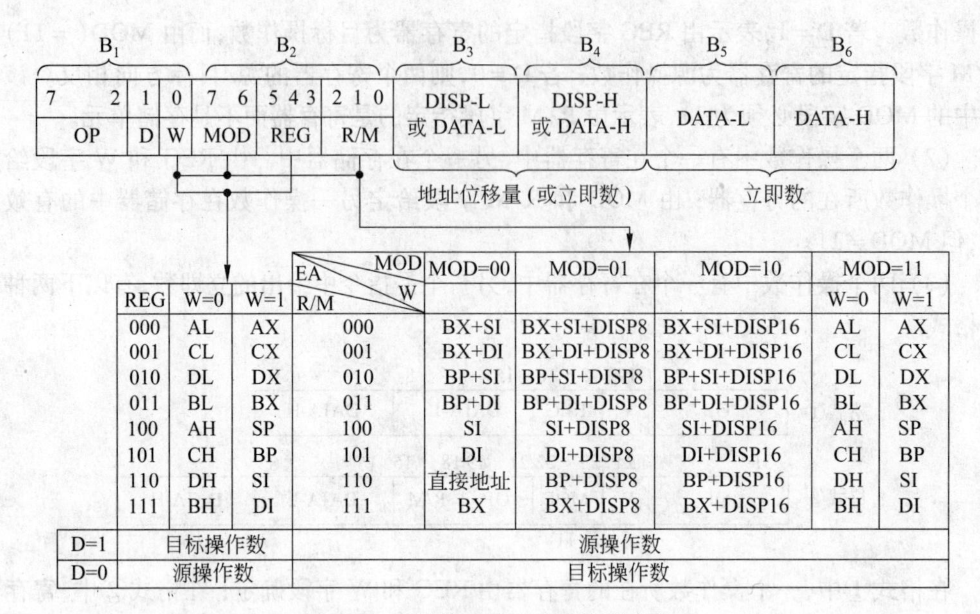

REG	W=0	W=1
000	AL	AX
001	CL	CX
010	DL	DX
011	BL	BX
100	AH	SP
101	CH	BP
110	DH	SI
111	BH	DI

EA R/M \ MOD W	MOD=00	MOD=01	MOD=10	MOD=11 W=0	MOD=11 W=1
000	BX+SI	BX+SI+DISP8	BX+SI+DISP16	AL	AX
001	BX+DI	BX+DI+DISP8	BX+DI+DISP16	CL	CX
010	BP+SI	BP+SI+DISP8	BP+SI+DISP16	DL	DX
011	BP+DI	BP+DI+DISP8	BP+DI+DISP16	BL	BX
100	SI	SI+DISP8	SI+DISP16	AH	SP
101	DI	DI+DISP8	DI+DISP16	CH	BP
110	直接地址	BP+DISP8	BP+DISP16	DH	SI
111	BX	BX+DISP8	BX+DISP16	BH	DI

	REG 字段	R/M 字段
D=1	目标操作数	源操作数
D=0	源操作数	目标操作数

图 A-1 双操作数指令中各字段定义

MOD＝01,表示只有低 8 位位移量,需将符号扩展 8 位,形成 16 位位移量;MOD＝10,表示有 16 位位移量。

注意:在 8086/8088 执行指令时,要将所有 8 位的位移量扩展成 16 位的位移量。对正的 8 位位移量 00H～7FH,在加到偏移地址之前要扩展成 0000H～007FH;对负的 8 位位移量 80H～FFH,则要扩展成 FF80H～FFFFH。

当 MOD＝11 时,为寄存器方式,即两个操作数均在寄存器中,一个寄存器由 REG 字段确定,另一个寄存器由 R/M 字段确定。

- REG——不论有无 MOD 字段,它都用来确定某一个操作数所在的寄存器编码。
- R/M——R/M 受 MOD 的制约。当 MOD＝11 时,由此字段给出某个操作数所在的寄存器编码;当 MOD≠11 时,此字段用来给出某个操作数所在存储器单元的有效地址 EA。由 MOD 和 R/M 字段确定的 EA 的计算方法如附图 A-1 所示,共有 24 种。

注意:具体使用具有操作数的指令时,并不需要真正填入 D、W、MOD、REG、R/M 等字段,它们由汇编程序自动生成。

B_3～B_6 字节:这 4 个字节一般是给出存储器操作数地址的位移量和/或立即数。位移量可为 8 位,也可为 16 位,这由 MOD(＝01 或 10)定义。16 位位移量的低字节 DISP-L 放于低地址单元,其高位字节 DISP-H 放于高地址单元。

若指令中只有 8 位位移量,则 CPU 在计算 EA 时,自动用符号将其扩展为一个 16 位的双字节数,以保证有效地址的计算不产生错误。指令中的立即数位于位移量的后面。若 B_3,B_4 字节有位移量,立即数就位于 B_5、B_6 字节。若无位移量,立即数就位于 B_3,B_4 字节。

附录B

调试软件 DEBUG 及调试方法

DEBUG 调试软件是分析、调试、排错的基本软件工具。

1. 调试软件 DEBUG

在操作系统环境下,启动 DEBUG 后便进入 DEBUG 的命令状态,在此状态下,便可以使用 DEBUG 的任何命令。每个命令均以回车结尾。

在 DEBUG 状态下,所有地址、数据均以无后缀的十六进制表示,如 234D,FABC 等。

启动 DEBUG:

```
C>DEBUG [d:][path][filename[.exe]][parm1][parm2]↵
```

(1) d:表示盘符。

(2) path 是 filename 的目录路径。

(3) filename 是要分析或调试的二进制程序文件名。

(4) .exe 是程序文件的扩展名。

(5) parm1 被调试程序约定的第 1 参数文件名。

(6) parm2 被调试程序约定的第 2 参数文件名。

屏幕的提示符"-",表示当前正在 DEBUG 的命令状态。

在 DEBUG 命令中经常用到"地址"、"范围"等参数。这些参数表示方式如下所示。

地址表示形式——段寄存器名:相对地址　如 DS:100。

或　　　　　　段值:相对地址　　　　如 234D:1200。

或　　　　　　相对地址　　　　　　　如 12AF。

地址范围表示——起始地址 结尾地址

或　　　　　　起始地址 L 字节数

DEBUG 命令的格式及其功能说明如表 B-1 所示。

表 B-1 DEBUG 命令的格式及其功能

命令名称	格式	功能说明
显示存储单元内容	1: D[起始地址] 2: D[地址范围]	格式 1 命令从起始地址开始按 16 进制显示 80 个单元的内容,每行 16 个单元。每行右侧还显示该 16 个单元的 ASCII 码字符,对于无字符对应的 ASCII 码则显示"."。 格式 2 命令显示指定范围存储单元中的内容,每行 16 个单元。每行右侧还显示该 16 个单元的 ASCII 码字符,无字符对应的 ASCII 则显示"." 如果不给出起始地址或地址范围,则从当前地址开始按格式 1 操作
修改存储单元内容	1: E 起始地址 [列表]格式 2: E 地址	格式 1 按列表内容修改从起始地址开始的多个存储单元内容。例:E12DFFFD"ABC"41 即从 12DF 单元开始修改 5 个单元的内容,分别是 16 进制 FD、"A""B""C"三个字母的 ASCII 码,以及 16 进制数 41。 格式 2 修改指定地址单元内容
显示、修改寄存器内容	R[寄存器名]	如果指定了寄存器名,则显示寄存器的内容,并允许修改。如果不指出寄存器名,则按一定格式显示通用寄存器、段寄存器、标志寄存器的内容
运行命令	G[=起始地址][第 1 断点地址[第 2 断点地址…]]	CPU 从指定起始地址开始执行,依次在第 1、第 2 等断点处中断。若不给起始地址,则从当前 CS:IP 指示地址开始执行
跟踪命令	T[=起始地址][正整数]	从指定地址开始执行"正整数"条指令。如果不给出"正整数",则按 1 处理;如果不给起始地址,则从当前 CS:IP 指示地址开始执行
汇编命令	格式: A[起始地址]	从指定地址开始接受汇编指令。如果不给出起始地址,则从当前地址开始接受,或从当前代码段的 16 进制 100 表示的相对地址处接受汇编指令。如果输入汇编指令过程中,在某行不作任何输入而直接回车,则结束 A 命令,回到接受命令状态"-"处
反汇编命令	1: U[起始地址] 2: U 地址范围	格式 1 从指定起始地址处开始对 32 个字节内容转换成汇编指令形式,如果不给出起始地址,则从当前地址开始。 格式 2 将指定范围内的存储内容转换成汇编指令
指定文件名命令	格式: N 文件名及扩展名	指出即将调入内存或从内存中存盘的文件名。这条命令要配合 L 或 W 命令一起使用
装入命令	1: L 起始地址 驱动器号 起始扇区 扇区数 2: L[起始地址]	格式 1 根据指定驱动器号(0 表示 A 驱,1 表示 B 驱,2 表示 C 驱),指定起始逻辑扇区号和扇区数将相应扇区内容装入到指定起始地址的存储区中。 格式 2 将 N 命令指出的文件装入到指定起始地址的存储区中,若没有指定起始地址,则装入到 CS:100 处或按原来文件定位约定装入到相应位置

续表

命令名称	格　式	功能说明
写磁盘命令	1：W起始地址 驱动器号 起始扇区 扇区数 2：W[起始地址]	格式1的功能与L命令格式1的功能正好相反。 格式2将起始地址开始的BX×10000H+CX个字节内容存放到由N命令指定的文件中 执行这条命令前注意给BX、CX中置上恰当的值
退出命令	Q	退出DEBUG,返回到操作系统
比较命令	C源地址范围 目标起始地址	
填充命令	F地址范围 要填入的字节或字符串	
计算十六进制的和与差	H数1,数2	
从指定端口输入并显示	端口地址	
移动存储器内容	M源地址范围　目标起始地址	
向指定端口输出字节	O端口地址	
搜索字符或字符串	S地址范围　要搜索的字节或字节串	

2. 软件调试基本方法

利用调试软件DEBUG装入二进制执行程序,通过连续运行、分段运行、单步运行,可以实现对软件剖析、查错或修改。将.com文件装入后,指令指针IP放置成十六进制的100,即为程序入口的相对地址。首先从此处开始连续运行,考察程序的功能是否达到。如果出错,则可用分段运行方式,缩小错误所在程序段的范围,然后,再用单步方式找出错误确切所在处。

设有程序EXAMP.com,调试方法如下所示。

```
C>DEBUG EXAMP.com 回车
-G↵
```

先连续执行,如出现问题,例如死机,则再启动DOS。接着用分段方式运行:

```
-T=100,5↵
```

即从相对地址为十六进制的100处开始执行EXAMP.com,连续执行5条指令。可

以恰当地选择这一常数,确定分段大小。在此期间如果出现问题,就说明这5条指令中有错误。这时,可用单步逐条执行,例如:

```
-T=100↵
```

这时,执行一条指令后,会显示通用寄存器、段寄存器、标志寄存器的内容。由此可分析出本条指令的执行结果是否正确。如正确,则执行下一条指令;如出错,则进行必要的修改。

对EXE类型文件的调试与上相似,但不能直接用DEBUG存盘命令存盘。掌握DEBUG的各种命令功能,并深入了解DOS各种参数表及其参数含义,不仅对分析调试软件很有帮助,而且对软件进行加密解密及系统硬件配置分析也有很大帮助。

附录C

部分习题答案

习题1

1.2　答:(1) 微机硬件系统一般是由主机(运算器、控制器和存储器均在其内)、输入设备和输出设备3大部分组成。

(2) 主板是微机硬件系统中最重要的部件,在面板上密布着各种元部件,重要的有主板芯片组、BIOS芯片、CMOS芯片、CPU插座、各种插槽(如内存条插槽和多种扩展插槽等)、硬盘接口、光驱接口和外部接口(如串口、并口、USB口、IEEE 1394口、集成网卡的RJ-45接口等)。一些主要的部件如CPU、内存、外存(如硬盘和光驱)、声卡、显卡等均通过相应的接口和插槽与主板连接;各种输入、输出设备通过外部接口与主板相连。

常见的输入设备有键盘、鼠标、扫描仪、多种数码产品(例如数码相机、数码摄像机)等;常见的输出设备有显示器、打印机;输入输出复合设备有传真机、多功能一体机等,关于输入输出设备的介绍参见第12章。

1.7　答:位是指由0或1表示的一个二进制信息最基本单位;字节是指由8位二进制代码表示的一个基本信息单位;字是指由2个字节组成的16位信息单位。

1.8　答:这3种微处理器分别能寻址:2^{16} B = 64KB,2^{20} B = 1MB,2^{32} B = 4GB的存储单元。

1.14　答:(1) 10010011B　　(2) 1111 1111 1111B

(3) 0.101B　　(4) 0.00101B

1.18　答:(1) 01000001; 00000000 01000001　　(2) 10111111; 11111111 10111111

(3) 01111111; 00000000 01111111　　(4) 10000000; 11111111 10000000

1.20　答:(1) 0000000000100001B　　(2) 1111111111011110B

(3) 0000010111011011B　　(4) 1111101000100100B

1.23　答:(1) 87H > 78H　　(2) 87H < 78H

1.25　答:(1) $P_1 > P_2$,不一定有 $N_1 > N_2$。

(2) 若 S_1 和 S_2 均为规格化的数,且 $P_1 > P_2$,则 $N_1 > N_2$。

1.26　答:(1) $X = 2^{0111} \times 01000.10$　　(2) $Y = 2^{0111} \times 11000.10$

(3) $Z = 2^{0000} \times 1.100000$　　(4) $W = 2^{0010} \times 0.100000$

1.27　答：(1) $2^{0010}\times0.011$　(2) $2^{1011}\times11010101$
(3) $2^{1010}\times110010001$　(4) $2^{00010000}\times11001011$

1.29　答：(1) 正溢出　(2) 负溢出　(3) 无溢出　(4) 无溢出

习题 2

2.6　答：(1) 微处理器的并行操作是指上一条指令执指操作可以与下一条指令的取指操作并行重叠操作。
(2) 8086 CPU 由于将 EU 与 BIU 按功能分离成两个相互独立的单元，故 EU 在执行上一条指令的执指操作时，可以由 BIU 同时进行下一条指令的取指操作。
(3) 当 8086 需要对存储器或 I/O 设备存取操作数时，EU 才需要等待 BIU 提取指令。

2.7　答：(1) 逻辑地址是程序中的地址，由段地址与偏移地址组成；物理地址是由地址加法器送到地址总线上的 20 位地址。
(2) "段加偏移"寻址机制允许重定位，极大地保证了系统兼容性。
(3) "段加偏移"的基本含义是指段基址加偏移地址。
(4) 若一个段地址为 1123H，偏移地址为 15H，将 1123H 左移 4 位即 11230H，则物理地址为(11230H + 15H) = 11245H。

2.9　答：(1) 不同。在 8086/8088 中，段地址是 16 位的，段起始地址(段基址)是 20 位的。
(2) 是。20 位的段起始地址是通过指令给段寄存器装入 16 位的段地址后再进行左移 4 位后形成的。

2.10　答：(1) 10000H，1FFFFH　(2) 12340H，2233FH
(3) E0000H，EFFFFH　(4) AB000H，BAFFFH

2.11　答：(1) 12000H　(2) 25A00H　(3) 25000H　(4) 3F12DH

2.15　答：不会。

2.19　答：(1) 当微处理器对存储器进行存取操作时，需要其 BIU 执行一个总线周期。
(2) 一个总线周期由 4 个状态(T_1 ~ T_4)组成。
(3) 在 T_3 时，若检测到 READY = 0，则在 T_3 之后将插入 1 个至几个 T_W 状态。

2.23　答：(1) 程序设计模型即程序员编程时所需要的计算机模型，它主要指 CPU 内的寄存器组体系结构。
(2) 提出程序设计模型概念是使复杂的问题简单化，便于程序设计。

2.24　答：(1) 80286 虚拟存储管理功能的基本概念是在执行多用户/多任务程序时，将通过存储器管理机构把程序所占用的虚拟存储器空间映射(即转换)到实际内存中来，以便于 CPU 能够正确地执行程序。
(2) 因为只有将存储在虚拟存储器中的程序和数据加载到物理存储器上，也就是将程序和数据从虚拟地址空间映射到物理地址空间，才能让机器执行程序或对数据进行操作，所以要进行对虚拟地址的映射。

(3) 80286 的实存空间为 2^{24}(16M)字节,虚拟空间为 2^{30}(1GB)字节。

2.27 答:(1) 其改进之处在于在保护模式下,80386 的 6 个段寄存器的内容不再是段地址,而是选择子,它将指定存储器内一个描述符表(全局描述符表或局部描述符表)中的某个描述符项,寻址时所需要的实际基地址就隐含在该描述符中。

(2) 在实模式下 80386 分段的空间与 8086 一样,段的大小从 1B ~ 64KB,而在保护模式下,80386 可允许的段的大小是从 1B ~ 4GB。

2.28 答:(1) 为了解决 80386 存储器分段管理的局限性,在分段的基础上采用了分页管理。

(2) 分页管理的优越性在于 ①只需把每个活动任务当前所需要的少量页面放在存储器中,这样可以提高存取效率; ②可以进一步将线形地址转换为物理地址,提高了执行效率。

2.30 答:Pentium(P5)的体系结构较 80486 的主要突破是:①超标量流水线; ②独立的指令 Cache 和数据 Cache; ③重新设计的浮点单元和分支预测。

2.32 答:多处理器系统是指一台使用多个处理器来处理工作负荷的计算机系统。在多处理器系统中,可以是由多个处理器共享一条总线的单节点系统,也可以是由若干个多处理器系统通过一条高速交换机互连起来的多节点系统。

习题 3

3.3 答:

(1) MOV AX, 1200H	立即数寻址
(2) MOV BX, [1200H]	直接寻址
(3) MOV BX, [SI]	变址寻址
(4) MOV BX, [SI+1200H]	相对变址寻址
(5) MOV [BX+SI], AL	寄存器寻址
(6) ADD AX, [BX+DI+20H]	相对基址加变址寻址
(7) MUL BL	基址寻址
(8) XLAT	寄存器(BX)相对寻址
(9) IN AL, DX	寄存器寻址
(10) INC WORD PTR[BP+50H]	相对基址寻址

3.5 答:

(1) MOV [SI], IP	指令指针 IP 不能传送
(2) MOV CS, AX	CS 段寄存器不能做目的操作数
(3) MOV BL, SI+2	传送类型不匹配,BL 为 8 位,SI+2 为 16 位
(4) MOV 60H, AL	目的操作数不能为立即数
(5) PUSH 2400H	类型不匹配目的操作数不能为立即数
(6) INC [BX]	无法判别是字节或字加 1,应在指令前加伪指令
(7) MUL -60H	乘数不能为立即数
(8) ADD [2400H], 2AH	存储单元[2400H]前要加类型说明
(9) MOV [BX], [DI]	源与目的不能同为存储器操作数

```
(10) MOV  SI,AL                          类型不匹配
```

3.8 答：AX＝5000H，BX＝5000H，SP＝1FFEH

3.9 答：(1) IP＝003CH，CS＝0E86H，PA＝0E89CH

(2) 1000H：00FAH 0010H

1000H：00FCH 2000H

1000H：00FE 0240H

3.10 答：

```
MOV   AX, 0ABCH              ;AX←0ABCH
DEC   AX                     ;AX←0ABBH
AND   AX, 00FFH              ;AX←00BBH
MOV   CL, 4                  ;CL←4
SAL   AL, 1                  ;AL←76H
MOV   CL, AL                 ;CL←76H
ADD   CL, 78H                ;CL←EEH
PUSH  AX                     ;AX←0076H
POP   BX     \               ;BX←0076H
```

3.11 答：CCH

3.12 答：AX＝0，BX00FFH，CF＝0。

3.17 答：01B4H。

3.18 答：3520H。

3.19 答：7676H。

3.27 答：

```
MOV   AL, CL
MOV   AH, 0
DIV   BL
MUL   02H
MOV   DX, AX
```

3.29 答：

```
AND   DI, 001FH
MOV   SI, DI
```

3.31 答：用带进位的循环指令实现：

```
       MOV   BL, AL
       MOV   CX, 8
AGAIN: ROL   BL, 1
       RCR   AL, 1
       LOOP  AGAIN
```

3.37 答：

```
CLD
```

```
MOV    CX,    100
MOV    SI,    6180H
MOV    DI,    2000H
REP    MOVSB
REPNE  SCASB
DEC    DI
XOR    DI,    DI
```

3.38 答：RET 指令用在被调用的过程末尾处。SP =2010H

习题 4

4.3 答：BX =数组 ARRAY 的偏移地址；CX =100；SI =2。

4.5 答：AX =0020H，BX =0，CX =0220H。

4.6 答：AX =(ARY +2) =(0102H) =0106H；BX =(ARY +10) =(010AH) =0908H。

4.8 答：[BX + SI]默认的段属性是 DS，而 ES:[BX + SI]默认的段属性是 ES。

4.10 答：(1) 该程序的功能是将从 A2 单元开始存放的 10 个字节数据传送到从 A1 单元开始的 10 个字节单元中。

(2) 程序执行后，A1 单元开始的 10 个字节内容是 0，1，2，3，4，5，6，7，8，9。

4.11 答：(1) 45DFH　(2) 452FH　(3) 45FFH　(4) 4558H

(5) 0　(6) 45A7H

4.15 答：(1) 该程序为主程序调用子程序的结构，且为远调用子程序；功能是将 BUF 单元中的 0 ~ F 一位十六进制数转换成对应的 ASCII 码。

(2) DL =42H。

(3) 屏幕上显示输出的是字符"B"。

4.16 答：(1) 程序执行到 MOV AH，4CH 语句时，AX =1 +2 +3 +4 +5 +6 =21H；DX =07H；SP 初值为 200 字节 = C8H，当程序执行到 MOV AH，4CH 时，由于堆栈仍压入了 AX、DX，故 SP = C4H。

(2) BBB：ADD AL，DL 语句的功能是将 AL 和 DL 中的两个 BCD 数相加，结果存入 AL。

(3) 整个程序的功能是对 1 ~ 6 的自然数进行 BCD 数求和，结果为 BCD 数，存于 NUM。

4.18 答：

```
DATA    SEGMENT
BUF     DB    100(?)
RESULT  DB ?
DATA    ENDS
CODE    SEGMENT
        ASSUME  CS: CODE ,DS: DATA
START:  MOV     AX,     DATA
        MOV     DS,     AX
        MOV     CX,     99
```

```
        MOV     SI,     OFFSET BUF
        MOV     AH,     0
        MOV     BP,     2
L1:     MOV     BX,     0
        MOV     AL,     [SI]
        CMP     AL,     0
        JG      NEXT1
        MOV     BX,     1
NEXT1:  INC     SI
        PUSH    BX
        DEC     BP
        JNZ     L1
        POP     DX
        POP     DI
        CMP     DX,     DI
        JZ      NEXT2
        ADD     AH,     1
NEXT2:  MOV     BP,     2
        DEC     SI
        LOOP    L1
        MOV     RESULT, AH
        MOV     AH,     4CH
        INT     21H
CODE    ENDS
        END START
```

4.21 答：(1) 取显示数据首址的偏移地址。

(2) 调研 DOS 的 09H 号功能以调用显示数据。

(3) 从键盘输入一个 ASCII 码字符数据。

(4) 判是否回车符？

(5) 是回车符则结束。

(6) 判是否为空格符？

(7) 与“0”比较。

(8) 小于等于 0，则不响铃，重输入。

(9) 与“9”比较。

(10) 大于 9，则不响铃，重输入。

(11) ASCII 码数转换成 BCD 码。

(12) CX 作响铃计数器。

(13) 调用 02H 号功能以调用输出响铃字符响铃。

(14) 返回 DOS。

程序执行后将在屏幕上显示提示行“键入数字键，回车或空格键返回”，然后紧接着是回车、换行，等待从键盘上输入一个 ASCII 码字符数据。如果是数字 N(1 ~9)，则响铃 N 次(每次有一定的延时以作间隔)；若

数字是0或非数字,则不响铃;如果是回车或空格键,则退至DOS。

习题5

5.4 答:(1) 容量是32×32=1024b=1Kb

(2) 基本存储电路采用双译码方式

(3) 存储阵列排列成32×32的矩阵

5.5 答:(1) 8KB (2) 16片

(3) 用A_{12},A_{11},A_{10} 3位地址线做片选译码。

5.7 答:128片和64片。

5.10 答:(1) 64片,16组,13,9; (2) 128片,64组,16,10;

5.11 答:4KB/(256×4)=32片,2片为一组,故需要16个芯片组。

$256=2^8$,故每片需要8根地址线,另外还需三位地址线参与74138译码,同时还要1位地址线参与再次译码,故共需要12根寻址线。

5.13 答:(1) 由于2716的容量为$2^{11}\times 8=2KB$,故需要8片2716。

(2) 由于6264的容量为$2^{13}\times 8=8KB$,故需要6片6264。

(3) 每个存储芯片的地址范围如下所示。

0000H-07FFH,0800H-0FFFH,1000H-17FFH,18FFH-1FFFH,
2000H-27FFH,28FFH-2FFFH,3000H-37FFH,3800H-3FFFH,
4000H-5FFFH,6000H-7FFFH,8000H-9FFFH,0A000H-0BFFFH,
0C000H-0DFFFH,0E000H-0FFFFH。

5.18 答:

```
DATA SEGMENT
          N  EQU     50
          SOURCE     DB  N DUP(?)
          RESULT     DB  N DUP(?)
DATA ENDS
CODE SEGMENT
     ASSUME  CS:     CODE, DS:DATA
START:       MOV     AX,   DATA
     MOV     DS,     AX
     MOV     SI,     OFFSET SOURCE
     MOV     CX,     N
     PUSH    CX
     PUSH    SI
L1:  MOV     [SI],   55H
     INC     SI
     LOOP    L1
     POP     CX
     POP     SI
     MOV     DI,     0
     MOV     BX,     OFFSET RESULT
```

```
L2: MOV    AL,    [SI]
    CMP    AL,    55H
    JZ     L3
    INC    DI
    MOV    [BX],  SI
    INC    BX
L3: INC    SI
           LOOP   L2
CODE ENDS
           END    START
```

5.19 答：(1) 需该种芯片 4 ×8 =32 片

(2) RAM_1 的地址范围是 0FA800H ~ 0FAFFH；RAM_2 的地址范围是 0FB000H ~ 0FB7FFH

习题 6

6.3 答：80386 CPU 的浮点部件 80387 是采用外部分离的协处理器部件，它在制造和使用方面都有一些不足。从 80486 CPU 开始，将具有 80387 功能的类似协处理器部件集成到 CPU 模块内部，形成 80486 CPU 内部的浮点运算单元 FPU。它具有强大的浮点处理能力，适用于处理三维图像。

6.5 答：Pentium 体系结构中的浮点流水线有 8 级。其前 5 级与整数流水线一样，包括：预取 PF；首次译码 D_1（对指令译码）；二次译码 D_2（生成地址和操作数）；存储器和寄存器的读操作 EX（由 ALU 执行指令）；WB（将结果写回到寄存器或存储单元中）。只是在第 5 级 WB 重叠了用于浮点执行开始步骤的 X1 级（浮点执行步骤 1，它是将外部存储器数据格式转换成内部浮点数据格式，并且还要把操作数写到浮点寄存器上），此级也称为 WB/X1 级；而后 3 级是：二次执行 X2（浮点执行步骤 2）；写浮点数 WF（完成舍入操作，并把计算后的浮点结果写到浮点寄存器，此时可进行旁路 2 操作）；出错报告 ER（报告出现的错误/更新状态字的状态）。

习题 7

7.3 答：局部总线是介乎于 CPU 总线和系统总线之间的一级总线，它是目前高档微机中常采用的一种重要总线。它的两侧都由桥接电路连接，分别面向 CPU 总线和系统总线，但局部总线离 CPU 总线更近一些。采用局部总线的优点在于它可以使一些高速外设通过局部总线和 CPU 总线直接连接，而不必像早期的微机中那样将高速外设和慢速外设都同时挂在较慢的系统总线上，这样，就可以克服系统I/O“瓶颈”效应，显著地提高数据传输速率，充分发挥 CPU 的高性能优势。

7.4 答：PCI（Peripheral Component Interconnect，外设部件互连标准）是 Intel 公司在 1991 年推出的 PCI 局部总线。由于在 1993 年以后，从 Pentium 到 P Ⅱ、P Ⅲ直到 P4

微处理器的工作频率不断迅速提高,使PCI局部总线的应用得以迅速推广,几乎所有的主板产品上都带有PCI插槽。在目前流行的台式机主板上,ATX结构的主板一般带有5~6个PCI插槽,而小一点的MATX主板也都带有2~3个PCI插槽。

7.6　答:AGP(加速图形接口,Accelerated Graphics Port)是1996年由Intel在PCI基础上研发出一种专门针对显卡的接口。AGP接口是主板上的一种高速点对点传输通道,供显示卡使用,主要应用在三维动画的加速上。

7.7　答:PCI-E是PCI Express的简称。它属于第3代I/O总线,能很好地解决了PCI/AGP总线在遇到大量数据传输时所遇到的"瓶颈"问题。

PCI-E在工作原理上与并行体系的PCI不同,它采用串行方式传输数据,并依靠高频率来获得高性能,因此,PCI-E也被称为"串行PCI"。

7.8　答:总线带宽是指总线上每秒可传输数据的最大字节数,也简称总线数据传输速率(或频宽),以MBps为单位。若PCI-X133采用64位数据总线宽度和133MHz的总线工作频率(或频率速度),则其总线带宽为133×64/8=1064MBps=1.064GBps。

习题8

8.1　答:ATX是市场上比较常见的主板结构; Micro ATX又称Mini ATX,是ATX结构的简化版; 而BTX则是Intel制定的最新一代主板结构。

8.3　答:主板的核心是主板芯片组,通常包含南桥芯片和北桥芯片。一块主板的性能和档次主要取决于它所采用的芯片组。

(1) 北桥芯片。北桥芯片(North Bridge)是主板芯片组中起主导作用的组成部分。北桥芯片负责与CPU的联系并控制内存、AGP、PCI数据在北桥内部传输,提供对CPU的类型和主频、系统的前端总线频率、内存的类型(SDRAM,DDR SDRAM以及DDR 2等)和最大容量、PCI/AGP/PCI-E插槽、ECC纠错等支持。

(2) 南桥芯片。南桥芯片不与处理器直接相连,而是通过一定的方式与北桥芯片相连。南桥芯片负责I/O总线之间的通信,主板上的各种接口(如串口、并口、IEEE 1394、USB等)、PCI总线(如接电视卡、内置MODEN、声卡等)、外存接口(如接硬盘、光驱)以及主板上的其他芯片(如集成声卡、集成RAID卡、集成网卡等),都归南桥芯片控制。

8.6　答:BIOS芯片和CMOS芯片都是一块存储器。不同的是BIOS芯片是一块只读存储器ROM,其中保存着有关微机系统最重要的基本输入输出程序、系统信息设置、开机上电自检程序和系统启动自举程序等;CMOS芯片是一块随机存储器RAM,其特点是可读写,其内保存着当前系统的硬件配置参数和在BIOS程序中设置的各种参数;BIOS中系统设置程序是完成CMOS参数设置的手段,而CMOS RAM是存放设置好的数据的场所,准确地说,应是通过BIOS的设置程序来对CMOS参数进行设置。

习题 9

9.10　答：当8259A 执行中断服务程序时，为使现场不被破坏，必须用EOI命令来结束中断服务。

9.12　答：

```
MOV  AL,  13H
MOV  DX,  20H
OUT  DX,  AL
MOV  AL,  40H
INC  DX
OUT  DX,  AL
MOV  AL,  03H
OUT  DX,  AL
MOV  AL,  0
OUT  DX,  AL
```

9.13　答：

```
MOV  DX,  77H
MOV  AL,  1BH
OUT  DX,  AL
MOV  AL,  80H
OUT  78H, AL
MOV  AL,  13H
OUT  78H, AL
```

9.14　答：从8259A的奇地址端口(53H)进行设置来禁止 IR_2 和 IR_4 引脚上的中断请求。程序如下：

```
IN   AL,  53H
OR   AL,  14H
OUT  53H, AL
```

撤销这一禁令如下：

```
IN   AL,  53H
AND  AL,  0EBH
OUT  53H, AL
```

9.16　答：60H；IR_6

9.19　答：(1) 区别是范围不同，二进制是0000H ~ FFFFH，十进制是0000 ~ 9999。

(2) 选用二进制计数方式的最大计数值为65536；选用十进制计数方式的最大计数值为10000。

9.21　答：(1) 由于 $1MHz = 10^6Hz > 65536Hz$，故应采用两次分频产生1Hz的信号，这里先进行 10^4 分频，再进行100分频。

(2) 如果使用计数器0和计数器1,可将OUT_0接到CLK_1端,经过两次分频,OUT_1输出的则是要求的信号。

(3) 假设控制口的地址为203H,初始化程序如下所示。

```
MOV DX, 203H
MOV AL, 36H
OUT DX, AL
MOV AL, 10H
MOV DX, 200H
OUT DX, AL
MOV AL, 27H
OUT DX, AL
MOV AL, 56H
MOV DX, 203H
OUT DX, AL
MOV AL, 64H
MOV DX, 201H
OUT DX, AL
```

习题10

10.4 答:(1)

```
MOV  AL,92H
MOV  DX,203H
OUT  DX,AL
```

(2)

```
L1:  MOV  DX, 201H
     IN   AL, DX
     TEST AL, 80H
     JZ   L1
     MOV  DX, 200H
     IN   AL, DX
     PUSH AX
L2:  MOV  DX, 201H
     IN   AL, DX
     TEST AL, 80H
     JZ   L2
     POP  AX
     MOV  DX, 202H
     OUT  DX, AL
```

10.6 答:

```
L:  MOV  DX, 203H
    MOV  AL, 06H
```

```
OUT  DX, AL
(延时程序)
MOV  DX, 203H
MOV  AL, 07H
OUT  DX, AL
(延时程序)
JMP  L
```

10.7　答：(1) 波特因子为 $1.8432\times10^6/(16\times19200)=06H$
　　低位写入06H，高位写入00H
(2)

```
MOV  DX, 3FBH
MOV  AL, 80H
OUT  DX, AL
MOV  DX, 3F8H
MOV  AL, 06H
OUT  DX, AL
INC  DX
MOV  AL, 00H
OUT  DX, AL
```

10.8　答：设置串行通信数据格式

```
MOV  AL, 1FH
MOV  DX, 3FBH
OUT  DX, AL
```

设置循环自测工作方式

```
MOV  AL, 13H
MOV  DX, 3FCH
OUT  DX, AL
```

习题11

11.3　答：连接方案：可采用直接与CPU的INTR脚连接或通过8259A接CPU。
设ADC 0809的端口号为PORTAD，则当主程序中的指令OUT PORTAD，AL执行后，A/D转换器开始转换，转换结束时EOC发一个高电平为转换结束信号，此信号产生中断请求，CPU响应中断后，调用中断处理程序，在中断处理程序中用IN AL，PORTAD取转换结果。

11.5　答：若DAC的位数多于CPU的数据总线位数，则需要采用多级缓冲结构，使被转换的数据能分几次送出，由多个锁存器来锁存分几次送来的数据，然后再将分时锁存的同一个数据的不同位同时送到第二级锁存器去进行转换。

11.7　答：程序段如下所示。

```
MOV  AL,  DATA        ;转换的数据送AL
```

```
MOV  DX,  PORT      ;端口地址送DX
OUT  DX,  AL        ;数字量送D/A转换器进行转换
```

11.8 答：此程序是重复输出一有规则地线性增长的电压。首先输出0V，然后每次递增1LSB对应的电压，当输出达到2FH对应的电压输出时，将重新从0V开始输出线性增长的电压。由于参考电压为正，此题电压增长是负增长。
故此波形为一负锯齿波，幅值 = 2FH × 1LSB = 2FH × (−10/256) ≈ −1.84V

习题12

12.1 答：(1) 常见的键盘接口有PS/2接口和USB接口两种。

(2) 选用键盘时要考虑的主要因素有键盘的个性化设计(如色彩、光洁度、尺寸与外形等)是否符合使用者的个性要求；键盘的做工与用料是否满足用户对使用寿命和操作方便的需求；键盘的手感是否具有合适的硬、软度与弹性；键盘的快捷键位以及键盘的人体工程学设计是否符合使用者对舒适度与功能性的需求。

12.6 答：(1) 显卡一般是AGP和PCI-E两种显卡接口，其中2004年推出的PCI Express接口已成为主流。

(2) 显卡主要由显示芯片、显存、RAMDAC(随机存取器数模转换器)、显卡BIOS、总线接口(显卡与主板通信的接口，如AGP和PCI-E接口)及显卡的外部输出接口(如模拟信号接口D-SUB接口、数字信号接口DVI接口、视频输入输出端口等)组成。

参 考 文 献

[1] William H Murray, Christ H Pappas. 80386/80286 ASSEMPLY LANGUAGE PRO GRAMMING. McGraw - Hill Inc. U. S. A. 1986.

[2] 刘玉成,G A 吉布森. 8086/8088 微型计算机系统体系结构和软硬件设计. 北京：科学出版社,1987.

[3] 李继灿. 新编 8/16/32 位微型计算机原理及应用. 北京：清华大学出版社,1994.

[4] 林章钧. PC/Pentium 硬、软件系统与接口. 北京：清华大学出版社,1996.

[5] Barry B. The Intel Microprocessors 8086/8088,80186/80188,80286,80386,80486,Pentium,Pentium Pro and Pentium Ⅱ processors Architecture,Programming and Interfacing. Fifth Edition. 北京：电子工业出版社,2001.

[6] 李继灿. 微型计算机技术及应用——从 16 位到 64 位. 北京：清华大学出版社,2001.

[7] 沈绪榜. 嵌入式计算机的发展(《大学计算机基础课程报告论坛论文集》选编). 北京：高等教育出版社,2005.

[8] 李继灿. 计算机硬件技术基础. 北京：清华大学出版社,2007.

[9] 李继灿. 新编 16/32 位微型计算机原理及应用. 第 4 版. 北京：清华大学出版社,2008.